普通高等学校"十四五"规划智能制造工程专业精品教材

中国人工智能学会智能制造专业委员会规划教材

精密机械设计

（第二版）

主　编　江　都　云俊童

李公法　陶　波

华中科技大学出版社

中国·武汉

内 容 简 介

本书系统阐述精密机械设计的核心理论与方法,共十四章,包括绪论、平面机构的自由度与速度分析、平面连杆机构、凸轮机构、齿轮机构、轮系、精密机械设计概论、连接、齿轮传动、带传动和链传动、轴、轴承、联轴器和离合器、弹性元件。全书以机构与零件的设计为主线,系统解析各类常用机构的运动特性、通用零件的工作原理与设计方法,涵盖结构分析、理论计算及工程应用要点。

本书适合作为测控技术与仪器专业及机电类专业"精密机械设计"课程的教材,也可供相关专业师生和工程技术人员参考使用。

图书在版编目(CIP)数据

精密机械设计 / 江都等主编. -- 2 版. -- 武汉 : 华中科技大学出版社,2025.6. -- (普通高等学校"十四五"规划智能制造工程专业精品教材). -- ISBN 978-7-5772-1791-8

Ⅰ. TH122

中国国家版本馆 CIP 数据核字第 2025AD0668 号

精密机械设计(第二版)　　　　　　　　江　都　云俊童　李公法　陶　波　主编
Jingmi Jixie Sheji(Di-er Ban)

策划编辑:万亚军
责任编辑:吴　晗
封面设计:原色设计
责任校对:李　琴
责任监印:朱　玢
出版发行:华中科技大学出版社(中国·武汉)　　　电话:(027)81321913
　　　　　武汉市东湖新技术开发区华工科技园　　　邮编:430223
录　　排:华中科技大学惠友文印中心
印　　刷:武汉市洪林印务有限公司
开　　本:787mm×1092mm　1/16
印　　张:22
字　　数:574 千字
版　　次:2025 年 6 月第 2 版第 1 次印刷
定　　价:69.80 元

前　言

随着生产和科学技术的发展,精密机械,如各种精密仪器仪表、精密加工机床、医疗器械、机械臂、卫星及雷达通信设备,已经广泛地应用于国民经济和国防工业的许多部门。各行业对精密机械及其产品无论在质量还是在数量和品种上,都提出更新和更高的要求。同时,这也为精密机械设计这一门学科的发展创造了更好的条件,开辟了更加广阔的途径。

"精密机械设计"课程是测控技术与仪器专业及机电类专业本科生传统的必修专业课程,编者根据其特点,以精密机械中常用机构和零部件为研究对象,从设计机构和零部件应具备的基础理论、基本技能和基本方法等几个方面组织编写,从机构分析、工作能力、精度和结构等诸方面来研究这些机构和零部件,并介绍其工作原理、特点、应用范围、选型、材料、精度以及设计计算的一般原理和方法。因此,本书作为大学教材具有科学性、可读性和新颖性。

本书在编写过程中力求达到内容在科学性、前沿性、针对性、时效性等方面的统一。本书包括绪论、平面机构的自由度与速度分析、平面连杆机构、凸轮机构、齿轮机构、轮系、精密机械设计概论、连接、齿轮传动、带传动和链传动、轴、轴承、联轴器和离合器、弹性元件等。在材料组织上,力求概念阐述准确严密,内容安排深入浅出、循序渐进,并注意各章内容的相互依托与交叉,便于教师教学和学生自学。

本书可作为测控技术与仪器专业及机电类专业本科生的教材或参考书。在使用本书作为教材时,教师可根据培养方案的实际情况,在达到课程大纲基本要求的前提下,对内容进行取舍,也可对相关知识的讲授顺序进行调整。本书也可作为工程技术人员的自学参考书。

本书共十四章,主要由武汉科技大学机械自动化学院组织编写。本书由陶波、李公法和杨丹担任主编,熊禾根、孙瑛、江都和童锡良担任副主编。

本书得到了武汉科技大学教材建设立项项目基金的资助及武汉科技大学机械自动化学院的支持与帮助,同时本书参考和引用了若干文献的内容,在此一并表示衷心的感谢。

限于编者水平,虽经努力,书中疏漏与不妥之处仍在所难免,诚恳欢迎读者批评、指正。

编　者

2021 年 6 月

第二版前言

本书是普通高等学校"十四五"规划智能制造工程专业精品教材、中国人工智能学会智能制造专业委员会规划教材,是在《精密机械设计》(陶波、李公法、杨丹主编,华中科技大学出版社出版)的基础上修订而成的。

本次修订主要做了以下几项工作。

(1)在每一章增加了课程思政内容。

(2)根据最新国家标准,对本书中的相应标准和技术规范进行了更新。

(3)更正了第一版文字、插图、计算中的一些疏漏和错误。

本书共十四章,主要由武汉科技大学机械工程学院组织编写。本书由江都、云俊童、李公法和陶波担任主编,熊禾根、孙瑛、刘怀广和徐曼曼担任副主编。

本书得到了武汉科技大学教材建设立项项目基金的资助及武汉科技大学机械工程学院的支持与帮助,同时本书参考和引用了若干文献的内容,在此一并表示衷心的感谢。

限于编者水平,虽经努力,书中疏漏与不妥之处仍在所难免,诚恳欢迎广大读者批评、指正。

编　者

2025 年 1 月

目　　录

第1章 绪 论

1.1 精密机械的基本概念

"机器"这个词我们并不陌生,如汽车、拖拉机、机车、起重机、机床、纺织机、轧钢机、包装机、破碎机等,都是机器。虽然机器有不同的用途与构造,但它们都有以下三个共同的特征。

(1) 它们都由一系列的运动单元体组成。一个运动单元体称为一个构件。例如,图 1-1 所示的内燃机,由壳体 1、活塞 2、连杆 3、曲柄 4(齿轮 4′与曲柄 4 固接在同一根轴上)、凸轮 5′(齿轮 5 与凸轮 5′固接在同一根轴上)以及气阀杆 6 等一系列的构件组成。

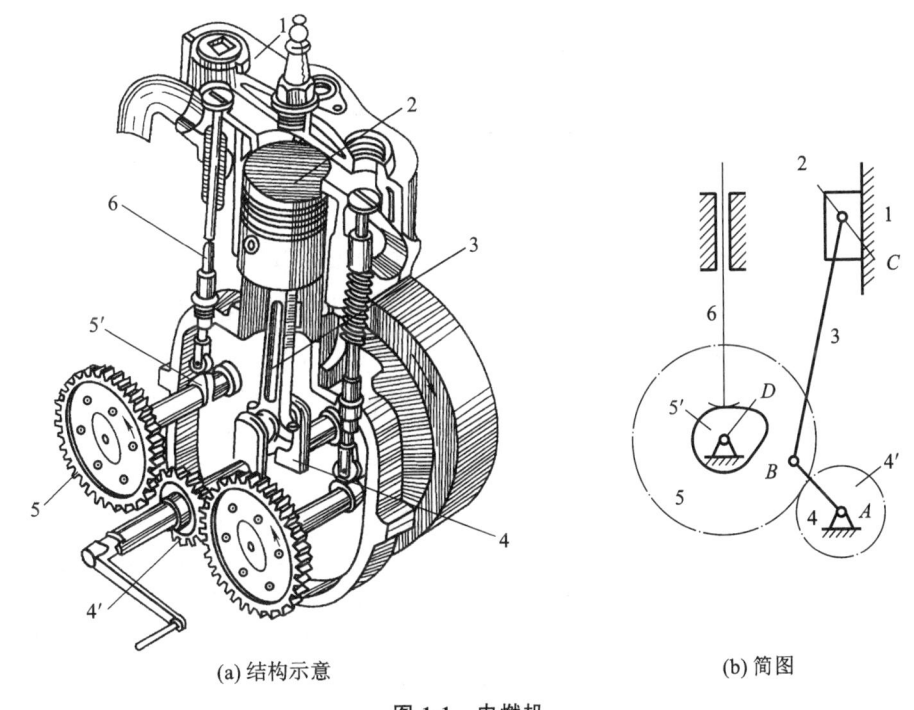

(a) 结构示意   (b) 简图

图 1-1 内燃机

1—壳体;2—活塞;3—连杆;4—曲柄;4′,5—齿轮;5′—凸轮;6—气阀杆

(2) 组成机器的各构件之间具有确定的相对运动。

(3) 机器能转换机械能或完成有用的机械功以代替或减轻人们的劳动。例如,内燃机能将热能转换成机械能;机床能切削工件完成有用的机械功。

这里特别要强调,在机构学中,最常用的术语之一是"构件"。构件是由一个或多个零件所构成的运动单元体。如图 1-1 中曲柄 4 与齿轮 4′固接在同一根轴上,只能是一个构件。如图 1-2 所示为内燃机中的连杆,它是由连杆体 2、连杆头 6、轴套 1 和 3、螺栓 4、螺母 5 等零件相互刚性连接而成的,各零件间无相对运动,连杆作为一个整体而运动,也只能作为一个构件。

机构与机器的根本区别在于其不具备能量转换功能。即机构是由若干个构件组成的系

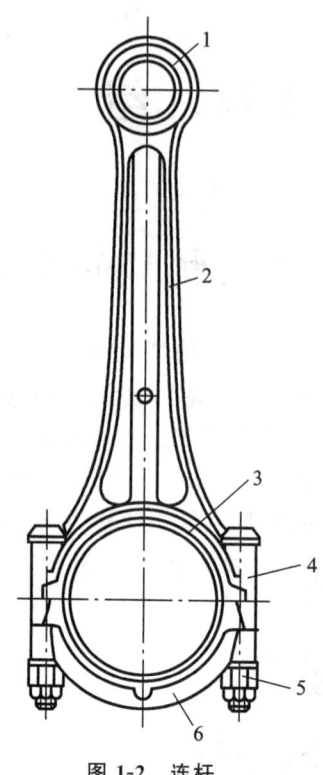

图 1-2　连杆

1,3—轴套;2—连杆体;4—螺栓;5—螺母;6—连杆头

统,各构件间具有确定的相对运动。例如图 1-1 所示的内燃机中,由壳体 1、活塞 2、连杆 3、曲柄 4 等构成的系统称为连杆机构;由壳体 1、齿轮 4′ 和 5 三个构件组成的系统称为齿轮机构;而由壳体 1、凸轮 5′ 和气阀杆 6 三个构件构成的系统称为凸轮机构。一部机器可以是若干个机构的组合,也可以仅含一个机构。所以又可以说,机器是能够完成机械功或转化机械能的机构或机构的组合。

从结构和运动的角度来看,机器和机构并无区别,故把机器和机构统称为机械。应该指出,机器和机构的含义随着科学技术的发展已有了扩展。不仅刚体,而且气体、液体、电子信息控制系统也参与了实现预期的机械运动,有的还可以代替人的脑力劳动。

机器大多是由一些常见的基本机构组合而成的,尽管机构的结构和用途千差万别,但只要对这些常见机构进行分析与研究,就能为机器的分析与设计打下坚实的基础。

"精密机械设计"课程主要研究常用机构和通用零件的工作原理、结构特点、基本的设计理论和计算方法,从机构分析、工作应力、结构和精度各方面来研究这些机构和零件,并介绍其工作原理、特点、应用范围、选型、材料、精度及设计计算的一般原则和方法的一门课程。其具体内容如下:

(1)机构的结构分析、运动分析、动力分析。

(2)几种典型机构的分析与设计。包括连杆机构、齿轮机构、凸轮机构、轮系;同时介绍一些特殊机构、组合机构的相关知识。

(3)结合通用零件的结构特点、材料选择、受力分析、失效形式、设计计算理论和方法等,对常用精密机械零部件从工作原理、特点、计算依据和设计方法等方面进行阐述,并介绍现代设计方法中的实践软件。

1.2 精密机械设计课程的地位和作用

随着数学、电子学、自动控制、计算机等科学技术的进步和发展，人类综合应用了各方面的知识和技术，不断创造出各种新型的精密机械及其产品。这些机械产品的机构更精巧，运动更准确，零件精度更高，且通常是机、光、电、算一体化，极大地扩大了精密机械的应用范围，也为精密机械学科的发展开辟了更加广阔的途径。仪器仪表作为一种集信息获取、变送传输、数据处理和执行控制等多种功能于一体的高级工具，已由早期单一的机械式和光学机械式仪器仪表，发展成为以机、光、电、算一体化和智能化为基本特征的现代仪器仪表。在此发展过程中，虽然机械系统的某些功能在许多情况下被其他技术系统的功能所扩展或替代，但任何先进的技术系统要成为具有实用价值的现代仪器仪表产品，都不可能完全脱离精密机械系统与结构的支撑。精密机械系统与结构仍是现代仪器仪表的基础和重要组成部分。高新技术的研究成果和产品，均是多种学科技术相互渗透、综合应用的结果。大量技术实践证明，精密机械系统及结构的质量直接影响仪器仪表的性能指标、工作可靠性和稳定性。精密机械系统及结构的质量与现代仪器仪表的总体性能之所以息息相关，其根本原因就在于精密机械系统及结构在现代仪器仪表中仍有其不可替代的功能和作用。

目前，精密机械已经广泛地应用于国民经济和国防工业的许多部门，如各种科学仪器，自动化仪器仪表，精密加工机床，医疗仪器设备，计算机及其外围设备；仿生技术中的机械臂、机器人；宇航技术中的火箭、卫星以及测控伺服系统中的动力传递和精密传动等。随着生产和科学技术的发展，对精密机械及其产品无论在质量还是在数量和品种上，都不断地提出了更高、更新的要求。

1.3 精密机械设计的基本要求和任务

1. 基本要求

(1) 以机械运动学原理作为机械结构设计的理论依据，保证精密机械系统及其结构中每个构件都能获得仪器仪表功能所要求的相对运动或相对固定关系，并满足系统要求的位置关系、运动规律和运动范围的要求。

(2) 满足仪器仪表功能和技术指标对精度的要求，确保精密机械系统机构在加工、安装和使用过程中产生的机构位置误差与运动误差均控制在指定的范围内。

(3) 尽量降低精密机械系统机构的运动惯量、摩擦及其他机械阻抗，提高机构的效率，满足机构的灵敏性要求，确保实现必要的动态响应速度。

(4) 控制运动副必需的、均匀的最小间隙和工作表面质量，减小零件工作表面的几何形状和相对位置误差，确保精密机械系统运转速度的平稳性。

(5) 虽然与一般机械相比，仪器仪表中精密机械系统与结构传递的能量较小，但每个构件仍应在要求的使用期限内具有必要的工作能力，即确保任一机械构件在工作时具有足够的强度和刚度。

(6) 考虑仪器仪表的工作环境和使用条件(如温度、湿度、腐蚀和冲击等)，采用必要的选材方案和试验结论，确保仪器在各种可能遇到的环境条件下都能稳定运行。

（7）运用人机工程学原则，在实现仪器仪表规定功能的前提下，充分考虑人的操作习惯，实现安全、舒适、简便、无误的操作。

（8）研究仪器仪表功能与成本的最佳匹配，在满足仪器仪表技术性能要求的前提下，充分贯彻标准化、系列化、通用化等原则，实现经济地生产，使设计出的仪器仪表技术性能好，适应市场需求，成本低，在市场竞争中获得较高的经济效益。

2. 基本任务

（1）使学生基本掌握精密仪器仪表中通用机构的结构分析、运动分析、动力分析及其设计方法。

（2）使学生掌握通用零部件的工作原理、特点、选型依据及其计算方法，培养学生运用所学基础理论知识解决精密机械零部件的设计问题的能力。

（3）培养学生设计精密机械传动和仪器机械结构的能力，以及对某些典型零部件的精度分析及提出改进措施的能力。

（4）使学生了解常用机构和零部件的试验方法，初步具备某些零部件的性能测试和结构分析能力。

（5）使学生了解零件的材料与热处理方法、精度设计和互换性的基本知识，并能在工程设计中正确运用这些知识。

1.4　精密机械设计的目标和一般方法

精密机械系统结构的设计大体上有三种类型：开发性设计，即利用新原理、新技术设计新产品；适应性设计，即保留原有产品的原理及方案，为适应市场需要，仅对某些零件或部件进行重新设计；变参数设计，即在保持原产品的功能、原理方案和结构的前提下，仅改变零件、部件的尺寸或结构布局，以形成系列产品。

以新产品开发设计为例，精密机械系统机构的设计一般分为四个阶段。

1. 调查决策阶段

在设计精密机械系统时，需进行充分的调查研究，了解用户的意见和要求、市场供应情况和发展前景，同时收集相关技术资料，以及新技术、新工艺、新材料的应用情况。基于这些信息，拟定新产品开发计划书。在设计初期，应充分发挥创造性，构思方案应多样化，以便反复分析比较后，选出最佳方案。决策阶段至关重要，其成败直接影响后续设计工作的顺利开展和产品的最终质量。

2. 研究设计阶段

此阶段一般分为两个步骤。第一步主要是功能设计研究，称为前期开发，任务是解决技术中的关键问题。为此，需要对新产品进行试验研究和技术分析，验证原理的可行性，发现存在的问题，并提出总布局图和外形图等初步设计阶段。第二步为新产品的技术设计，称为后期开发，工作内容包括绘出总装配图、部件装配图、零件工作图及各种系统图（如传动系统、液压系统、电路系统和光路系统等）同时编制详细的计算说明书、使用说明书和验收规程等各种技术文件。以上各部分内容往往需要相互配合，设计工作也常需多次修改，逐步逼近，尽量使设计出的产品技术先进、可靠性好、经济合理、造型美观。为保证设计质量，对不同的设计阶段还应该进行必要的仿真检查、验收。

3. 试制阶段

在样机试制完成后,应对样机进行试验,并开展全面的技术经济评估,以确定设计方案是否可用或需要改进设计。即使是可用的方案,一般也需要做适当修改,使设计达到最佳化。对于需要修改的方案,应检查数学、物理模型是否符合实际,并在必要时改进模型后进行试验,甚至重新设计。

4. 投产销售阶段

样机试验成功后,对于批量生产的产品,还需进行工艺、工装方面的生产设计。经小批试制、用户试用、改进定型后,方可投入正式生产、销售和售后服务工作。要重视售后服务工作,从市场反馈信息中发现产品的薄弱环节,这不仅有助于进一步完善产品设计、提高产品可靠性,还能激发新的设计构思,推动新产品的开发。

为了更好地满足精密机械设计的各项要求,设计过程必须遵循一定的程序。精密机械设计的一般程序如图 1-3 所示。

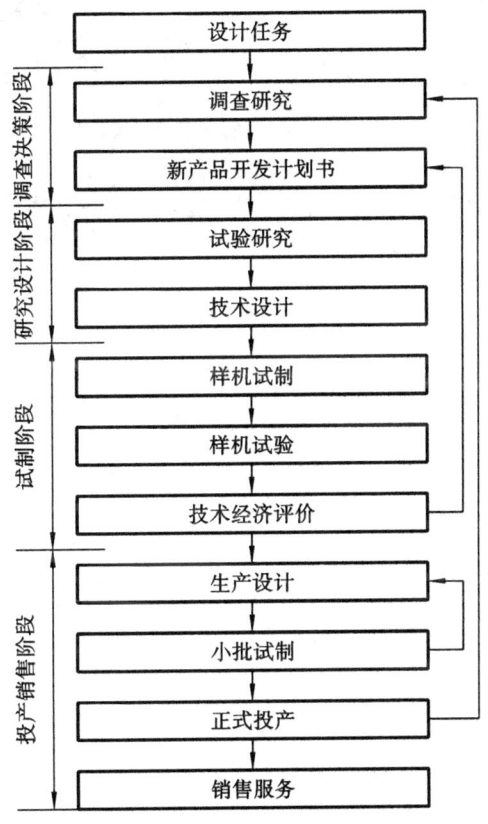

图 1-3 精密机械设计的一般程序

课程思政拓展阅读材料

材料一 中国盾构机:工程奇迹的缔造者

盾构机被誉为"工程机械之王",在中国的工程建设中发挥着举足轻重的作用。它不仅是工程技术的集大成者,更是中国从制造大国迈向制造强国的重要标志。

盾构机,全称盾构隧道掘进机,是一种集光、机、电、液、传感、信息技术于一体的超级工程装备,具备土体开挖切削、土渣输送、隧道衬砌拼装等复合功能,其核心技术在于通过液压推进系统驱动盾体沿轴线精准掘进,在保障施工安全的前提下显著提升地下工程效率。目前,该装备已广泛应用于全球地铁、铁路、公路隧道及地下管廊建设领域,成为衡量国家装备制造业水平的重要标杆。

盾构机

我国盾构机的研发历经从技术引进到自主创新的跨越。20世纪90年代,盾构机的关键技术被国外垄断,国内使用的盾构机严重依赖进口,由于不掌握核心技术,设备故障需要外国专家远渡重洋进行检修。高昂的进口成本,低效的设备维护,耗时的跨国沟通,中国在盾构机的应用上处处受制于人,严重影响着中国基建的效率和发展。2008年,首台国产复合式盾构机"中铁1号"在天津成功下线,标志着我国突破技术封锁。通过国家高新技术重大科技项目支持,行业形成"引进—消化—吸收—再创新"的跨越式发展路径。截至2022年,国产盾构机国内市场占有率从2012年的不足10%跃升至95%,并出口至法国、意大利等32个国家和地区,在雅万高铁、阿尔及利亚沿海铁路等"一带一路"工程中展现中国智造实力。

当前,我国盾构机已实现从追赶到领跑的历史性跨越。以中铁装备、铁建重工为代表的制造企业,攻克了主轴承设计、大功率变频控制等核心技术。全球首台永磁驱动盾构机节能30%,在郑州地铁施工中创造单月掘进826 m的行业纪录;针对青藏高原冻土地质开发的耐寒盾构机,可在−30℃环境下稳定作业。这些突破性成果的背后,是产学研深度融合的创新体系支撑——12所高校、46家科研院所与企业共建协同创新平台,形成覆盖设计、制造、施工的全产业链技术标准。

中国盾构机的崛起之路,印证了关键核心技术必须立足自主创新的发展规律。从穿江越海的超大直径盾构机到高原极限环境的特种装备,从传统机械制造到融合数字孪生、智能感知的智慧化升级,这一"国之重器"的进化轨迹,生动诠释了新时代中国工程师攻坚克难的创新精神,也为全球地下空间开发贡献了中国方案。

思考1:盾构机对机械密封性能要求极高,以确保隧道内的稳定和防止地下水渗入。如何优化盾构机的密封系统,以提高其抗压能力和防水性能?

思考 2:我国的盾构机在技术上获取成功依靠的是什么?

材料二　"蓝鲸"号起重船:海洋工程的超级装备

"蓝鲸"号起重船是我国自主研制的亚洲顶级全回转起重工程船,代表着海洋工程装备领域的尖端技术水平。该船全长 241 m,宽 50 m,型深 20.4 m,总重 64110 t,配备 98.1 m 高的起重吊梁,具备 7500 t 单臂起重能力。其独创的双钩协同控制系统可实现水下 150 m 至水上 125 m 立体作业空间覆盖;7500 t 全回转浮吊船可同时容纳 300 人食宿作业,并设有直升机停机坪,在 11 节自航速度下仍能保持厘米级定位精度。

"蓝鲸"号起重船

2008 年 8 月 31 日的南海某气田建设现场,"蓝鲸"号完成了载入世界工程史册的壮举。凌晨 5 时 10 分,重达 3600 t 的钻井平台主模块被双钩系统平稳吊起,这个长 50 m、宽 30 m 的钢铁巨物在 8 根导向柱精准引导下,历经 3 h 20 min 完成套井口作业,8 根直径 1.2 m 的支撑管与导管架对接误差小于 2 mm,创造了深海模块安装的工程奇迹。

此次首吊的圆满完成初露了"蓝鲸"号起重船的实力,也彰显了我国在超级装备制造领域的实力和创新能力。

参考资料:蓝鲸号.https://baike.baidu.com/item/%E8%93%9D%E9%B2%B8%E5%8F%B7/2673266。

思考 1:海水腐蚀、高湿度、大气压力变化等因素如何影响精密仪器的性能和可靠性?

思考 2:通过"蓝鲸"号这一例子,思考科技创新对于国家在关键领域的独立发展和自主创新的重要性及其对国家长远可持续发展的贡献。

讨　论

1-1　讨论精密机械设计的技术发展如何推动不同领域(如医疗、航空航天等)的应用。举例说明一些具体的应用场景。

　　1-2　为什么精密机械设计需要涉及多个学科领域？列举一些相关的学科并说明其重要性。

　　1-3　精密机械制造过程中产生的废弃物如何进行有效管理？讨论在设计中考虑废弃物减少和循环利用的策略。

第2章 平面机构的自由度与速度分析

2.1 概　述

2.1.1 运动副

机构是由多个构件组合而成的。在一个机构中,每个构件都以一定的方式与其他构件相互连接,且每个构件至少必须与另一构件相连接。这种连接不同于铆接和焊接之类的刚性连接,其允许相互连接的构件之间能产生某些相对运动。我们将由两个构件组成的且能产生某些相对运动的连接称为运动副,将两构件上接触而构成运动副的部分称为运动副元素。

如图2-1所示,轴颈1与轴承2的配合,滑块3与导轨4的接触,齿轮5与齿轮6的齿面啮合,都构成了运动副。它们的运动副元素分别为圆柱面和圆孔面、平面和内外棱柱面、两齿廓曲面。

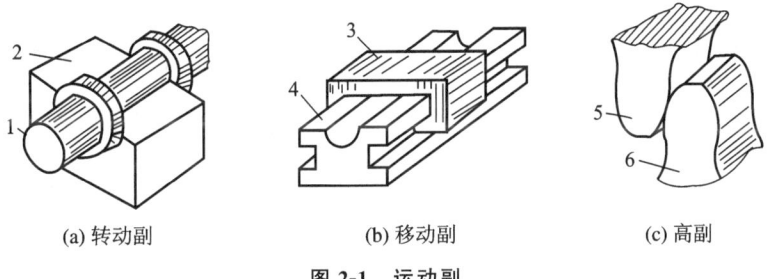

| (a) 转动副 | (b) 移动副 | (c) 高副 |

图 2-1　运动副

1—轴颈;2—轴承;3—滑块;4—导轨;5,6—齿轮

两构件组成运动副后,它们之间的相对运动将受到约束,从而使它们只能产生有限种类的相对运动。两构件构成运动副之后,能产生哪些相对运动呢?这与它们所构成的运动副的性质有关,即与运动副对两构件间的相对运动所引入的约束有关,现说明如下:如图2-2所示,设有任意两个构件,在构件1与构件2未构成运动副之前,构件1相对于构件2(坐标系 $Oxyz$ 固定于构件2上)能产生6个独立的相对运动(沿 x、y、z 轴的三个移动和绕 x、y、z 轴的三个转

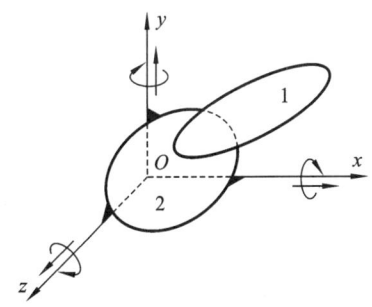

图 2-2　构件与运动副自由度示意图

动),即构件1相对于构件2共有6个相对运动的自由度。当两构件连接而构成运动副时,由于它们相互接触并引入某些约束,从而减少了自由度,而且减少的数量正好等于该运动副所引入的约束数量,又因两构件组成运动副后,仍需保证能产生一定的相对运动,故运动副引入的约束数量最多为5个,而剩下的自由度最少为1个。

　　根据运动副所引入约束的数量,可以将运动副分为五级:引入一个约束的运动副称为Ⅰ级副,引入两个约束的运动副称为Ⅱ级副,依此类推,还有Ⅲ级副、Ⅳ级副和Ⅴ级副。

　　最常见的运动副有移动副(见图 2-3),转动副(或称回转副,见图 2-4),高副(见图 2-5),螺旋副(见图 2-6),球面副(见图 2-7)和球销副(见图 2-8)等。通常,将两构件通过点或线接触而构成的运动副称为高副,如图 2-1(c)和图 2-5 所示,将两构件通过面接触而构成的运动副统称为低副(如图 2-1(a)、(b)所示)。

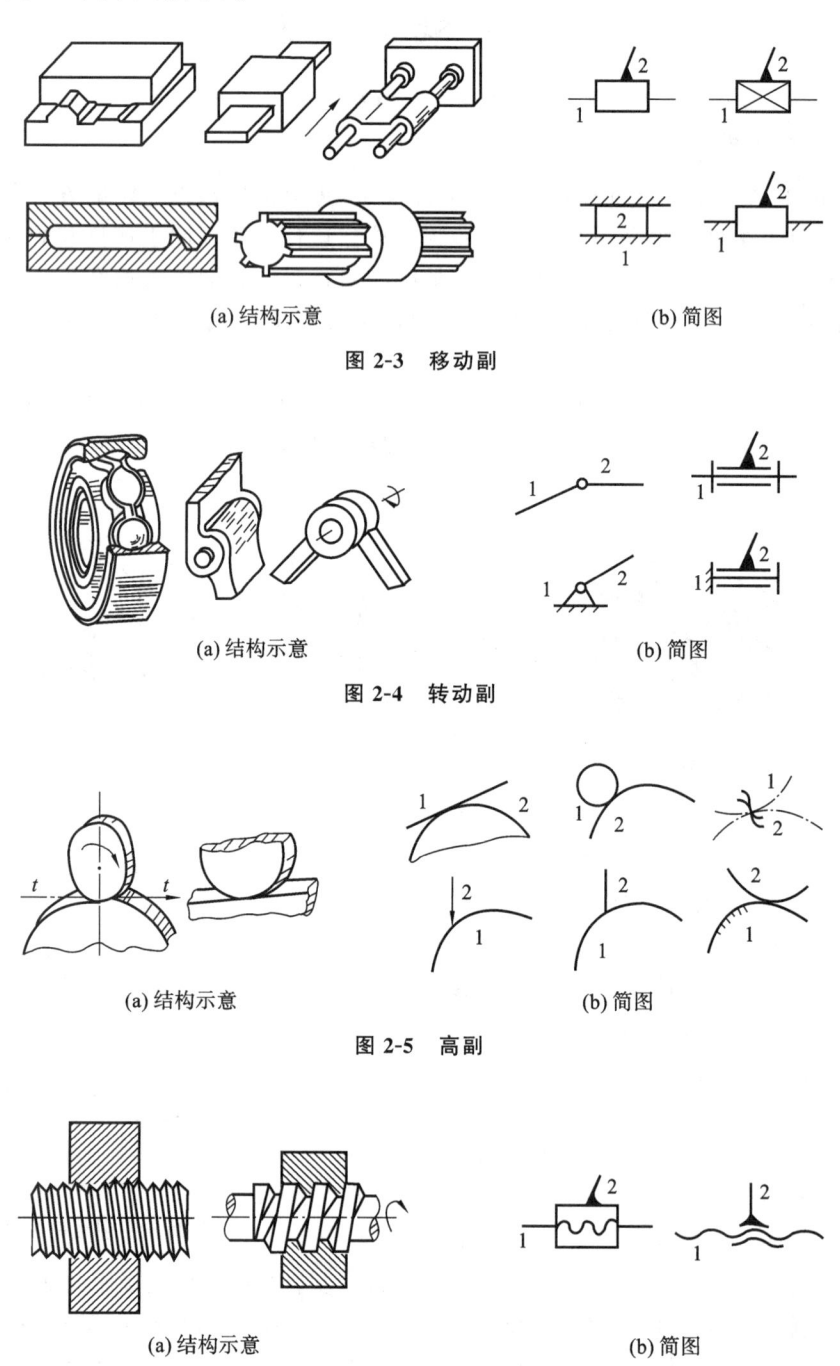

(a) 结构示意　　　　　　　　　　　　　　(b) 简图

图 2-3　移动副

(a) 结构示意　　　　　　　　　　　　　　(b) 简图

图 2-4　转动副

(a) 结构示意　　　　　　　　　　　　　　(b) 简图

图 2-5　高副

(a) 结构示意　　　　　　　　　　　　　　(b) 简图

图 2-6　螺旋副

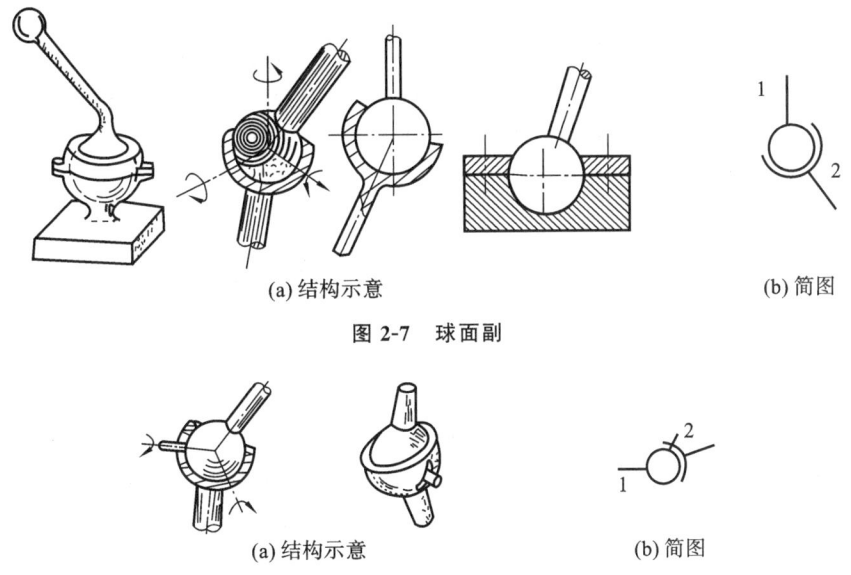

(a) 结构示意　　　　　　　　　　　(b) 简图

图 2-7　球面副

(a) 结构示意　　　　　　　(b) 简图

图 2-8　球销副

由于构成运动副的两构件之间的相对运动仅与两运动副元素的几何形状和它们的接触状态有关,所以在绘制机构运动简图时,常将运动副用简单的符号表示。在图 2-3～图 2-8 中图(b)均为运动副简图,图(a)均为结构示意图。

2.1.2　运动链

构件通过运动副的连接构成的系统称为运动链。若运动链的各构件构成了首尾封闭的系统,如图 2-9(a)、(b)所示,则称为闭式运动链,简称闭链。反之,若运动链的构件未构成首尾封闭的系统,如图 2-9(c)、(d)所示,则称为开式运动链,简称开链。

此外,还可将运动链分为平面运动链(构件间的运动为平面运动)和空间运动链(构件间的运动为空间运动)两类,分别如图 2-9 和图 2-10 所示。

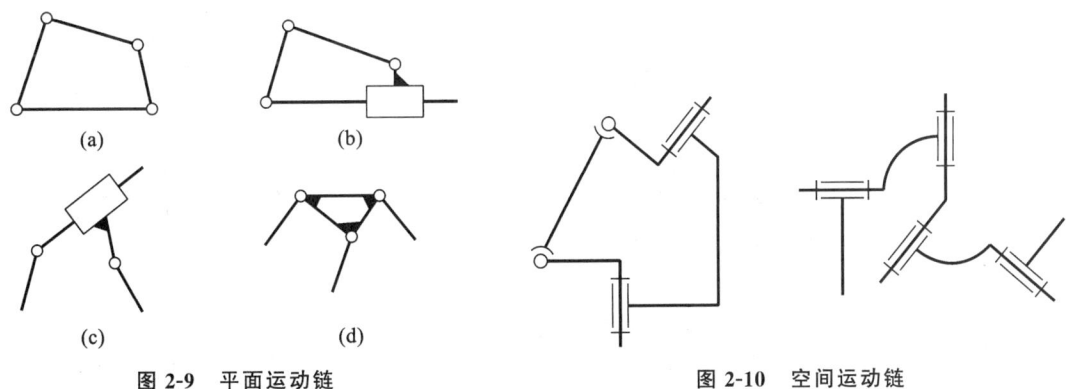

(a)　　　　　　　　　　　(b)

(c)　　　　　　　　　　　(d)

图 2-9　平面运动链　　　　　　　　　图 2-10　空间运动链

2.1.3　机构

在运动链中,若选定某构件加以固定而使其成为机架,另一个(或几个)构件按给定规律独立运动时,其余活动构件随之做确定的运动,则该运动链称为机构。

一般情况下,机架是固定不动的构件。若机械安装在诸如车辆、船舶和飞机等运动物体上,则机架相对于该运动物体是固定不动的。

机构中传入驱动力(矩)的构件称为主动件,而运动规律已知的构件称为原动件,并用箭头表示。有时机构中的原动件不一定是主动件,但在无特殊说明的情况下,两者不严格区分,仍标以箭头。除原动件外的其余活动构件统称从动件,其中输出运动或动力(用于实现机构所需运动或工作要求)的从动件,特称为输出构件。

2.2　机构运动简图

在分析现有的机械或设计新的机械时,为了使问题简化,可以不考虑与运动无关的因素(如构件的外形、断面尺寸、组成构件的零件数目及固连方式、运动副的具体构造等),仅用简单的线条和符号来代表构件和运动副,并按一定的比例表示各运动副的相对位置。这种说明机构各构件间相对运动关系并用规定符号按比例绘制的简单图形称为机构运动简图。

机构运动简图应与原机构具有完全相同的运动特性。因而可以根据该图对机构进行运动及动力分析。

若仅需展示机构的结构状况或说明其运动原理,则可不严格按比例绘制简图,此类简图称为机构示意图。

正确绘制机构运动简图是工程技术人员必备的基本技能。表 2-1 列出了常用机构运动简图符号。

表 2-1　常用机构运动简图符号(摘自 GB/T 4460—2013)

名　称	符　号	名　称	符　号
在支架上的电动机		齿轮齿条传动	
带传动		圆锥齿轮传动	
链传动		蜗轮与圆柱蜗杆传动	
外啮合圆柱齿轮传动		凸轮传动	
内啮合圆柱齿轮传动		棘轮传动	

在绘制运动简图时,首先明确机构的实际构造与运动特征,因此,需首先定出其原动部分(即运动起始部分)和工作部分(即直接执行生产任务的部分或最后输出运动的部分);然后循着运动传递路线,判定原动部分至工作部分的运动传递机制;弄清楚该机械由多少构件组成,各构件之间组成了何种运动副。这样,才能正确绘制其机构运动简图。

为了将机构运动简图表示清楚,需要恰当地选择投影面。在选定投影面后,便可选择恰当的比例尺,定出各运动副之间的相对位置,并以简单的线条和各种运动副的符号,将机构运动简图画出来。

下面举例说明机构运动简图的画法。

例 2-1　如图 2-11(a)所示为一颚式破碎机,当曲轴 1 绕轴心 O 连续回转时,动颚板 5 绕轴心 F 往复摆动,从而将矿石轧碎。试绘制此破碎机的机构运动简图。

解　根据前述绘制机构运动简图的步骤,先找出破碎机的原动部分曲轴 1,工作部分动颚板 5。然后循着运动传递路线可以看出,此破碎机由 6 个构件组成,其中曲轴 1 和机架 6 在点 O 构成转动副,曲轴 1 和构件 2 也构成转动副,其轴心在点 A。而构件 2 与构件 3、4 在 B、D 两点分别构成转动副;构件 3 与机架 6 在点 E 构成转动副;动颚板 5 与构件 4 和机架 6 分别在点 C 和点 F 构成转动副。

将破碎机的组成情况弄清楚后,再选定投影面和比例尺,并定出各转动副的位置,即可绘出其机构运动简图,如图 2-11(b)所示。

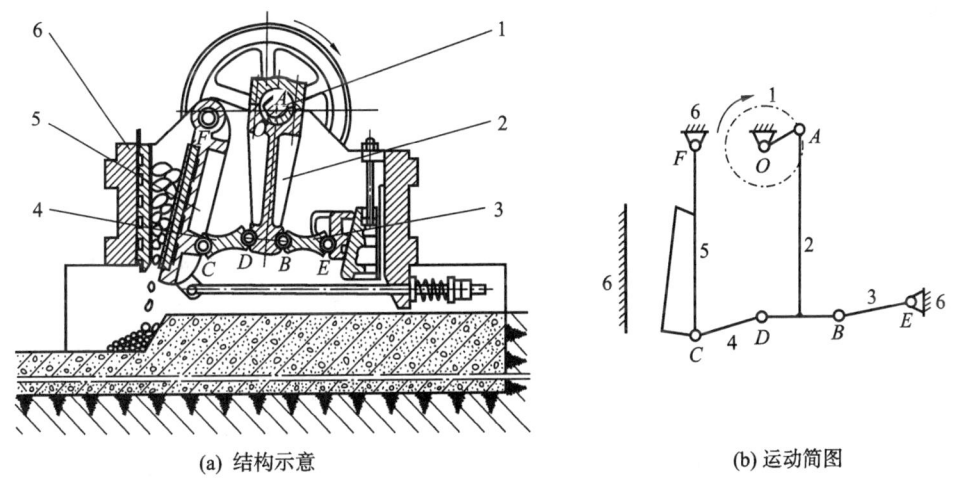

(a) 结构示意　　　　　　　　　　　(b) 运动简图

图 2-11　颚式破碎机

1—曲轴;2,3,4—构件;5—动颚板;6—机架

例 2-2　试绘制图 2-12(a)所示的简易冲床机构的运动简图。

解　仔细考察此图,可知该机构共由 6 个构件组成,其中主动件为偏心轮 1,工作部分为滑块 5,偏心轮 1 与构件 2 以转动副相连,构件 2 还与构件 3、4 以转动副相连,滑块 5 与构件 4 也以转动副相连,滑块 5 与机架 6 组成了移动副。选定投影面和比例尺,定出各运动副的位置,即可绘出该机构的运动简图,如图 2-12(b)所示。

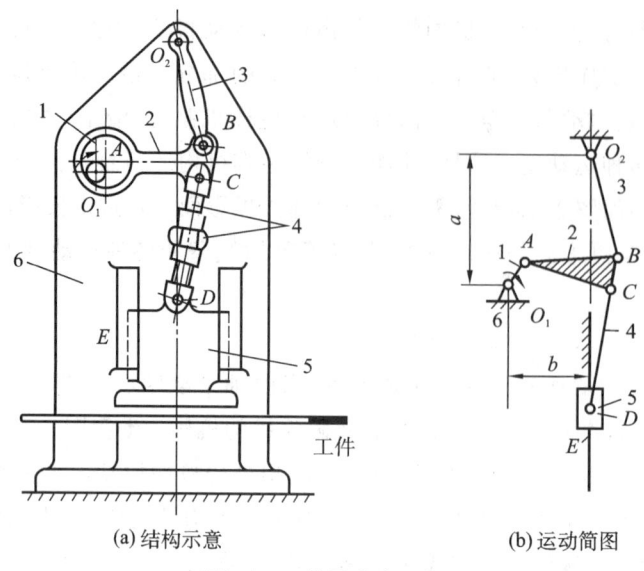

(a)结构示意　　　　　　(b)运动简图

图 2-12　简易冲床机构

1—偏心轮;2,3,4—构件;5—滑块;6—机架

2.3　平面机构自由度及其计算

在运动链中,若以某一构件作为机架,而另一个(或多个)构件按给定规律运动,其余各构件均能实现确定运动,则该运动链便是机构。需要指出的是,无法产生运动或呈现无序运动的运动链都不是机构。为了使所设计的机构能够运动并且有运动的确定性,必须探讨机构自由度和机构具有确定运动的条件。机构具有确定运动时所必须给定的独立运动参数的数目,称为机构的**自由度**。

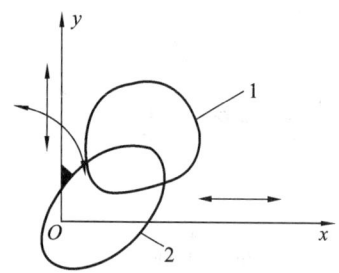

图 2-13　构件平面运动自由度示意图

在平面机构中,各构件只做平面运动,如图 2-13 所示,当构件 1 尚未与构件 2 构成运动副时,共具有 3 个自由度(沿 x、y 轴的移动及绕与运动平面垂直的轴线的转动),设一平面机构共有 n 个活动构件(不含机架),当各构件尚未构成运动副时共有 $3n$ 个自由度。当各构件用运动副连接后,运动副的约束会使系统的自由度相应地减少,减少的数目将等于运动副引入的约束数。在平面机构中,每个运动副引入的约束至多为 2,至少为 1。而每个低副引入 2 个约束,每个高副引入 1 个约束(这里所说的高副,是指如图 2-5 所示的高副,即两构件间既可以沿瞬时接触点的公切线方向滑动,又可绕瞬时接触点转动)。所以在平面机构中,两构件构成的运动副可以有低副和高副。若该机构中各构件间共构成了 P_L 个低副和 P_H 个高副,那么它将共引入 $2P_L+P_H$ 个约束,于是该机构的自由度为

$$F = 3n - (2P_L + P_H) = 3n - 2P_L - P_H \tag{2-1}$$

一个机构是否具有确定的运动,除了与机构的自由度有关外,还与机构给定的原动件数目有关。下面分析几个例子。

如图 2-14 所示的四杆机构,$n=3$,$P_L=4$,$P_H=0$。由式(2-1)得 $F=1$,所以只要给定一个

运动参数(即给定一个原动件),如给定构件 1 的角位移 φ_1,则其余构件的位移也是确定的。也就是说,这个自由度为 1 的机构在具有一个原动件时可以获得确定的运动。又如图 2-15 所示的五杆机构,$n=4$,$P_L=5$,$P_H=0$,所以 $F=2$,应当具有两个自由度,若只给定一个原动件,例如给定构件 1 的角位移 φ_1,此时其余构件的运动并不能确定。当构件 1 处于位置 AB 时,构件 2、3、4 可处于位置 $BCDE$,也可以处于位置 $BC'D'E$,或者其他位置。但是,若再给定一个原动件,如构件 4 的角位移 φ_4,即同时给定 2 个独立的运动参数,则不难看出,此时五杆机构各构件的运动便完全确定了。所以,该机构必须给定两个原动件,才能有确定的运动。又如图 2-16 所示运动链,$n=2$,$P_L=3$,$P_H=0$,由式(2-1)得 $F=0$,可以看出这个自由度等于零的运动链是不能产生相对运动的桁架。综上所述,机构具有确定运动的条件是:机构的自由度大于零且机构自由度的数目必须等于原动件的数目。

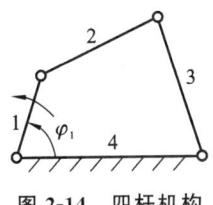

图 2-14　四杆机构

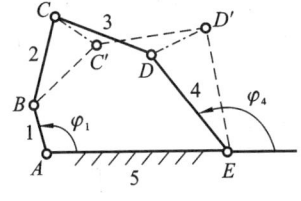

图 2-15　五杆机构

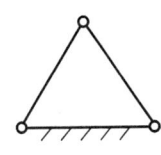

图 2-16　桁架

例 2-3　试计算图 2-17 所示颚式破碎机构的自由度,并判断该机构是否有确定运动。

解　由该机构的运动简图可以看出,该机构共有 5 个活动构件(即构件 1、2、3、4、5),7 个低副(即转动副 O、A、B、C、D、E 及 F),而没有高副,故根据式(2-1)可求得其自由度为

$$F=3n-2P_L-P_H=3\times5-2\times7-0=1$$

由图示箭头可知,该机构有一个原动件,与机构的自由度相等,故该机构具有确定的运动。

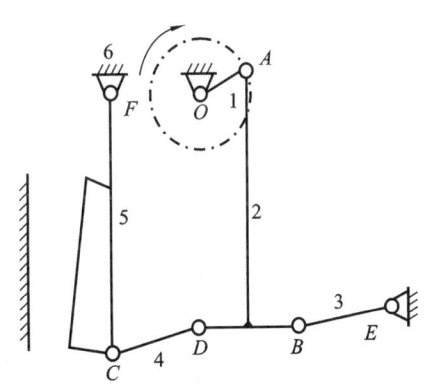

图 2-17　颚式破碎机构简图

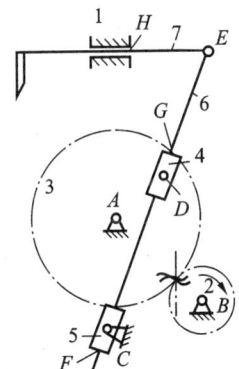

图 2-18　牛头刨床简图

例 2-4　试计算图 2-18 所示牛头刨床机构的自由度,并判断该机构是否有确定的运动。

解　由该机构的运动简图可以看出,该机构共有 6 个活动构件(即构件 2、3、4、5、6、7),8 个低副(即转动副 A、B、C、D、E,移动副 F、G、H),1 个高副(即齿轮 2 与齿轮 3 的啮合)。故根据式(2-1)可求得该机构的自由度为

$$F=3n-2P_L-P_H=3\times6-2\times8-1=1$$

由图示箭头可知,该机构具有一个原动件,与机构的自由度相等,故该机构具有确定的运动。

在计算机构自由度时,还应当注意以下特殊问题。

1) 复合铰链

两个以上的构件构成同轴线的转动副时,即形成复合铰链。如图 2-19(a)所示,3 个构件在一起以转动副相连接而构成复合铰链,而由图 2-19(b)可以清楚地看出,此 3 个构件共构成了 2 个转动副,而不是 1 个。同理,m 个构件在同一处用复合铰链相连时,其构成的转动副数目应为 $m-1$ 个。在计算机构自由度时,应注意是否存在复合铰链,以免把转动副数目弄错,而使自由度的计算出错。

2) 局部自由度

若机构中的某些构件所产生的局部运动并不影响其他构件的运动,则把这种不影响机构整体运动的自由度,称为局部自由度。

例如图 2-20(a)所示的凸轮机构,在按式(2-1)计算自由度时,$F=3n-2P_L-P_H=3\times3-2\times3-1=2$。但是,滚子绕其自身的转动并不影响其他构件的运动,因而它是一种局部自由度。对局部自由度的处理方法是:设想将滚子 2 与推杆 3 固接在一起,即把 2 和 3 看成一个构件,显然其并不影响机构整体的运动。但此时,$n=2$,$P_L=2$,$P_H=1$,所以按式(2-1)计算得 $F=1$。由此可见,在计算机构的自由度时,应将机构中的局部自由度除去不计。局部自由度虽然不影响整个机构的运动,但滚子可使高副接触处的滑动摩擦变为滚动摩擦,减少磨损,所以实际机械中常有局部自由度出现。

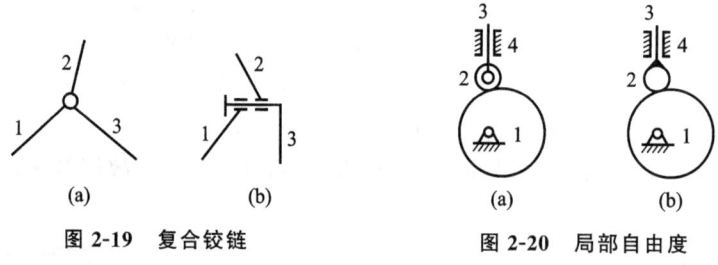

图 2-19 复合铰链   图 2-20 局部自由度

3) 虚约束

对机构运动实际上不起限制作用的约束称为虚约束。

例如图 2-21(a)所示的平行四边形机构,该机构的自由度 $F=1$。若在构件 3 与机架 1 之间与 AB 或 CD 平行地铰接一构件 5,即构件 5 与构件 2、4 相互平行且长度相等(见图 2-21(b))。显然这对该机构的运动并不产生任何影响。但此时该机构的自由度却变为 $F=3n-2P_L-P_H=3\times4-2\times6=0$,这是因为连杆 BC 做平动,其上一点(包括构件 3 上的点 E)的轨迹均为圆心位于 AD 上半径等于 $AB(=CD=EF)$ 的圆。因此构件 3 上点 E 的轨迹与构件 5 上点 E 的轨迹重合,使得构件 5 及其添加的 E、F 运动副未起实际的约束作用,因而它是一个虚约束。在计算机构的自由度时,应将机构中构成虚约束的构件连同其所附带的运动副全都除去不计。

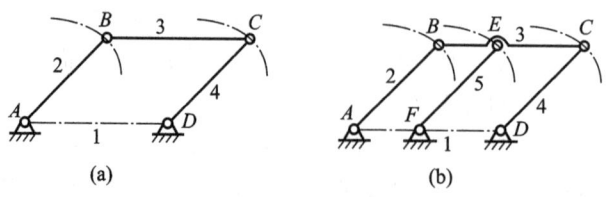

图 2-21 虚约束

机构中引入虚约束,主要是为了改善机构的受力情况或增加机构的刚度。机构中的虚约束常发生在下列情况中:

①若构件上某点的轨迹与在该点引入运动副后的轨迹完全相同,则构成虚约束(如图 2-21 所述的情况)。又如图 2-22 所示为一椭圆仪机构,图中 $\angle CAD = 90°$,$AB = BC = BD$,可通过几何证明该机构运动时构件 2 上的点 C 和滑块 3 上的点 C 轨迹都是直线 AC,所以 C 处(或 D 处)为虚约束。

②若两个构件之间组成多个导路平行的移动副,则只有一个移动副起作用,其他都是虚约束,如图 2-23 所示。

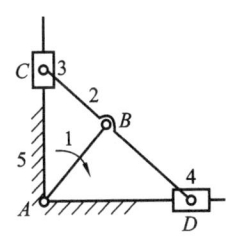

图 2-22　椭圆仪机构

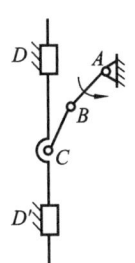

图 2-23　导路平行的移动副

③若两构件之间组成多个轴线重合的回转副,则只有一个回转副起作用,其余都是虚约束,如图 2-24 所示。

④若在机构的运动过程中,某两构件上的两动点之间的距离始终保持不变,若将此两点以构件相连,则会引入虚约束,如图 2-25 所示。

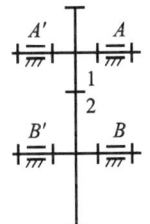

图 2-24　轴线重合的回转副

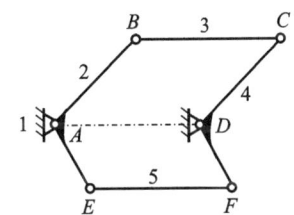

图 2-25　两动点间引入虚约束

上面讨论了在计算机构的自由度时应注意的一些事项,只有正确地处理了这些问题,才能得到正确的自由度的计算结果。

例 2-5　计算图 2-26(a)所示大筛机构的自由度。

解　该机构中共有 7 个活动构件,机构中的滚子有一个局部自由度,推杆与机架在 E 和 E' 处组成两个导路平行的移动副,其中之一为虚约束,C 处是复合铰链。

现将滚子与推杆固接为一体,去掉移动副 E',C 处回转副的数目为 2,如图 2-26(b)所示。由图 2-26(b)得,$n = 7$,$P_L = 9$(含 7 个回转副和 2 个移动副),$P_H = 1$,故由式(2-1)得:

$$F = 3n - 2P_L - P_H = 3 \times 7 - 2 \times 9 - 1 = 2$$

此机构的自由度为 2。

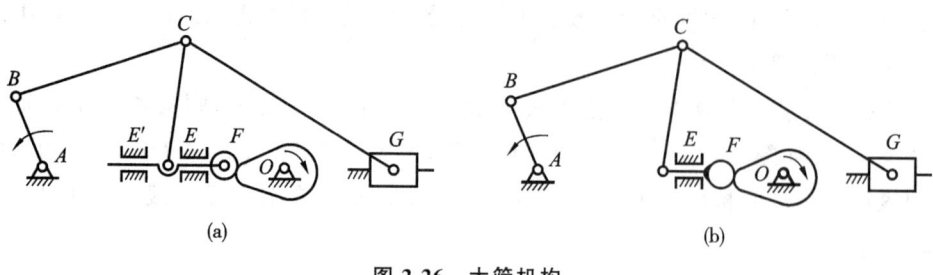

图 2-26　大筛机构

2.4　机构的组成

2.4.1　机构的组成原理

如前所述,一个机构若要具有确定运动,需满足原动件的数目与自由度的数目相等。设想将原动件和机架从机构中分离出来,则其余的活动构件构成的构件组必然是一个自由度为 0 的运动链。而这个自由度为 0 的运动链可进一步拆分为若干个更简单的自由度为 0 的运动链。将自由度为 0 且不可再分解的运动链称为基本杆组(或称杆组)。由以上可知:任何机构都可以看成是由若干个基本杆组依次连接于原动件和机架上而构成的。这就是机构的组成原理。

根据以上原理,在设计一个新的机构时,可选定一个构件作为固定机架,将数个构件(其个数与机构的自由度相等)作为原动件以运动副的形式连接在机架上,最后将一个或几个基本杆组依次连接于机架和原动件上而构成机构。反之,对现有机构进行运动和动力分析时,可根据上述原理,将机构分解成机架、原动件和若干基本杆组,然后对同类杆组采用相同的方法进行分析。如图 2-27 所示的平面六杆机构,其自由度 $F=1$,当原动件数目为 1 时,其运动便确定了。假设构件 2 为原动件,根据以上原理,将原动件 2 和机架 1 从机构中分离,则剩余部分是由构件 3、4、5、6 所组成的运动链,其自由度 $F=3\times4-2\times6=0$。又如图 2-27(b)所示,构件 3、4、5、6 所组成的运动链还可以再拆分为构件 3、4 和构件 5、6 所组成的两个基本杆组,它们的自由度均为 $F=3\times2-2\times3=0$。可见图 2-27(b)的四杆运动链并非基本杆组,因其可拆分为图 2-27(c)所示的两个基本杆组。

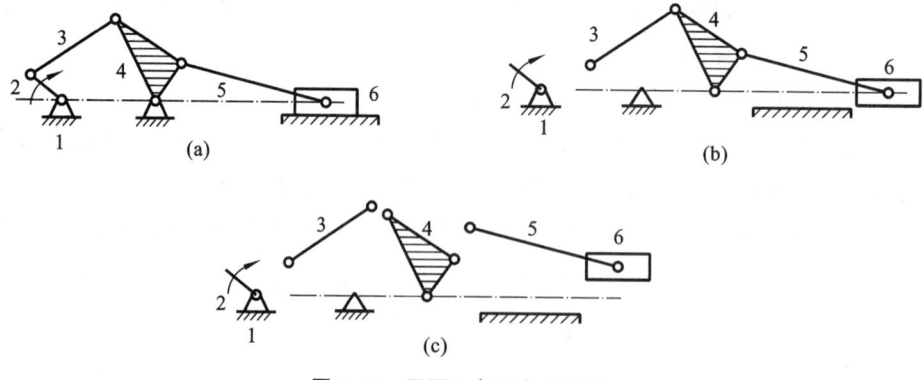

图 2-27　平面六杆机构的拆分

2.4.2　平面机构的结构分类

1. 杆组及其分类

机构的结构分类是根据机构中基本杆组的形态进行分类的。组成平面机构的基本杆组应符合以下条件。

$$F = 3n - 2P_L - P_H = 0 \qquad (2\text{-}2)$$

式中：n——基本杆组中的构件数；

P_L——基本杆组中低副的数目；

P_H——基本杆组中高副的数目。

若在基本杆组中的运动副全部为低副，则式(2-2)可变为

$$\begin{cases} 3n - 2P_L = 0 \\ n = \dfrac{2}{3}P_L \end{cases} \qquad (2\text{-}3)$$

由于构件数 n 和低副数 P_L 都必须为整数，所以它们的组合如表 2-2 所示。

表 2-2　构件数和低副数的组合表

n	2	4	6	⋯
P_L	3	6	9	⋯

所以最简单的基本杆组是 $n=2$，$P_L=3$ 的基本杆组，我们把这种基本杆组称为Ⅱ级组。Ⅱ级组是应用最多的一种基本杆组，其基本形式如图 2-28 所示。

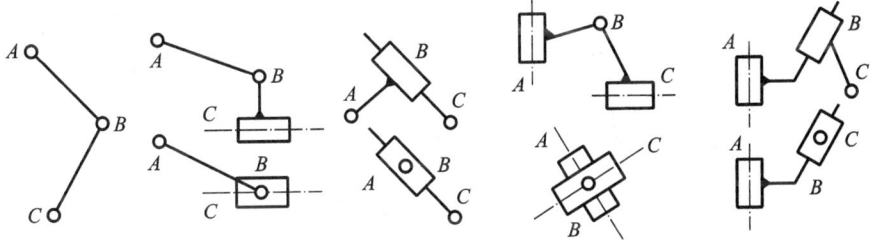

图 2-28　Ⅱ级组的基本形式

较为复杂的杆组为 $n=4$，$P_L=6$ 的运动链。其基本形式有两类：第一类如图 2-29 所示，该运动链具有一个含有三个内运动副的构件，三个内运动副分别与三个外悬构件相连。这种含有三个内运动副的中心构件且 $n=4$，$P_L=6$ 的运动链称为Ⅲ级组。第二类如图 2-30 所示，为具有封闭四边形结构的杆组，且 $n=4$，$P_L=6$，称为Ⅳ级组。

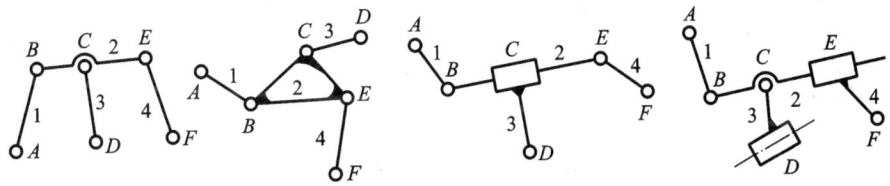

图 2-29　Ⅲ级组

应该指出：Ⅲ级组或Ⅳ级组的构件数 $n=4$，运动副数 $P_L=6$。从数字上看，刚好都是Ⅱ级

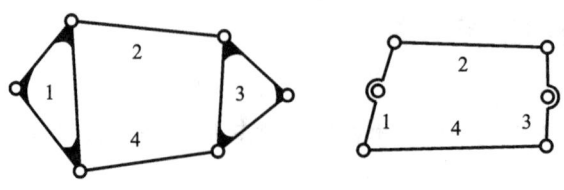

图 2-30　Ⅳ级组

组的两倍。但其结构不可拆分为两个Ⅱ级组，因为它们不可能拆分成两个完整的Ⅱ级组。

2. 机构的结构分类

同一机构可以包含不同级别杆组。若机构最高级杆组为Ⅱ级组，则称为Ⅱ级机构；若最高级杆组为Ⅲ级组，则称为Ⅲ级机构，其余类推。即机构的级别是以其中含有的杆组的最高级别确定的。机构的结构分类旨在将已知机构分解为若干杆组，并确定这些杆组的级别和类型，以便对同级同类杆组用同一方法进行分析。

机构的结构分析过程与机构的结构综合刚好相反，一般先从远离原动件的部分开始拆组。结构分析的要领是：①首先移除结构中的虚约束和局部自由度，必要时进行高副低代。②先试拆Ⅱ级组，若拆不出Ⅱ级组时，再试拆Ⅲ级组。正确拆组的判别标准：拆出一个杆组后，剩余部分必须为一个完整的机构或若干个与机架相连的原动件，不得残留孤立构件或运动副。拆出一个杆组后，再对剩余机构拆组，并按第②个要领进行，直到全部杆组拆完，只剩下与机架相连的原动件为止。

例 2-6　试分析如图 2-31 所示机构的结构，并判定其级别。

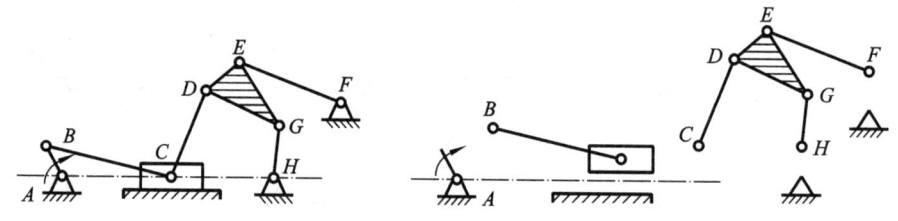

图 2-31　八杆机构的拆分

解　先从远离原动件处开始拆组，由于不能拆出Ⅱ级组，只能拆下Ⅲ级组 $CDEFGH$，余下部分 ABC 仍为一个完整的机构。接着拆下Ⅱ级组 BC，最后剩下连于机架上的原动件。至此，可知该机构为Ⅲ级机构。

例 2-7　试分析如图 2-32 所示机构的结构，并判定其级别。

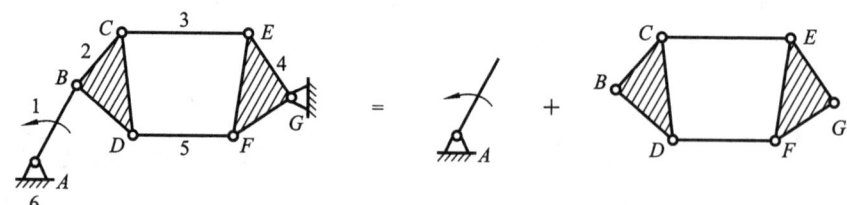

图 2-32　六杆机构的拆分

解　先从远离原动件 1 的构件 5 开始拆组，由于不可能拆下Ⅱ级组或Ⅲ级组，故拆下Ⅳ级组 $BCDEFG$，剩下机架 6 和原动件 1。所以该机构是Ⅳ级机构。

2.5　平面机构的高副低代

为了对含有高副的平面机构进行分析研究,可在一定的条件下以低副虚拟替代高副,这种高副以低副来替代的方法称为高副低代。

进行高副低代必须满足的条件:①替代前后机构的自由度不变;②替代前后保持机构的运动关系不变,即瞬时速度和瞬时加速度不变。

要满足第①个条件,就必须保持替代前后运动副提供的约束的数目相同。在平面机构中,一个高副只提供一个约束,而一个低副提供两个约束,所以,不能直接用一个低副来代替一个高副。用含有两个低副的一个构件来替代一个高副,则可以保持替代前后运动副提供的约束数相同。因为在平面机构中,一个活动构件具有三个自由度,当其与其他构件组成两个低副时,可引入四个约束。所以用含有两个低副的一个构件来替代一个平面高副时,刚好也是提供一个约束。它与一个平面高副所提供的约束完全相同。

如何满足第②个条件呢? 先研究如图 2-33 所示的机构,构件 1 和构件 2 为分别绕点 A 和点 B 回转的圆盘,这两个圆盘的几何中心分别为 O_1、O_2,它们在接触点 C 以高副相接触。当构件 1 绕点 A 转动时,借两圆盘的接触点推动构件 2 绕点 B 转动。显然,当机构运动时,AO_1、$O_1O_2(=r_1+r_2)$、BO_2 的距离始终保持不变。因此,如果设想在 O_1O_2 间加入一个虚拟的构件,并分别与构件 1、2 在点 O_1、O_2 构成转动副,以代替该两圆盘所组成的高副(如图 2-33 中虚线所示),显然,这种替代对机构的运动并不产生任何影响。所以,设想由构件 O_1O_2 及其引入的两个低副来代替高副 C,就能满足高副低代的第②个条件。由上述分析还可以知道 O_1、O_2 是高副两元素在其接触点 C 处的曲率中心。

综上所述,可以得出结论:在平面机构中,只要用一个虚拟构件分别在高副两元素的曲率中心与构成高副的两构件以转动副相连,即可完成机构的高副低代。

上述替代方法可以应用于各种平面机构的高副低代。例如在图 2-34 所示的具有任意曲廓的高副机构中,过接触点 C 作两曲廓的公法线 n—n,找出点 C 处的曲率中心 K_1、K_2,再将虚拟的构件分别在 K_1、K_2 与两构件 1、2 以转动副相连就可以了。

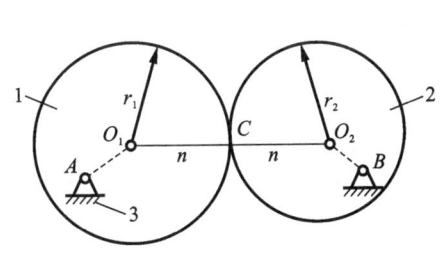

图 2-33　高副低代机构

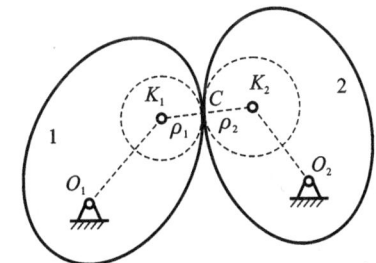

图 2-34　高副机构

由图可见,两曲线轮廓各点处的曲率半径是不同的,其曲率中心至构件固定回转轴的距离也不同,所以图中所示的替代,只是保持机构在此位置时的瞬时速度和瞬时加速度不变的瞬时替代。当机构处于不同位置时,替代机构的尺寸也是不同的。

又如图 2-35 所示,在凸轮机构中,由于高副两元素之一为点,则该高副元素的曲率中心 K_2 与接触点 C 重合。故对此机构进行高副低代时,虚拟构件应一端在点 C 设置转动副,另一

端在凸轮廓线点 C 的曲率中心 K_1 处设置转动副。

图 2-36 所示的另一种凸轮机构中,由于高副两元素之一为直线,而直线的曲率中心趋于无穷远处,所以在进行高副低代时,虚拟构件一端的转动副将转化成移动副,另一端的转动副取在凸轮廓线接触点的曲率中心 K_1 处。

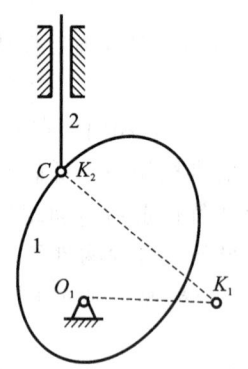

图 2-35 凸轮机构点接触高副低代

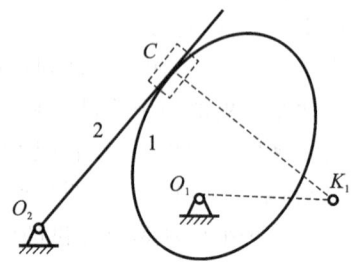

图 2-36 凸轮机构线接触高副低代

既然平面机构中的高副可以用低副来代替,那么含有高副的平面机构都可视为只含有低副的平面机构。因此,平面高副机构可以首先进行高副低代,再按照低副平面机构的分析方法进行分析研究。

2.6 平面机构速度瞬心及其在速度分析中的应用

在研究机械工作特性和运动情况时,需要了解机械的运动速度或某些点的速度变化规律,因而有必要对机构进行速度分析。速度瞬心的概念有助于建立高副机构运动分析的机构模型,从而使机构的运动分析大为简化。

2.6.1 速度瞬心

由理论力学知,彼此做一般平面运动的两构件,任一瞬时都可以看作绕某一相对静止的重合点做相对运动,该点称为瞬时速度中心,简称瞬心。由此可见,瞬心即彼此做一般平面运动的两构件上的瞬时等速重合点或瞬时相对速度为 0 的重合点,因此又可称为瞬时同速重合点。若该重合点的绝对速度为 0,称为绝对瞬心;若该重合点的绝对速度不为 0,则称为相对瞬心。用 P_{ij}(或 P_{ji})表示构件 i 及构件 j 间的瞬心。

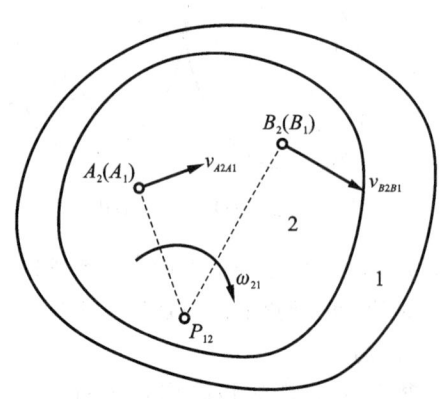

图 2-37 两构件的速度瞬心

如图 2-37 所示,若 P_{12} 表示构件 1、2 的瞬心,则 P_{12} 既是构件 1 上的一点(P_1),又是构件 2 上的一点(P_2),且满足 $v_{P1}=v_{P2}$,即点 P_1 相对于点 P_2 的速度 $v_{P1P2}=0$。由于该瞬时两构件绕 P_{12} 做相对运动,故两构件上任一重合点的相对速度必垂直于该重合点到瞬心 P_{12} 的向径,其大小等于该向径与两构件相对角速度 ω_{12}

之乘积(例如，图中重合点为 $A_2(A_1)$，有：$v_{A2A1} \perp \overline{P_{12}A_2}$，$v_{A2A1} = \omega_{21}\overline{P_{12}A_2}$)。

2.6.2　机构中瞬心的数目

因为每两个构件就有一个瞬心，所以由 N 个构件组成的机构，其总的瞬心数 k，根据排列组合的知识可知为

$$k = \frac{N(N-1)}{2} \tag{2-4}$$

2.6.3　机构中瞬心位置的确定

如上所述，机构中每两个构件之间就有一个瞬心，如果两个构件是通过运动副直接连接在一起的，那么其瞬心位置可以很容易地通过直接观察加以确定；而如果两构件并非直接连接，则它们的瞬心的位置需借助于三心定理来确定，现分别介绍如下。

1. 通过运动副直接相连的两构件的瞬心

(1) 当两构件 1、2 以转动副连接时，其转动副的中心即为其瞬心 P_{12}。图 2-38(a)、(b)中的 P_{12} 分别为绝对瞬心和相对瞬心。

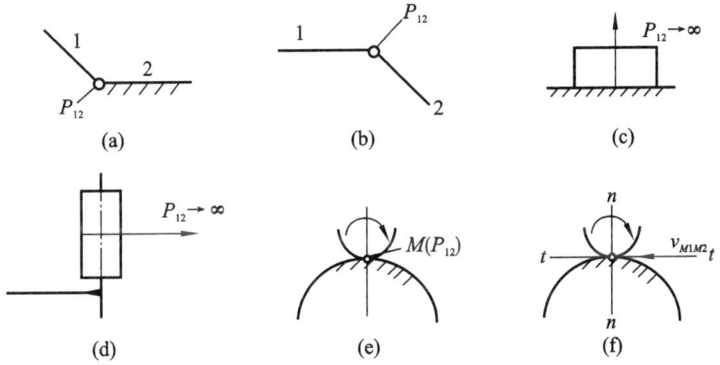

图 2-38　两构件的瞬心确定图

(2) 当两构件以移动副连接时，构件 1 相对于构件 2 移动的方向平行于导路方向，因此瞬心 P_{12} 应位于移动副导路方向垂线上的无穷远处。图 2-38(c)、(d)中的 P_{12} 分别为绝对瞬心和相对瞬心。

(3) 当两构件以平面高副连接时，如果高副两元素之间做纯滚动(ω_{12} 为相对滚动的角速度)，则两元素的接触点 M 即为两构件的瞬心 P_{12}(见图 2-38(e))。如果高副两元素之间既做相对滚动，又有相对滑动(v_{M1M2} 为两元素接触点间的相对滑动速度)，则不能直接定出两构件的瞬心 P_{12} 的位置(见图 2-38(f))。但是，因为构成高副的两构件必须保持接触，而且两构件在接触点 M 处的相对滑动速度必定沿着高副接触点处的公切线 $t-t$ 方向，由此可知，两构件的瞬心 P_{12} 必位于高副两元素在接触点处的公法线 $n-n$ 上。

2. 三心定理

如图 2-39 所示，有三个构件 1、2、3 彼此做平面运动。根据式(2-4)，它们有三个瞬心，即 P_{12}、P_{23}、P_{13}。构件 3 与构件 1、2 构成的瞬心 P_{13}、P_{23} 分别位于 A、B 处。取任意重合点 N(N_1、N_2)，N_1、N_2 两点的速度分别为 v_{N1}、v_{N2}。由于 v_{N1} 与 v_{N2} 的方向不同，显然点 N 不是构件 1、2 的瞬心。由图知，只有当 P_{12}(点 M)位于 $A(P_{13})B(P_{23})$ 连线上时，v_{M1} 与 v_{M2} 才可

能相等。由此证明 P_{13}、P_{12}、P_{23} 位于同一直线上。

由此得:彼此做平面运动的三个构件有三个速度瞬心,它们位于同一条直线上。此即三心定理。

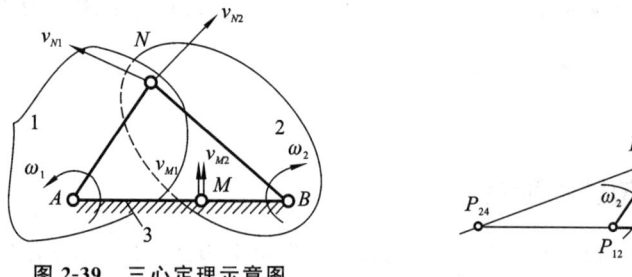

图 2-39　三心定理示意图

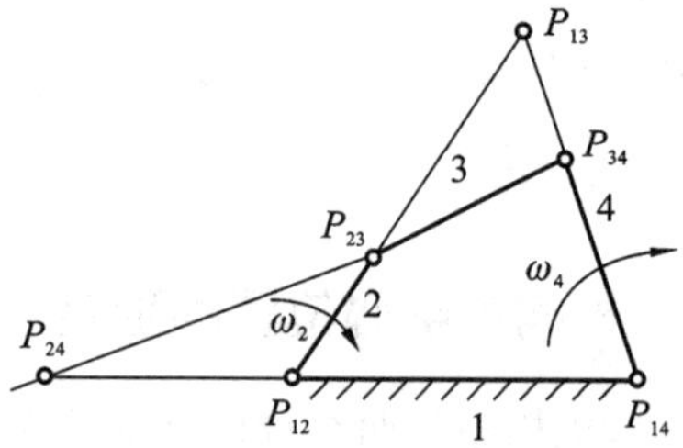

图 2-40　平面四杆机构瞬心

例 2-8　图 2-40 所示为一平面四杆机构,试确定该机构在图示位置时其全部瞬心的位置。

解　根据式(2-4)可知,该机构所有瞬心的数目为

$$k = \frac{N(N-1)}{2} = \frac{4 \times (4-1)}{2} = 6$$

即 P_{12}、P_{13}、P_{14}、P_{23}、P_{24}、P_{34}。其中,P_{12}、P_{23}、P_{34}、P_{14} 分别在四个转动副的中心,可直接定出;而其余两个瞬心 P_{13} 及 P_{24} 则可应用三心定理来确定。

如图 2-40 所示,根据三心定理,对于构件 1、2、3 来说,瞬心 P_{13} 必在 P_{12} 与 P_{23} 的连线上,而对于构件 1、4、3 来说,瞬心 P_{13} 必在 P_{14} 与 P_{34} 的连线上。因此,上述两连线的交点即为瞬心 P_{13}。

同理可知,P_{24} 必是 $P_{23}P_{34}$ 及 $P_{12}P_{14}$ 两连线的交点。

例 2-9　如图 2-41 所示为平面高副机构,试确定其全部瞬心位置。

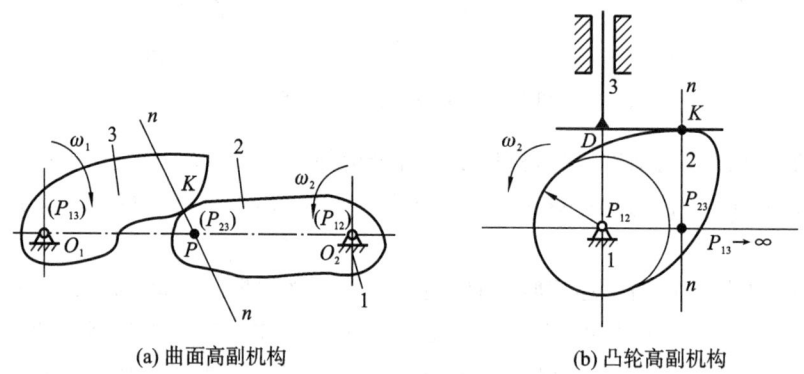

(a) 曲面高副机构　　　　　　(b) 凸轮高副机构

图 2-41　平面高副机构的速度瞬心

解　根据式(2-4)可知,该机构所有瞬心的数目为

$$N = \frac{n(n-1)}{2} = \frac{3 \times (3-1)}{2} = 3$$

在图 2-41(a)所示的曲面高副机构中,P_{13}、P_{12} 分别在两转动副的中心 O_1、O_2 处。过高副两元素的接触点 K 作公法线 $n—n$,则 P_{23} 应在此公法线 $n—n$ 上。又根据三心定理,P_{23} 应在 $P_{13}P_{12}$ 线上。故 $n—n$ 与 $P_{13}P_{12}(O_1O_2)$ 的交点 P 即为 P_{23}。即具有高副的两转动构件的瞬心位于高副接触点的公法线 $n—n$ 与两构件转动中心连线 O_1O_2 的交点 P 上。在图 2-41

(b)所示的凸轮高副机构(凸轮机构)中,P_{12} 在转动副的中心处,P_{13} 在垂直导路的无穷远处。过高副两元素的接触点 K 作公法线 $n—n$,P_{23} 应在公法线 $n—n$ 上,根据三心定理,过 P_{12} 作导路的垂线,其与 $n—n$ 之交点为 P_{23}。

在图 2-41 所示的两机构中,活动构件 2、3 分别与机架 1 构成的瞬心 P_{12}、P_{13} 为绝对瞬心,因为机架是静止的,P_{12}、P_{13} 处的绝对速度为 0。两活动构件构成的瞬心 P_{23} 为相对瞬心,即构件 2 和构件 3 在重合点 P_{23} 有相等的速度。

对于图 2-41(a)所示的曲面高副机构,有

$$\omega_1 \times \overline{O_1P} = \omega_2 \times \overline{O_2P}$$

所以

$$\omega_1/\omega_2 = \overline{O_2P}/\overline{O_1P}$$

由此得到:三构件中具有高副的两转动构件的瞬心将另外两瞬心连线(O_1O_2)分成的两线段长度与两构件的角速度成反比。

对于图 2-41(b)所示的凸轮高副机构,从动件的移动速度 v_3,可用构件 2 上 P_{23} 处的速度表示为

$$v_3 = \omega_2 \overline{P_{12}P_{23}} \mu_L$$

式中:μ_L——图形的长度比例尺。

课程思政拓展阅读材料

材料一　商飞 C919 飞机

C919(中文全称:中国商飞 C919,英文全称:COMAC C919),是中国首款按照国际通行适航标准自行研制、具有自主知识产权的喷气式中程干线客机,设计定位于 150 座级单通道窄体机市场。C919 于 2007 年立项,2017 年首飞,2022 年 9 月完成全部适航审定工作后获中国民用航空局颁发的型号合格证。2022 年 12 月 9 日,C919 首架飞机交付航空公司。

C919 机长 38.9 m、翼展 35.8 m、机高 11.95 m,空机重量 45.7 t、最大商载 18.9 t,符合国际民航组织规定的 C 类飞机标准。座级 158~192 座,航程 4075~5555 km,具有安全、经济、舒适、环保的特点,可满足航空公司对不同航线的运营需求。该机型采用先进气动设计、先进推进系统和先进材料,碳排放更低、燃油效率更高,搭载新一代发动机 LEAP-1C,经济性竞争优势明显,单价为 0.99 亿美元,折合人民币为 6.53 亿元。

商飞 C919 飞机

2023 年 5 月 28 日,C919 完成首次商业飞行,首发用户为中国东方航空。截至 2023 年 9 月 28 日,C919 大型客机订单量达 1161 架。2023 年 12 月 13 日,中国东航接收的第三架 C919 国产大飞机正式投入运营。2023 年 12 月 17 日,西藏航空与中国商飞在上海签署战略合作框架协议,就共同研制国产大飞机高原机型开展全方位战略合作。

参考资料:中国商飞 C919. https://baike.baidu.com/item/C919/2400615。

思考 1:以 C919 飞机为例,思考如何利用平面机构的设计原理来实现其复杂的机翼和起落架的运动控制,以确保飞机在起飞、飞行和降落阶段的安全性、稳定性和经济性?

思考 2:飞机发动机的设计和性能如何反映了一个国家在科技创新、国际竞争和国家安全战略上的地位?

材料二　灵巧的混联机器人

在现代制造业领域,机床加工大尺寸工件时往往面临诸多限制,而混联机器人的出现为这一难题提供了新的解决方案。天津大学机械工程学院刘海涛教授团队历经 20 余年潜心研发,成功首创一种新型混联加工机器人机构,为智能制造装备技术发展带来重大突破。

混联机器人

混联机器人的诞生与工业自动化发展紧密相关。回顾工业发展历程,在查理·卓别林经典电影《摩登时代》中,工人查理在流水线上重复扭紧六角螺帽的场景,曾是工业生产的典型写照。随着智能制造时代的到来,这类重复性强、学习性弱且危险性高的工作,已逐步被工业机器人所替代。用工业机器人替代机床实现高柔性、低成本加工,正成为智能制造装备技术的重要发展趋势。

天津大学刘海涛教授团队首创的混联加工机器人新机构,由 2 自由度平面机构、集成铰链和 6 自由度支链构成。该成果打破了国外专利壁垒,在航天航空、轨道交通、船舶制造等高端制造领域展现出广阔的应用前景。凭借这一创新技术,"高性能混联加工机器人"技术成果荣获天津市技术发明一等奖。同时,该项目还取得了丰硕的科研成果,先后获得 33 项国家发明专利,并发表 59 篇学术论文。

混联机器人已成为机器人加工技术的重要发展方向,其构成的机器人化加工装备更是我国航天航空等重点领域实现高性能制造急需的核心装备。早在 2000 年初,当我国尚未建立起完善的混联加工机器人系统研发体系,既无成熟产品,也缺乏高端领域应用经验时,刘海涛所在课题组便率先开展相关研究。

经过四代工程样机的迭代开发,团队成功研发出新型混联加工机器人机构。研究过程中,团队将机器人学、机床动力学、数字样机技术有机融合,提出主参数关联设计和层次化设计策略,发明尺度—结构—驱动器集成设计新方法,突破混联加工机器人动态设计核心技术,确保机器人具备优良的运动灵活性、静刚度和动态特性。

为进一步提升机器人的静动态精度,项目团队将机器人学、结构动力学、大数据分析相结合,攻克高速高精度五轴联动控制、位姿误差综合补偿、平滑与运动平稳轨迹规划、高效精准视觉定位等一系列核心关键技术。

从应用层面来看,混联加工机器人适用于多种生产场景。不同加工工艺对设备有着不同要求,以铣削加工为例,涉及刀具选择、进给速度、刀具转速等多项工艺参数,而打磨、焊接、抛光等其他应用也各有其独特的工艺规范。正如刘海涛教授所言,唯有将理论研究与实际应用相结合,构建完整体系,才能实现技术的产业化。

该项目团队不仅在混联加工机器人的机构创新、设计理论、精度调控等方面取得突破,还解决了加工工艺中的关键问题,打通了从自主设计到工程应用的全链条。基于该技术,可搭建适用于铣削、制孔、焊接、抛磨、装配等多种作业的单机和多机制造系统。

展望未来,针对我国高端制造领域对机器人化加工装备的迫切需求,刘海涛教授团队计划持续深入开展机器人—测控—工艺系统集成技术研究,不断拓展混联加工机器人的应用领域,致力于提升我国高性能加工机器人的技术水平,为制造业的创新驱动发展提供坚实的技术支撑。

参考资料:https://www.chinanews.com/cj/2022/05-11/9751336.shtml。

思考题 1:在混联加工机器人的 2 自由度平面机构与 6 自由度支链协同运动中,如何通过自由度分配优化和速度匹配策略,实现大尺寸工件加工时的运动刚度与轨迹速度的动态平衡?

思考题 2:当混联加工机器人应用于航空航天领域的高精度曲面铣削时,如何基于平面机构的速度特性(如加速度、振动频率)分析其自由度冗余对加工轨迹误差的影响?

讨　　论

2-1　平面机构的自由度是如何定义的?解释平面机构中刚体相对运动的可能性。举例说明不同类型的平面机构的自由度分析方法。

2-2　讨论平面机构中约束与自由度的平衡。如何在设计中合理选择约束以满足机构的功能需求?

2-3　解释平面机构中闭环与开环结构的区别。如何计算闭环结构的自由度?闭环结构对于速度分析有何影响?

2-4　解释速度分析的基本原理。在平面机构中,速度是如何与自由度相关联的?

2-5　以纺锤摆为例,讨论平面机构如何通过速度分析来理解和优化其运动特性?

习　　题

2-1　试画出题 2-1 图中各平面机构的运动简图,并计算其自由度。

2-2　题 2-2 图所示为一简易冲床的初拟设计方案。设计者的思路是:动力由齿轮 1 输入,使轴 A 连续回转;而固装在轴 A 上的凸轮 2 与杠杆 3 组成的凸轮机构使冲头 4 上下运动,以实现冲压的目的。试绘出其机构运动简图,分析其运动是否确定,并提出修改措施。

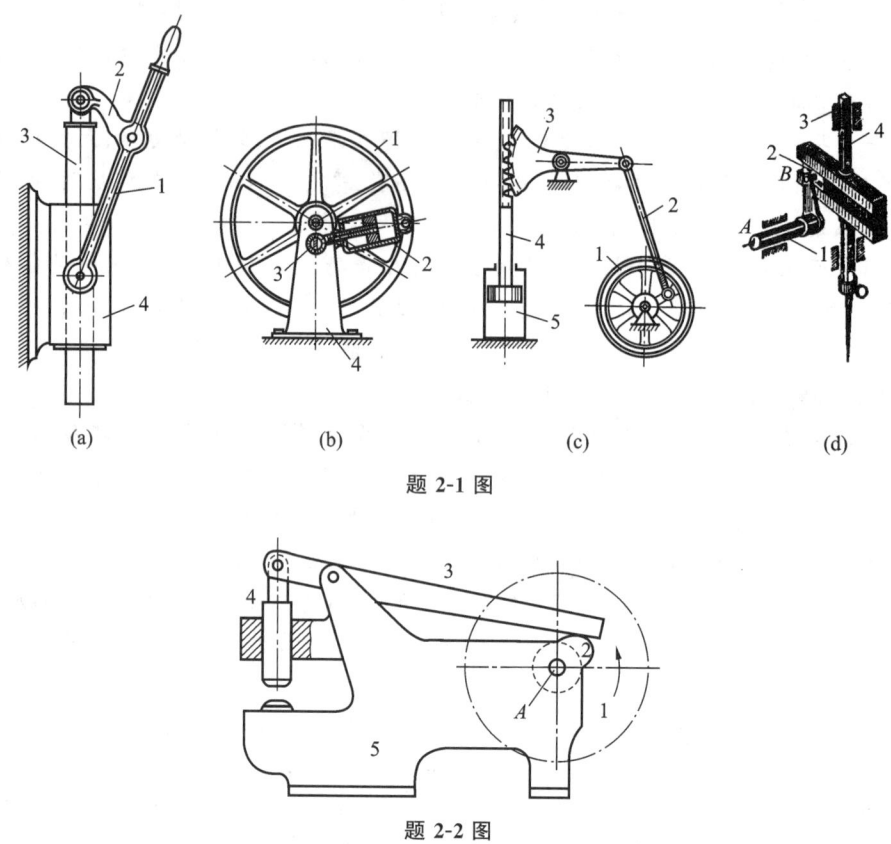

题 2-1 图

题 2-2 图

2-3　题 2-3 图所示为一小型压力机,其中:1 为滚子,2 为摆杆,3 为滑块,4 为滑杆,5 为齿轮及凸轮,6 为连杆,7 为齿轮及偏心轮,8 为机架,9 为压头。试绘制其机构运动简图,并计算其自由度。

2-4　试绘制题 2-4 图中工件输送机的机构运动简图,并计算其自由度。若 AB 为原动件,说明工件被输送的过程。

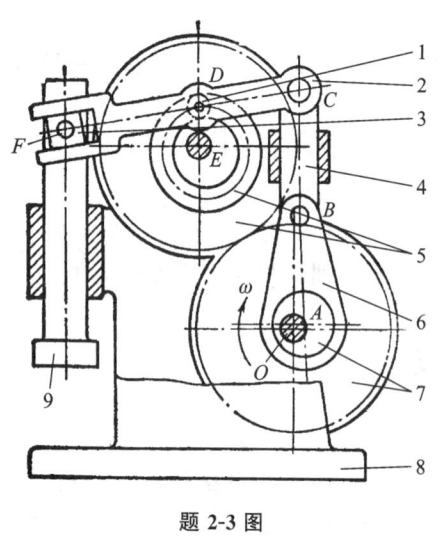

题 2-3 图

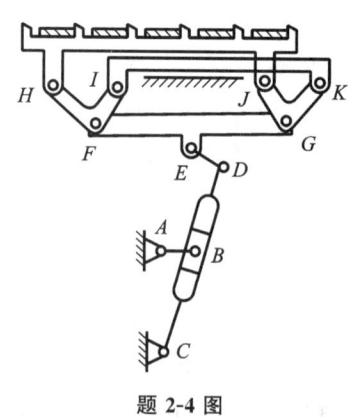

题 2-4 图

2-5　试绘制题 2-5 图所示火车蒸汽机车的机构运动简图,并计算其自由度。

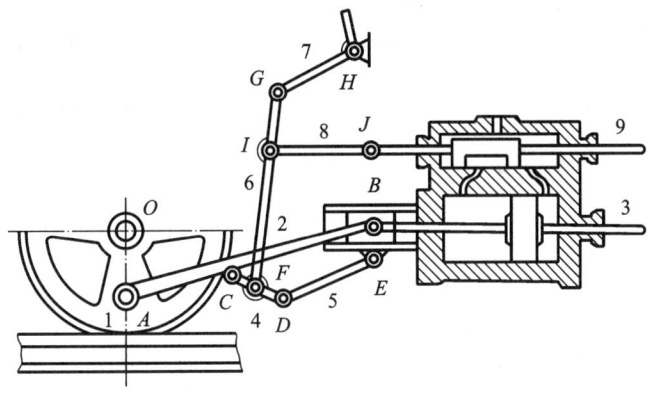

题 2-5 图

2-6　试计算题 2-6 图所示凸轮-连杆组合机构的自由度。

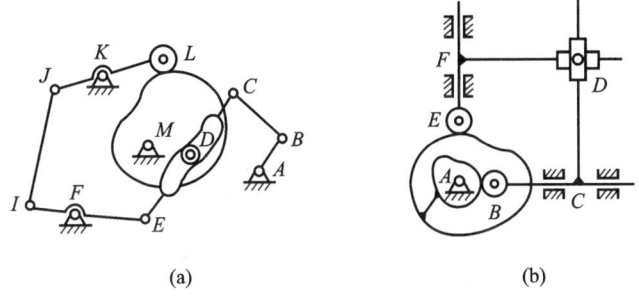

(a)　　　　　　　　　　　　　　(b)

题 2-6 图

2-7　试计算题 2-7 图所示齿轮-连杆组合机构的自由度。

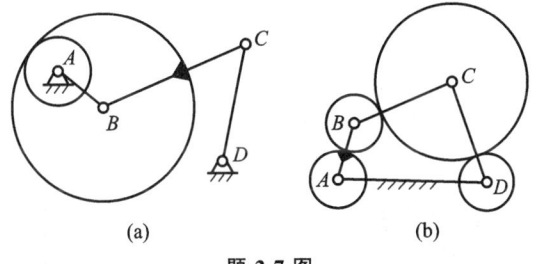

(a)　　　　　　　　　　　(b)

题 2-7 图

2-8　试计算题 2-8 图所示刹车机构的自由度,并就刹车过程说明此机构自由度的变化情况。

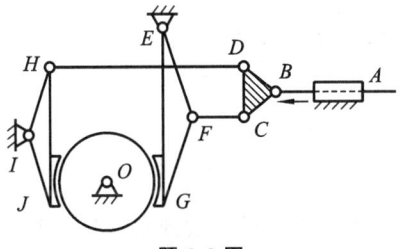

题 2-8 图

2-9　先计算题 2-9 图(a)～(f)所示平面机构的自由度。再将其中的高副低代,确定机构所含杆组的数目和级别,以及机构的级别。机构中的原动件用圆弧箭头表示。

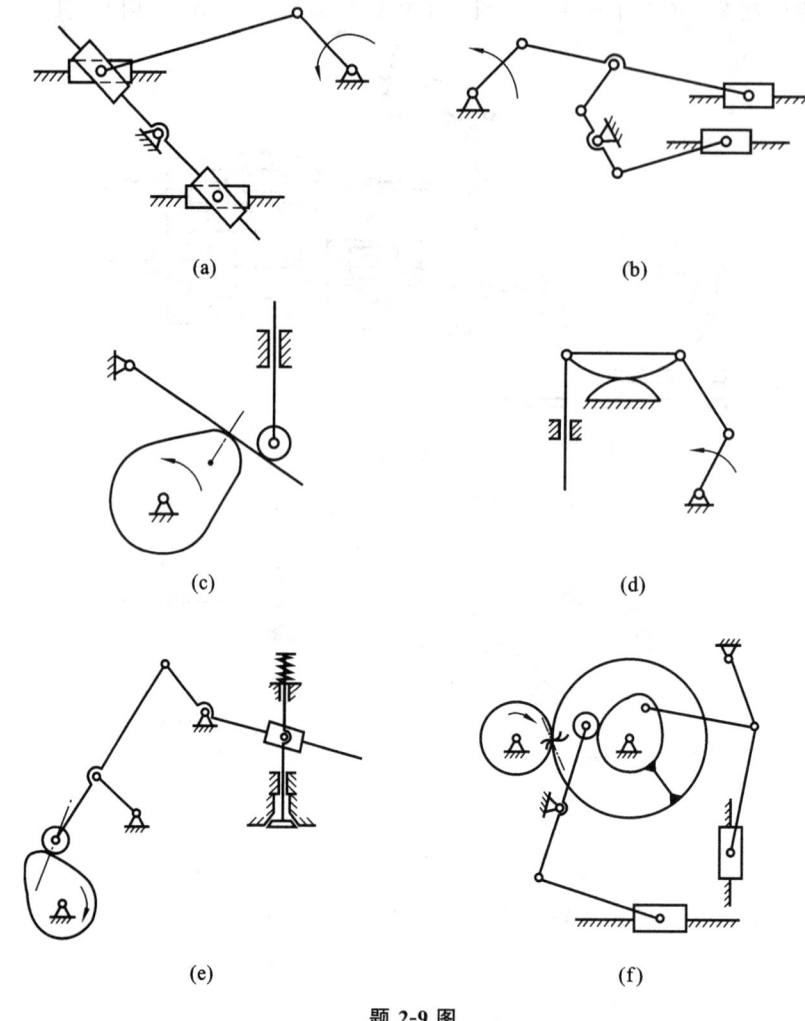

题 2-9 图

2-10　计算题 2-10 图所示机构的自由度,其中图(a)为液压挖掘机构,图(b)为差动轮系。

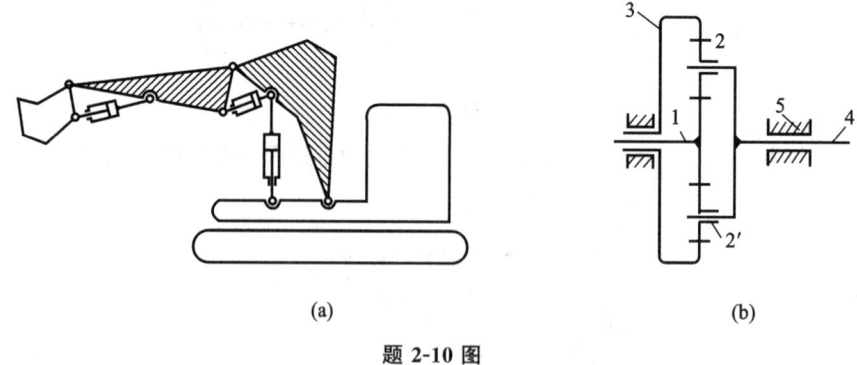

题 2-10 图

2-11　题 2-11 图箭头所示构件为原动件,试判断该机构是否有确定相对运动。

2-12　题 2-12 图所示分别为椭圆仪和三等分分角器的示意图,箭头所示为原动件。判断它们有无确定的相对运动。

2-13　试判定题 2-13 图所示机构的级别,需具体说明其拆组过程。

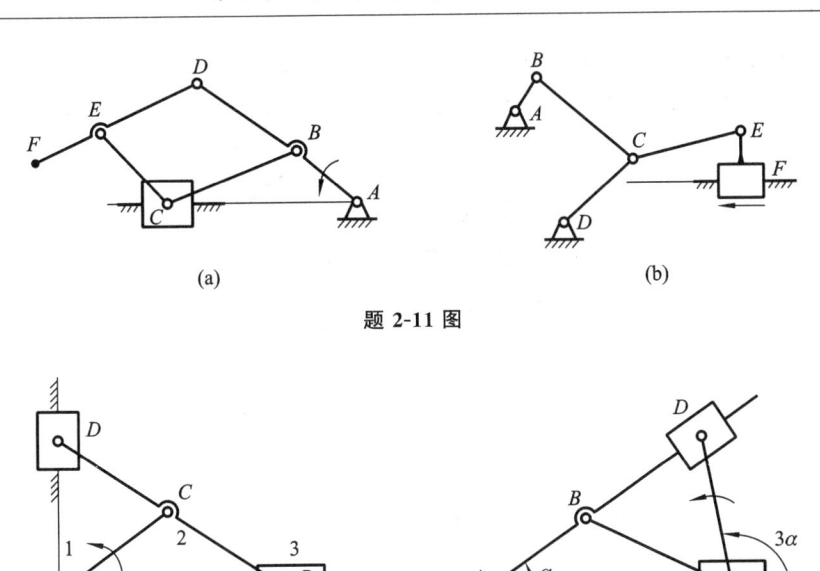

题 2-11 图

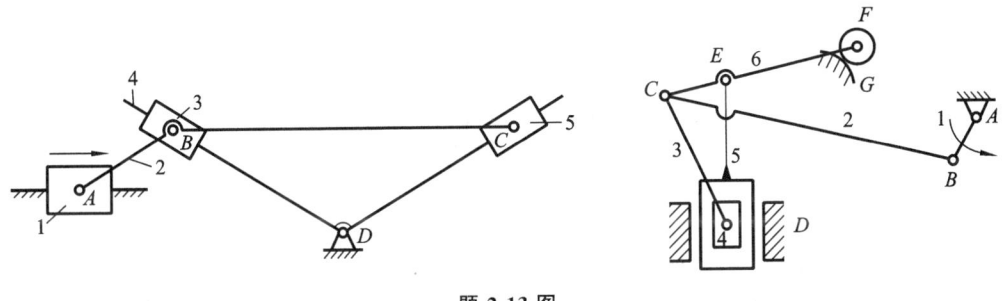

题 2-13 图

2-14　题 2-14 图所示为用来把轧制线上运动中的钢材剪切成定长尺寸的飞剪机构。曲柄 AB 转一周剪切一次。试计算两种机构的自由度,如果要求机构有确定运动应如何处理?机构(2)有何特殊作用?

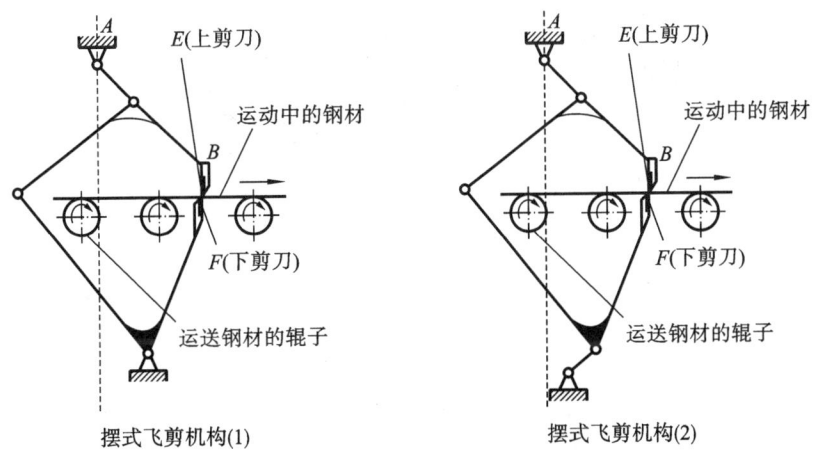

题 2-14 图

2-15　如题 2-15 图所示为齿轮连杆组合机构,三个齿轮相互纯滚动,指出齿轮 1、3 间的速度瞬心 P_{13},并用瞬心法写出 1、3 两轮角速比 ω_1/ω_3 的表达式(不需具体数据)。

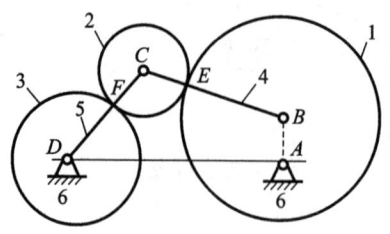

题 2-15 图

2-16　如题 2-16 图所示为铰链四杆机构,试用瞬心法分析欲求构件 2 和构件 3 上任意重合点的速度相等时的机构位置,此时 φ_1 为多少?

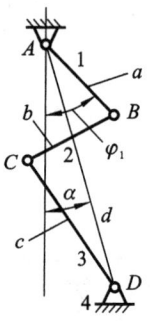

题 2-16 图

2-17　如题 2-17 图所示,已知 $n_1 = 1000$ r/min,$a = 0.1$ m,$b = 1.75$ m,$c = e = 0.45$ m,$\alpha_3 = 126°$,$d = 0.3$ m,$f = 0.6$ m,$x_G = 2.21$ m,$y_G = 0.42$ m,$x_F = 1.08$ m,$y_F = 0.67$ m,试求 $\varphi_1 = 30°$ 时的 v_E、v_D、a_E、a_D。

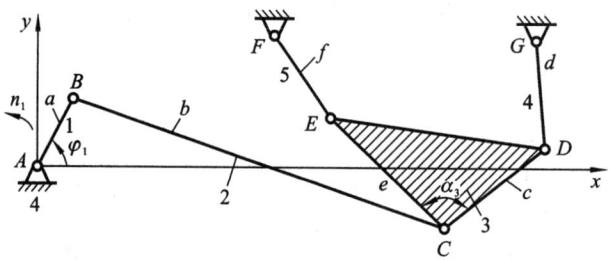

题 2-17 图

第3章 平面连杆机构

连杆机构是由若干个构件用平面低副(如转动副、移动副等)连接而成的机构,用于实现运动的传递、变换和传送动力,故又称低副机构。根据构件之间的相对运动是平面的还是空间的,连杆机构可分为平面连杆机构与空间连杆机构。本章主要介绍平面连杆机构。

3.1 平面连杆机构的类型

平面连杆机构是一种低副机构。由于它能实现多种运动形式的转换,也能实现比较复杂的运动,又由于构件之间连接处是面(圆柱面或平面)接触,能传递较大的力且制造简便,因此平面连杆机构广泛应用在各种机械和仪器设备中。近年来,随着电子计算机的普及和设计方法的不断改进,平面连杆机构的应用范围还在不断扩大。

平面连杆机构的类型有很多,单从组成机构的杆件数来看就有四杆机构、五杆机构和六杆机构等,一般将五个或以上构件组成的连杆机构称为多杆机构。图 3-1(a)所示的多杆(六杆)机构,可视为由图 3-1(b)、(c)所示的两个四杆机构组成,所以,四杆机构是分析多杆机构的基础。

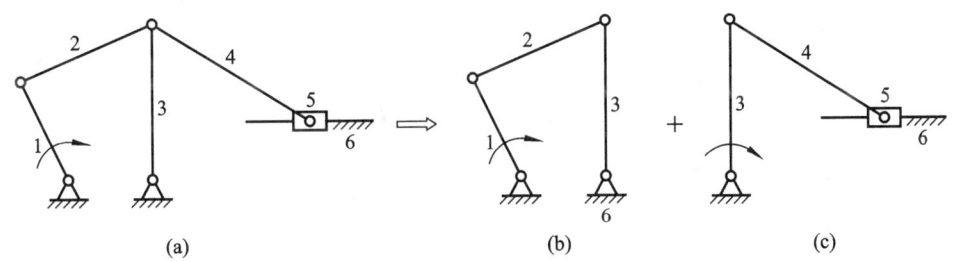

(a)　　　　　　　　　　(b)　　　　　　　　(c)

图 3-1　六杆机构的组成

构件之间都是用转动副连接的四杆机构,称为铰链四杆机构(见图 3-2)。其中,固定不动的杆 4 称为机架,与机架相连的杆 1 和杆 3 称为连架杆,而连接两连架杆的杆 2 称为连杆。连杆 2 通常做平面运动,而连架杆 1 和 3 则绕各自回转中心 A、D 转动。其中:能做整周回转运动的连架杆称为曲柄,仅能在小于 360°的某一角度范围内往复摆动的连架杆称为摇杆。如果以转动副相连的两构件可以做整周的相对转动,则称此转动副为整转副,不能做整周的相对转动的称为摆动副。

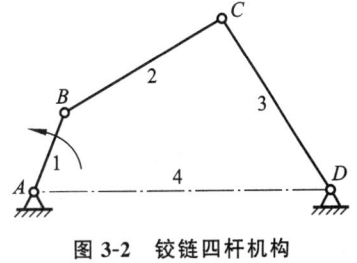

图 3-2　铰链四杆机构

铰链四杆机构,按照连架杆是曲柄还是摇杆,可分为三种基本形式:曲柄摇杆机构、双曲柄机构和双摇杆机构。

3.1.1　曲柄摇杆机构

在铰链四杆机构中,若两连架杆中有一杆为曲柄,另一杆为摇杆,则称此机构为曲柄摇杆机构。图 3-3 所示的雷达天线仰角调节机构和图 3-4 所示的搅拌机构均为曲柄摇杆机构的应用实例。

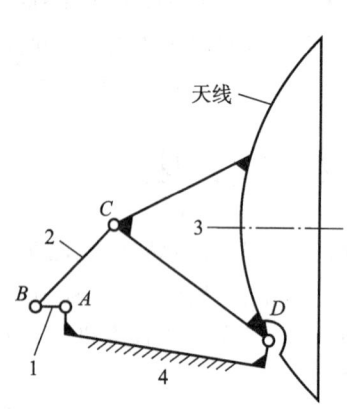

图 3-3　雷达天线仰角调节机构

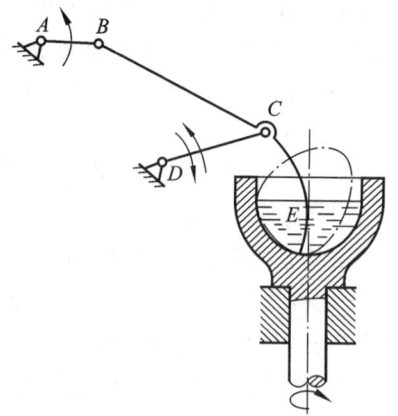

图 3-4　搅拌机构

3.1.2　双曲柄机构

具有两个曲柄的铰链四杆机构称为双曲柄机构。双曲柄机构中,通常主动曲柄等速转动,从动曲柄变速转动。

图 3-5 所示惯性筛中的四杆机构 $ABCD$ 为双曲柄机构。当主动曲柄 1 做等速转动、从动曲柄 3 做变速转动时,杆 5 带动滑块 6 上的筛子,使其获得所需的加速度,利用惯性实现颗粒物料筛分。

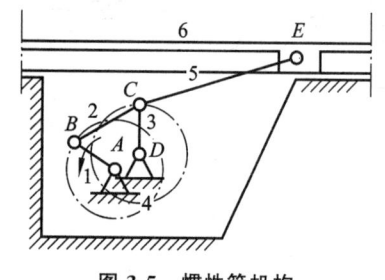

图 3-5　惯性筛机构

在双曲柄机构中,若其相对两杆平行且长度相等,则称为平行四边形机构。这种机构的运动特点是两曲柄可以以相同的角速度同向转动,而连杆做平移运动。其应用实例有图 3-6 所示的机车车轮联动机构;还有图 3-7 所示的摄影平台升降机构,其升降高度的变化采用两组平行四边形机构来实现,同时利用连杆 7 始终平动这一特点,与连杆固连在一体的座椅就始终保持水平位置,从而保证摄影人员安全可靠地工作。

在平行四边形机构中,主动曲柄转动一周时会出现两次与从动曲柄、连杆及机架共线的情况。在这两个位置,可能出现从动曲柄转向与主动曲柄转向相同或相反的运动不确定现象,如图 3-8(a)所示。在平行四边形机构 $ABCD$ 中,当主动曲柄 AB 与从动曲柄 CD 处于共线位置时,下一瞬时则可能会出现机构位于同向位置 $AB''C''D$ 或反向位置 $AB''C'''D$ 的情况。为克服其运动不确定现象,除可利用从动件本身或其上的飞轮惯性导向外,还可采用辅助曲柄(见图 3-9(a))或错列机构(见图 3-9(b))等来解决。

两个曲柄转向相反、长度相等且连杆与机架等长,则构成逆平行四边形机构,如图 3-8(b)所示。车门启闭机构(见图 3-10)为其应用实例:当主动曲柄 1 转动时,从动曲柄 3 向相反方向

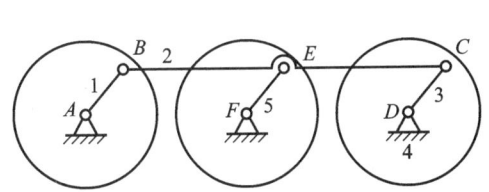

图 3-6　机车车轮联动机构

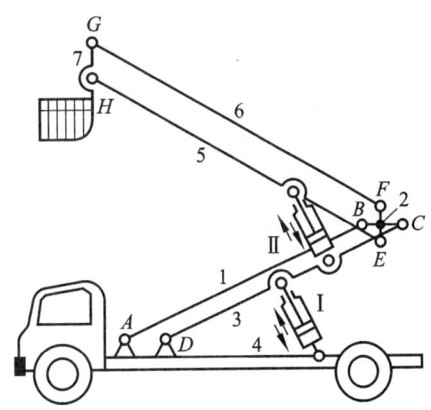

图 3-7　摄影平台升降机构

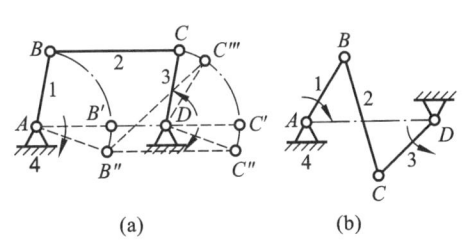

(a)　　　　(b)

图 3-8　平行四边形机构

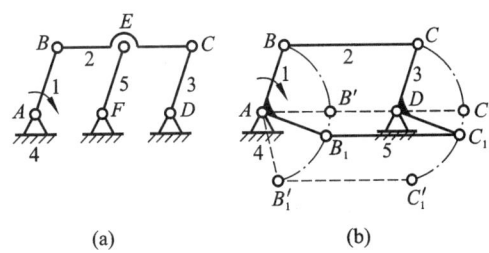

(a)　　　　(b)

图 3-9　带有辅助构件的平行四边形机构

转动,从而实现双门同步开闭。

3.1.3　双摇杆机构

在铰链四杆机构中,若两连架杆均为摇杆,则该机构称为双摇杆机构。图 3-11 所示的鹤式起重机变幅机构即为其应用实例。当主动摇杆 AB 摆动时,从动摇杆 CD 也随之摆动,使得悬挂在点 E 上的重物做近似的直线移动,从而避免平移重物时因不必要的升降引发事故。

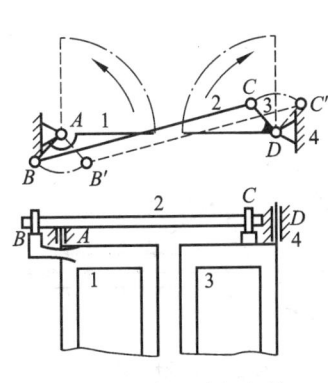

图 3-10　车门启闭机构

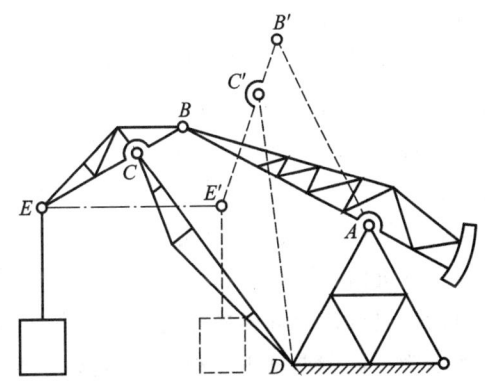

图 3-11　鹤式起重机变幅机构

3.2　平面四杆机构的运动特性

在工程实际中,将对机构提出各种各样的运动要求,而能否满足这些要求取决于机构本身的属性。把机构的这些运动和传力性能,诸如机构的有曲柄条件、传动角、急回运动及止点(或称死点)称为机构的运动特性。这些运动特性取决于机构的结构和尺寸。

3.2.1　曲柄存在的条件

曲柄是指能做整周转动的连架杆。若机构中存在曲柄,则必含整转副。机构能否整周转动取决于各杆尺寸关系。

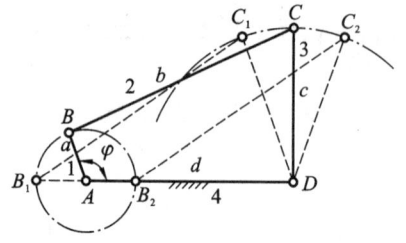

图 3-12　铰链四杆机构

图 3-12 所示的铰链四杆机构中,a、b、c、d 分别为杆 1、2、3、4 的长度。如果杆 1 为曲柄,能够绕转动副 A 整周转动,则杆 1 应能顺利通过与机架 4 处于共线的两个位置 AB_1 和 AB_2,即可以构成 $\triangle B_1 C_1 D$ 和 $\triangle B_2 C_2 D$。根据三角形构成原理即可以作如下推导。

当杆 1 处于 AB_1 位置时,构成 $\triangle B_1 C_1 D$,可得

$$a + d \leqslant b + c \tag{3-1}$$

当杆 1 处于 AB_2 位置时,构成 $\triangle B_2 C_2 D$,可得

$$a + b \leqslant c + d \tag{3-2a}$$

$$a + c \leqslant b + d \tag{3-2b}$$

将以上三式分别两两相加可得

$$a \leqslant b, \quad a \leqslant c, \quad a \leqslant d \tag{3-3}$$

它表明杆 1 为最短杆,且最短杆与最长杆长度之和小于或等于其他两杆长度之和,杆能做整周(360°)转动,即为曲柄。

综上分析可以得出,铰链四杆机构曲柄存在的条件是:

①最短杆为连架杆或机架;

②最短杆与最长杆长度之和小于或等于其他两杆长度之和。

在有整转副即曲柄存在的铰链四杆机构中,最短杆两端的转动副均为整转副。因此,若取最短杆为机架,则得双曲柄机构;若取最短杆的任一相邻的构件为机架,则得曲柄摇杆机构;若取最短杆对边为机架,则得双摇杆机构。

若铰链四杆机构最短杆与最长杆之和大于其他两杆长度之和,则无曲柄存在,两连架杆均为双摇杆。但这种情况下形成的双摇杆机构与上述双摇杆机构不同,它不存在整转副。

曲柄滑块机构有曲柄的条件可分析如下:图3-13 所示为一偏置曲柄滑块机构,若构件 1 为曲柄,则点 B 应能通过曲柄与连杆共线的两个极

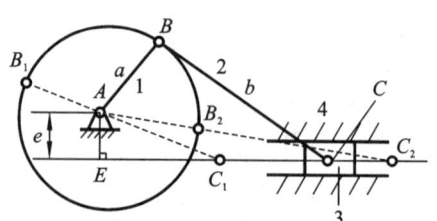

图 3-13　偏置曲柄滑块机构

限位置。当曲柄位于 AB_1 时,它与连杆重叠共线,此时在直角三角形 AC_1E 中得 $AC_1 > AE$,即 $b-a > e$。故

$$b > a + e \tag{3-4}$$

当曲柄位于 AB_2 时,它与连杆拉直共线,此时在直角三角形 AC_2E 中得 $AC_2 > AE$,即 $b+a > e$。由于满足 $b-a > e$ 必然满足 $b+a > e$,故式(3-4)即为偏置曲柄滑块机构有曲柄的条件。

当 $e=0$ 时,曲柄滑块机构有曲柄的条件是 $b \geq a$。

3.2.2　急回运动特性和行程速度变化系数 K

在图 3-14 所示的曲柄摇杆机构中,设曲柄为原动件,在其转动一周的过程中,有两次与连杆共线。这时摇杆 CD 分别位于两个极限位置 C_1D 和 C_2D。曲柄与连杆两次共线位置之间所夹的锐角 θ 称为极位夹角。摇杆在两极限位置的夹角 ψ 称为摇杆的摆角。由图可知:

当曲柄顺时针转过角 $\varphi_1 = 180° + \theta$ 时,摇杆自 C_1D 摆至 C_2D,其所需的时间 $t_1 = \varphi_1/\omega$,则点 C 的平均速度 $v_1 = \widehat{C_1C_2}/t_1$;

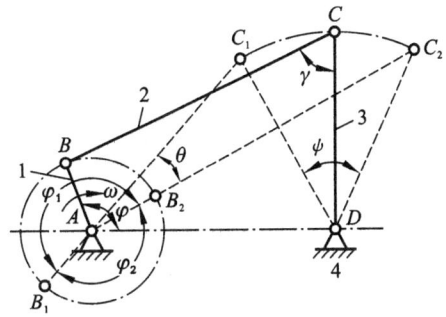

图 3-14　曲柄摇杆机构的急回特性

当曲柄转过角 $\varphi_2 = 180° - \theta$ 时,摇杆自 C_2D 摆回 C_1D,所需时间 $t_2 = \varphi_2/\omega$,则点 C 的平均速度 $v_2 = \widehat{C_1C_2}/t_2$。

因 $t_1 > t_2$,故 $v_2 > v_1$。

由此可知,当曲柄等速运动时,摇杆来回摆动的平均速度不同且 $v_2 > v_1$。摇杆的这种运动称为急回运动。

为了反映从动件急回的程度,引入行程速度变化系数 K,即

$$K = \frac{v_2}{v_1} = \frac{\widehat{C_1C_2}/t_2}{\widehat{C_1C_2}/t_1} = \frac{t_1}{t_2} = \frac{\varphi_1}{\varphi_2} = \frac{180° + \theta}{180° - \theta} \tag{3-5a}$$

当 K 已知时,由式(3-5a)可得极位夹角

$$\theta = 180° \times \frac{K-1}{K+1} \tag{3-5b}$$

由式(3-5a)可以看出,K 值的大小取决于极位夹角 θ 的大小。θ 越大,K 值越大,机构的急回运动特性越明显;反之,K 值越小,机构的急回运动特性越不明显,若极位夹角为零,则机构没有急回运动特性。其中,当 $K=3$ 时,$\theta=90°$;当 $K>3$ 时,θ 为钝角。工程中一般取 $K \leq 2$,故 θ 常为锐角。

对于一些有急回运动要求的机械,如牛头刨床、往复式运输机械等,常常根据所需要的 K 值,先由式(3-5)算出极位夹角 θ,作为已知的运动条件,再进行设计。

3.2.3　压力角和传动角

在生产中不但要求所设计的连杆机构能实现预期的运动,而且还希望在传递功率时有良好的传动性能,即驱动力应能尽量发挥有效作用。如图 3-15 所示,若不考虑构件惯性力、重力

与运动副中摩擦力等的影响,原动件曲柄通过连杆作用于从动件摇杆的力 F 的方向是沿连杆 BC 的方向,它与点 C 绝对速度 v_C 之间所夹的锐角 α 称为压力角。力 F 的有效分力 $F_t =F\cos\alpha$。显然,α 越小,F_t 越大。而力 F 的另一个分力 $F_n = F\sin\alpha$ 仅仅在转动副 D 中产生附加径向压力,显然,α 越小,F_n 越小。力 F_n 与力 F 的夹角 γ 称为传动角。由图 3-15 可知,$\gamma = 90°-\alpha$,它又等于连杆与摇杆所夹的锐角。因此,压力角 α 越小,传动角 γ 越大,则对机构工作越有利。当机构运转时,其传动角的大小是变化的,为了保证机构传动良好,设计时通常应使最小传动角 $\gamma_{min} \geqslant 40°$,对于高速和大功率的传动机械,应使 $\gamma_{min} \geqslant 50°$。因此,需确定 $\gamma = \gamma_{min}$ 时机构的位置,并检验 γ_{min} 的值是否不小于上述的许用值。

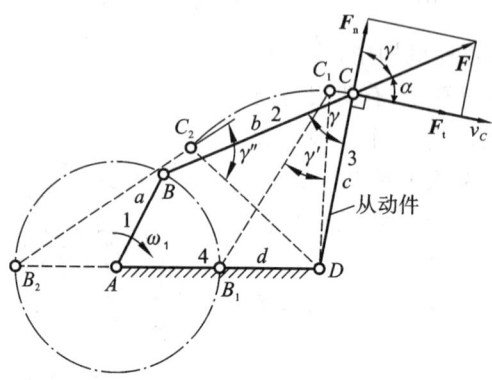

图 3-15　曲柄摇杆机构的压力角和传动角

在图 3-15 所示的机构中,当曲柄 AB 转到与机架 AD 重叠共线和拉直共线两位置 AB_1、AB_2 时,$\angle BCD$ 将出现极值,即

$$\angle B_1 C_1 D = \arccos \frac{b^2 + c^2 - (d-a)^2}{2bc} \tag{3-6}$$

$$\angle B_2 C_2 D = \arccos \frac{b^2 + c^2 - (d+a)^2}{2bc} \tag{3-7}$$

当 $\angle BCD \leqslant 90°$ 时,该角等于传动角 γ;当 $\angle BCD > 90°$ 时,传动角 $\gamma = 180° - \angle BCD$。比较这两个位置的传动角,即可求得最小传动角 γ_{min}。所以铰链四杆机构的最小传动角出现在曲柄与机架共线的两位置之一。

3.2.4　止点位置

在图 3-16 所示的曲柄摇杆机构中,设摇杆 CD 为主动件,而曲柄 AB 为从动件。当机构处于图示的两个共线位置(图中虚线)之一时,连杆与曲柄在一条直线上,出现了传动角 $\gamma = 0°$ 的情况。这时主动件 CD 通过连杆作用于从动件 AB 上的力恰好通过其回转中心,不产生力矩。因此,机构在此位置时,不论驱动力多大,都不能使曲柄转动,机构的此种位置称为止点位置,也称为死点位置。对于传动机构来说,机构有止点位置是不利的,此时该点的运动方向不确定,需设法克服,应该采取措施使机构顺利通过止点位置。对于连续运转的机器,可以利用从动件的惯性来通过止点位置。例如,在图 3-17 所示的缝纫机踏板机构中,踏板 CD 为原动件,通过连杆 BC 驱动曲柄 AB 转动。当踏板处于极限位置 C_1D 或 C_2D 时,机构处于止点位置,此时,就可借助带轮的惯性通过止点位置。图 3-18 所示的蒸汽机车车轮联动机构采用机构错位排列的方法,即将两组以上的机构组合起来,而使各组机构的止点位置相互错开。

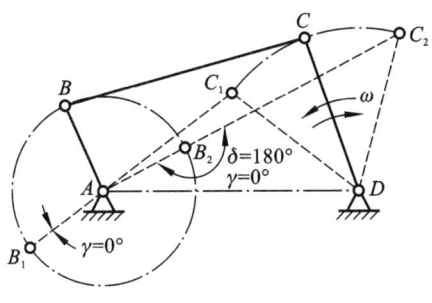

图 3-16　曲柄摇杆机构的止点位置

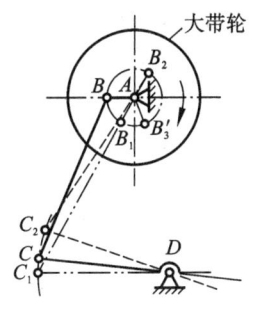

图 3-17　缝纫机踏板机构

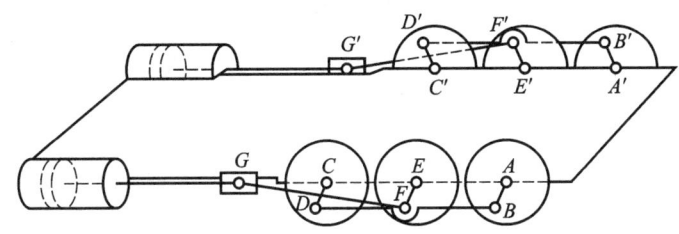

图 3-18　车轮联动机构

　　机构的止点位置并非总是起消极作用的。在工程实际中,不少场合也可利用机构的止点位置来实现一定的工作要求。例如,图 3-19 所示连杆式快速夹具的夹紧机构即是利用止点位置来夹紧工件的。图 3-20 所示为飞机起落架机构,其止点位置处于放下机轮的位置,故机轮着地时产生的巨大冲击力不会使从动件反转,而保持支撑状态。

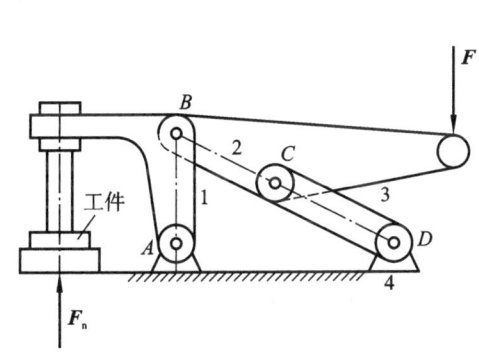

图 3-19　夹紧机构

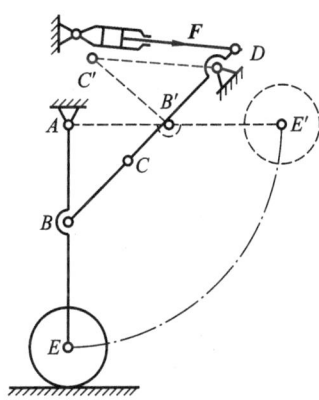

图 3-20　飞机起落架机构

3.3　平面四杆机构的演化

　　除了前述三种形式的铰链四杆机构以外,在工程实际中还广泛应用了其他类型的四杆机构。这些机构都可以看成是由铰链四杆机构的基本形式演化而来的。了解这些演化方法,有利于对机构进行创新设计。下面对这些演化方法加以介绍。

3.3.1　转动副转化成移动副

　　在图 3-21(a)所示的曲柄摇杆机构中,构件 4 是机架,构件 1 为曲柄,构件 3 为摇杆。若将构件 4 做成环形槽，其曲率半径等于构件 3 的长度，而把构件 3 做成弧形块并使其在环形槽中摆动，如图 3-21(b)所示。在图 3-21(a)与图 3-21(b)所示的两机构中，尽管 D 处转动副的形状发生变化，但相对运动性质却完全相同。设将环形槽的半径增加至无穷大，则环形槽变成直线槽，如图 3-21(c)所示。这时构件 3 称为滑块，图 3-21(d)所示为其运动简图。该机构的一连架杆为曲柄，另一个为滑块，故称为曲柄滑块机构，图中 e 为曲柄回转中心 A 至直线槽中心线（滑块导路）的距离，此距离称为偏距。当 $e \neq 0$ 时，该机构称为偏置曲柄滑块机构；当 $e = 0$ 时，则该机构称为对心曲柄滑块机构，如图 3-21(e)所示。

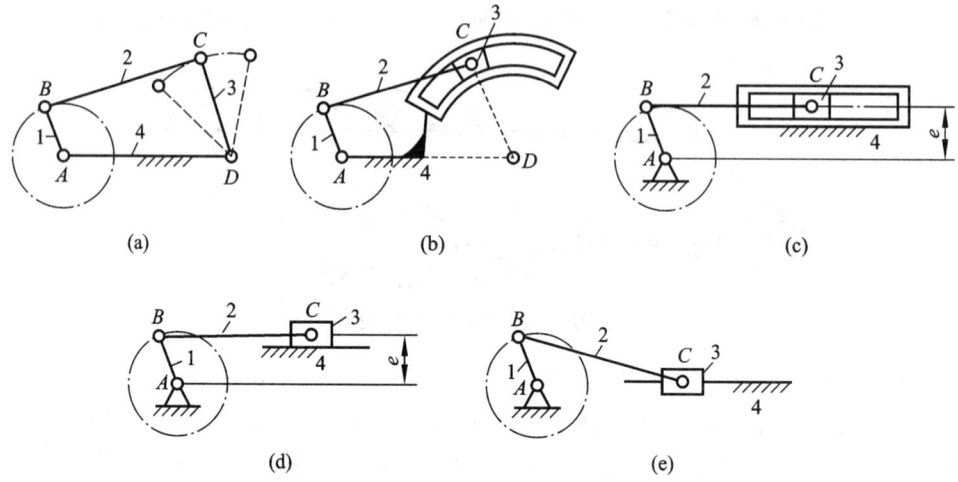

图 3-21　转动副转化为移动副

图 3-22(a)所示为偏置曲柄滑块机构，当曲柄为原动件时，曲柄与连杆有两个共线位置，其极位夹角为 θ，有急回作用。当滑块为原动件时，AB_1C_1、AB_2C_2 为两止点位置。图 3-22(b)所示为对心曲柄滑块机构，该机构无急回作用，当滑块为原动件时，有两个止点位置 AB_1C_1、AB_2C_2。

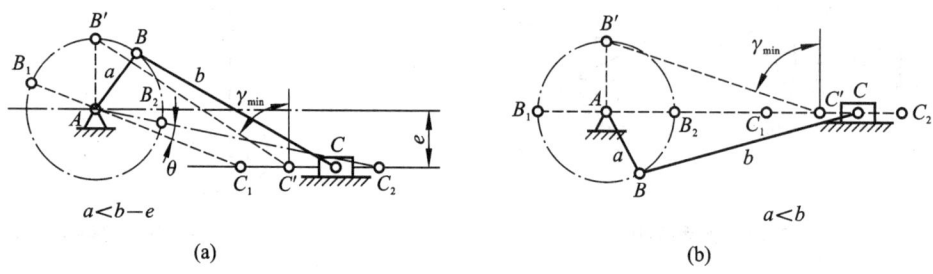

图 3-22　曲柄滑块机构

3.3.2　曲柄滑块机构的演化

图 3-23(a)所示的曲柄滑块机构，其各构件间具有不同的相对运动，因而取不同构件作机架或改变构件长度，将得到具有不同运动特点的机构。

1. 导杆机构

如图 3-23(b)所示，若取曲柄滑块机构中的曲柄作机架，则曲柄滑块机构演变为转动导杆机构。其中，杆 4 为导杆，当机架长 $l_1 < l_2$ 时，导杆相对机架能做整周回转，为转动导杆机构。

图 3-24 所示为转动导杆机构在简易刨床上的应用实例。

当机架长 $l_1 > l_2$ 时,导杆 3 只能做摆动,故称此机构为摆动导杆机构(见图 3-25)。

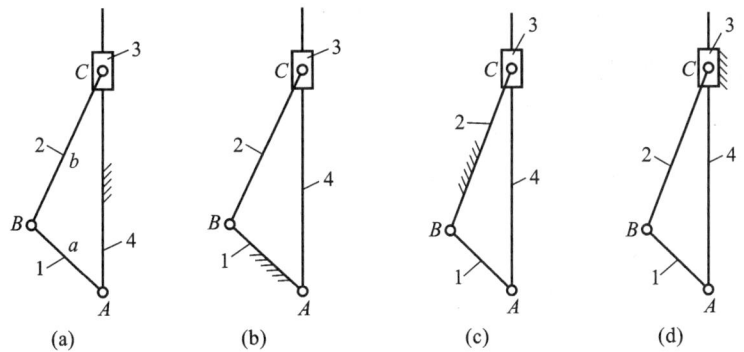

图 3-23　曲柄滑块机构的演化(不同构件为机架)

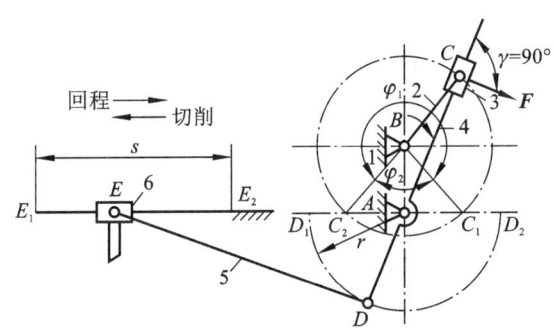

图 3-24　简易刨床上的转动装置

2. 摇块机构

如图 3-23(c)所示,当取曲柄滑块机构中的连杆为机架时,则曲柄滑块机构演变为摇块机构。该机构中杆 1 绕点 B 整周回转的同时,杆 4 相对于摇块 3 滑动,并与摇块 3 一起绕点 C 摆动。摇块机构应用于各种摆动式原动机中。图 3-26 所示为自卸货货车车厢自动翻转卸料的摇块机构。当油缸 3 中的压力油推动活塞杆 4 运动时,带动杆 1 绕点 B 翻转,达到一定角度时,物料就自动卸下。

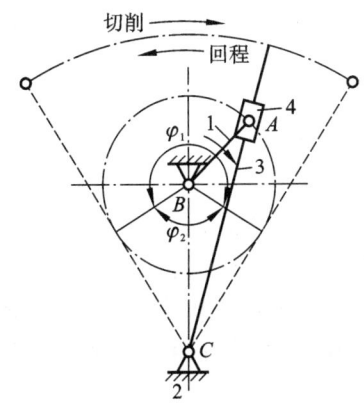

图 3-25　摆动导杆机构

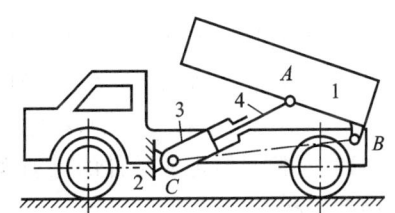

图 3-26　自卸货货车车厢自动翻转卸料摇块机构

3. 定块机构

如图3-23(d)所示,当取曲柄滑块机构中的滑块作机架时,则曲柄滑块机构演变为定块机构(也称移动导杆机构)。这种机构常用于手动抽水机中。

3.3.3 扩大转动副的尺寸

在图3-27(a)、(b)所示的曲柄摇杆机构、曲柄滑块机构中,当曲柄1的尺寸较小时,根据结构的需要,常将其改成图3-27(c)、(d)所示的几何中心 B 不与其回转中心 A 相重合的圆盘。此圆盘称为偏心轮,其回转中心 A 与几何中心 B 之间的距离 e 称为偏心距,它等于曲柄长,这种机构则称为偏心轮机构。

偏心轮机构也是由铰链四杆机构演变而来的。如将 B 处的转动副扩大到包含 A 处的转动副,杆1就成为回转轴线在点 A 的偏心轮,而其相对运动不变。因此,图3-27(a)和图3-27(c)所示的为等效机构,图3-27(b)和图3-27(d)所示的也为等效机构。

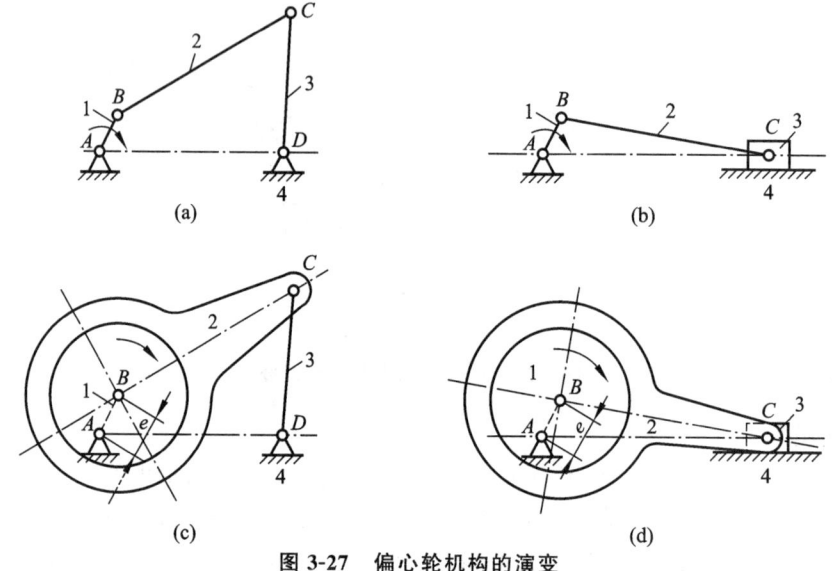

图 3-27 偏心轮机构的演变

偏心轮机构广泛应用于剪床、冲床、颚式破碎机等机械中。图2-11所示的颚式破碎机就是偏心轮机构的应用实例。

上面所介绍的各种平面四杆机构,虽然它们各有不同的特点,但都可以认为是从铰链四杆机构演变而来的。

3.4 平面四杆机构的设计

平面四杆机构的设计,主要是根据给定的运动条件,确定机构运动简图的尺寸参数。有时为了使机构设计得可靠、合理,还应考虑几何条件和动力条件(如最小传动角 γ)等。

生产实践中的要求是多种多样的,给定的条件也各不相同,平面四杆机构的设计归结起来主要有两类问题:①按照给定从动件的运动规律(位置、速度、加速度)设计四杆机构;②按照给定轨迹设计四杆机构。

平面四杆机构设计的方法有图解法、实验法和解析法。其中,图解法直观、清晰、简便易行,但其缺点是作图误差较大。实验法的主要缺点是成本较高。解析法可以得到精确的结果,在设计中,其误差可以在设计时求得,便于及时调整和控制,但其缺点是机构的传动特性方程复杂,求解烦琐。随着计算机技术的不断发展,解析法的应用将会日益广泛。

在实际工程设计中,由于图解法和解析法应用较多,因此,下面重点介绍图解法和解析法设计平面四杆机构的有关问题。

3.4.1 图解法设计四杆机构

1. 按给定的行程速度变化系数设计四杆机构

1)曲柄摇杆机构

在图 3-28 所示的曲柄摇杆机构 $ABCD$ 中,已知行程速度变化系数 K、摇杆 CD 的长度和摆动的角度 $\psi_{\max}$,要求设计四杆机构。

设计步骤如下:

(1)计算极位夹角 θ:

$$\theta = 180° \times \frac{K-1}{K+1}$$

(2)确定摇杆极限位置:任意选定转动副 D 的位置,并按 CD 长度和 $\psi_{\max}$ 角大小画出摇杆的两个极限位置 C_1D 和 C_2D。

(3)确定曲柄回转中心 A:连接 C_1C_2,过 C_2 作 $\angle C_1C_2N=90°-\theta$,过 C_1 作直线 C_1M 垂直于 C_1C_2,C_1M 与 C_2N 相交于点 P。作 C_1、C_2、P 三点的外接圆,则圆弧 $\overset{\frown}{PC_1C_2}$ 上任意一点 A 与 C_1、

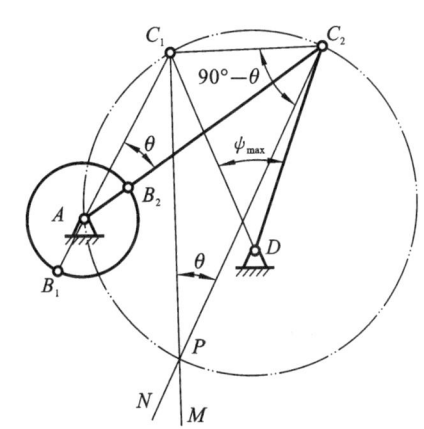

图 3-28　按行程速度变化系数设计四杆机构

C_2 连线的夹角 $\angle C_1AC_2$ 均为所要求的极位夹角 θ。故曲柄 AB 的回转中心 A 应在圆弧 $\overset{\frown}{PC_1C_2}$ 上。若再给定其他辅助条件,如机架转动副 A、D 间的距离,或 C_2 处的传动角 γ,则点 A 的位置便可完全确定。

(4)计算曲柄与连杆长度:按曲柄摇杆机构极限位置,曲柄与连杆共线的原理可得 $\overline{AC_2}=a+b$,$\overline{AC_1}=b-a$,由此可求出

曲柄长度:

$$a = \frac{\overline{AC_2}-\overline{AC_1}}{2}$$

连杆长度:

$$b = \overline{AC_2}-a = \overline{AC_1}+a$$

2)偏置曲柄滑块机构

在图 3-29 所示的偏置曲柄滑块机构中,若已知行程速度变化系数 K,滑块的行程 s 及偏距 e,其设计步骤与前述相同。在计算出极位夹角 θ 后,作一直线 $C_1C_2=s$,它代替了曲柄摇杆机构中的弦线 C_1C_2,然后按上述完全相同的方法作出曲柄回转中心 A 所在的圆弧 $\overset{\frown}{C_1AC_2}$。作一条直线平行于 C_1C_2 且距离为 e,该直线与 $\overset{\frown}{C_1AC_2}$ 的交点即为曲柄回转中心 A。A 确定后,根据图中的几何关系可计算出曲柄及连杆的长度。

对于导杆机构,若已知机架的长度,按上述方法也可以进行设计。

2. 按给定连杆的两个或三个位置设计四杆机构

如图 3-30 所示,B_1C_1、B_2C_2、B_3C_3 是连杆要通过的三个位置,该四杆机构可通过如下步骤求得:

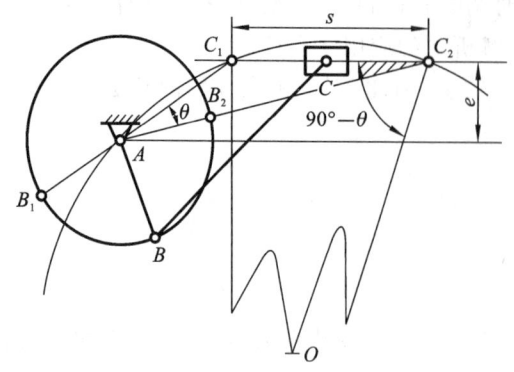

图 3-29　偏置曲柄滑块机构

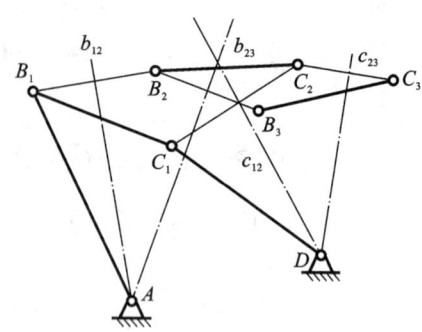

图 3-30　平面四杆机构

（1）连接 B_1B_2、B_2B_3、C_1C_2、C_2C_3。

（2）分别作 B_1B_2、B_2B_3 的中垂线 b_{12}、b_{23}，其交点 A 为固定铰链中心。

（3）分别作 C_1C_2、C_2C_3 的中垂线 c_{12}、c_{23}，其交点 D 为另一固定铰链中心。

AB_1C_1D 即为所求的四杆机构在第一个位置时的机构。

由上可知，若知连杆两个位置，则点 A 和 D 可分别在中垂线 b_{12}、c_{12} 上任意选择，因此有无穷多个解，若再给定辅助条件，则可得一个确定的解。

3. 按给定连架杆对应位置设计四杆机构

如图 3-31(a)所示，已知：四杆机构曲柄 AB、机架 AD 的长度；AB 的三个位置 AB_1、AB_2、AB_3，以及构件 CD 上某一附加杆 DE 的三个对应位置 DE_1、DE_2、DE_3（即三组对应摆角 φ_1、φ_2、φ_3 和 ψ_1、ψ_2、ψ_3）。要求设计该四杆机构（即求连杆 BC、CD 的长度）。

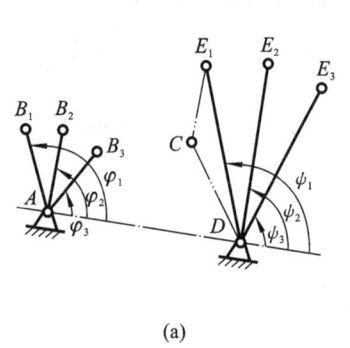

(a)

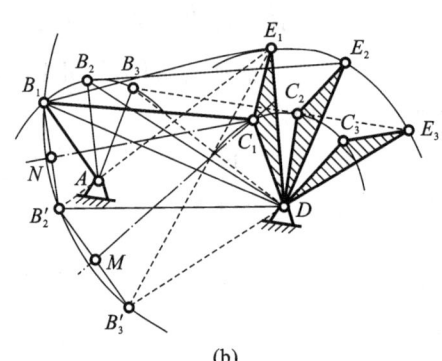

(b)

图 3-31　给定连架杆对应位置设计四杆机构

该机构的设计可以采用反转法的原理。假定图 3-31(b)为已求得的机构，AB_1C_1D 为四杆机构的第一位置，构成 $\triangle DB_1E_1$，当曲柄在第二位置 AB_2 时，构成 $\triangle DB_2E_2$，当曲柄在第三位置 AB_3 时，构成 $\triangle DB_3E_3$。令 $\triangle DB_2E_2$ 和 $\triangle DB_3E_3$ 绕点 D 反向转动，使边 DE_2、DE_3 与 DE_1 重合，这时点 B_2、B_3 分别转至 B_2'、B_3' 的位置。由于连杆的长度不变，即 $B_1C_1 = B_2C_2 = B_3C_3$，故 $B_1C_1 = B_2'C_1 = B_3'C_1$，$B_1$、$B_2'$、$B_3'$ 三点则位于以 B_1C_1 为定长，点 C_1 为中心画的一段圆弧上，因此点 C_1 的位置是线段 B_1B_2'、$B_2'B_3'$ 中垂线的交点。由以上分析可得设计步骤如下：

（1）确定初始位置：按给定机架的长度定出回转中心 A、D 的位置，作出两构件三个对应位置 AB_1、AB_2、AB_3 和附加杆对应位置 DE_1、DE_2、DE_3。

（2）构造三角形：连接 DB_2、DB_3 及 B_2E_2、B_3E_3，得 $\triangle DB_2E_2$、$\triangle DB_3E_3$。

（3）反转法操作：作 $\triangle DB_2'E_1 \cong \triangle DB_2E_2$，$\triangle DB_3'E_1 \cong \triangle DB_3E_3$，得点 B_2' 和点 B_3'。

（4）确定铰链中心 C_1：作 B_1B_2'、$B_2'B_3'$ 的垂直平分线，并相交于点 C_1，即为连杆 B_1C_1、摇杆 C_1D 连接点的铰链中心。图形 AB_1C_1D 即为所求得的四杆机构在第一位置的机构图。

3.4.2　解析法设计四杆机构

1. 四杆机构的传动特性

在图 3-32 所示的四杆机构中，各杆长度分别用 a、b、c、d 表示。由图可求得主动杆 AB 的转角 φ 和从动杆 DC 的转角 ψ 之间的关系为

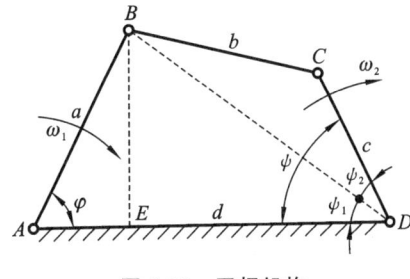

图 3-32　四杆机构

$$\psi = \psi_1 + \psi_2$$

$$= \arctan \frac{a\sin\varphi}{d - a\cos\varphi}$$

$$+ \arccos \frac{a^2 - b^2 + c^2 + d^2 - 2ad\cos\varphi}{2c\sqrt{a^2 + d^2 - 2ad\cos\varphi}}$$

$$(3\text{-}8)$$

从动杆的角速度 ω_2 为

$$\omega_2 = \frac{\mathrm{d}\psi}{\mathrm{d}t} = \frac{\omega_1 a}{a^2 + d^2 - 2ad\cos\varphi}\left[d\cos\varphi - a - \frac{d\sin\varphi(a^2 + b^2 - c^2 + d^2 - 2ad\cos\varphi)}{\sqrt{4b^2c^2 - (a^2 - b^2 - c^2 + d^2 - 2ad\cos\varphi)^2}}\right]$$

式中的 ω_1 为主动杆的角速度，$\omega_1 = \mathrm{d}\varphi/\mathrm{d}t$。因此，传动比 i 为

$$i = \frac{\omega_2}{\omega_1} = \frac{\mathrm{d}\psi}{\mathrm{d}\varphi}$$

$$= \frac{a}{a^2 + d^2 - 2ad\cos\varphi}\left[d\cos\varphi - a - \frac{d\sin\varphi(a^2 + b^2 - c^2 + d^2 - 2ad\cos\varphi)}{\sqrt{4b^2c^2 - (a^2 - b^2 - c^2 + d^2 - 2ad\cos\varphi)^2}}\right]$$

$$(3\text{-}9)$$

由式（3-9）可知，四杆机构具有非线性特性，而且传动比与几何参数 a、b、c、d 及位置参数等诸多因素有关，计算较为烦琐。但是随着计算机技术在设计、计算中的广泛应用，直接利用公式进行特性分析和计算也是很方便的。

2. 近似线性四杆机构设计

如上所述，四杆机构都具有非线性特性，但当机构在特定位置附近工作时，却具有近似线性特性。其特定位置如图 3-33（a）所示，即 $\angle ABC = \angle BCD = 90°$，则有

$$\cos\varphi_c = \frac{a - c}{d}$$

$$\sin\varphi_c = \frac{b}{d}$$

$$d^2 - b^2 = (a - c)^2$$

将上述关系式代入式（3-9）中，整理后得

$$i_c = \frac{\omega_2}{\omega_1} = \frac{\mathrm{d}\psi_c}{\mathrm{d}\varphi_c} = -\frac{a}{c}$$

因此，当 a、c 一定时，机构在此特定位置附近工作，就可获得近似线性特性（即可近似地实现传动比等于常数的要求）。

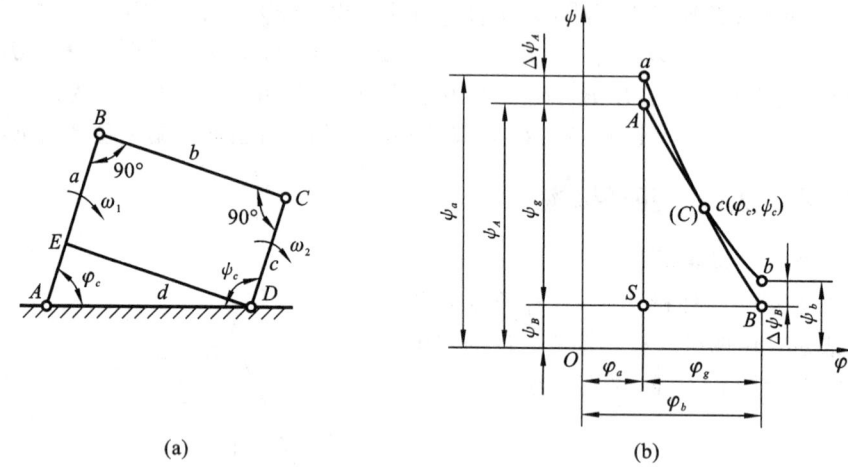

图 3-33　近似线性四杆机构

近似线性四杆机构设计原理如下：

设主动杆 AB 由初始位置 $\angle BAD$ 摆过 φ_g 到达终止位置 φ_b，则从动杆 DC 从 ψ_a 摆过 ψ_g 到达 ψ_b，如果传动特性是线性的，则其特性曲线为一直线 AB。机构传动比为常数，其值等于 AB 的斜率，即 $i = \dfrac{\psi_g}{\varphi_g} = \tan\angle ABS$。

如前所述，四杆机构的传动比 i 是变化的。实际情况是当主动杆位于 φ_a 时，从动杆是处于 ψ_a 位置；当主动杆转动到 φ_b 时，则从动杆转至 ψ_b 位置，它们之间的关系是非线性的，其特性线为曲线 ab。由图 3-33(b)可知，曲线 ab 仅在切点 c 与直线有相同的传动比，而在其他位置均有误差，两极限位置 A、B 的误差最大，应进行验算：

$$\begin{cases} \delta_A = \dfrac{\Delta\psi_A}{\psi_g} = \dfrac{\psi_a - \psi_A}{\psi_g} \times 100\% \leqslant [\delta] \\[3mm] \delta_B = \dfrac{\Delta\psi_B}{\psi_g} = \dfrac{\psi_b - \psi_B}{\psi_g} \times 100\% \leqslant [\delta] \end{cases} \tag{3-10}$$

$$\begin{cases} \psi_A = \psi_c + \dfrac{\psi_g}{2} \\[3mm] \psi_B = \psi_c - \dfrac{\psi_g}{2} \end{cases} \tag{3-11}$$

式中：ψ_a，ψ_b——从动杆在两极限位置时的实际转角，按式(3-8)计算；

　　　ψ_A，ψ_B——从动杆在两极限位置时的线性转角，按式(3-11)计算；

　　　$[\delta]$——机构允许的转角误差，根据仪表精度确定。

在设计中，一般将切点 C 选在直线 AB 的中点(见图 3-33(b))，这样会使误差分布均匀。此时，机构主动杆与从动杆皆与连杆垂直(见图 3-33(a))，对于指针标尺式装置的仪表，指针正好处于标尺刻度的中间位置。

3.4.3　正弦机构与正切机构的传动特性及其设计

1. 正弦机构与正切机构

正弦机构如图 3-34 所示，其中构件 3 的位移 s 与构件 1 的转角 φ 之间的关系为 $s = a\sin\varphi$。

正切机构如图 3-35 所示，其中构件 1 仅能在一定角度范围内摆动，其关系式为 $s = a\tan\varphi$。

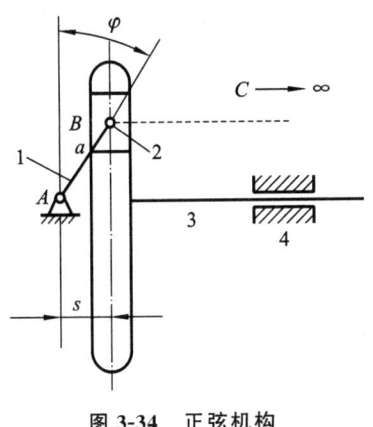

图 3-34 正弦机构

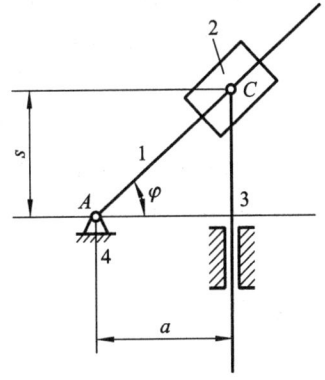

图 3-35 正切机构

正弦机构和正切机构在仪器仪表中应用较多,为了进一步简化机构,改善工艺,常采用高副替代低副,如图 3-36、图 3-37 所示。

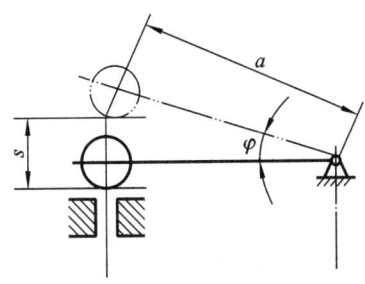

图 3-36 正弦机构设计简图

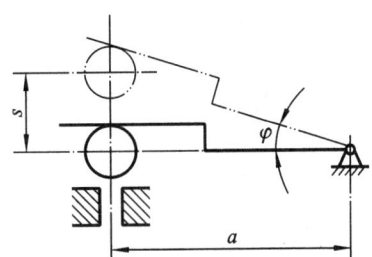

图 3-37 正切机构设计简图

它们在结构上的区别是正弦机构推杆的工作面为一平面,摆杆的工作面为一球面,而正切机构则相反,推杆工作面为一球面,摆杆工作面为一平面。

2. 传动特性及设计

1) 正弦机构的传动特性

设摆杆长度为 a,当摆杆由 φ_0 转到 φ 时(图 3-34 中 $\varphi_0 = 0$,未画出),推杆的位移为

$$s = a(\sin\varphi - \sin\varphi_0) \tag{3-12}$$

当推杆为主动件时,正弦机构的传动比为

$$i = \frac{\mathrm{d}\varphi}{\mathrm{d}s} = \frac{1}{a\cos\varphi} \tag{3-13}$$

2) 正切机构的传动特性

设摆杆摆动中心至推杆导路中心的距离为 a,由图 3-35(图中 $\varphi_0 = 0$,未画出),可以推导出正切机构的传动特性为

$$s = a(\tan\varphi - \tan\varphi_0) \tag{3-14}$$

当推杆为主动件时,正切机构的传动比为

$$i = \frac{\mathrm{d}\varphi}{\mathrm{d}s} = \frac{1}{a}\cos^2\varphi \tag{3-15}$$

3) 应用举例

图 3-38 所示为奥氏测微仪结构简图。其传动链主要由杠杆传动、齿轮传动及指针标尺组

成。在第一级杠杆传动中，摆杆 2 的端部为球面，推杆（测杆）1 的缺口上端面为平面，故为正弦机构。弹簧 3、4 的作用是保证摆杆球面和推杆工作面紧密接触及产生一定的测量力。当推杆有位移时，通过正弦机构、齿轮传动带动指针回转，从而在刻度标尺上读出推杆的位移值。

图 3-39 为立式光学比较仪工作原理图。当平面镜 4 与主光轴垂直时，分划板 2 上的刻线通过物镜 3 经平面反射后，再沿原路成像于分划板上与刻线重合。当推杆（测杆）5 上升 s 时，平面镜偏转 φ 角，光线经平面镜偏转 2φ，分划板的刻线像移动一个距离 t，通过目镜 1 读出 s 值。

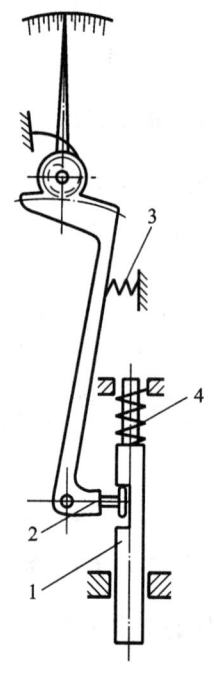

图 3-38　奥氏测微仪结构简图

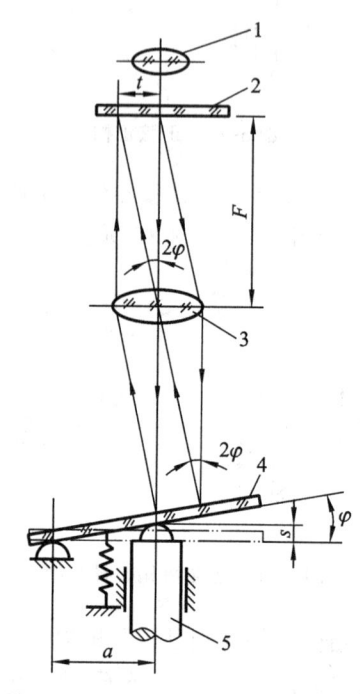

图 3-39　立式光学比较仪工作原理图

4）原理误差

用正弦机构、正切机构制成的长度计量仪器，其仪表度盘是按线性刻度的。因此，要求正弦机构、正切机构的传动特性应该是线性的，但实际上它们是非线性的，因而必然引起仪表的示数误差，这种由采用机构的传动特性与要求的传动特性不相符而引起的误差称为原理误差。设计时必须把这种误差限制在最小范围内。

（1）正弦机构的原理误差。

设 $\varphi_0 = 0$，则由式（3-12）可得

$$s = a\sin\varphi \tag{3-16}$$

但对于线性度盘，其刻度特性为

$$s' = a\varphi$$

因此，其原理误差

$$\Delta s = s' - s = a\varphi - a\sin\varphi$$

现将上式中的 $\sin\varphi$ 展开，并取前两项，得

$$\Delta s = a\varphi - a\left(\varphi - \frac{\varphi^3}{6}\right) = \frac{a\varphi^3}{6} \tag{3-17}$$

（2）正切机构的原理误差。

同理，正切机构的原理误差为

$$\Delta s = a\varphi - a\tan\varphi$$

$$\Delta s = a\varphi - a\left(\varphi + \frac{\varphi^3}{6}\right) = -\frac{a\varphi^3}{6} \tag{3-18}$$

3.5　机构综合的代数式法

第 3.4 节所述方法是以构件位置参数为已知值的一种解析方法，称为位移矩阵法，这种方法并未考虑到机构的运动和传力性能。因此，位移矩阵法对于受力很小、主要实现位置要求的机构综合是一种适宜的方法。本节所述方法的求解式最后以代数式给出，直接可以用人工计算完成，有些机构的设计主要考虑机构的某种运动和传力方面的特殊要求。因此，当要求机构实现的点位数较少或要求实现某些性能时，代数式综合法是一种行之有效的方法。

3.5.1　按连杆给定位置的机构综合

如图 3-40 所示，已知连杆的三位置 B_1C_1、B_2C_2、B_3C_3，试设计该机构。其问题的实质即分别根据 B、C 铰链点的三个点位确定固定支座 A、D 的坐标值。

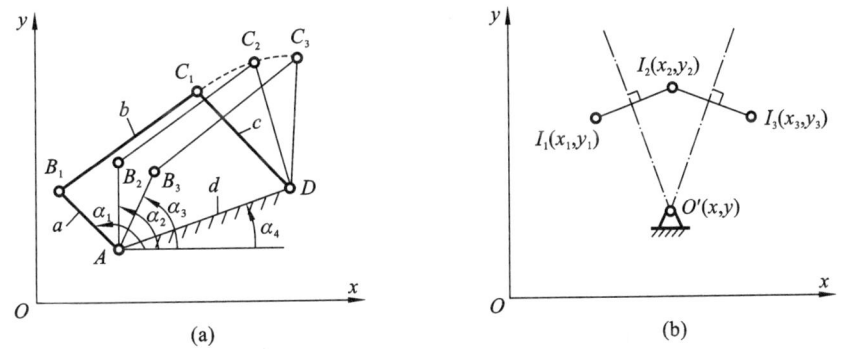

图 3-40　按连杆位置的机构综合

如图 3-40(b)所示，若已知某点 I 的三位置坐标 $I_1(x_1,y_1)$，$I_2(x_2,y_2)$，$I_3(x_3,y_3)$。其转动中心 O' 的坐标值 (x,y)。根据转动半径不变，即得如下方程：

$$\begin{cases} (x_1-x)^2 + (y_1-y)^2 = (x_2-x)^2 + (y_2-y)^2 \\ (x_1-x)^2 + (y_1-y)^2 = (x_3-x)^2 + (y_3-y)^2 \end{cases}$$

由上式解出

$$\begin{cases} x = \dfrac{(y_2-y_1)(y_3^2-y_1^2+x_3^2-x_1^2) - (y_3-y_1)(y_2^2-y_1^2+x_2^2-x_1^2)}{2[(x_3-x_1)(y_2-y_1) - (x_2-x_1)(y_3-y_1)]} \\ y = \dfrac{y_2^2-y_1^2+x_2^2-x_1^2}{2(y_2-y_1)} - \dfrac{(x_2-x_1)x}{(y_2-y_1)} \end{cases} \tag{3-19}$$

$O'I_1$ 的杆长 l_1 及其方向角 α_1 为

$$\begin{cases} l_1 = \left[(x-x_1)^2+(y-y_1)^2\right]^{\frac{1}{2}} \\ \alpha_1 = \arctan\left(\dfrac{y-y_1}{x-x_1}\right) \end{cases} \quad (3\text{-}20)$$

将 B、C 的三点位坐标分别代入式(3-19)可得到 A、D 的坐标值(x_A, y_A) 及 (x_D, y_D)。将构件两端铰链位置1的坐标值代入式(3-20)可得到各杆长 a、b、c、d 及对应位置1的各杆的方向角 α。

3.5.2 按两连架杆的对应位置设计四杆机构

1. 铰链四杆机构

如图 3-41 所示,已知两连架杆预期所对应转角 φ_i、$\psi_i (i=1,2,\cdots,n)$,试设计该四杆机构。

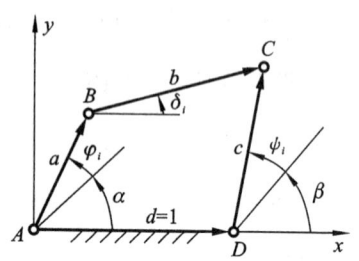

图 3-41 按连架杆对应位置的机构综合模型

由于实现连架杆对应位置与杆长绝对值无关,故图中 a、b、c、$d=1$ 均为相对尺寸。α、β 分别为两连架杆的初位角。机构待定参数 a、b、c、α、β 共5个,为得到其精确唯一解,应列出5个方程,即连架杆对应位置 $n=5$,当 α、β 以已知值给定时,机构待定参数为3个,只能实现两连架杆3个对应位置。

由环路 $ABCD$ 得 $\boldsymbol{a}+\boldsymbol{b}=\boldsymbol{d}+\boldsymbol{c}$,其投影方程为

$$\begin{cases} a\cos(\varphi_i+\alpha)+b\cos\delta_i = 1+c\cos(\beta+\psi_i) \\ a\sin(\varphi_i+\alpha)+b\sin\delta_i = c\sin(\beta+\psi_i) \end{cases}$$

上式消去 δ_i 得到

$$2a\left[\frac{c}{a}\cos(\psi_i+\beta)-c\cos(\psi_i-\varphi_i+\beta-\alpha)+\frac{a^2+c^2+1-b^2}{2a}-\cos(\varphi_i+\alpha)\right]=0$$

$$(3\text{-}21)$$

若 α、β 为给定值,求 a、b、c,则式(3-21)写成如下形式

$$p_0\cos(\psi_i+\beta)+p_1\cos(\psi_i-\varphi_i+\beta-\alpha)+p_2=\cos(\varphi_i+\alpha) \quad (3\text{-}22)$$

式中

$$\begin{cases} p_0 = \dfrac{c}{a} \\ p_1 = -c \\ p_2 = (a^2+c^2+1-b^2)/(2a) \end{cases} \quad (3\text{-}23)$$

式(3-22)为含有3个待求量 p_0、p_1、p_2 的线性方程组,将 ψ_i、$\varphi_i (i=1,2,3)$ 分别代入式(3-22)得3个方程,可求出 p_0、p_1、p_2,再由式(3-23)计算出 a、b、c。

应该指出,若 α、β 亦为待求量,则未知参数为5个,即 a、b、c、α、β。此时应将式(3-21)中变换的三角函数项展开,经简化可得下式

$$p_0\cos\varphi_i+p_1\sin\varphi_i+p_2\cos\psi_i+p_3\sin\psi_i+p_4$$
$$-(p_0p_2+p_1p_3)\cos(\psi_i-\varphi_i)-(p_0p_3-p_1p_2)\sin(\psi_i-\varphi_i)=0 \quad (3\text{-}24)$$

式中

$$\begin{cases} p_0 = a\cos\alpha \\ p_1 = -a\sin\alpha \\ p_2 = -c\cos\beta \\ p_3 = c\sin\beta \\ p_4 = (b^2 - a^2 - c^2 - 1)/2 \end{cases} \tag{3-25}$$

显然,式(3-24)是 $p_j (j=0,1,2,3,4)$ 的非线性方程组,求解比较麻烦,可采用牛顿-拉弗森(Newton-Raphson)法求解。

2. 曲柄滑块机构

对于曲柄滑块机构,如图 3-42 所示,已知 $\varphi_i, s_i (i=1,2,3)$ 三对应位置,试设计该机构。

由环路 $ABCD$ 可得 $\boldsymbol{a} + \boldsymbol{b} = \boldsymbol{s} + \boldsymbol{e}$,其投影方程为

$$\begin{cases} a\cos\varphi_i + b\cos\delta_i = s_i \\ a\sin\varphi_i + b\sin\delta_i = e \end{cases} \tag{3-26a}$$

将式(3-26a)平方相加消去 δ_i,经整理后得

$$\begin{cases} p_0 s_i \cos\varphi_i + p_1 \sin\varphi_i + p_2 = s_i^2 \\ p_0 = 2a \\ p_1 = 2ae \\ p_2 = b^2 - a^2 - e^2 \end{cases} \tag{3-26b}$$

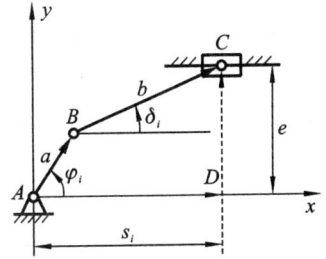

图 3-42 曲柄滑块机构对应位置的机构综合模型

将 $\varphi_i, s_i (i=1,2,3)$ 代入式(3-26b),先求出 p_0、p_1、p_2,再计算 a、b、e。

3.5.3 按行程速度变化系数 K 设计四杆机构

工程中往往要求根据行程速度变化系数 K 进行综合,根据工艺要求一般给定执行构件(摇杆)的摆角 ψ,为提高传力性能,预先给出机构远极位传动角 γ_2,如图 3-43 所示。机构的近极位传动角 γ_1 和极位夹角 θ 为

$$\begin{cases} \gamma_1 = \psi + \gamma_2 - \theta \\ \theta = \pi(K-1)/(K+1) \end{cases} \tag{3-27}$$

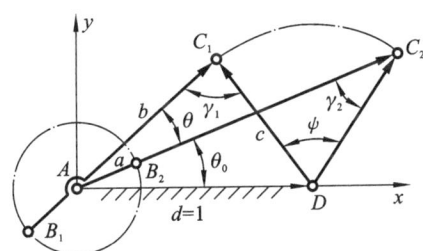

图 3-43 按行程速度变化系数 K 设计的机构模型

若令 $d=1$,机构中的待求量为 a、b、c 及近极位曲柄位置角 θ_0,由环路 AC_1D 和 AC_2D 列出如下投影方程式:

$$\begin{cases} (b-a)\cos(\theta+\theta_0) = 1 + c\cos(\gamma_1+\theta+\theta_0) \\ (b-a)\sin(\theta+\theta_0) = c\sin(\gamma_1+\theta+\theta_0) \\ (b+a)\cos\theta_0 = 1 + c\cos(\gamma_2+\theta_0) \\ (b+a)\sin\theta_0 = c\sin(\gamma_2+\theta_0) \end{cases} \tag{3-28}$$

式(3-28)是以 a、b、c、θ_0 为未知量的非线性方程组。经变换后解得

$$\begin{cases} \tan\theta_0 = (\sin\gamma_2\sin\theta)/(\sin\gamma_1 - \sin\gamma_2\cos\theta) \\ a = (A-B)/N \\ b = (A+B)/N \\ c = \sin\theta_0/\sin\gamma_2 \end{cases} \tag{3-29}$$

式中

$$\begin{cases} A = \cos(\theta + \theta_0)\sin(\gamma_2 + \theta_0) \\ B = \sin\gamma_2 + \sin\theta_0\cos(\gamma_1 + \theta + \theta_0) \\ N = 2\sin\gamma_2\cos(\theta + \theta_0) \end{cases}$$

各相对杆长计算后应根据曲柄 AB 共线时的最小传动角是否满足给定条件进行验算。最后计算各杆长的绝对值。

3.5.4　按力矩比设计摆块机构

摆块机构在冶金、矿山、工程机械中应用广泛,如翻斗车、挖掘机、升降台等机械中均采用这种机构。图 3-44 所示的载重汽车中的自卸机构属于摆块机构。

如图 3-45 所示摆块机构中的摆块为液压(气)缸,摇杆为执行构件。一般缸中推力 F 为定值,设计中往往要求在两极限位置的力矩比 M_1/M_2 为给定值。在远极位时,AB_2 不宜靠近机架 AD,可用推杆 AB 的初位角 $\angle B_2AD = \varphi_0$ 来限制,而摇杆摆角 ψ 为工艺给定值。

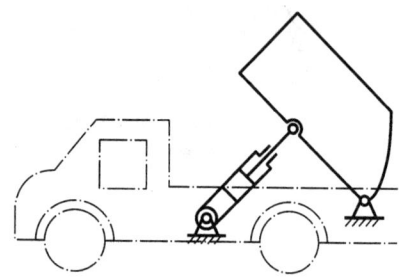

图 3-44　载重汽车中的自卸机构

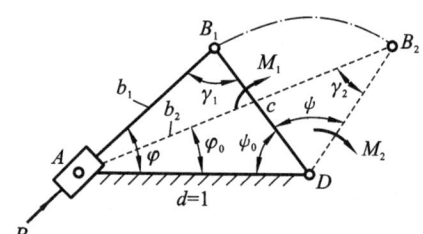

图 3-45　摆块机构按力矩比的综合模型

已知摇杆摆角 ψ,推杆初位角 φ_0,摇杆两极位时,由推力 F 输出的摇杆力矩比 $k = M_1/M_2$,试确定机构相对尺寸 b_1、b_2、$c(d=1)$。

由于 $M_1 = pc\sin\gamma_1$,$M_2 = pc\sin\gamma_2$,得到

$$k = \sin\gamma_1/\sin\gamma_2 \tag{3-30}$$

在 $\triangle AB_1D$ 和 $\triangle AB_2D$ 中,由正弦定律得

$$\sin\gamma_1 = \sin\varphi/c, \quad \sin\gamma_2 = \sin\varphi_0/c$$

两式相除得到

$$\sin\varphi = k\sin\varphi_0 \tag{3-31}$$

注意:尽管推杆初位角 φ_0 和摇杆力矩比 k 是根据工艺要求人为确定的。但据式(3-31)知,φ_0、k 间的匹配应满足 $\sin\varphi_0 \leqslant 1/k$。

由几何关系得到

$$\gamma_2 = \gamma_1 + \varphi - \varphi_0 - \psi \tag{3-32}$$

将式(3-32)代入式(3-30)得到

$$\tan\gamma_1 = \frac{k\sin(\varphi - \varphi_0 - \psi)}{1 - k\cos(\varphi - \varphi_0 - \psi)} \tag{3-33}$$

及

$$\psi_0 = \pi - (\gamma_1 + \varphi) \tag{3-34}$$

由正弦定理得到

$$\begin{cases} b_1 = \sin\psi_0/\sin\gamma_1 \\ b_2 = \sin(\psi + \psi_0)/\sin\gamma_2 \\ c = \sin\varphi/\sin\gamma_1 \end{cases} \tag{3-35}$$

由式(3-31)、式(3-33)计算 φ、γ_1，再由式(3-32)、式(3-34)计算 γ_2、ψ_0，然后按式(3-35)计算相对尺寸 b_1、b_2、$c(d=1)$。

3.5.5　按瞬时运动量设计四杆机构

此法能够设计出一个四杆机构使得各杆瞬时的角速度 ω_i 和角加速度 ε_i 为预先给定的值。方便起见，由各杆构成的机构封闭回路用复数矢量表示。

如图 3-46 所示，在坐标系中有一矢量 r，水平坐标为实轴，r 的方向角 φ 由实轴起逆时针方向度量。垂直坐标为虚部。由图 3-46 知 r 表示为

$$r = r(\cos\varphi + i\sin\varphi) \tag{3-36}$$

由于 $e^{i\varphi} = \cos\varphi + i\sin\varphi$，所以

$$r = re^{i\varphi} \tag{3-37}$$

可见矢量 r 可以用式(3-36)、式(3-37)的形式表示。

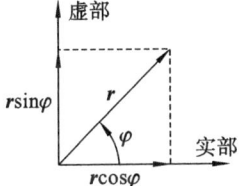

图 3-46　矢量关系

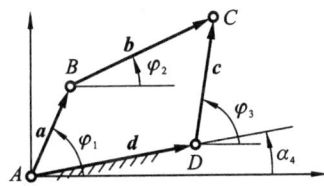

图 3-47　机构封闭回路

如图 3-47 所示四杆机构的封闭回路 $ABCD$ 为 $a+b=c+d$，其可以用复数形式表示为

$$a e^{i\varphi_1} + b e^{i\varphi_2} - c e^{i\varphi_3} = d e^{i\varphi_4}$$

上式对时间 t 求导一次、二次后得如下两式(注意其中 $\dot\varphi_j = \omega_j$，$\ddot\varphi_j = \varepsilon_j$)：

$$i\omega_1 a e^{i\varphi_1} + i\omega_2 b e^{i\varphi_2} - i\omega_3 c e^{i\varphi_3} = 0$$

$$(i\varepsilon_1 - \omega_1^2) a e^{i\varphi_1} + (i\varepsilon_2 - \omega_2^2) b e^{i\varphi_2} - (i\varepsilon_3 - \omega_3^2) c e^{i\varphi_3} = 0$$

或写成如下形式

$$\begin{cases} a + b - c = d \\ \omega_1 a + \omega_2 b - \omega_3 c = 0 \\ (i\varepsilon_1 - \omega_1^2)a + (i\varepsilon_2 - \omega_2^2)b - (i\varepsilon_3 - \omega_3^2)c = 0 \end{cases} \tag{3-38}$$

用行列式可求 a、b、c：

$$a = \dfrac{\begin{vmatrix} d & 1 & -1 \\ 0 & \omega_2 & -\omega_3 \\ 0 & i\varepsilon_2 - \omega_2^2 & -(i\varepsilon_3 - \omega_3^2) \end{vmatrix}}{D} = \dfrac{d}{D}[\omega_2\omega_3(\omega_3 - \omega_2) + i(\varepsilon_2\omega_3 - \varepsilon_3\omega_2)]$$

$$b = \dfrac{\begin{vmatrix} 1 & d & -1 \\ \omega_1 & 0 & \omega_3 \\ i\varepsilon_1 - \omega_1^2 & 0 & -(i\varepsilon_3 - \omega_3^2) \end{vmatrix}}{D} = \dfrac{d}{D}[\omega_1\omega_3(\omega_1 - \omega_3) + i(\varepsilon_3\omega_1 - \varepsilon_1\omega_3)]$$

$$c = \frac{\begin{vmatrix} 1 & 1 & \boldsymbol{d} \\ \omega_1 & \omega_2 & 0 \\ i\varepsilon_1 - \omega_1^2 & i\varepsilon_2 - \omega_2^2 & 0 \end{vmatrix}}{D} = \frac{\boldsymbol{d}}{D}[\omega_1\omega_2(\omega_1 - \omega_2) + i(\varepsilon_2\omega_1 - \varepsilon_1\omega_2)]$$

式中,D 为式(3-38)右端的系数行列式。由于机构的瞬时角运动量与机构的绝对尺寸无关,故令 $d/D=1$,则

$$\begin{cases} \boldsymbol{a} = \omega_2\omega_3(\omega_3 - \omega_2) + i(\varepsilon_2\omega_3 - \varepsilon_3\omega_2) = a_1 + ia_2 \\ \boldsymbol{b} = \omega_1\omega_3(\omega_1 - \omega_3) + i(\varepsilon_3\omega_1 - \varepsilon_1\omega_3) = b_1 + ib_2 \\ \boldsymbol{c} = \omega_1\omega_2(\omega_1 - \omega_2) + i(\varepsilon_2\omega_1 - \varepsilon_1\omega_2) = c_1 + ic_2 \\ \boldsymbol{d} = \boldsymbol{a} + \boldsymbol{b} - \boldsymbol{c} = a_1 + b_1 - c_1 + i(a_2 + b_2 - c_2) = d_1 + id_2 \end{cases} \quad (3\text{-}39)$$

各相对杆长按下式计算

$$a = (a_1^2 + a_2^2)^{\frac{1}{2}}, \quad b = (b_1^2 + b_2^2)^{\frac{1}{2}}, \quad c = (c_1^2 + c_2^2)^{\frac{1}{2}}, \quad d = (d_1^2 + d_2^2)^{\frac{1}{2}} \quad (3\text{-}40)$$

例 3-1　设 $\omega_1 = 6, \varepsilon_1 = 0, \omega_2 = 1, \varepsilon_2 = 10, \omega_3 = 3, \varepsilon_3 = 5$。求实现如上要求的各杆瞬时角运动量的机构尺寸。

解　将假设条件代入式(3-39)得

$$a_1 = 1 \times 3 \times (3 - 1) = 6$$

$$a_2 = 10 \times 3 - 5 \times 1 = 25$$

$$a = (6^2 + 25^2)^{\frac{1}{2}} = 25.71$$

$$\varphi_1 = \arctan\left(\frac{a_2}{a_1}\right) = \arctan\left(\frac{25}{6}\right) = 76.043°$$

$$b_1 = 6 \times 3 \times (6 - 3) = 54$$

$$b_2 = 5 \times 6 - 0 \times 3 = 30$$

$$b = (54^2 + 30^2)^{\frac{1}{2}} = 61.77$$

$$\varphi_2 = \arctan\left(\frac{b_2}{b_1}\right) = \arctan\left(\frac{30}{54}\right) = 29.055°$$

$$c_1 = 6 \times 1 \times (6 - 1) = 30$$

$$c_2 = 10 \times 6 - 0 \times 1 = 60$$

$$c = (30^2 + 60^2)^{\frac{1}{2}} = 67.08$$

$$\varphi_3 = \arctan\left(\frac{c_2}{c_1}\right) = \arctan\left(\frac{60}{30}\right) = 63.435°$$

$$d_1 = 6 + 54 - 30 = 30$$

$$d_2 = 25 + 30 - 60 = -5$$

$$d = (30^2 + 5^2)^{\frac{1}{2}} = 30.41$$

$$\alpha_4 = \arctan\left(\frac{-5}{30}\right) = -9.462°$$

课程思政拓展阅读材料

材料一　中国高铁:领跑全球的交通革命

中国高速铁路系统是全球规模最大的高铁网络,其快速发展始于 2003 年秦沈客运专线开通运营。截至 2023 年底,全国高铁总里程超过 44000 km,通车里程居全球首位。其中,运营时速可达 300 km 及以上的线路总里程超过 15000 km,占全球同类线路总里程的 2/3以上。

复兴号

这一发展成就源于多重驱动力:国内庞大的人口基数和快速推进的城镇化进程催生了大规模人口流动需求,而国家战略层面的技术引进路径("引进—消化—吸收—再创新")则成为关键支撑。通过整合德国、日本、法国等国的先进技术,中国在 2007 年推出首列国产化动车组"和谐号",并于 2017 年实现全面技术突破——具有完全自主知识产权的"复兴号"标准动车组正式投运。

高铁给人们的生活和工作方式带来了深刻变化,促进了沿线地区的经济发展。当前,全国高铁网已覆盖超过 90% 的 50 万人口以上城市,京津冀、长三角等城市群实现"1 小时交通圈"。在自主创新的基础上,中国高铁技术已形成国际输出能力。土耳其安卡拉—伊斯坦布尔高铁(2014 年通车)、印度尼西亚雅加达—万隆高铁(2023 年运营)、中老昆明—万象铁路(2021 年通车)等项目,标志着中国标准走向世界。

中国高铁发展迅猛,成为全球高铁技术和规模的领军者,对国内外交通和经济产生了深远影响。

参考资料:中华人民共和国高速铁路. https://zh. wikipedia. org/wiki/%E4%B8%AD%E5%8D%8E%E4%BA%BA%E6%B0%91%E5%85%B1%E5%92%8C%E5%9B%BD%E9%AB%98%E9%80%9F%E9%93%81%E8%B7%AF.

思考 1:高速列车在运行过程中会产生振动和噪声,而连杆机构是这些问题的潜在源头之一。如何通过优化连杆设计来降低振动和噪声水平,提高乘客的舒适性?

思考 2:中国高铁的快速发展代表了技术和基础设施建设的现代化,思考这是否在国内外形成了以高铁为符号的一种新的文化认同。

材料二　中国徐工 DE400 矿用自卸汽车

徐工 DE400 矿用自卸车,由我国技术人员自主研发,并一举成为运输界的"国之重器"。其额定载重量达 400 t,相当于 30 辆中型货车总载重;车身全车长 15.92 m,每个轮胎直径4.03 m,单个轮胎重量就高达 5.3 t,燃油箱容量 4600 L,尽管体积庞大,但该车兼具大载重、低自重和灵活操控的特点。

在工作时,最高时速可达 50 km,相比于其他的矿用车辆,这个速度已经是相当稳健;车辆载货箱举升时间仅 24 s,可有效提高采矿产率,提高运输能力,降低运输成本;额定功率 2720 kW,动力性能居全球领先水平。

DE400 的问世标志着中国在超大型矿用装备领域实现技术突破,成为全球矿用自卸车的标杆产品。

DE400

参考资料:中国运输界的"重器",运输汽车的巨无霸!矿用自卸车徐工 DE400. https://baijiahao. baidu. com/s? id=17184641928889569611。

思考 1:矿用自卸车的货箱举升依赖连杆机构。如何通过优化连杆设计实现举升过程的平稳性与高效性?

思考 2:探讨徐工 DE400 矿用自卸车的自主研发在强国梦中的角色,以及其在国家工业创新与技术自主可控方面的象征意义。

讨　　论

3-1　描述平面连杆机构的基本构造,并解释其中各个部件的作用以及它们之间的连接方式。

3-2　分析平面连杆机构的运动类型,讨论旋转运动和平移运动在不同的机构中的实现方式。

3-3　比较不同类型的连杆机构,例如曲柄滑块机构、摇杆机构等,讨论它们各自的特点、应用及优缺点。

3-4　探讨平面连杆机构中特定点的轨迹生成,分析路径形状与机构参数的关系,并讨论杆件长度对机构运动的影响。

3-5　探讨平面连杆机构在实际工程中的应用,结合机械工程、机器人学、汽车工程等领域的具体案例进行分析。

习　　题

3-1　如题 3-1 图所示，若已知四杆机构各构件的长度为 $a=240$ mm，$b=600$ mm，$c=400$ mm，$d=500$ mm。试问：

（1）当取杆 4 为机架时，是否有曲柄存在？

（2）若各杆长度不变，能否以选择不同杆为机架的方法获得双曲柄机构和双摇杆机构？如何获得？

3-2　题 3-2 图所示为一偏置曲柄滑块机构，试求杆 AB 为曲柄的条件。若偏距 $e=0$，则杆 AB 为曲柄的条件又是什么？

3-3　对心曲柄滑块机构中，当以曲柄为主动件时，其传动角在何处最大？何处最小？

3-4　在题 3-1 图所示的铰链四杆机构中，若各杆的长度为 $a=28$ mm，$b=52$ mm，$c=50$ mm，$d=72$ mm：

（1）当取杆 4 为机架时，试求该机构的极位夹角 θ、杆 3 的最大摆角 ψ 和最小传动角 $\gamma_{\min}$。

（2）当取杆 1 为机架时，该机构将演化成何种类型机构？为什么？并说明这时 C、D 两个转动副是周转副还是摆动副。

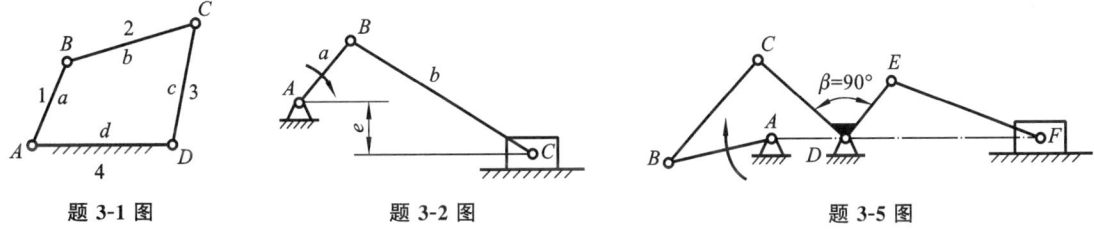

题 3-1 图　　　　　　　　　　　题 3-2 图　　　　　　　　　　　　题 3-5 图

3-5　在题 3-5 图所示的连杆机构中，已知各构件的尺寸为：$l_{AB}=160$ mm，$l_{BC}=260$ mm，$l_{CD}=200$ mm，$l_{AD}=80$ mm；并知构件 AB 为原动件，沿顺时针方向匀速回转，试确定：

（1）四杆机构 $ABCD$ 的类型。

（2）该四杆机构的最小传动角 $\gamma_{\min}$。

（3）滑块 F 的行程速度变化系数 K。

3-6　在题 3-2 图所示的偏置曲柄滑块机构中，曲柄为原动件。

（1）写出机构传动角 γ 的表达式。

（2）说明出现最小传动角 $\gamma_{\min}$ 时机构的位置。

（3）说明机构尺寸 a、b、e 对 $\gamma_{\min}$ 的影响。

3-7　如题 3-7 图所示，欲设计一铰链四杆机构，已知摇杆长 $c=75$ mm，行程速度变化系数 $K=1.4$，机架长度 $d=100$ mm，摇杆在近极位时与机架的夹角 $\varphi_0=45°$，求曲柄和连杆长度 a、b，并校验机构的最小传动角 $\gamma_{\min}$ 是否满足要求。

3-8　题 3-8 图所示为一牛头刨床的主传动机构，已知 $l_{AB}=75$ mm，$l_{DE}=100$ mm，行程速度变化系数 $K=2$，刨头 5 的行程 $H=300$ mm，要求在整个行程中，推动刨头 5 有较小的压力角，试设计此机构。

3-9　试设计一如题 3-9 图所示的对心曲柄滑块机构，要求滑块行程 $H=200$ mm，滑块的

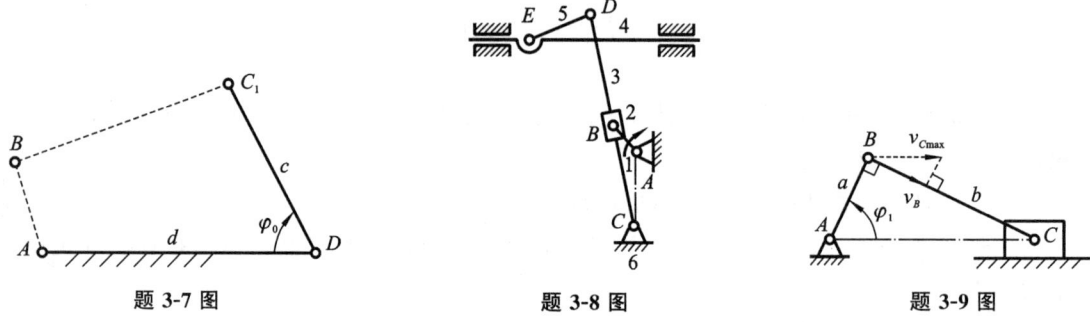

题 3-7 图　　　　　　　　　题 3-8 图　　　　　　　　题 3-9 图

最大速度 v_{Cmax} 与曲柄销轴处的圆周速度 v_B 之比 $v_{Cmax}/v_B = 1.2$，求曲柄和连杆长度 a、b（提示：滑块 C 的 v_{Cmax} 出现在曲柄和连杆的夹角为 90°时）。

3-10　试设计一曲柄滑块机构，已知行程速度变化系数 $K = 1.5$，滑块冲程 $H = 50$ mm，偏距 $e = 20$ mm。

3-11　如题 3-11 图所示为一双联齿轮变速装置，用拨叉 DE 操纵双联齿轮移动。现拟设计一四杆机构 $ABCD$ 操纵拨叉的摆动，已知条件是：机架 $l_{AD} = 100$ mm，铰链 A、D 的位置如图所示，拨叉滑块行程为 30 mm，拨叉尺寸 $l_{ED} = l_{DC} = 40$ mm，固定轴心 D 在拨叉滑块行程的垂直等分线上。又在此四杆机构 $ABCD$ 中，构件 AB 为手柄。当手柄 AB_1 垂直向上时，拨叉处于 E_1 的位置；当手柄 AB_1 逆时针转过 $\theta = 90°$ 处于水平位置 AB_2 时，拨叉处于 E_2 的位置。试设计此四杆机构。

3-12　题 3-12 图所示为 Y-52 插齿机的插削机构，已知 $l_{AD} = 200$ mm，要求插刀的行程 $H = 80$ mm，行程速度变化系数 $K = 1.5$，试确定各杆尺寸（即构件 AB 的长度 l_{AB} 和扇形齿轮的分度圆半径 R）。

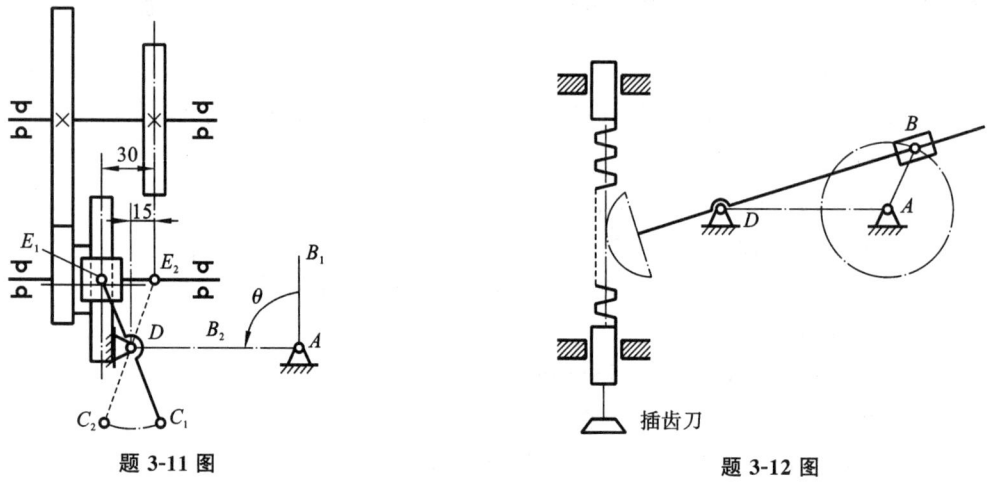

题 3-11 图　　　　　　　　　　题 3-12 图

3-13　如题 3-13 图所示，已知 AE 的三个位置（$\varphi_1 = 77°$，$\varphi_2 = 115°$，$\varphi_3 = 145°$）所对应的滑块位置 $s_1 = 440$ mm，$s_2 = 330$ mm，$s_3 = 220$ mm。要求用一连杆 BC 将 AE 与滑块 C 连接起来，试确定连杆 b 的长度及其与 AE 铰接点 B 的位置。

3-14　如题 3-14 图所示，设要求四杆机构两连架杆的三组对应位置分别为 $\alpha_1 = 35°$，$\varphi_1 = 50°$；$\alpha_2 = 80°$，$\varphi_2 = 75°$；$\alpha_3 = 125°$，$\varphi_3 = 105°$，试设计此四杆机构。

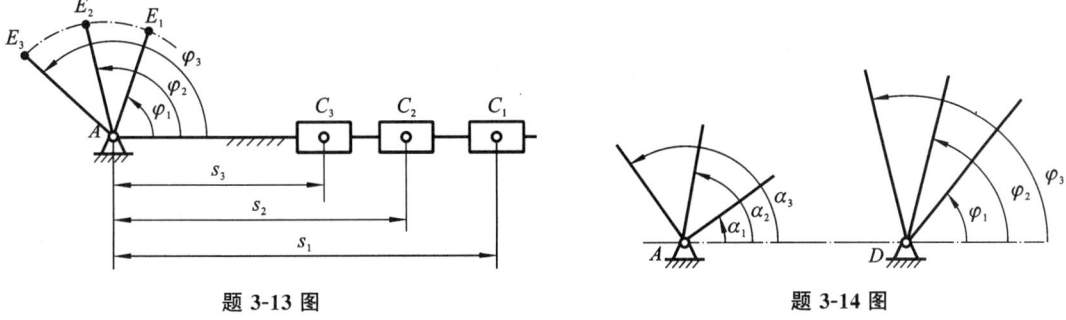

题 3-13 图   题 3-14 图

3-15 试设计如题 3-15 图所示的六杆机构。该机构当原动件 1 自 y 轴顺时针转过 $\varphi_{12} = 60°$ 时,构件 3 顺时针转过 $\psi_{12} = 45°$ 恰与 x 轴重合。此时滑块 6 自 E_1 移动到 E_2,位移 $s_{12} = 20$ mm。试确定铰链 B_1 和 C_1 的位置,并在所设计的机构中标明传动角 γ,同时说明四杆机构 AB_1C_1D 的类型。

3-16 如题 3-16 图所示曲柄摇杆机构,已知摇杆长 $c = 420$ mm,摆角 $\psi = 60°$,行程速度变化系数 $K = 1.25$,若远极位时机构的传动角 $\gamma_2 = 35°$,求各杆长 a、b、d,并校验机构最小传动角 γ_{min}。

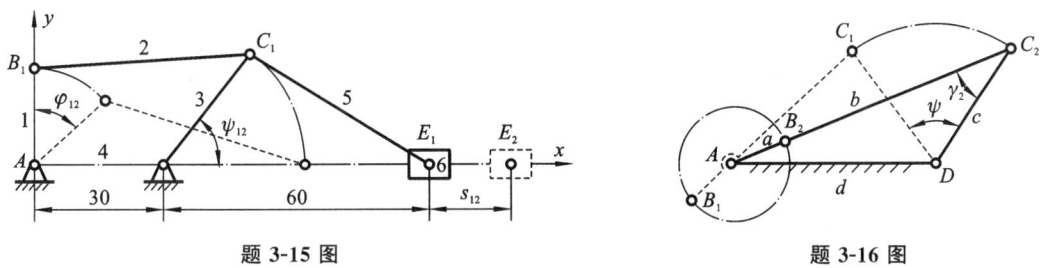

题 3-15 图   题 3-16 图

3-17 某刚体上点 P 两位置坐标 $\boldsymbol{P}_1 = \begin{bmatrix} 0 \\ 0 \end{bmatrix}$,$\boldsymbol{P}_2 = \begin{bmatrix} 0 \\ 40 \end{bmatrix}$,刚体第二位置相对第一位置的转角 $\theta_2 = 90°$,用下列位移矩阵式写出两位置间的位移矩阵 $[D]_{21}$。

$$[D]_{j1} = \begin{bmatrix} \cos\theta_j & -\sin\theta_j & x_{P_j} - x_{P_1}\cos\theta_j + y_{P_1}\sin\theta_j \\ \sin\theta_j & \cos\theta_j & y_{P_j} - x_{P_1}\sin\theta_j - y_{P_1}\cos\theta_j \\ 0 & 0 & 1 \end{bmatrix} \quad (j=2)$$

3-18 某刚体位置 1、2 间的位移矩阵为 $[D]_{21} = \begin{bmatrix} 0 & -1 & 40 \\ 1 & 0 & 0 \\ 0 & 0 & 1 \end{bmatrix}$,求该刚体从位置 1 到位置 2 的转动中心 p_{12} 的坐标 $x_{p_{12}}, y_{p_{12}}$。

3-19 某刚体位置 1、2 间的位移矩阵为 $[D]_{21} = \begin{bmatrix} 0 & -1 & 40 \\ 1 & 0 & 20 \\ 0 & 0 & 1 \end{bmatrix}$,刚体上点 P 的第一位置坐标为 $\boldsymbol{P}_1 = \begin{bmatrix} 40 \\ 40 \end{bmatrix}$,求 $\boldsymbol{P}_2 = \begin{bmatrix} x_{P_2} \\ y_{P_2} \end{bmatrix}$ 的值。

3-20 设刚体 n 个位置的位移矩阵为 $[D]_{j1}(j=2,3,\cdots,n)$:

（1）写出刚体上任意一点 B 的诸位置对第一位置的坐标关系式。

（2）若点 B 绕 $\boldsymbol{P}=\begin{bmatrix} x_0 \\ y_0 \end{bmatrix}$ 转动，如何建立求解点 B_1 坐标 $\boldsymbol{B}_1=\begin{bmatrix} x_{B_1} \\ y_{B_1} \end{bmatrix}$ 的方程式。

（3）若点 P 坐标 (x_0, y_0) 已知，当给定刚体的几个位置时上述求解 x_{B_1}、y_{B_1} 的方程有定解？

3-21　设已知刚体 n 个位置的位移矩阵 $[D]_{j1}(j=2,3,\cdots,n)$，请写出刚体与滑块连接的铰接点 T 的第一位置 $\boldsymbol{T}_1=\begin{bmatrix} x_{T_1} \\ y_{T_1} \end{bmatrix}$ 的求解方程。n 为何值时有定解？

3-22　如题 3-22 图所示，已知某刚体上点 P 的三位置及其上某标线的位置角分别为：$\boldsymbol{P}_1=\begin{bmatrix} -8.6 \\ 10 \end{bmatrix}$，$\boldsymbol{P}_2=\begin{bmatrix} -6.6 \\ 10 \end{bmatrix}$，$\boldsymbol{P}_3=\begin{bmatrix} -3.6 \\ 10 \end{bmatrix}$；$\varphi_1=30°$，$\varphi_2=47°$，$\varphi_3=70°$，若已知两固定支座 A、B 的位置坐标为 $\boldsymbol{A}=\begin{bmatrix} 0 \\ 0 \end{bmatrix}$，$\boldsymbol{B}=\begin{bmatrix} 4 \\ 6.2 \end{bmatrix}$，求实现点 P 给定位置的四杆机构的各杆长度。

3-23　如题 3-23 图所示，已知 PQ 标线的三位置 $\boldsymbol{P}_1=\begin{bmatrix} 13.7 \\ 1 \end{bmatrix}$，$\boldsymbol{P}_2=\begin{bmatrix} 10.5 \\ 2.2 \end{bmatrix}$，$\boldsymbol{P}_3=\begin{bmatrix} 11.9 \\ 3.4 \end{bmatrix}$，其方向角 $\varphi_1=35°$，$\varphi_2=50°$，$\varphi_3=64°$，若滑块铰接点 T 的第一位置 y 坐标为 $y_{T_1}=0$，曲柄转动支座 $\boldsymbol{A}=\begin{bmatrix} 0 \\ 0 \end{bmatrix}$，求实现标线给定位置的曲柄滑块机构。

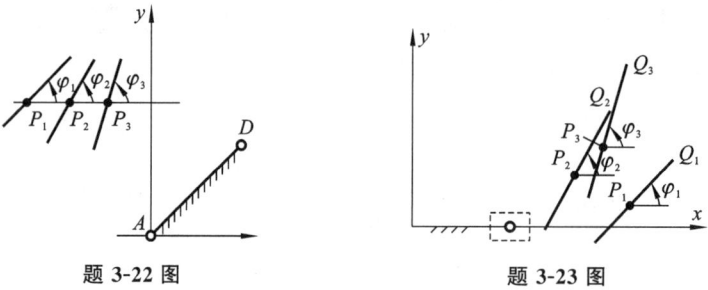

题 3-22 图　　　　　　　　　　　题 3-23 图

3-24　如题 3-24 图所示，设点 B 绕坐标中心 A 转动，点 B 上某标线相对第一位置的转角 $\theta_2=45°$，$\theta_3=90°$。

（1）写出点 B 的转动矩阵 $[R]_{j1}(j=2,3)$。

（2）若给定 B_1 的坐标 $\boldsymbol{B}_1=\begin{bmatrix} x_{B_1} \\ y_{B_1} \end{bmatrix}=\begin{bmatrix} 86.6 \\ 50 \end{bmatrix}$，求 B_2、B_3 的坐标值。

（3）若以 AB 为曲柄，要求其处于 B_2、B_3 位置时滑块的对应位移为 $s_2=-69.0625$，$s_3=-142.881$，求满足以上要求的曲柄滑块机构的各杆长：曲柄长 a、连杆长 b、偏距 e。

3-25　设点 P 的三位置为 $\boldsymbol{P}_1=\begin{bmatrix} 63.3 \\ 45 \end{bmatrix}$，$\boldsymbol{P}_2=\begin{bmatrix} 20 \\ 70 \end{bmatrix}$，$\boldsymbol{P}_3=\begin{bmatrix} -15.355 \\ 55.355 \end{bmatrix}$，试用代数解析法求点 P 通过以上三个指定位置时，其转动中心的坐标 (x_0, y_0)。

3-26　若有如题 3-26 图所示的曲柄滑块机构，转角 φ_1 与滑块位置尺寸 s 之间有如下对应关系：$60°$，$74.462\ \text{mm}$；$130°$，$63.15\ \text{mm}$。请用代数多项式方法求解准确实现以上要求的曲柄长度 a 及连杆长度 b。

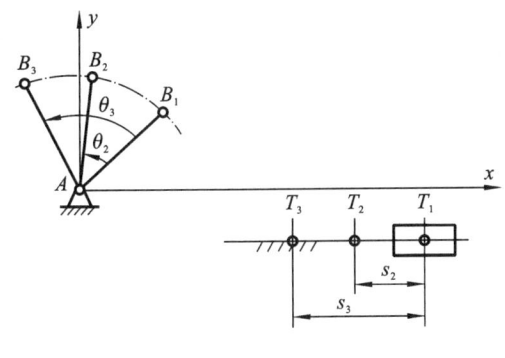

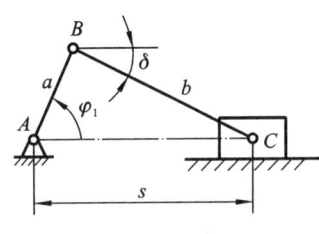

题 3-24 图　　　　　　　　　　　　　　　　题 3-26 图

3-27　如题 3-27 图所示,砂箱翻转台与连杆 BC 固接,为使翻转台做平面运动并翻转 $180°$,B、C 两点的坐标值为 $\boldsymbol{B}_1 = \begin{bmatrix} 0 \\ 55 \end{bmatrix}$,$\boldsymbol{C}_1 = \begin{bmatrix} 0 \\ 70 \end{bmatrix}$,$\boldsymbol{B}_2 = \begin{bmatrix} 30 \\ 76 \end{bmatrix}$,$\boldsymbol{C}_2 = \begin{bmatrix} 45 \\ 72 \end{bmatrix}$,$\boldsymbol{B}_3 = \begin{bmatrix} 73 \\ 75 \end{bmatrix}$,$\boldsymbol{C}_3 = \begin{bmatrix} 73 \\ 60 \end{bmatrix}$,试用代数解析法设计一四杆机构实现以上要求。

3-28　如题 3-28 图所示液压缸翻斗机构,已知翻斗摆角 $\psi = 60°$,位置一 AB_1D 对位置二 AB_2D 作用于 BD 上的力矩比为 $k_M = 1.5$,若摇臂 BD 的长度 $l_{BD} = 300 \ \text{mm}$,求 $\varphi_0 = 35.7°$ 时的机构尺寸及液压缸行程 H。

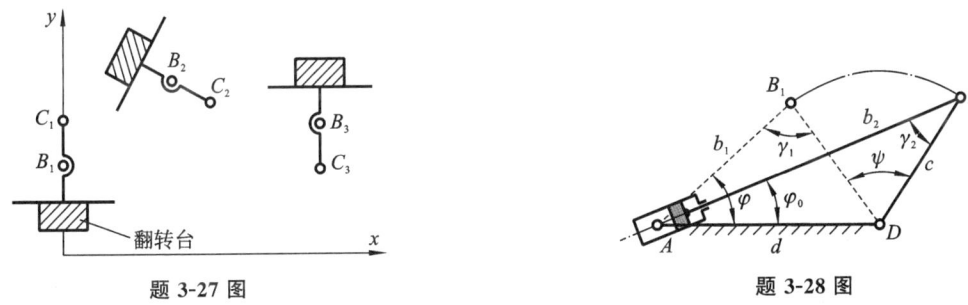

题 3-27 图　　　　　　　　　　　　　　　　题 3-28 图

3-29　有一铰链四杆机构,要求机构的行程速度变化系数 $K = 1.25$,摇杆摆角 $\psi = 60°$,机构在近极位时的传动角 $\gamma_1 = 90°$,求:

(1) 四杆机构的各相对尺寸 a、b、$c(d = 1)$;

(2) 当曲柄半径 $l_{AB} = 200 \ \text{mm}$ 时各杆的绝对尺寸 l_{BC}、l_{CD}、l_{AD};

(3) 当连杆长 $l_{BC} = 500 \ \text{mm}$ 时各杆的绝对尺寸 l_{AB}、l_{CD}、l_{AD}。

第4章 凸轮机构

4.1 凸轮机构的应用和分类

4.1.1 凸轮机构的应用

在设计机械时,通常要求其中某些从动件的位移、速度、加速度按照预定的规律变化。这虽然可用连杆机构实现,但难以精确地满足要求,且设计方法也较复杂。在这种情况下,特别是当从动件需按复杂的运动规律运动时,通常多采用凸轮机构。凸轮机构是机械中的一种常用机构,在自动化和半自动化机械中应用非常广泛。

图 4-1 所示为内燃机配气机构,主动件 1(凸轮)以等角速度回转,它的轮廓驱使从动件 2 (阀杆)按预期的运动规律启闭阀门。

图 4-2 所示为自动机床的进刀机构。当具有凹槽的圆柱凸轮 1 回转时,其凹槽的侧面通过嵌于凹槽中的滚子 3 迫使推杆 2 绕点 O 处的轴做往复摆动,从而控制刀架 4 的进刀和退刀运动。

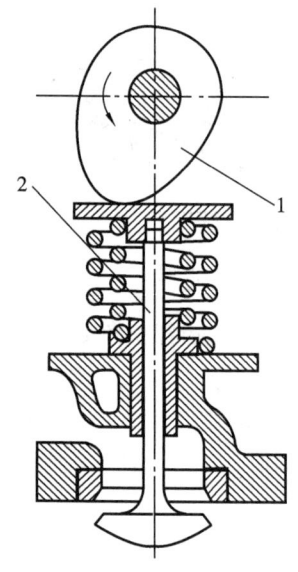

图 4-1　内燃机配气机构

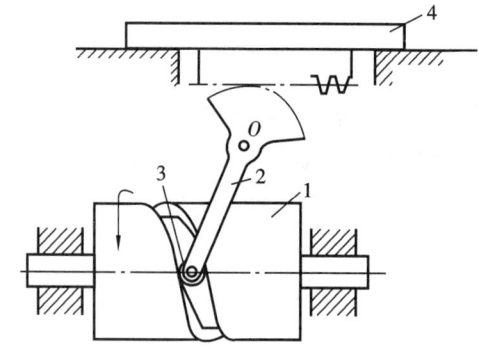

图 4-2　自动机床的进刀机构

图 4-3 所示为绕线机的排线机构。当绕线轴 3 快速转动时,蜗杆带动凸轮 1 缓慢地转动,通过凸轮高副驱使从动件 2 往复摆动,从而使线 4 均匀地缠绕在绕线轴上。

图 4-4 所示为录音机的卷带凸轮机构,凸轮 1 可随放音键上下移动。放音时,凸轮 1 处于图示最低位置,在弹簧 6 的作用下,安装于带轮轴上的摩擦轮 4 紧靠卷带轮 5,从而将磁带 3 卷紧。停止放音时,凸轮 1 随放音键上移,其轮廓迫使从动件 2 顺时针摆动,使摩擦轮与卷带轮分离,从而停止卷带。

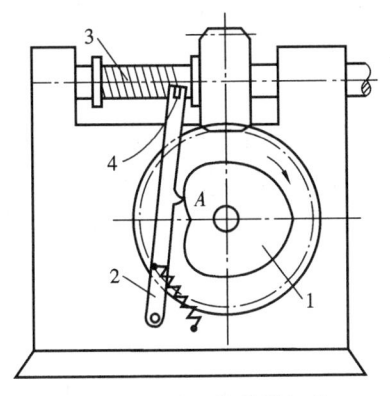

图 4-3 绕线机的排线机构

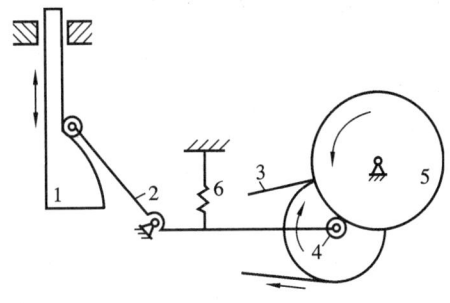

图 4-4 卷带凸轮机构

凸轮机构属高副机构,它一般是由凸轮、从动件和机架组成的三杆机构。凸轮是一个具有曲线外凸轮廓或凹槽的构件,通常做连续等速转动,也有的做摆动或往复直线移动。从动件则按预定的运动规律做间歇的(也有做连续的)直线往复移动或摆动。

凸轮机构的最大优点是:只要适当地设计凸轮的轮廓曲线,从动件便可获得任意预定的运动规律,且机构简单紧凑、设计方便。因此,它广泛应用于机械、仪器的操纵控制装置中。例如,在内燃机中,用来控制进气与排气阀门;在各种切削机床中,用来完成自动送料和进退刀;在缝纫机、纺织机、包装机、印刷机等工作机中,用来按预定的工作要求带动执行构件等。但由于凸轮与从动件是高副接触,接触应力较大,易于磨损,故这种机构一般仅用于传递动力不大的场合。凸轮机构的类型繁多,通常按下述三种方法来分类。

4.1.2 凸轮机构的分类

1. 按从动件的结构形式分

1) 尖顶从动件凸轮机构

尖顶从动件(见图 4-5(a)、(b))的结构最简单,能与任意形状的凸轮轮廓保持接触,但因尖顶易于磨损,故只适用于传力不大的低速场合,如仪表凸轮机构。然而,由于尖顶从动件凸轮机构的分析与设计是研究其他形式从动件凸轮机构的基础,所以仍需加以讨论。

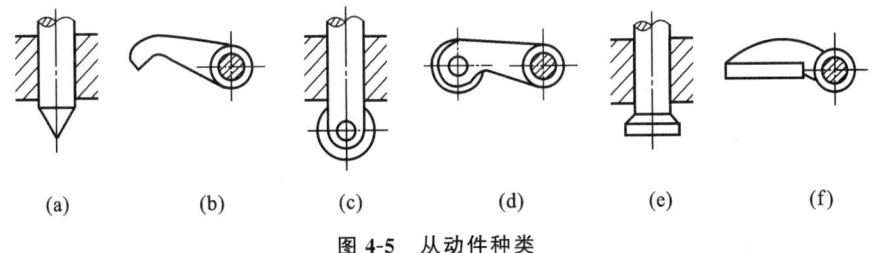

(a) (b) (c) (d) (e) (f)

图 4-5 从动件种类

2) 滚子从动件凸轮机构

滚子从动件(见图 4-5(c)、(d))与凸轮轮廓之间为滚动摩擦,耐磨损,可承受较大的载荷,故应用最广。

3) 平底从动件凸轮机构

平底从动件(见图 4-5(e)、(f))的优点是凸轮对从动件的作用力始终垂直于从动件的底部(不计摩擦时),故受力比较平稳,而且凸轮轮廓与平底的接触面间易形成楔形油膜,润滑情况良好,且当不计摩擦时,凸轮对从动件的作用力始终垂直于平底,传动效率较高,故常用于高速凸轮机构中。它的缺点是仅能与轮廓全部外凸的凸轮构成传动副。

2. 按从动件的运动形式分

从动件相对于机架的运动形式,有往复直线移动和往复摆动两种。按从动件的运动形式分,凸轮机构可分为直动从动件(见图 4-5(a)、(c)、(e))凸轮机构和摆动从动件(见图 4-5(b)、(d)、(f))凸轮机构。在直动从动件中,若其轴线通过凸轮的回转轴心,则称其为对心直动从动件,否则称为偏置直动从动件。

1) 直动从动件凸轮机构

直动从动件凸轮机构(见图 4-6)的从动件做直线往复运动,导路中心线与凸轮转动中心的距离 e 称为偏心距。这种凸轮机构称为偏置直动从动件凸轮机构。当 $e=0$ 时,导路中心线通过凸轮转动中心,这种凸轮机构称为对心直动从动件凸轮机构。

2) 摆动从动件凸轮机构

摆动从动件凸轮机构(见图 4-7)的从动件做往复摆动。

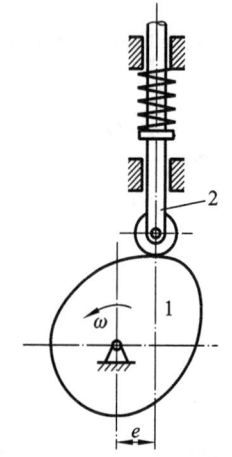

图 4-6　直动从动件凸轮机构

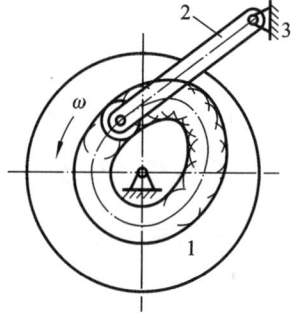

图 4-7　摆动从动件凸轮机构

3. 按凸轮的形状分

1) 盘形凸轮机构

盘形凸轮机构(见图 4-1 和图 4-3)中的凸轮是绕固定轴转动且具有变化向径的盘形构件,从动件在垂直于凸轮轴的平面内运动。

2) 移动凸轮机构

移动凸轮机构(见图 4-4)中的凸轮做直线往复移动,可看成是转轴在无穷远处的盘形凸轮。

3) 圆柱凸轮机构

圆柱凸轮机构(见图 4-2)中的凸轮是圆柱体,从动件的运动平面与凸轮轴线平行。可将圆柱凸轮看成是由移动凸轮卷成圆柱体而得的。

4) 圆锥凸轮机构

圆锥凸轮机构中的凸轮是圆锥体,从动件沿圆锥母线的方向运动。可将圆锥凸轮看成是由盘形凸轮的一扇形部分卷成圆锥体而得。

盘形凸轮和移动凸轮与其从动件之间的相对运动是平面运动,而圆柱凸轮和圆锥凸轮与其从动件之间的相对运动是空间运动,故前两种属于平面凸轮机构,后两种属于空间凸轮机构。

由于圆柱凸轮和圆锥凸轮可分别展开为移动凸轮和盘形凸轮,而移动凸轮又是盘形凸轮的特例,因此,盘形凸轮是凸轮最基本的形式,也是本章主要的讨论对象。

4. 按凸轮与从动件维持高副接触的方法分

1) 力封闭的凸轮机构

它利用从动件的重力、弹簧力(见图 4-1)或其他外力,使从动件与凸轮始终保持接触。

2) 形封闭的凸轮机构

它依靠高副元素本身的几何形状使从动件与凸轮始终接触(见图 4-8)。

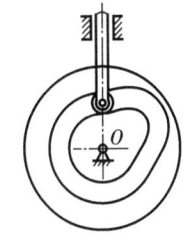

图 4-8 形封闭的凸轮机构

凸轮机构的研究课题有两类:①给定从动件的运动,设计凸轮轮廓线以满足这一要求;②已知凸轮的轮廓线,确定从动件的位移、速度、加速度等。本章主要研究第一类课题,而第二类课题在工程中也会经常用到,例如,对实际的凸轮机构进行运动分析以检验其工作性能或者对某些操纵机构中所使用的轮廓线简单而且便于加工的凸轮,分析其从动件的运动规律。

4.2 从动件的运动规律及其选择

4.2.1 凸轮机构的运动及其从动件位移曲线

图 4-9(a)所示为尖顶直动从动件盘形凸轮机构,其中以凸轮轮廓的最小向径 r_b 为半径所作的圆称为基圆,r_b 称为基圆半径。若 BD 是基圆的一段,EF 是以最大向径 OE 为半径的圆弧,则当凸轮沿顺时针方向以等角速度 ω 回转时,从动件的位移 s 将按图 4-9(b)所示的 s-φ(φ 为凸轮的转角)曲线变化:凸轮转角 $\varphi=0°\sim60°$ 时,从动件停止不动;转角 $\varphi=60°\sim180°$ 时,从动件按图示 s-φ 变化规律从离轴心 O 最近位置被推向最远位置,这一运动过程称为推程;转角 $\varphi=180°\sim240°$ 时,从动件停在离轴心 O 最远的位置不动;转角 $\varphi=240°\sim360°$ 时,从动件按图示 s-φ 变化规律由最远位置回到起始位置,这一运动过程称为回程。在一个行程(推程或回程)中从动件所移过的距离 h 称为升程。当凸轮连续回转时,从动件将重复上述运动循环。

以凸轮的转角(因凸轮等速转动,故也可用对应的时间)为横坐标,以从动件的位移为纵坐标所作的曲线,称为从动件的位移曲线。若位移曲线在一个行程的两端都有停止区间(见图 4-9(b)),则从动件的运动形式为停—升—停—降型;若只在一端有停止区间(见图 4-10),则为停—升—降或升—降—停型;若两端均无停止区间(见图 4-11),则为升—降型。最常见、最典型的从动件运动形式是停—升—停—降型。

位移曲线通常由几段曲线或直线组成。若某段位移曲线以方程 $s=f(\varphi)$ 表示,凸轮以等角速度 ω 回转,则从动件相应的速度 v、加速度 a 和加速度变化率 j(也称跃度)分别为

$$v=\frac{\mathrm{d}s}{\mathrm{d}t}=\frac{\mathrm{d}s}{\mathrm{d}\varphi}\frac{\mathrm{d}\varphi}{\mathrm{d}t}=\frac{\mathrm{d}s}{\mathrm{d}\varphi}\omega=\omega f'(\varphi)$$

$$a=\frac{\mathrm{d}v}{\mathrm{d}t}=\frac{\mathrm{d}^2s}{\mathrm{d}\varphi^2}\omega^2=\omega^2 f''(\varphi)$$

$$j=\frac{\mathrm{d}a}{\mathrm{d}t}=\frac{\mathrm{d}^3s}{\mathrm{d}\varphi^3}\omega^3=\omega^3 f'''(\varphi)$$

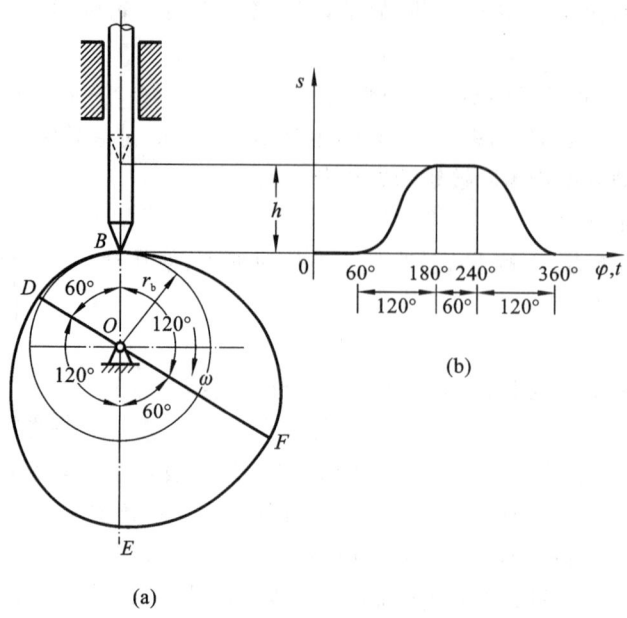

(a)

图 4-9　从动件位移线

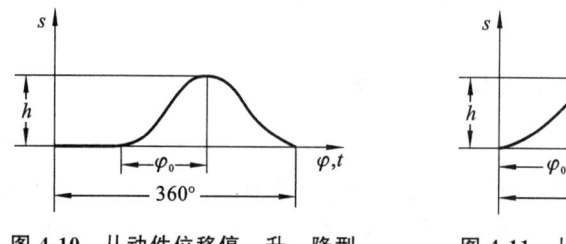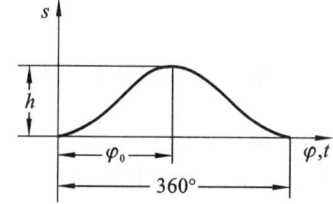

图 4-10　从动件位移停—升—降型　　　**图 4-11　从动件位移升—降型**

　　加速度变化率 j 与惯性力的变化率相关联,因此对从动件的振动有很大影响。从动件的 s、v、a 和 j 的变化规律称为从动件的运动规律,它们全面地反映了从动件的运动特性及其变化的规律性。

　　由上述可知,凸轮的轮廓形状决定了从动件的运动规律。反之,从动件的不同运动规律要求凸轮具有不同形状的轮廓曲线。因此,在设计没有预先给定从动件位移曲线的凸轮机构时,重要的问题之一就是按照它在机械中所执行的工作任务,选择合适的从动件运动规律,并据此设计出相应的凸轮轮廓线。

　　从动件运动规律的类型很多,下面仅就最典型的停—升—停—降运动型式,介绍和分析几种常用的运动规律,供设计时选用。

4.2.2　多项式基本运动规律

　　多项式的一般表达式为

$$s = C_0 + C_1\varphi + C_2\varphi^2 + \cdots + C_n\varphi^n \qquad (4-1)$$

式中:s——从动件的位移;

　　　φ——凸轮的转角;

　　　C_0,C_1,$\cdots$,C_n——$n+1$ 个待定系数。

根据运动学关系,对式(4-1)分别求导一次和两次,得到从动件的速度和加速度方程:

$$v = C_1\omega + 2C_2\omega\varphi + \cdots + nC_n\omega\varphi^{n-1} \tag{4-2a}$$

$$a = 2C_2\omega^2 + \cdots + n(n-1)C_n\omega^2\varphi^{n-2} \tag{4-2b}$$

若给定相应的边界条件(诸如 $\varphi = 0$ 时, $s = 0$; $\varphi = \varphi_0$ 时, $s = h$ 等),求出待定系数后再代入式(4-1)即可得到凸轮机构从动件的位移 s、速度 $\dot{s}$、加速度 $\ddot{s}$ 方程。

1. 等速运动规律

当式(4-1)中的 $n = 1$ 时,有

$$s = C_0 + C_1\varphi$$

由此可得到从动件的运动规律为

$$\begin{cases} s = h\varphi/\varphi_0 \\ v = h\omega/\varphi_0 \\ a = 0 \end{cases} \tag{4-3}$$

其运动线图如图 4-12 所示。从速度线图可以看出,运动的始末两点有速度突变;在运动开始的瞬间,速度从零上升到某一值,而在运动停止的瞬间,速度又从某一值突变为零,所以在始点 $a \to +\infty$,在末点 $a \to -\infty$,即始末点的理论加速度值为无穷大,它所引起的惯性力亦应为无穷大。实际上,由于材料具有弹性,加速度和惯性力不会达到无穷大,但仍将有强烈的冲击,这种冲击称为刚性冲击或硬冲。因此这种运动规律只适用于凸轮转速很低的场合。

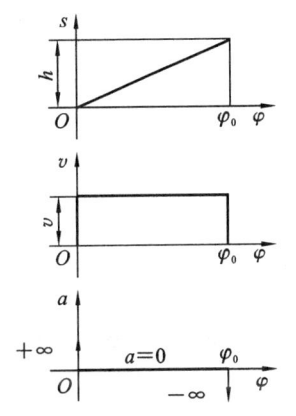

图 4-12 从动件等速运动规律

2. 等加速等减速运动规律

式(4-1)中的 $n = 2$ 时,

$$s = C_0 + C_1\varphi + C_2\varphi^2 \tag{4-4a}$$

在推程的起点和终点,从动件速度均为零,故希望推程的前半段加速而后半段减速。一般取前半段 $\varphi = 0 \sim \varphi_0/2$, $s = 0 \sim h/2$ 和后半段 $\varphi = \varphi_0/2 \sim \varphi_0$, $s = h/2 \sim h$ 对称(也可以不对称)。

由此得前半段从动件的运动方程为

$$\begin{cases} s = 2h\varphi^2/\varphi_0^2 \\ v = 4h\omega\varphi/\varphi_0^2 \\ a = 4h\omega^2/\varphi_0^2 \end{cases} \tag{4-4b}$$

后半段从动件的运动方程为

$$\begin{cases} s = h - 2h(\varphi_0 - \varphi)^2/\varphi_0^2 \\ v = 4h\omega(\varphi_0 - \varphi)/\varphi_0^2 \\ a = -4h\omega^2/\varphi_0^2 \end{cases} \tag{4-4c}$$

如图 4-13 所示,这种运动规律的加速度为两段水平线。前半段为加速,后半段为减速,故称为等加速等减速运动规律。这种运动规律在推程的始末点及前后半段交接处加速度也有突变。其加速度变化为有限值,但其变化率(即跃变)为无穷大,即表示惯性力在极短的时间内发生有限变化。这种有限惯性力的突变也会产生有限冲击,称为柔性冲击。而且在高速下仍将导致相当严重的振动、噪声和磨损。因此,这种运动规律只适用于中、低速的场合。

3. 五次多项式运动规律

多项式方程的阶数 n 取值越高,其从动件动力性能也越好。但求解待定系数所需的边界条件也越多,计算也越复杂,而且由于高阶曲线对加工误差的反应很敏感,对加工精度的要求也大大提高了。因此通常采用五次多项式运动规律。

当 $n=5$ 时得到从动件运动规律为

$$\begin{cases} s = h\left[10(\varphi/\varphi_0)^3 - 15(\varphi/\varphi_0)^4 + 6(\varphi/\varphi_0)^5\right] \\ v = h\omega\left[30(\varphi/\varphi_0)^2 - 60(\varphi/\varphi_0)^3 + 30(\varphi/\varphi_0)^4\right]/\varphi_0 \\ a = h\omega^2\left[60(\varphi/\varphi_0) - 180(\varphi/\varphi_0)^2 + 120(\varphi/\varphi_0)^3\right]/\varphi_0^2 \end{cases} \tag{4-5}$$

如图 4-14 所示,其加速度曲线为连续曲线,即惯性力无突变,因此不会形成冲击,可用于高速场合。

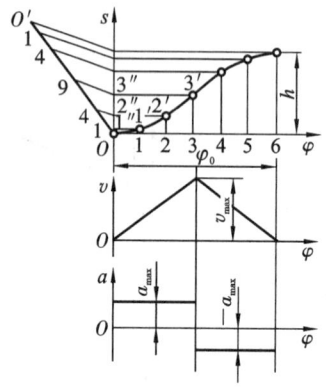

图 4-13　从动件等加速等减速运动规律

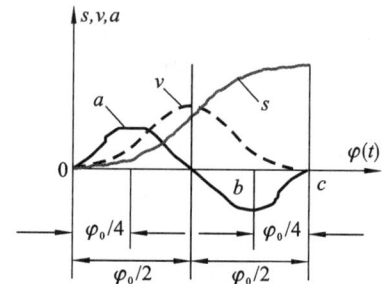

图 4-14　从动件五次多项式运动规律

4.2.3　三角函数式基本运动规律

由三角函数表示的运动规律,应用较多的有余弦加速度运动规律和正弦加速度运动规律。

1. 余弦加速度运动规律

余弦加速度运动规律又称简谐运动规律。当一点在圆周上等速运动时,其在直径上投影的运动即为简谐运动。以推杆行程 h 为直径作一圆,显然推杆的位移为

$$s = \frac{h}{2}(1 - \cos\theta) \tag{4-6a}$$

又因 $\varphi=\varphi_0$ 时 $\theta=\pi$,故 $\theta=\dfrac{\pi}{\varphi_0}\varphi$,代入式(4-6a)并对 t 求导有:

$$\begin{cases} s = \dfrac{h}{2}\left[1 - \cos\left(\dfrac{\pi}{\varphi_0}\varphi\right)\right] \\ v = \dfrac{\pi h\omega}{2\varphi_0}\sin\left(\dfrac{\pi}{\varphi_0}\varphi\right) \\ a = \dfrac{\pi^2 h\omega^2}{2\varphi_0^2}\cos\left(\dfrac{\pi}{\varphi_0}\varphi\right) \end{cases} \tag{4-6b}$$

推杆的加速度按余弦规律变化,故称为余弦加速度运动规律。如图 4-15 所示,在推程的始末点加速度产生有限数值的突变,即有柔性冲击,故适用于中低速场合。

2. 正弦加速度运动规律

为使加速度曲线连续变化,应避免推程始末位置的加速度数值发生突变。采用正弦加速度运动,且推程角 φ_0 对应于正弦曲线的 2π 周期,得

$$
\begin{cases}
a = C_1 \sin\left(\dfrac{2\pi}{\varphi_0}\varphi\right) \\[2mm]
v = \displaystyle\int a\,\mathrm{d}t = -C_1 \dfrac{\varphi_0}{2\pi\omega}\cos\left(\dfrac{2\pi}{\varphi_0}\varphi\right) + C_2 \\[2mm]
s = \displaystyle\int v\,\mathrm{d}t = -C_1 \dfrac{\varphi_0^2}{4\pi^2\omega^2}\sin\left(\dfrac{2\pi}{\varphi_0}\varphi\right) + C_2 \dfrac{\varphi}{\omega} + C_3
\end{cases}
\tag{4-7}
$$

边界条件:$\varphi=0$ 时,$s=0$,$v=0$;$\varphi=\varphi_0$ 时,$s=h$,可得系数 $C_1 = 2\pi h\omega^2/\varphi_0^2$,$C_2 = h\omega/\varphi_0$,$C_3 = 0$,代入式(4-7)得

$$
\begin{cases}
s = h\left[\varphi/\varphi_0 - \sin(2\pi\varphi/\varphi_0)/2\pi\right] \\[2mm]
v = h\omega\left[1 - \cos(2\pi\varphi/\varphi_0)\right]/\varphi_0 \\[2mm]
a = 2\pi h\omega^2 \sin(2\pi\varphi/\varphi_0)/\varphi_0^2
\end{cases}
\tag{4-8}
$$

正弦加速度运动规律如图 4-16 所示。这种运动规律的加速度无突变,故无冲击,其振动、噪声和磨损都小,可用在中高速场合。

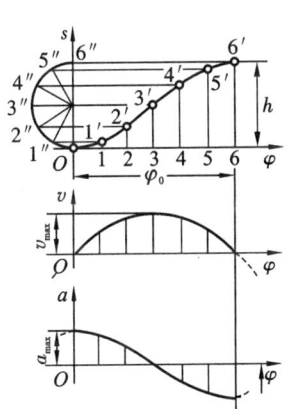 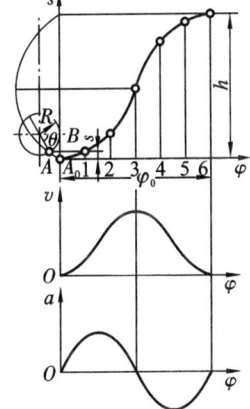

图 4-15　余弦加速度运动规律　　图 4-16　正弦加速度运动规律

现将从动件各种运动规律的运动方程式列于表 4-1,供计算时参考。表中回程栏内的 φ_0 指回程角,且 φ 由推程终了开始度量。

表 4-1　从动件的运动方程式

运动类型		推　程	回　程
等速运动		$s = h\varphi/\varphi_0$ $v = h\omega/\varphi_0$ $a = 0$	$s = h(\varphi_0 - \varphi)/\varphi_0$ $v = -h\omega/\varphi_0$ $a = 0$
等加速、等减速运动	前半程	$s = 2h\varphi^2/\varphi_0^2$ $v = 4h\omega\varphi/\varphi_0^2$ $a = 4h\omega^2/\varphi_0^2$	$s = h - 2h\varphi^2/\varphi_0^2$ $v = -4h\omega\varphi/\varphi_0^2$ $a = 4h\omega^2/\varphi_0^2$

运动类型		推　程	回　程
等加速、等减速运动	后半程	$s = h - 2h(\varphi_0 - \varphi)^2/\varphi_0^2$ $v = 4h\omega(\varphi_0 - \varphi)/\varphi_0^2$ $a = -4h\omega^2/\varphi_0^2$	$s = 2h(\varphi_0 - \varphi)^2/\varphi_0^2$ $v = -4h\omega(\varphi_0 - \varphi)/\varphi_0^2$ $a = 4h\omega^2/\varphi_0^2$
五次多项式运动		$s = h[10(\varphi/\varphi_0)^3 - 15(\varphi/\varphi_0)^4 + 6(\varphi/\varphi_0)^5]$ $v = h\omega[30(\varphi/\varphi_0)^2 - 60(\varphi/\varphi_0)^3 + 30(\varphi/\varphi_0)^4]/\varphi_0$ $a = h\omega^2[60(\varphi/\varphi_0) - 180(\varphi/\varphi_0)^2 + 120(\varphi/\varphi_0)^3]/\varphi_0^2$	$s = h[-10(\varphi/\varphi_0)^3 + 15(\varphi/\varphi_0)^4 - 6(\varphi/\varphi_0)^5]$ $v = h\omega[-30(\varphi/\varphi_0)^2 + 60(\varphi/\varphi_0)^3 - 30(\varphi/\varphi_0)^4]/\varphi_0$ $a = h\omega^2[-60(\varphi/\varphi_0) + 180(\varphi/\varphi_0)^2 - 120(\varphi/\varphi_0)^3]/\varphi_0^2$
余弦加速度运动		$s = \dfrac{h}{2}\left(1 - \cos(\dfrac{\pi}{\varphi_0}\varphi)\right)$ $v = \dfrac{\pi h\omega}{2\varphi_0}\sin(\dfrac{\pi}{\varphi_0}\varphi)$ $a = \dfrac{\pi^2 h\omega^2}{2\varphi_0^2}\cos(\dfrac{\pi}{\varphi_0}\varphi)$	$s = \dfrac{h}{2}\left(1 + \cos(\dfrac{\pi}{\varphi_0}\varphi)\right)$ $v = -\dfrac{\pi h\omega}{2\varphi_0}\sin(\dfrac{\pi}{\varphi_0}\varphi)$ $a = -\dfrac{\pi^2 h\omega^2}{2\varphi_0^2}\cos(\dfrac{\pi}{\varphi_0}\varphi)$
正弦加速度运动		$s = h[\varphi/\varphi_0 - \sin(2\pi\varphi/\varphi_0)/(2\pi)]$ $v = h\omega[1 - \cos(2\pi\varphi/\varphi_0)]/\varphi_0$ $a = 2\pi h\omega^2\sin(2\pi\varphi/\varphi_0)/\varphi_0^2$	$s = h[1 - \varphi/\varphi_0 + \sin(2\pi\varphi/\varphi_0)/(2\pi)]$ $v = -h\omega[1 - \cos(2\pi\varphi/\varphi_0)]/\varphi_0$ $a = -2\pi h\omega^2\sin(2\pi\varphi/\varphi_0)/\varphi_0^2$

4.2.4　从动件运动规律的选择

选择推杆的运动规律时,首先应满足工艺对机器的要求,同时还应考虑使凸轮机构具有良好的动力特性以及设计的凸轮便于加工等因素。

1. 根据运动规律的特性值选择推杆的运动规律

特性值是指对凸轮机构工作性能有较大影响的参数,如推杆的最大速度 v_{max}、最大加速度 a_{max} 及最大跃度 j_{max}。当 v_{max} 值越大时,其推杆系统的最大动量 mv_{max} 也越大,停、动不灵活且有较大冲力。因此,推杆系统质量较大(或重载)时,应选择 v_{max} 值较小的运动规律。a_{max} 越大,惯性力也越大,将使高副处的压力增大或可能发生推杆跳动,因此,高速凸轮应选择 a_{max} 值较小的运动规律。j_{max} 表示惯性力的最大变化率,影响凸轮机构的运动平稳性。各种基本运动规律的相对特性值比较及使用场合列于表 4-2 中。

表 4-2　从动件运动规律的特性值比较表

运动规律名称	$v_{max}(h\omega\varphi_0^{-1})$	$a_{max}(h\omega^2\varphi_0^{-2})$	$j_{max}(h\omega^3\varphi_0^{-3})$	应　用
等速	1.00	∞	—	低速轻载
等加速等减速	2.00	4.00	∞	中速轻载
五次多项式	1.88	5.77	60.0	高速中载

续表

运动规律名称	$v_{max}(h\omega\varphi_0^{-1})$	$a_{max}(h\omega^2\varphi_0^{-2})$	$j_{max}(h\omega^3\varphi_0^{-3})$	应　　用
余弦加速	1.57	4.93	∞	中低速重载
正弦加速	2.00	6.28	39.5	中高速轻载
改进梯形加速	2.00	4.89	61.4	高速轻载
改进正弦加速	1.76	5.53	69.5	中高速重载

2. 根据工艺要求选择从动件运动规律

图 4-17 所示为带等速移动刀架的凸轮机构,推杆带动刀架匀速进给,此时就应该选择等速运动规律。

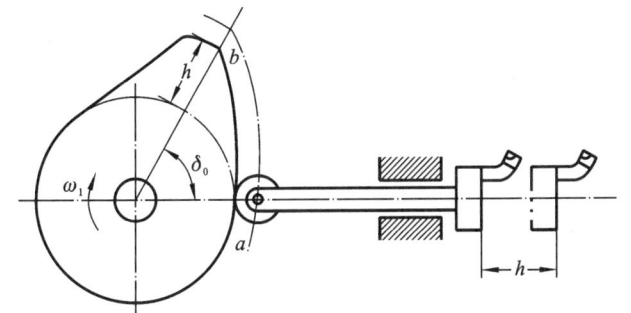

图 4-17　带等速移动刀架的凸轮机构

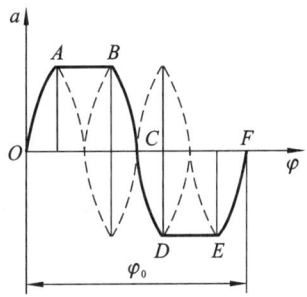

图 4-18　从动件组合运动规律

3. 高速下的推杆运动规律选择

高速下推杆将产生很大的惯性力与冲击振动,从而使凸轮机构磨损加剧和寿命缩短。因此应选择最大加速度值较小且无突然变化的运动规律。如果高速凸轮对从动件的运动规律也提出要求,则必须采用组合运动规律。所谓组合运动规律即将工艺选定的、特性较差的运动规律与特性较好的运动规律组合起来以改善其运动特性。例如等加速等减速运动规律,其加速度有突变,因此在加速度突变处,以正弦加速度曲线过渡而构成改进梯形加速度运动规律。这样,凸轮机构既具有等加速等减速运动其理论最大加速度最小的优点,又消除了柔性冲击,从而具有较好的性能,其加速度线图如图 4-18 所示。

只要求推杆完成某一行程 h 的凸轮机构,对运动规律无特殊要求时,可只从加工方便考虑,采用圆弧、直线或其他易于加工的曲线作为凸轮廓线。图 4-19 所示为机床中用于夹紧工件的机构。当凸轮转过 φ_0 时,廓线通过 a、b 两点,使摆杆转过 ψ 从而夹紧工件,对 a、b 之间的曲线形状无特殊要求。

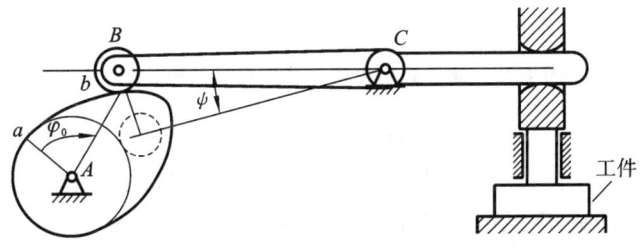

图 4-19　夹紧工件的凸轮机构

4.3 图解法设计凸轮的轮廓曲线

在根据工作要求和应用场合选定了凸轮机构的类型、从动件的运动规律，并确定了凸轮基圆半径等基本尺寸后，即可进行凸轮轮廓曲线的设计。设计方法有图解法和解析法，图解法直观、简单，但误差较大，只能应用于低速或精度要求不高的场合；对于高速或精度要求较高的凸

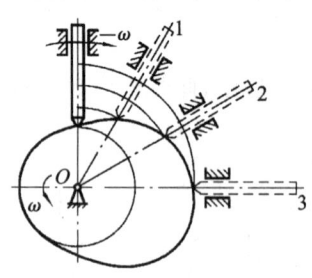

图 4-20 反转法设计原理

轮，必须用解析法精确计算。凸轮机构工作时，凸轮是运动的，而绘制凸轮轮廓时却需要凸轮与图纸保持相对静止。为此，在设计中采用基于相对运动原理的反转法。根据相对运动原理，如果给整个机构施加绕凸轮轴心 O 的公共角速度 $-\omega$，机构各构件间的相对运动不变。此时，凸轮固定不动，而从动件一方面随机架与导路以角速度 $-\omega$ 绕点 O 转动，另一方面又在导路中按预定的运动规律运动。由于从动件尖顶始终与凸轮轮廓保持接触，所以在这种复合运动中，尖顶的运动轨迹即为凸轮轮廓（见图 4-20）。

4.3.1 直动从动件盘形凸轮轮廓的设计

1. 尖顶从动件

图 4-21(a)所示为一偏置直动尖顶从动件盘形凸轮机构。已知从动件位移曲线如图 4-21(b)所示，凸轮基圆半径为 r_b，从动件导路偏于凸轮轴心的左侧，偏心距为 e，凸轮以等角速度 ω 沿顺时针方向转动，试设计凸轮的轮廓曲线。

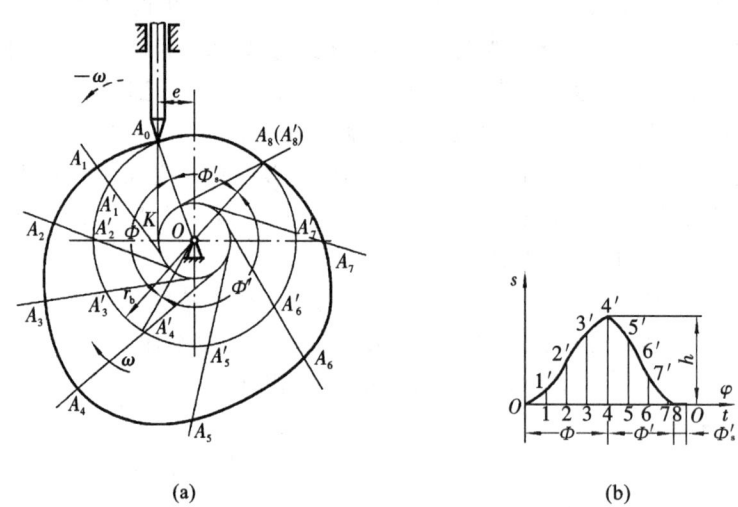

(a)　　　　　　　　　　　(b)

图 4-21 偏置直动尖顶从动件盘形凸轮轮廓设计

根据反转法的原理，具体设计步骤如下。

（1）选取适当的比例尺，作从动件的位移线图，如图 4-21(b)所示。将推程和回程阶段位移曲线的横坐标等分成若干等份（图中分为 8 等份），分别得点 1,2,3,…,8。

（2）取相同的比例尺，以点 O 为圆心、r_0 为半径作基圆，以点 O 为圆心、e 为半径作偏距圆，偏距圆与从动件导路切于点 K，基圆与导路的交点 A_0 即为从动件的起始位置。

(3) 在基圆上,自 OA_0 开始,沿 $-\omega$ 方向取凸轮的转角 Φ、Φ'、Φ'_s,并将推程运动角和回程运动角分成与图 4-21(b)所示对应的等份,得点 A'_1,A'_2,A'_3,$\cdots$,A'_8。

(4) 过点 A'_1,A'_2,A'_3,$\cdots$,A'_8 作偏距圆的一系列切线,它们便是反转后从动件导路的一系列位置。

(5) 沿以上各切线自基圆开始量取从动件相应的位移量,即取线段 $\overline{A_1A'_1}=\overline{11'}$,$\overline{A_2A'_2}=\overline{22'}$,$\overline{A_3A'_3}=\overline{33'}$,$\cdots$,$\overline{A_8A'_8}=\overline{88'}$,得反转后尖顶的一系列位置 A_1,A_2,A_3,$\cdots$,A_8。

(6) 将点 A_1,A_2,A_3,$\cdots$,A_8 连接成光滑曲线,即得所求的凸轮轮廓曲线,如图 4-21(a)所示。

若偏心距 $e=0$,则为对心直动尖顶从动件盘形凸轮机构。这时,从动件在反转运动中,不再与偏距圆相切,而是通过凸轮轴心 O 的径向射线。按图 4-21 所示的方法,便可求得如图 4-22 所示的凸轮轮廓曲线。

2. 滚子从动件

若将图 4-22 所示尖顶从动件改为滚子从动件,如图 4-23 所示,则其凸轮轮廓可按下述方法绘制。

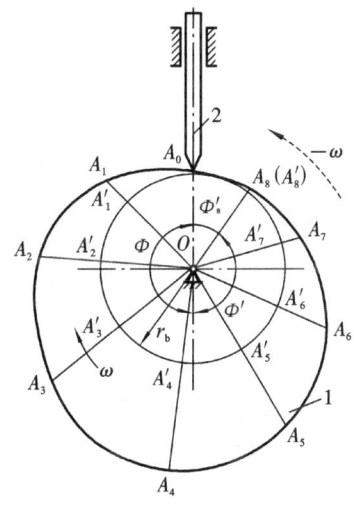
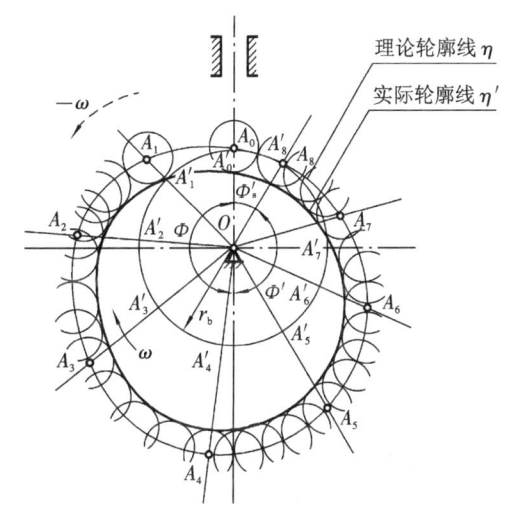

图 4-22　对心直动尖顶从动件盘形　　　　图 4-23　对心直动滚子从动件盘形
　　　　　凸轮轮廓设计　　　　　　　　　　　　　凸轮轮廓设计

(1) 将滚子中心视为尖顶从动件的尖顶,按照上述尖顶从动件凸轮轮廓曲线的设计方法作出曲线 η。曲线 η 是反转过程中滚子中心的运动轨迹,称为凸轮的理论轮廓线。

(2) 以理论轮廓线上各点为圆心,以滚子半径 r_r 为半径,作一系列的滚子圆,再作这些圆的内包络线 η',此即为凸轮的实际轮廓线。显然,该实际轮廓线是理论轮廓线的法向等距曲线,间距等于滚子半径 r_r。由上述作图过程可知,在滚子从动件凸轮机构的设计中,基圆半径 r_b 是凸轮理论轮廓线的最小向径。

4.3.2　摆动从动件盘形凸轮轮廓的设计

图 4-24(a)所示为一尖顶摆动从动件盘形凸轮机构。已知凸轮以等角速度 ω 顺时针转动,凸轮基圆半径为 r_b,凸轮轴心 O 与从动件摆动中心 A 的距离为 l_{OA},摆动从动件长度为 l_{AB},从动件运动规律如图 4-24(b)所示,要求设计该凸轮的轮廓曲线。

具体设计步骤如下：

（1）选取适当的比例尺，作出从动件的角位移线图，将推程和回程阶段角位移曲线的横坐标等分成若干等份，如图 4-24(b)所示。

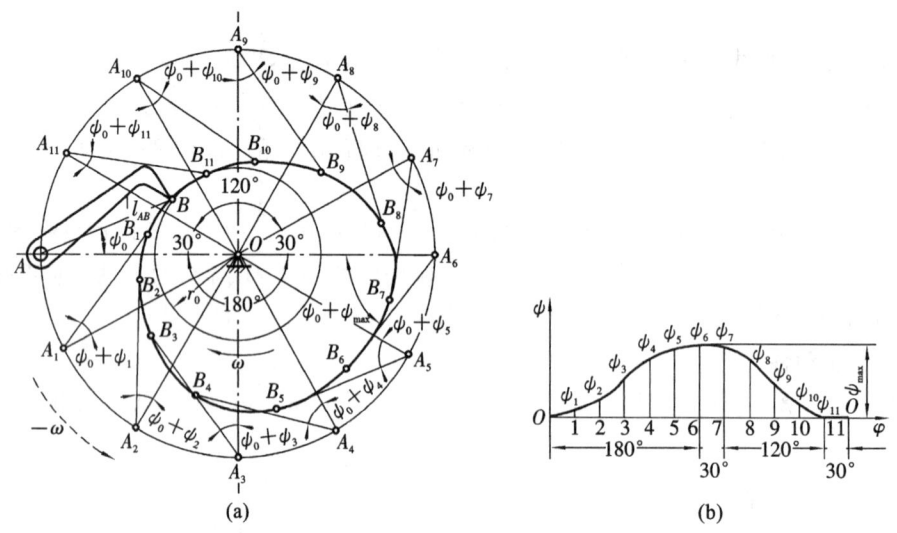

图 4-24 尖顶摆动从动件盘形凸轮轮廓设计

（2）取相同的比例尺，以点 O 为圆心，以 r_b 为半径作基圆，并根据已知的中心距 l_{OA} 确定从动件摆动中心 A 的位置。再以点 A 为圆心，以从动件杆长 l_{AB} 为半径作圆弧，交基圆于点 B，该点即为从动件尖顶的起始位置。ψ_0 称为从动件的初始角。

（3）以 O 为圆心，以 l_{OA} 为半径作圆，并自点 A 开始，沿 $-\omega$ 方向将该圆分成与图 4-24(b)的横坐标对应的区间和等份，分别得点 $A_1，A_2，\cdots，A_{11}$，这些点代表推程和回程中从动件摆动中心依次占据的位置。径向线 $OA_1，OA_2，\cdots，OA_{11}$，即代表推程和回程中机架 OA 依次占据的位置。

（4）分别作出摆动从动件相对于机架的一系列射线 $A_1B_1，A_2B_2，\cdots，A_{11}B_{11}$，即作 $\angle OA_1B_1 = \psi_0 + \psi_1，\angle OA_2B_2 = \psi_0 + \psi_2，\cdots，\angle OA_{11}B_{11} = \psi_0 + \psi_{11}$，得摆动从动件在推程和回程中依次占据的位置，其中，$\psi_1，\psi_2，\psi_3，\cdots，\psi_{11}$ 为不同位置从动件摆角 ψ 的数值。

（5）分别以 $A_1，A_2，\cdots，A_{11}$ 为圆心，以 l_{AB} 为半径画圆弧，截射线 A_1B_1 于点 B_1，截射线 A_2B_2 于点 B_2，$\cdots$，截射线 $A_{11}B_{11}$ 于点 B_{11}。点 $B_1，B_2，\cdots，B_{11}$ 即为反转过程中从动件尖顶依次占据的位置。

（6）将点 $B_1，B_2，\cdots，B_{11}$ 连成光滑的曲线，即得凸轮的轮廓线。若采用滚子从动件，则上述凸轮轮廓即为理论轮廓线，只要在理论轮廓线上选一系列点作滚子，然后作它们的包络线，即可求得凸轮的实际轮廓线。

4.4 解析法设计凸轮的轮廓曲线

4.4.1 直动从动件盘形凸轮轮廓的设计

1. 尖顶从动件

图 4-25 为偏置直动从动件盘形凸轮机构。设已知偏心距 e、基圆半径 r_b 和从动件的运动规律 $s = f(\varphi)$，求凸轮轮廓曲线上各点的坐标。

凸轮轮廓曲线可以用极坐标或直角坐标表示。这里采用极坐标形式,把凸轮转动中心 O 作为极坐标原点,以 OA_0 作为极角 θ 的坐标轴。

根据反转法原理,求凸轮轮廓曲线上任意一点 A 极角 θ_A 的向径 r_A。点 A 的极角 θ_A 为

$$\theta_A = \delta_0 + \varphi - \delta \qquad (4-9)$$

式中:角 δ_0 和 δ 可由 $\triangle A_0 O C_0$ 和 $\triangle AOC$ 求得

$$\delta_0 = \arctan \frac{\sqrt{r_b^2 - e^2}}{e}$$

$$\delta = \arctan \frac{\sqrt{r_b^2 - e^2} + s}{e}$$

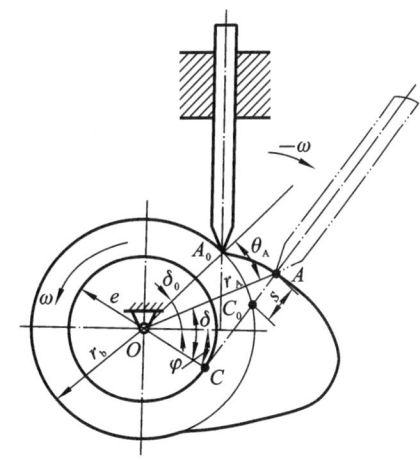

图 4-25　解析法设计直动从动件凸轮轮廓

将 δ_0、δ 代入式(4-9),得

$$\theta_A = \varphi + \arctan \frac{\sqrt{r_b^2 - e^2}}{e} - \arctan \frac{\sqrt{r_b^2 - e^2} + s}{e}$$

$$(4\text{-}10a)$$

由 $\triangle AOC$ 中求得向径 r_A 为

$$r_A = \sqrt{\left(\sqrt{r_b^2 - e^2} + s\right)^2 + e^2} \qquad (4\text{-}10b)$$

式(4-10a)及式(4-10b)即为凸轮轮廓曲线的极坐标参数方程。将已知从动件的运动规律 $s = f(\varphi)$,按照其精度要求,每隔 $0.5°$、$1°$、$2°$ 或 $5°$,给出对应的 $s_1 \sim \varphi_1, s_2 \sim \varphi_2, \cdots$ 代入极坐标方程中求得凸轮轮廓曲线上各点的 θ、r 值,根据这些坐标值即可作出所求凸轮的轮廓曲线,并在凸轮工作图上列表标出各点坐标值,以便于凸轮轮廓曲线的制作与检验。

对于 $e = 0$ 的对心直动从动件凸轮机构,由于 $\delta_0 = \delta = 90°$,则其凸轮轮廓曲线的极坐标方程为

$$\theta_A = \varphi$$

$$r_A = r_b + s$$

2. 滚子从动件

1) 理论轮廓线方程

图 4-26 所示为一偏置滚子直动从动件盘形凸轮机构。选取直角坐标系 Oxy,滚子中心初始位置为 B_0。当凸轮转过 δ 角后,从动件的位移为 s。此时滚子中心将处于点 B,该点的直角坐标为

$$\begin{cases} x = \overline{KN} + \overline{KH} = (s_0 + s)\sin\delta + e\cos\delta \\ y = \overline{BN} - \overline{MN} = (s_0 + s)\cos\delta - e\sin\delta \end{cases}$$

$$(4\text{-}11)$$

式中:e——偏心距;

$$s_0 = \sqrt{r_0^2 - e^2}。$$

式(4-11)为凸轮的理论轮廓线的方程式。若为对心直动从动件,由于 $e = 0$,$s_0 = r_0$,则式(4-11)可写成

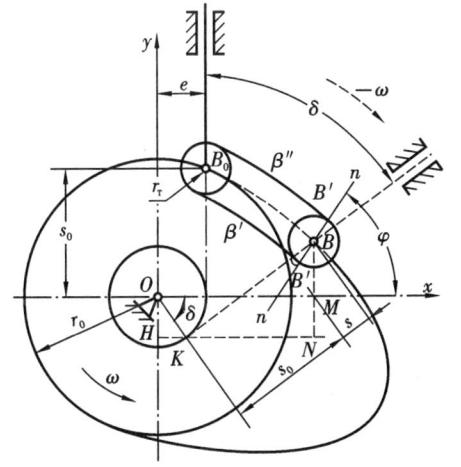

图 4-26　偏置滚子直动从动件盘形凸轮的设计

$$\begin{cases} x = (r_0 + s)\sin\delta \\ y = (r_0 + s)\cos\delta \end{cases} \tag{4-12}$$

2）实际轮廓线方程

由于滚子从动件的凸轮机构的实际轮廓是以理论轮廓上各点为圆心作一系列滚子圆,再作滚子圆的包络线得到的,因此实际轮廓与理论轮廓在法线方向上的距离处处相等,且该距离等于滚子半径 r_r。所以当已知理论轮廓线上任一点 $B(x,y)$ 时,只要沿理论轮廓线在该点的法线方向取距离为 r_r,就能得到实际轮廓线上的相应点 $B'(x',y')$。过理论轮廓线点 B 处作法线 $n—n$,其斜率 $\tan\varphi$ 与该点的切线的斜率 $\dfrac{\mathrm{d}y}{\mathrm{d}x}$ 应互为负倒数,即

$$\tan\varphi = -\frac{\mathrm{d}x}{\mathrm{d}y} = -\frac{\mathrm{d}x/\mathrm{d}\delta}{\mathrm{d}y/\mathrm{d}\delta} = \frac{\sin\varphi}{\cos\varphi} \tag{4-13}$$

式中:$\dfrac{\mathrm{d}x}{\mathrm{d}\delta}$,$\dfrac{\mathrm{d}y}{\mathrm{d}\delta}$ 分别为

$$\begin{cases} \dfrac{\mathrm{d}x}{\mathrm{d}\delta} = \left(\dfrac{\mathrm{d}s}{\mathrm{d}\delta} - e\right)\sin\delta + (s_0 + s)\cos\delta \\ \dfrac{\mathrm{d}y}{\mathrm{d}\delta} = \left(\dfrac{\mathrm{d}s}{\mathrm{d}\delta} - e\right)\cos\delta - (s_0 + s)\sin\delta \end{cases} \tag{4-14}$$

可得

$$\begin{cases} \sin\varphi = \dfrac{\mathrm{d}x/\mathrm{d}\delta}{\sqrt{(\mathrm{d}x/\mathrm{d}\delta)^2 + (\mathrm{d}y/\mathrm{d}\delta)^2}} \\ \cos\varphi = \dfrac{-\mathrm{d}y/\mathrm{d}\delta}{\sqrt{(\mathrm{d}x/\mathrm{d}\delta)^2 + (\mathrm{d}y/\mathrm{d}\delta)^2}} \end{cases} \tag{4-15}$$

求出 φ 角,则实际轮廓线上对应点 $B'(x',y')$ 的坐标为

$$\begin{cases} x' = x \pm r_r\cos\theta \\ y' = y \pm r_r\sin\theta \end{cases} \tag{4-16}$$

式(4-16)即为凸轮的实际轮廓线方程式。式中"－"号表示内等距曲线,"＋"号表示外等距曲线。

4.4.2　摆动从动件盘形凸轮轮廓的设计

图 4-27 所示为摆动从动件盘形凸轮机构。已知基圆半径 r_b、中心距 $\overline{OO_1}=a$、凸轮以等角速度 ω 沿逆时针方向转动、摆杆长度 l 及其运动规律 $\psi=f(\varphi)$,用解析法求盘形凸轮轮廓曲线。

仍选用极坐标系,根据反转法原理,求轮廓曲线上各点的极坐标参数方程,其步骤如下。

由图 4-27 可知,凸轮轮廓曲线上任一点 A 的向径可由 $\triangle OO_1'A$ 求得:

$$r_A = \sqrt{l^2 + a^2 - 2al\cos(\psi_0 + \psi)}$$

式中:ψ_0——摆杆的初位角,其值可由 $\triangle OO_1A_0$ 求出,即

$$\cos\psi_0 = \frac{l^2 + a^2 - r_b^2}{2al}$$

由图可知,点 A 的极角

$$\theta_A = \delta_0 + \varphi - \delta \tag{4-17}$$

式中:δ_0 和 δ 可由 $\triangle OO_1A_0$ 及 $\triangle OO_1'A$ 分别求得,即

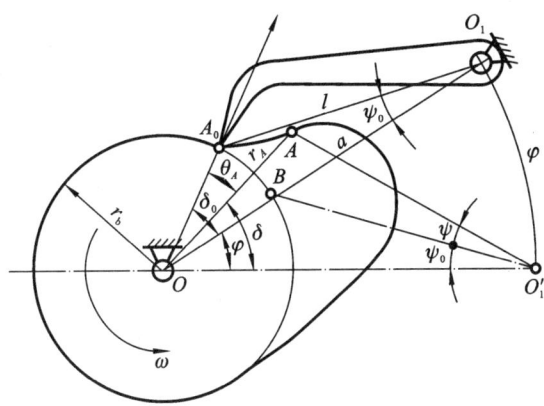

图 4-27 解析法设计摆动从动凸轮轮廓

$$\sin\delta_0 = \frac{l}{r_b}\sin\psi_0$$

$$\sin\delta = \frac{l}{r_A}\sin(\psi_0 + \psi)$$

将上述 δ_0、δ 代入式(4-17)得

$$\theta_A = \varphi + \left[\arcsin\left(\frac{l}{r_b}\sin\psi_0\right) - \arcsin\frac{l}{r_A}\sin(\psi_0 + \psi)\right] \tag{4-18}$$

式(4-17)、式(4-18)即为摆动尖顶从动件盘形凸轮轮廓曲线的极坐标参数方程。根据已知运动规律 $\psi = f(\varphi)$ 和精度要求,即可计算出凸轮轮廓曲线上各点的极坐标值 (θ, r),并列成表格。

4.5 凸轮设计中的几个问题

在以上分析中,凸轮机构的偏心距 e、基圆半径 r_b、滚子半径 r_r 等参数均认为是已知的。这些参数对凸轮机构的运动性能和受力等均有重要影响,且这些参数间互相影响与制约,所以恰当地选择这些参数是凸轮机构设计的重要内容。

4.5.1 凸轮机构的压力角

图 4-28 所示为偏置尖顶直动从动件盘形凸轮机构。当不计凸轮与从动件之间的摩擦时,凸轮给予从动件的力 F 是沿法线方向的,从动件运动方向与力 F 之间所夹锐角 α 称为压力角。力 F 可分解为沿从动件运动方向的有效分力 F' 和使从动件紧压导路的有害分力 F'',且

$$F'' = F'\tan\alpha \tag{4-19}$$

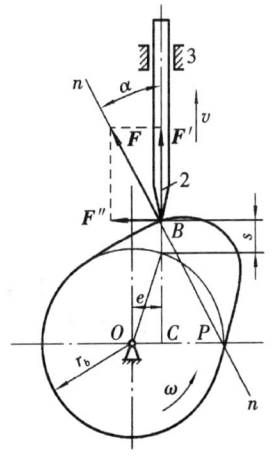

图 4-28 凸轮机构的压力角

式(4-19)表明,驱动从动件的有效分力 F' 一定时,压力角 α 越大,则有害分力 F'' 越大,机构的效率越低。当 α 增大到一定程度,以致 F 在导路中所引起的摩擦阻力大于有效分力 F' 时,无论凸轮加给从动件的作用力多大,从动件都不能运动,这种现象称为自锁。

为了保证凸轮机构正常工作并具有一定的传动效率,必须对压力角加以限制。凸轮轮廓线上各点的压力角一般是变化的,在设计时应使最大压力角不超过许用值,即 $\alpha_{max} \leqslant [\alpha]$。通常,对于直动从动件,可取许用压力角 $[\alpha]=30°$,对于摆动从动件,可取 $[\alpha]=45°$。常见的依靠外力使从动件与凸轮保持接触的凸轮机构,其从动件是在弹簧或重力作用下返回的,回程不会出现自锁。因此,对于此类凸轮机构,通常只需校核推程压力角。

4.5.2 基圆半径的确定

由图 4-28 可以看出,在其他条件都不变的情况下,若把基圆增大,则凸轮的尺寸也将随之增大。因此,欲使机构紧凑,就应当采用较小的基圆半径。但是,必须指出,基圆半径减小会引起压力角增大,现说明如下。

图 4-28 所示偏置尖顶直动从动件盘形凸轮机构处在其推程的一个任意位置。过凸轮与从动件的接触点 B 作公法线 $n—n$,它与过凸轮轴心 O 且垂直于从动件导路的直线相交于点 P,点 P 就是凸轮和从动件的相对速度瞬心。由瞬心定义可知 $l_{OP}=v/\omega=ds/d\varphi$。因此,由图可得到直动从动件盘形凸轮机构的压力角计算公式为

$$\tan\alpha = \frac{|ds/d\varphi \mp e|}{\sqrt{r_b^2 - e^2} + s} \tag{4-20}$$

式中:s——对应凸轮转角 φ 的从动件位移。

式(4-20)说明,在其他条件不变的情况下,基圆 r_b 越小,压力角 α 越大。基圆半径过小,压力角就会超过许用值。因此,实际设计中应在保证凸轮轮廓的最大压力角不超过许用值的前提下,考虑缩小凸轮的尺寸。

在式(4-20)中,e 为从动件导路偏离凸轮回转中心的距离,称为偏心距。当导路与瞬心 P 在凸轮轴心 O 的同侧时,式中取"—"号,可使压力角减小;反之,当导路与瞬心 P 在凸轮轴心 O 的异侧时,取"+"号,压力角将增大。因此,为了减小推程压力角,应将从动件导路向推程相对速度瞬心同侧偏置。但须注意,用导路偏置法虽可使推程压力角减小,但同时却会使回程压力角增大,所以偏心距 e 不宜过大。

4.5.3 滚子半径的确定

采用滚子推杆的凸轮机构,选择滚子半径时要考虑滚子的结构、强度及凸轮轮廓曲线的形状等多方面的因素。下面主要分析凸轮轮廓曲线的形状与选择滚子半径的关系。

如图 4-29 所示,假设理论轮廓外凸部分的最小曲率半径为 ρ_{min},滚子半径为 r_r,则相应位置实际轮廓的曲率半径 $\rho' = \rho_{min} - r_r$。

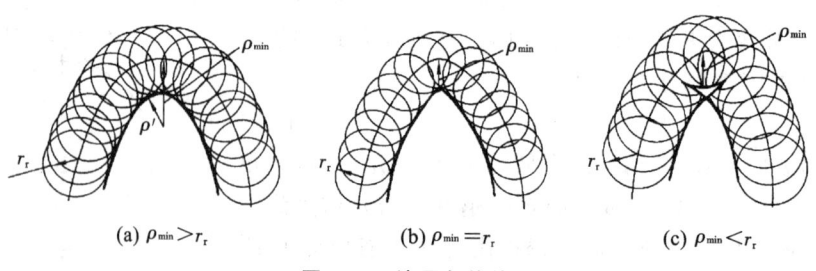

(a) $\rho_{min} > r_r$ (b) $\rho_{min} = r_r$ (c) $\rho_{min} < r_r$

图 4-29 滚子包络线

（1）当 $\rho_{\min} > r_r$ 时，如图 4-29(a)所示，这时，$\rho' > 0$，实际轮廓为一平滑的曲线。

（2）当 $\rho_{\min} = r_r$ 时，如图 4-29(b)所示，这时，$\rho' = 0$，凸轮实际轮廓出现尖点，这种尖点极易磨损，磨损后就会改变原定的运动规律。

（3）当 $\rho_{\min} < r_r$ 时，如图 4-29(c)所示，这时，$\rho < 0$，实际轮廓曲线相交，交点以上的轮廓曲线在实际加工时将被切去，使这一部分运动规律无法实现，这种现象称为运动失真。

综上所述，滚子半径 r_r 不宜过大，否则会产生运动失真；但滚子半径也不宜过小，否则凸轮与滚子接触应力过大且难以装在销轴上。通常，取滚子半径 $r_r = (0.1 \sim 0.5) r_b$，为避免出现尖点，一般要求 $\rho' > 3 \sim 5$ mm。

课程思政拓展阅读材料

材料一　汽油内燃机气门控制机制

汽油内燃机通过凸轮轴与气门机构实现气门的定时开闭控制。凸轮轴作为关键部件，由曲轴通过正时链条或齿轮驱动旋转，其上装有一系列凸轮。每个气门均对应一个凸轮，当凸轮随着曲轴旋转时，通过气门机构的传动，使气门按设定的时间和顺序开启和关闭。

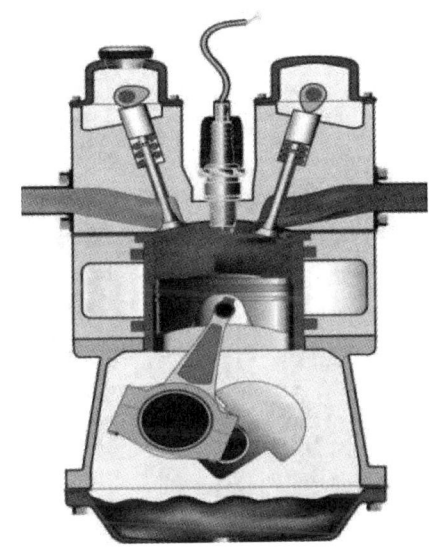

内燃机结构

气门控制的主要目的是确保燃气混合物顺利进入燃烧室，并排出燃烧后的废气。在正常工作循环中，气门的开闭由凸轮轴的转动决定。通过调整凸轮轴轮廓，可以控制气门的开启时间、关闭时间、持续时间以及最大升程。

四冲程汽油内燃机的气门控制主要涉及进气门和排气门，以确保燃烧室内燃气混合物的进入以及燃烧产物的顺利排出。

下面是四冲程汽油内燃机的气门控制的详细过程。

进气冲程：活塞从上止点向下运动，此时气门机构控制进气门开启。当活塞下行过程中，凸轮轴上的凸轮推动气门机构，使进气门打开，新鲜燃气混合物进入燃烧室。

压缩冲程：活塞从下止点向上运动，进气门和排气门均关闭，以防止燃烧室内的燃气混合物泄漏。此时，活塞向上压缩气体，使燃气混合物温度和压力升高，为下一步的燃烧做准备。

做功冲程：当活塞接近上止点时，点火系统触发火花塞点火，点燃燃气混合物。燃烧产生的高温高压气体推动活塞向下运动,完成做功过程。在此阶段,进气门和排气门保持关闭,确保气缸内气体膨胀并推动活塞。

排气冲程:做功冲程结束时,排气门开启。当缸内压力高于大气压力时,高温废气首先以自然排气方式迅速排出,此阶段称为自由排气阶段。随后,随着活塞从下止点向上运动,进入强制排气阶段,进一步将缸内残余废气排出。当活塞接近上止点时,排气门关闭,排气过程结束,工作循环进入下一循环。

参考资料:https://baijiahao.baidu.com/s? id=1775826504104849420&wfr=spider&for=pc。

思考:结合上述材料,判断内燃机中的凸轮机构属于哪种类型,并思考除凸轮机构外,还有哪些机构可用于气门控制。

材料二　凸轮分度器

凸轮分度器,在工程上又称间歇分度器,属于高精度回转定位装置。该装置在自动化设备中具有重要作用,可根据运动曲线实现精确的转停动作。根据所采用的凸轮形式,凸轮分度器分为弧面凸轮分度器、平面凸轮分度器、圆柱凸轮分度器及其他类型分度器。

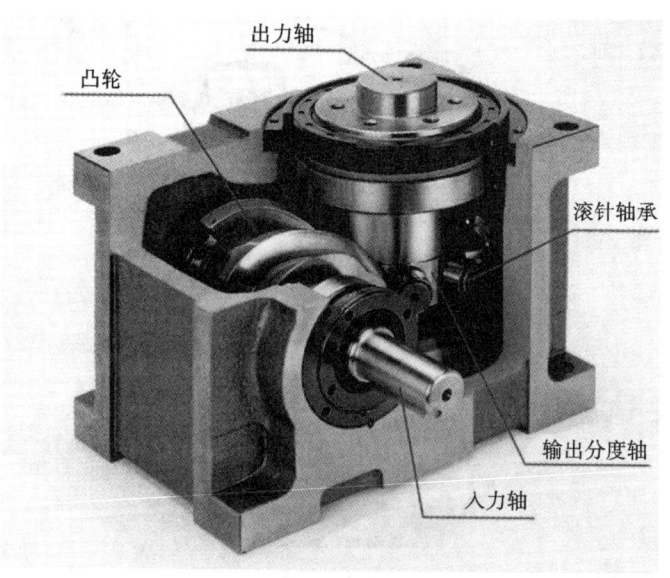

凸轮分度器

典型凸轮分度器工作原理如下。

凸轮的驱动:凸轮分度器的输入轴上安装有共轭凸轮,通常由电动机或其他动力装置驱动。

滚子与凸轮的配合:在输出轴上安装带有均匀分布滚子的分度盘,输入轴上的凸轮与输出轴上的分度盘处于无间隙垂直啮合状态。当凸轮旋转时,其轮廓面的曲线段会与分度盘上的滚子接触,产生一个切向的推力,使滚子沿着凸轮的曲线轮廓滚动,从而带动分度盘转动。

间歇运动的形成:当凸轮旋转到基圆段时,基圆段没有对滚子产生切向推力,滚子在基圆段区域内不会滚动,分度盘因此停止转动,实现输出轴的间歇运动。

定位自锁功能:在分度盘停止转动的同时,凸轮分度器还具有定位自锁功能。这种自锁功能通过凸轮与滚子之间的紧密配合及机械结构设计实现,确保分度盘在停止状态下的位置精度。

通过调整轴间距离可以消除旋转不顺畅的问题；通过调整预载荷，使凸轮滚子靠近凸轮的弹性区，可增强分度器的刚度。

参考资料：https://baike.baidu.com/item/％E5％87％B8％E8％BD％AE％E5％88％86％E5％89％B2％E5％99％A8/3683782? fr＝ge_ala。

思考1：凸轮分度器如何实现间歇性分度？该功能的实现与哪些因素有关？

思考2：凸轮机构在日常生活中还有哪些具体应用？

讨　　论

4-1　分析凸轮机构是如何通过凸轮的轮廓变化实现对其他机械部件运动轨迹的精确控制的，其基本工作原理是什么？

4-2　对比凸轮机构与其他运动控制技术（如电子控制）在精度、成本和可维护性等方面的优劣，讨论在不同场景中选用时要考虑的因素。

4-3　凸轮机构的运动特性如何描述？如何通过设计调整凸轮轮廓来改变运动特性？

4-4　凸轮机构在设计和制造过程中需要注意哪些问题？如何保证凸轮机构的精度和稳定性？

习　　题

4-1　凸轮机构由哪几个基本构件组成？试举出生产实际中应用凸轮机构的几个实例。

4-2　从动件常见的运动规律有哪几种？各有什么特点？适用于何种场合？

4-3　何谓刚性冲击和柔性冲击？哪些运动规律存在刚性冲击？哪些运动规律存在柔性冲击？哪些运动规律无冲击？

4-4　若凸轮机构的滚子损坏，能否任选另一滚子来代替？为什么？

4-5　用图解法设计滚子直动从动件盘形凸轮轮廓时，实际轮廓线是否可以通过理论轮廓线沿导路方向减去滚子半径求得？为什么？

4-6　设凸轮以角速度 ω 转动，其推程运动角 φ_0 和从动件行程 h 均已知。当从动件按二次多项式运动规律运动时，其最大和最小加速度出现在什么位置？ a_{max} 的值为多少？

4-7　已知对心尖顶从动件的行程 $h＝50$ mm，推程角 $\varphi_0＝\pi/2$，凸轮转速 $n＝600$ r/min。若从动件分别按等加速等减速、正弦加速度规律运动，试绘出其位移曲线，并在该线图上标明最大速度的数值及发生的位置。

4-8　在尖顶对心直动从动件盘形凸轮机构中，题 4-8 图所示从动件的运动规律尚不完整。试在图上补全各段的 $s\text{-}\varphi$、$v\text{-}\varphi$、$a\text{-}\varphi$ 曲线，并指出哪些位置存在刚性冲击？哪些位置存在柔性冲击。

4-9　画出题 4-9 图所示凸轮机构中凸轮基圆，在图上标出凸轮由图示位置转过 60°角时从动件的位移和凸轮的压力角。

4-10　在直动从动件盘形凸轮机构中，凸轮按顺时针方向转动，已知行程 $h＝20$ mm，推程角 $\varphi_0＝45°$，基圆半径 $r_b＝50$ mm，偏心距 $e＝20$ mm，且偏置于使推程压力角减小的一侧。

（1）计算等速运动规律时的最大压力角 α_{max}；

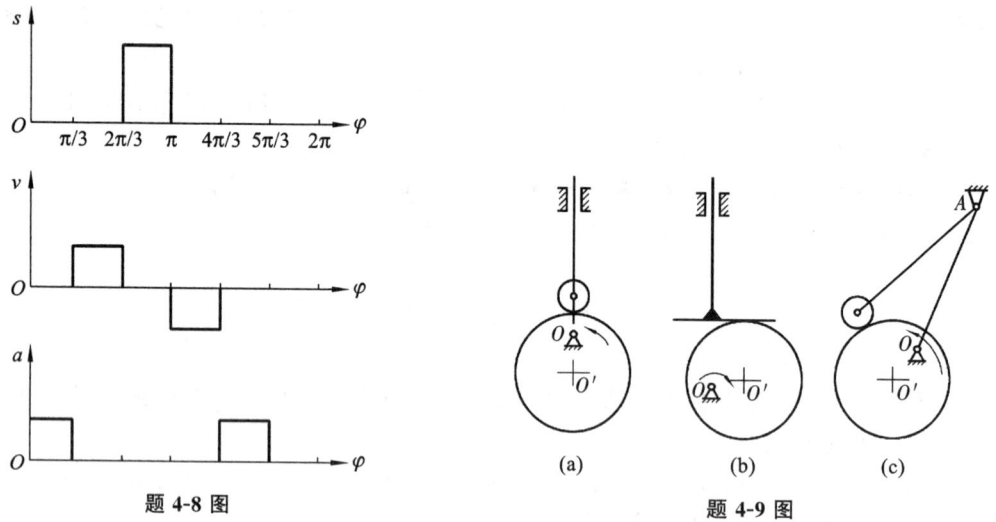

题 4-8 图　　　　　　　　　　题 4-9 图

（2）假设最大压力角近似出现在从动件速度达到最大值时的位置，计算等加速等减速、余弦加速度和正弦加速度运动规律时的最大压力角 α_{max}。

4-11　在题 4-11 图所示对心直动滚子从动件盘形凸轮机构中，已知 $h = 80$ mm，实际基圆半径 $r_b = 40$ mm，滚子半径 $r_r = 10$ mm，推程角 $\varphi_0 = 120°$，推杆按正弦加速度规律运动。当凸轮转动 90° 时，试计算凸轮廓线与滚子接触点处的坐标值。

4-12　已知凸轮机构中各已知条件与题 4-11 图相同，设偏心距 $e = 20$ mm，且偏置在使推程段压力角减小的一侧。当 $\varphi = 90°$ 时，试计算凸轮廓线与滚子接触点处的坐标值。

4-13　在题 4-13 图所示的对心直动滚子从动件盘形凸轮机构中，凸轮的实际轮廓线为一圆，圆心在点 A，半径 $R = 40$ mm，凸轮绕轴心 O 逆时针方向转动，$L_{OA} = 25$ mm，滚子半径为 10 mm，试求：①凸轮的理论轮廓线；②凸轮的基圆半径；③从动件行程；④图示位置的压力角。

4-14　题 4-14 图所示为一摆动滚子推杆盘形凸轮机构，已知 $l_{OA} = 60$ mm，$r_0 = 25$ mm，$l_{AB} = 50$ mm，$r_r = 8$ mm。凸轮逆时针等速转动，要求当凸轮转过 180° 时，推杆以余弦加速度运动向上摆动 25°；转过一周中的其余角度时，推杆以正弦加速度运动摆回到原位置。试以图解法设计凸轮的实际轮廓线。

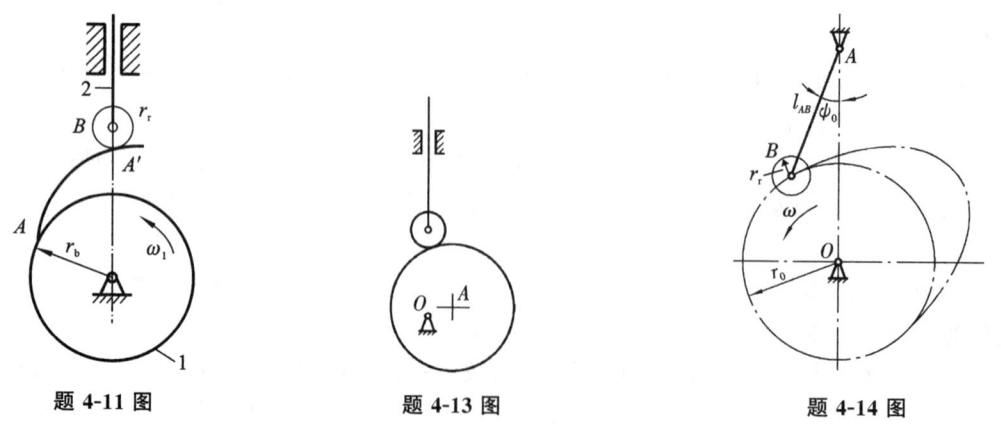

题 4-11 图　　　　　　　　题 4-13 图　　　　　　　　题 4-14 图

4-15　现需设计一对心直动滚子推杆盘形凸轮机构,设已知凸轮以等角速度沿顺时针方向回转,推杆的行程 $h = 50$ mm,推程运动角 $\varphi_0 = 90°$,推杆位移运动规律为 $s = \frac{h}{2}\left(1 - \cos\frac{\pi\varphi}{\varphi_0}\right)$,试确定推程所要求的最佳基圆半径 r_b。又知该机构为右偏置直动滚子推杆盘形凸轮机构,偏心距 $e = 10$ mm,试求其最小基圆半径 r_b。

第5章　齿轮机构

5.1　齿轮机构的应用和分类

齿轮机构用于传递空间任意两轴之间的运动和动力,其传动准确可靠、效率高,是现代机器中应用最广泛的机构之一,也是历史上最早的传动形式。早在2000多年前的汉代,我国就有关于使用齿轮的记载。当时使用的齿轮是在圆柱体的表面上刻出沟槽,齿形无一定规则,为木制或竹制的,因此传动不平稳,齿轮寿命也短。

随着近代工业革命的发展和现代工业的不断完善,齿轮机构已日趋成熟。现代齿轮的齿廓曲线已采用渐开线、摆线、圆弧等性能优越的曲线,齿轮采用各种优质金属制造并加以适当的热处理,这使得齿轮机构的承载能力大大提高、寿命增长、传动平稳。现代齿轮业已发展成为一个专门的行业。

齿轮机构的类型有很多,按一对齿轮的相对运动来划分,齿轮机构可分为下列两大类。①平面齿轮机构:平面齿轮机构中两齿轮的轴线互相平行,两齿轮之间的相对运动为平面运动。②空间齿轮机构:空间齿轮机构中两齿轮的轴线不平行(两轴在空间相交或交错),它们的相对运动为空间运动。齿轮机构及其传动类型见表5-1。

表 5-1　齿轮机构及其传动类型

齿轮机构	传动类型				
	外啮合直齿圆柱齿轮机构	内啮合直齿圆柱齿轮机构	齿轮齿条机构	斜齿圆柱齿轮机构	人字齿轮机构
	传递两平行轴转动	传递两平行轴转动	转动变移动	传递两平行轴转动	传递两平行轴转动
平面齿轮机构					
	直齿圆锥齿轮机构	斜齿圆锥齿轮机构	螺旋齿轮机构	蜗杆蜗轮机构	
	传递两相交轴转动	传递两相交轴转动	传递两交错轴转动	传递两垂直交错轴转动	
空间齿轮机构					

　　齿轮机构广泛地应用于机床、汽车、拖拉机、仪表等各种设备中。与摩擦轮传动、带传动和链传动相比较,齿轮机构具有传递功率大、传递效率高、寿命长、传动比精确、结构紧凑等优点;但其制造和安装精度要求高,成本较高。

　　根据所采用的齿廓曲线的不同,齿轮机构还可以分为渐开线齿轮机构、摆线齿轮机构和圆弧齿轮机构。一般机器设备中多采用渐开线齿轮,各种仪表常采用摆线齿轮,重载高速机械则常采用圆弧齿轮。目前渐开线齿轮机构在工程中应用最广。本章研究渐开线直齿圆柱齿轮机构。

5.2　渐开线及其特性

　　为了研究渐开线齿轮传动的特点,必须对渐开线的特性加以研究。

5.2.1　渐开线的形成

　　如图 5-1 所示,当一直线 BK 沿一圆周做纯滚动时,直线上任意点 K 的轨迹 AK,就是该圆的渐开线。这个圆称为渐开线的基圆,它的半径用 r_b 表示;直线 BK 称为渐开线的发生线;渐开线上点 K 的向径 OK 与渐开线起始点 A 的向径 OA 间的夹角 θ_i 称为渐开线 AK 段的展角。

5.2.2　渐开线的特性

　　由渐开线的形成过程可以得到渐开线的下列特性:

　　(1)发生线沿基圆滚动时,其滚过的直线长度等于基圆上被滚过的圆弧的长度,即 $\overline{BK}=\overset{\frown}{AB}$。

　　(2)因为发生线 BK 沿基圆做纯滚动,所以它和基圆的切点 B 就是它的速度瞬心,因此发生线 BK 即为渐开线在点 K 的法线。又因为发生线恒切于基圆,所以可知:渐开线上任意点的法线恒为基圆的切线。

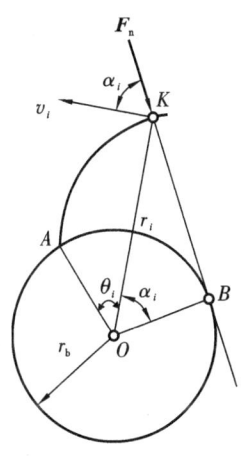

图 5-1　渐开线的形成

　　(3)发生线与基圆的切点 B 为渐开线在点 K 的曲率中心,该点的曲率半径为 BK。渐开线越接近其基圆的部分,其曲率半径越小。

　　(4)发生线上各点(如图 5-2 上的 A、B)展成的各渐开线(不论是同向还是反向)之间的距离相等。如:$\overline{A_1B_1}=\overline{A_2B_2}=\overset{\frown}{AB}$。

　　(5)渐开线的形状取决于基圆的大小。如图 5-3 所示,在展角相同的条件下,基圆半径小,其渐开线的曲率半径就小;反之,其渐开线的曲率半径就大;当基圆半径为无穷大时,其渐开线变成一条直线。齿条的齿廓曲线就是这种特殊的直线渐开线。

　　(6)基圆内无渐开线。

5.2.3　渐开线方程式

　　在研究渐开线齿轮的传动、描述齿廓曲线和进行齿轮几何尺寸计算时,常常要用到渐开线的极坐标方程式,其推导过程如下。

　　如图 5-1 所示,点 A 为渐开线在基圆上的起点,点 K 为渐开线上的任意点,向径用 r_i 表

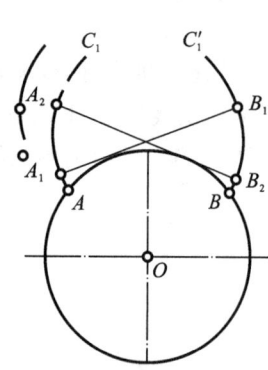

图 5-2　两渐开线间的距离

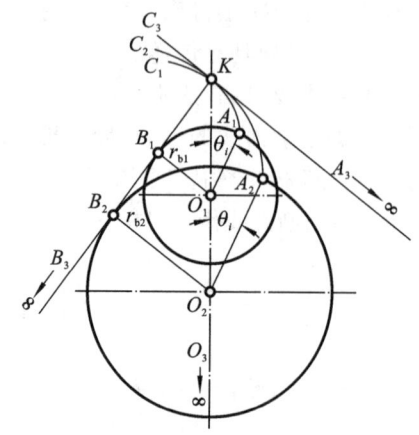

图 5-3　不同基圆上的渐开线

示,渐开线 AK 段的展角用 θ_i 表示。当以该渐开线作为齿轮的齿廓时,齿廓在点 K 所受正压力的方向(即点 K 的法线方向)与点 K 速度方向(垂直于 OK 方向)之间所夹锐角,称为渐开线在点 K 的压力角,以 α_i 表示。

由 $\triangle OBK$ 可得

$$r_i = \frac{r_b}{\cos\alpha_i}$$

$$\tan\alpha_i = \frac{\overline{BK}}{r_b} = \frac{\widehat{AB}}{r_b} = \frac{r_b(\alpha_i + \theta_i)}{r_b} = \alpha_i + \theta_i$$

所以

$$\theta_i = \tan\alpha_i - \alpha_i$$

由上式可知,渐开线上向径不同的点,其压力角也不同;而展角亦随压力角的变化而变化,因此称展角 θ_i 为压力角 α_i 的渐开线函数。工程上常用 $\mathrm{inv}\alpha_i$ 来表示 θ_i,即

$$\theta_i = \mathrm{inv}\alpha_i = \tan\alpha_i - \alpha_i$$

由此可得渐开线的极坐标参数方程式为

$$\begin{cases} r_i = \dfrac{r_b}{\cos\alpha_i} \\ \mathrm{inv}\alpha_i = \tan\alpha_i - \alpha_i \end{cases} \tag{5-1}$$

注意,在式(5-1)中,最后一个参数 α_i 的单位为 rad(弧度)。由式(5-1)可知,当 $r_i = r_b$ 时, $\alpha_i = \alpha_b = 0$,即基圆上的压力角为零。应该指出:由式(5-1)得到一个重要结论,即渐开线上任意点的向径(半径 r_i)与该点压力角(α_i)余弦的积恒等于基圆半径。

为使用方便,直接供查取的渐开线函数值列在表 5-2 中。

表 5-2　渐开线函数值表

$\alpha/(°)$	次	0′	5′	10′	15′	20′	25′	30′	35′	40′	45′	50′	55′
1	0.000	00177	00225	00281	00346	00420	00504	00598	00704	00821	00950	01092	01248
2	0.000	01418	01603	01804	02020	02253	02503	02771	03058	03364	03689	04035	04402
3	0.000	14790	05201	05634	06091	06573	07078	07610	08167	08751	09362	10000	10668
4	0.000	11364	12090	12847	13634	14453	15305	16189	17107	18059	19045	20067	21125
5	0.000	22220	23352	24522	25731	26978	28266	29594	30963	32374	33827	35324	36864

续表

α/(°)	次	0′	5′	10′	15′	20′	25′	30′	35′	40′	45′	50′	55′
6	0.00	03845	04008	04175	04347	04524	04706	04892	05083	05280	05481	05687	05898
7	0.00	06115	06337	06564	06797	07035	07279	07528	07783	08044	08310	08582	08861
8	0.00	09145	09435	09732	10034	10343	10659	10980	11308	11643	11984	12332	12687
9	0.00	13048	13416	13792	14174	14563	14960	15363	15774	16193	16618	17051	17492
10	0.00	17941	18397	18860	19332	19812	20299	20795	21299	21810	22330	22859	23396
11	0.00	23941	24495	25057	25628	26208	26797	27394	28001	28618	29241	29875	30518
12	0.00	31171	31832	32504	33185	33875	34575	35285	36005	36735	37474	38224	38984
13	0.00	39754	40534	41325	42126	42938	43760	44593	45437	46291	47157	48033	48921
14	0.00	49819	50729	51650	52582	53526	54482	55448	56427	57417	58420	59434	60460
15	0.00	61498	62548	63611	64686	65773	66873	67985	69110	70248	71389	72561	73738
16	0.0	07493	07613	07735	07857	07982	08107	08234	08362	08492	08623	08756	08889
17	0.0	09025	09161	09299	09439	09580	09722	09866	10012	10158	10307	10456	10608
18	0.0	10760	10915	11071	11228	11387	11547	11709	11873	12038	12205	12373	12543
19	0.0	12715	12888	13063	13240	13418	13598	13779	13963	14148	14334	14523	14713
20	0.0	14904	15098	15293	15490	15689	15890	16092	16296	16502	16710	16920	17132
21	0.0	17345	17560	17777	17996	18217	18440	18665	18891	19120	19350	19583	19817
22	0.0	20054	20292	20533	20775	21019	21266	21514	21765	22018	22272	22529	22788
23	0.0	23049	23312	23577	23845	24114	24386	14660	24936	25214	25495	25778	26062
24	0.0	26350	26639	26931	27225	27521	27820	28121	28424	28792	29037	29348	29660
25	0.0	29975	30293	30613	30935	31260	31587	31917	32249	32583	32920	33260	33602
26	0.0	33947	34294	34644	34997	35352	35709	36069	36432	36798	37166	37537	37910
27	0.0	38287	38666	39047	39432	39819	40209	40602	40997	41395	41797	42201	42607
28	0.0	43017	43430	43845	44264	44685	45110	45537	45976	46400	46837	47276	47718
29	0.0	48164	48612	49064	49518	49976	50437	50901	51368	51838	52312	52788	53268
30	0.0	53751	54238	54728	55221	55717	56217	56720	57226	57736	58249	58765	59285
31	0.0	59809	60335	60866	61400	61937	62478	63022	63570	64122	64677	65236	65798
32	0.0	66364	66934	67507	68084	68665	69250	69838	70430	71026	71626	72230	72838
33	0.0	73449	74064	74684	75307	75934	76565	77200	77839	78483	79130	79781	80437
34	0.0	81097	81760	82428	83101	83777	84457	85142	85832	86525	87223	89725	88637
35	0.0	89342	90058	90777	91502	92230	92963	93701	94443	95190	95942	96698	97459
36	0.	09822	09899	09977	10055	10133	10212	10292	10371	10452	10533	10614	10696
37	0.	10778	10861	10944	11028	11113	11197	11283	11369	11455	11542	11630	11718
38	0.	11806	11895	11985	12075	12165	12257	12348	12441	12534	12627	12721	12815
39	0.	12911	13006	13102	13199	13297	13395	13493	13592	13692	13792	13893	13995
40	0.	14097	14200	14303	14407	14511	14616	14722	14829	14936	15043	15152	15261

$\alpha/(°)$	次	0′	5′	10′	15′	20′	25′	30′	35′	40′	45′	50′	55′
41	0.	15370	15480	15591	15703	15815	15928	16041	16156	16270	16386	16502	16619
42	0.	16737	16855	16974	17093	17214	17335	17457	17579	17702	17826	17951	18076
43	0.	18202	18329	18457	18585	18714	18844	18975	19106	19234	19371	19505	19639
44	0.	19774	19910	20047	20185	20323	20463	20603	20743	20885	21028	21171	21315
45	0.	21460	21606	21753	21900	22049	22198	22348	22499	22651	22804	22958	23112
46	0.	23268	23424	23582	23740	23899	24059	24220	24382	24545	24709	24874	25040
47	0.	25206	25374	25543	25713	25833	26055	26228	26401	26576	26752	26929	27107
48	0.	27285	27465	27646	27828	28012	28196	28381	28567	28755	28943	29133	29324
49	0.	29516	29709	29903	30098	30295	30492	30691	30891	31092	31295	31498	31703
50	0.	31909	32116	32324	32534	32745	32957	33171	33385	33601	33818	34037	34257
51	0.	34478	34700	34924	35149	35376	35604	35833	36063	36295	36524	36763	36999
52	0.	37237	37476	37716	37958	38202	38446	38693	38941	39190	39441	39693	39947
53	0.	40202	40459	40717	40977	41239	41502	41767	42034	42302	42571	42843	43116
54	0.	43390	43667	43945	44225	44506	44789	45074	45361	45650	45904	46232	46526
55	0.	46822	47119	47419	47720	48023	48328	48635	48944	49255	49568	49882	50199
56	0.	50518	50838	51161	51486	51813	52141	52472	52805	53141	53478	53817	54159
57	0.	54503	54849	55197	55547	55900	56255	56612	56972	57333	57698	58064	58433
58	0.	58804	59178	59554	59933	60314	60697	61083	61472	61863	62257	62653	63052
59	0.	63454	63858	64265	64674	65086	65501	65919	66340	66763	67189	67618	68050

5.3　齿轮的基本参数

渐开线齿轮的轮齿是由两段反向的渐开线组成的。在进一步研究齿轮的啮合特性和传动过程之前,先了解有关的齿轮各部分的名称和基本参数。

5.3.1　各部分名称与符号

图 5-4(a)所示为直齿圆柱外齿轮结构的一部分,其各部分名称和符号如下。

齿数:齿轮圆柱面上凸出的部分称为齿,它的总数称为齿数,用 z 表示。

齿槽:齿轮上相邻两齿之间的空间称为齿槽。

齿顶圆:过齿轮所有齿顶端的圆称为齿顶圆,其半径用 r_a 表示,直径用 d_a 表示。

齿根圆:过各齿槽根部所作的圆称为齿根圆,其半径用 r_f 表示,直径用 d_f 表示。

齿厚、齿槽宽和齿距:在任意圆周上所量得的轮齿的弧线的厚度称为该圆上的齿厚,用 s_i 表示;相邻两齿间的弧长,称为该圆上的齿槽宽,用 e_i 表示;该圆上相邻两齿同侧齿廓间的弧长,称为齿轮在这个圆上的齿距,用 p_i 表示。如图 5-4(a)所示,在同一圆周上,齿距等于齿厚和齿槽宽之和,即

$$p_i = s_i + e_i$$

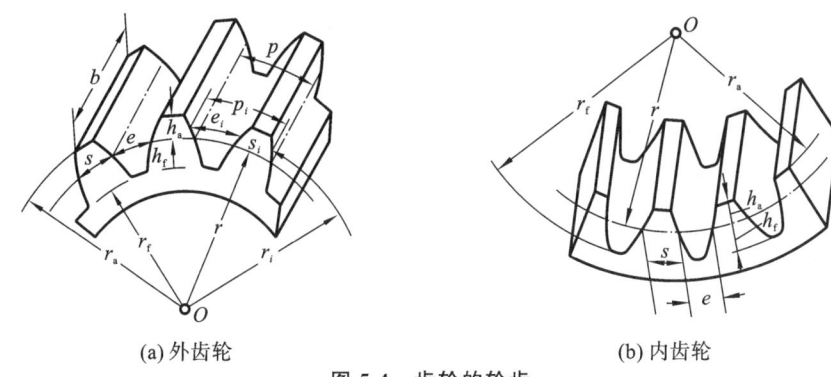

(a) 外齿轮　　　　　　　　　　　(b) 内齿轮

图 5-4　齿轮的轮齿

齿宽:轮齿沿齿轮轴线方向的宽度称为齿宽,用 b 表示。

5.3.2　基本参数

1. 分度圆

为了得到计算齿轮各部分尺寸的基准,在齿顶圆和齿根圆之间规定一直径为 d(半径为 r)的圆,把这个圆称为齿轮的分度圆。分度圆上的齿厚、齿槽宽和齿距分别以 s、e 和 p 表示,且

$$p = s + e \tag{5-2}$$

分度圆的大小可以由齿数 z 和齿距 p 决定,即分度圆的周长 $\pi d = pz$,所以得

$$d = z\frac{p}{\pi} \tag{5-3}$$

由式(5-3)可知,一个齿数为 z 的齿轮,只要其齿距一定,其分度圆直径就一定。

2. 模数

式(5-3)中,π 为一无理数,这使计算颇为不便,同时对齿轮的制造和检验等也不利。为了解决这个问题,人为地将式(5-3)中的比值 $\dfrac{p}{\pi}$ 规定为一些标准数值,把这个比值称为模数,用 m 表示,即

$$m = \frac{p}{\pi} \tag{5-4}$$

于是分度圆的直径可表示为

$$d = mz \tag{5-5}$$

注意,模数具有长度的量纲,单位为 mm。

模数 m 是决定齿轮尺寸的重要参数之一。相同齿数的齿轮,模数越大,其尺寸也越大。图 5-5 清楚地显示了相同齿数、不同模数的齿轮之间的尺寸关系。

在工程实际中,齿轮的模数已经标准化了。表 5-3 是摘自 GB/T 1357—2008 中规定的标准模数系列。

3. 分度圆压力角

由渐开线函数可知,对于同一渐开线齿廓,当其向径不同时,压力角 α 也不同,即

$$\alpha = \arccos\frac{r_b}{r}$$

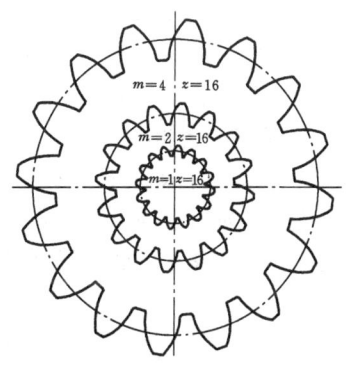

图 5-5　模数不同的同齿数的齿轮

表 5-3　标准模数系列　　　　　　　　　　　　　　　　单位:mm

系列	
I	II
1	1.125
1.25	1.375
1.5	1.75
2	2.25
2.5	2.75
3	3.5
4	4.5
5	5.5
6	(6.5)
8	7
10	9
12	11
16	14
20	18
25	22
32	28
40	36
50	45

注:优先采用第 I 系列模数,应避免采用第 II 系列中的模数 6.5。

分度圆(基准圆)圆周上的压力角应当是已知的标准值,这样在工程中才便于齿轮的设计、制造和互换使用。所以在我国,将分度圆上的压力角规定为标准值,取分度圆压力角 $\alpha = 20°$。其他国家常用的分度圆压力角除 $\alpha = 20°$ 之外,还有 $\alpha = 15°$ 等。

这样,分度圆压力角 α 就可以表示为

$$\alpha = \arccos\left(\frac{r_b}{r}\right) \tag{5-6}$$

综上所述,分度圆就是齿轮上具有标准模数和标准压力角的圆。其标准模数和标准压力角简称为模数和压力角;分度圆齿厚、分度圆齿距、分度圆齿槽宽简称齿厚、齿距、齿槽宽,分别用不带下标的 s、p、e 表示。

4. 齿顶高和齿根高

如图 5-4(a)所示,轮齿被分度圆分为两部分:介于分度圆与齿顶圆之间的部分称为齿顶,其径向高度称为齿顶高,用 h_a 表示;介于分度圆与齿根圆之间的部分称为齿根,其径向高度称为齿根高,用 h_f 表示。这样就可以得到齿顶圆和齿根圆直径的计算公式:

$$\begin{cases} d_a = d + 2h_a \\ d_f = d - 2h_f \end{cases}$$

5.3.3　齿条

图 5-6 所示为一齿条结构,它可以看作齿轮的一种特殊形式。因为当齿轮的齿数增大到

无穷多时,其圆心将位于无穷远处,这时齿轮的各圆周均变为直线,渐开线的齿廓也变成直线齿廓。这种齿数为无穷多的齿轮的一部分就是齿条。齿条与齿轮相比有以下两个主要特点:

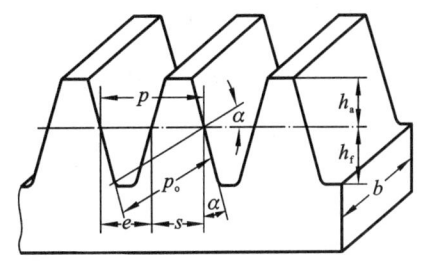

图 5-6　齿条的参数

(1) 由于齿条的齿廓是直线,所以齿廓上各点的法线是平行的,而且传动时齿条做平动,齿廓上各点速度的大小和方向都一致,所以齿条齿廓上各点的压力角都相同,其大小等于齿廓的倾斜角(取标准值 20°或 15°),通称为齿形角。

(2) 由于齿条上各齿同侧的齿廓是平行的,所以不论在分度线上或齿顶线上或与其平行的其他直线上,其齿距都相等,即 $p = \pi m$。

与齿顶线平行的任一直线称为齿条节线,其中 $s = e$ 的一条直线齿条的分度线,也称为中线。

齿条基本尺寸的计算公式如下:

齿条的齿顶高　　　　　　　　　$h_a = h_a^* m$

齿条的齿根高　　　　　　$h_f = h_f^* m = (h_a^* + c^*)m$

齿条的齿厚　　　　　　　　　$s = \dfrac{1}{2}\pi m$

齿条的齿槽宽　　　　　　　　　$e = \dfrac{1}{2}\pi m$

以上各式中,h_a^* 称为齿顶高系数,c^* 称为径向间隙系数或顶隙系数,h_f^* 称为齿根高系数。其数值已经标准化,见表 5-4。

表 5-4　标准系数 h_a^*、h_f^*、c^*

系　数	正　常　齿	短　齿
h_a^*	1.0	0.8
h_f^*	1.25	1.1
c^*	0.25	0.3

5.3.4　内齿轮

图 5-4(b)所示为一内齿圆柱齿轮。由于内齿轮的轮齿是分布在空心圆柱体的内表面上,所以它与外齿轮比较有下列不同点:

(1) 内齿轮的齿厚相当于外齿轮的齿槽宽,内齿轮的齿槽宽相当于外齿轮的齿厚。内齿轮的齿廓也是渐开线,但其轮齿的形状与外齿轮的形状不同,外齿轮的齿廓是外凸的,而内齿轮的齿廓则是内凹的。

(2) 内齿轮的分度圆直径 d 大于齿顶圆直径 d_a,而齿根圆直径 d_f 大于分度圆直径 d_a,即 $d_f > d > d_a$。

(3) 为了使内齿轮齿顶的齿廓全部为渐开线,则其齿顶圆直径必须大于基圆直径。

基于上述各点,内齿轮有些基本尺寸的计算就不同于外齿轮。例如:

内齿轮的齿顶圆直径　　　　　　$d_a = d - 2h_a$

内齿轮的齿根圆直径 $\qquad d_{\mathrm{f}}=d+2h_{\mathrm{f}}$

5.3.5　齿轮的基本参数

齿轮的基本参数包括模数 m、齿数 z、分度圆压力角 α、齿顶高系数 h_{a}^{*}、径向间隙系数 c^{*} 等。

5.4　齿廓啮合基本定律

齿轮机构的运动是依靠主动轮的齿廓依次推动从动轮的齿廓来实现的。两齿轮之间的角速度之比称为传动比(如 $i_{12}=\omega_{1}/\omega_{2}$)。齿廓形状不同,则两轮传动比的变化规律也不同。如果两齿轮传动比恒定,则两齿轮相互接触的一对齿廓称为共轭齿廓。

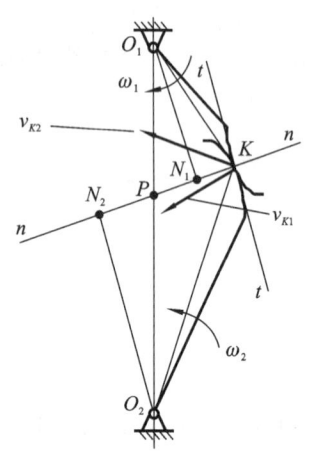

图 5-7　齿廓传动

图 5-7 所示为齿轮上在点 K 互相啮合的一对齿廓,两齿廓以角速度 ω_{1}、ω_{2} 分别绕轴 O_{1}、O_{2} 转动,点 K 为两齿廓的接触点。点 K 处的公法线 $n—n$($t—t$ 为公切线)与 $O_{1}O_{2}$ 的交点为点 P。由三心定理知,点 P 即两齿轮的瞬心,称为啮合节点(简称节点)。由于两轮在点 P 有相等的速度,故:

$$i_{12}=\frac{\omega_{1}}{\omega_{2}}=\frac{\overline{O_{2}P}}{\overline{O_{1}P}} \tag{5-7}$$

式(5-7)称为齿廓啮合基本定律,即互相啮合传动的一对齿轮,在任一位置时的传动比,都与其连心线 $O_{1}O_{2}$ 被其啮合齿廓在接触点处公法线分成的两段成反比。

由图 5-7 知,两轮在 K 点的速度 $v_{K1}\neq v_{K2}$,但其沿接触点公法线($n—n$)方向的运动速度分量应相等,否则两齿廓会因速度不匹配而彼此分离或相互嵌入,无法正常传动,而在切线($t—t$)方向存在相对滑动速度。只有齿廓在节点 P 处啮合时才有 $v_{K1}=v_{K2}$,此时两齿廓无相对滑动,这也是轮齿在节点附近很少磨损的原因。可见,啮合点离节点 P 越近,齿面间的相对滑动速度越小。

当要求两轮做定传动比($i_{12}=$ 常数)传动时,节点 P 在连心线上应为一个固定点,因此点 P(点 P_{1}、P_{2})在两轮的运动平面(与两齿轮固连的平面)上的轨迹为圆。过节点 P 所作的圆称为节圆,即半径为 $\overline{O_{1}P}=r_{1}'$、$\overline{O_{2}P}=r_{2}'$ 的圆。由于点 P 为两齿轮的瞬心,故两齿轮在点 P 处的线速度是相等的,所以两齿轮的啮合传动可以看成是两齿轮的节圆做无滑动的纯滚动。此时,齿廓啮合基本定律可表述为:若要使一对齿轮的传动比为常数,则不论两齿廓在何点接触,过接触点的齿廓公法线都应与两轮连心线交于定点 P。

当两齿轮为变传动比($i_{12}=f(\varphi)$ 或 $i_{12}=f(t)$)传动时,节点 P 就不是一个定点,而是按相应的运动规律在连心线 $O_{1}O_{2}$ 上移动。由于此时点 P 不是一个定点,所以点 P 在两轮动平面上的轨迹就不再是圆,而是非圆封闭曲线,所以这种齿轮称为非圆齿轮。

如前所述,凡满足齿廓啮合基本定律的一对齿轮的齿廓称为共轭齿廓。理论上可以作为共轭齿廓的曲线有无穷多,但齿廓曲线的选择除了应满足传动比的要求以外,还应满足易于设计计算和加工、强度高、磨损少、效率高、寿命长、制造安装方便、易于互换等要求。因此,机械制造中常常只用几种曲线作为齿轮的齿廓曲线,渐开线便是其中之一。由于渐开线能较好地满足上述要求,所以工程中广泛地使用渐开线齿轮。

5.5 渐开线齿廓及齿轮传动的特性

5.5.1 渐开线齿廓传动

1. 渐开线齿廓满足定传动比传动要求

如图 5-8 所示,一对渐开线齿廓啮合的两个位置中,过啮合点(点 K 或点 K')作渐开线齿廓的公法线。根据渐开线的特性,该公法线必须同时与两轮的基圆相切,即 N_1N_2 为两基圆的一条固定的内公切线。因此,不论何时,啮合点的公法线 N_1N_2 与连心线均交于定点 P。故以渐开线作为齿廓曲线的齿轮,其传动比为恒定常数。

2. 渐开线齿廓传动的特点

1) 渐开线传动的啮合线为直线

齿廓接触点在固定平面上的轨迹称为啮合线,通常情况下,啮合线是曲线。但一对渐开线齿廓在任意位置啮合时,接触点的公法线始终为同一条直线 N_1N_2,即两轮基圆的内公切线。这说明一对渐开线齿廓上的所有啮合点都位于 N_1N_2 线上。因此,渐开线齿廓的啮合线为一直线——两齿轮基圆的内公切线 N_1N_2。

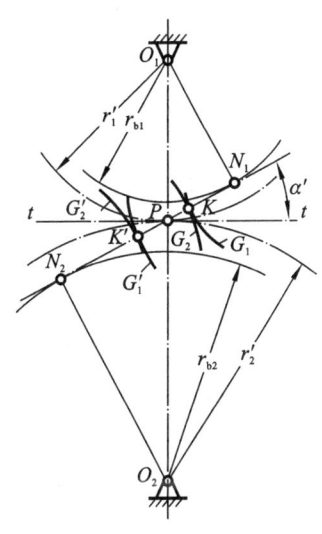

图 5-8 渐开线齿廓传动

如图 5-8 所示,啮合点的齿廓公法线与切线 $t-t$ 的夹角称为啮合角,用 α' 表示。当两齿廓在节点啮合时,啮合角也就是节圆上的压力角。啮合角即两基圆内公切线 N_1N_2 与两节圆公切线间的夹角,在整个啮合过程中,啮合角 α' 是一个常数,其值等于节圆压力角。这表明齿廓间压力作用线方向不变;在齿轮传递转矩一定时,压力大小也不变,从而使齿轮的轴承受力稳定,不易产生振动和损坏。

2) 渐开线齿廓传动具有可分性

由图 5-8 可知,$\triangle O_1N_1P \backsim \triangle O_2N_2P$,所以两轮的传动比可以写成

$$i_{12} = \frac{\omega_1}{\omega_2} = \frac{\overline{O_2P}}{\overline{O_1P}} = \frac{r'_2}{r'_1} = \frac{\overline{O_2N_2}}{\overline{O_1N_1}} = \frac{r_{b2}}{r_{b1}}$$

也可写成

$$i_{12} = r'_2/r'_1 = r_2/r_1 = r_{b2}/r_{b1} = z_2/z_1 \tag{5-8}$$

即渐开线齿轮的传动比还取决于两齿轮基圆半径的比值。在渐开线齿廓加工切制完成以后,它的基圆大小也就已确定。因此,即使一对齿轮安装后的实际中心距与设计中心距略有偏差,也不会影响该对齿轮的传动比。渐开线齿轮传动的这一特性称为中心距可分性。

5.5.2 渐开线齿轮的啮合传动

1. 渐开线直齿圆柱齿轮的啮合过程

如图 5-9 所示为一对轮齿的啮合过程。实线齿廓表示开始啮合时的位置。主动轮 1 沿顺时针方向转动,其齿根在啮合线 N_1N_2 带动从动轮 2 齿廓的齿顶沿逆时针方向转动;终止啮

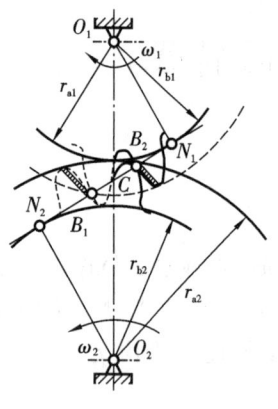

图 5-9　啮合过程

合时的位置如虚线所示,主动轮的齿顶在啮合线 N_1N_2 上推动从动轮齿根沿逆时针方向转动。由此可见:

起始啮合点 B_2:从动轮的齿顶圆与啮合线 N_1N_2 的交点。

终止啮合点 B_1:主动轮的齿顶圆与啮合线 N_1N_2 的交点。

线段 B_1B_2 为啮合点的实际轨迹(从点 B_2 到点 B_1),所以 B_1B_2 线称为实际啮合线。若将两齿轮的齿顶圆加大,则点 B_1、B_2 将分别趋近于点 N_1、N_2,实际啮合线将加长。但因为基圆内无渐开线,所以实际啮合线不能超过点 N_1、N_2。点 N_1、N_2 称为极限啮合点。N_1N_2 称为极限啮合线。

由此可知,在两齿轮的啮合过程中,轮齿的齿廓不是全部都参加啮合,而是只限于从齿顶到齿根的一段齿廓参与接触。实际参与接触的这一段齿廓称为齿廓的实际工作段,如图 5-9 中阴影区域所示。

2. 渐开线直齿圆柱齿轮的正确啮合条件

为保证两齿轮正确啮合(即不互相干涉或卡死),前后两对轮齿应同时在啮合线 N_1N_2 上接触,如图 5-10 中的点 K'、K 所示。

相邻两齿同侧齿廓间的法向距离 KK' 称为法向齿距,以 p_n 表示。两齿轮正确啮合时,法向距离相等:$K_1K_1'=K_2K_2'$;而 p_{b1}、p_{b2} 分别为两齿轮基圆上的齿距(简称基圆齿距),由渐开线的性质知,法向齿距 p_n 在数值上等于基圆齿距 p_b。

$$p_{b1}=\overline{KK'}=p_{b2} \tag{5-9}$$

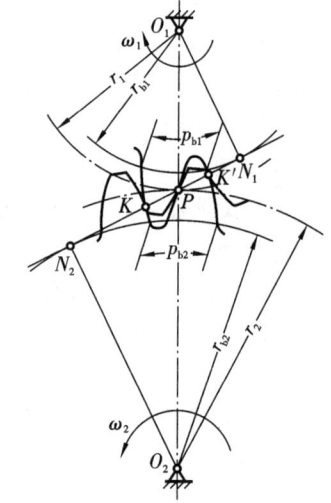

因为　　　$p_b=\pi d_b/z=\pi d\cos\alpha/z=p\cos\alpha$

所以　　　$p_{b1}=p_1\cos\alpha_1=\pi m_1\cos\alpha_1$

　　　　　$p_{b2}=p_2\cos\alpha_2=\pi m_2\cos\alpha_2$

将 p_{b1}、p_{b2} 代入式(5-9),得

$$m_1\cos\alpha_1=m_2\cos\alpha_2 \tag{5-10}$$

式中:m_1、m_2——两齿轮的模数;

　　　α_1、α_2——两齿轮的压力角。

由于模数和压力角均已标准化,所以有

图 5-10　法向齿距与基圆

$$\begin{cases} m_1=m_2=m \\ \alpha_1=\alpha_2=\alpha \end{cases} \tag{5-11}$$

式(5-11)表明:渐开线齿轮正确啮合的条件是两轮的模数和压力角都相等。

3. 渐开线直齿圆柱齿轮的重合度

1) 重合度 ε_α 的定义

要使齿轮连续传动,必须在前一对轮齿尚未脱离啮合前,后一对轮齿及时进入啮合。要实现这一点,就必须使实际啮合线段 B_1B_2 的长度大于或等于这一对齿轮的法向齿距 p_n(即基圆齿距 p_b)。由图 5-11(a)可知,若 $\overline{B_1B_2}=p_b$,则表示前一对轮齿刚要脱离啮合时,后一对轮齿正好进入啮合。由图 5-11(b)可知,若 $\overline{B_1B_2}>p_b$,则表示前一对轮齿脱离啮合时,后一对轮齿早已进入啮合。由图 5-11(c)可知,若 $\overline{B_1B_2}<p_b$,则表示当前一对轮齿在脱离时,后一对轮齿尚未进入啮合,前对轮齿中主动轮的轮齿顶部只能在从动轮齿面上划过,此时已不是两齿廓正常啮合传动,不能保证原有的定传动比。

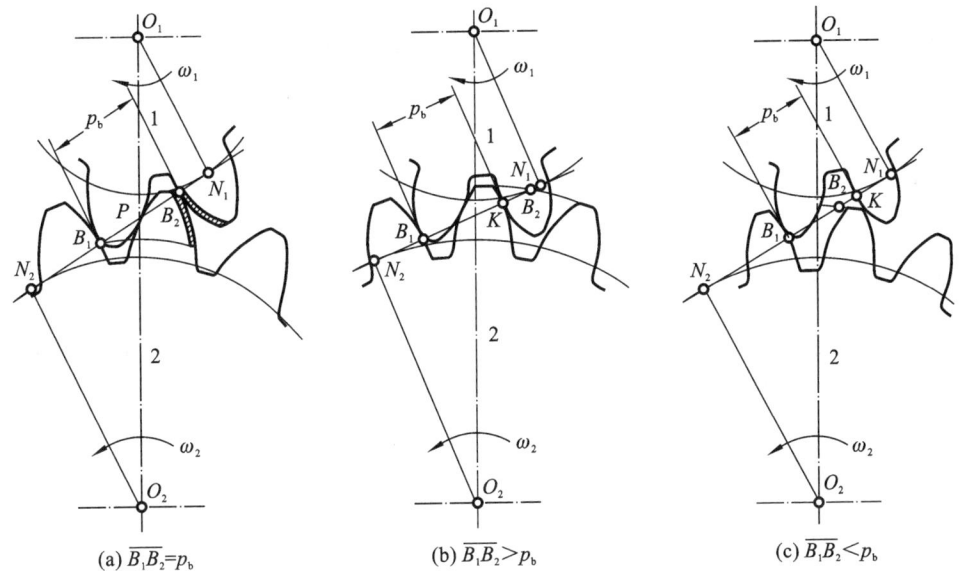

图 5-11　满足连续传动示意图

用 $\overline{B_1B_2}$ 和 p_b 的比值 ε_α 来表示齿轮连续定传动比传动的条件,则有

$$\varepsilon_\alpha = \frac{\overline{B_1B_2}}{p_b} \geqslant 1 \tag{5-12}$$

式中:ε_α——齿轮传动的重合度。

理论上只要重合度 $\varepsilon_\alpha = 1$ 就能保证齿轮的定传动比连续传动。但在工程中齿轮的制造和安装总会有误差,为了确保齿轮传动的连续性,则应该使计算所得的重合度 ε_α 大于 1。工程中常取计算的 ε_α 值大于或等于一定的许用值 $[\varepsilon_\alpha]$,即

$$\varepsilon_\alpha \geqslant [\varepsilon_\alpha] \tag{5-13}$$

$[\varepsilon_\alpha]$ 值根据齿轮的使用场合和制造精度而定,常用的推荐值见表 5-5。

表 5-5　$[\varepsilon_\alpha]$ 推荐值

使用场合	一般机械制造业	汽车、拖拉机	金属切削机床
$[\varepsilon_\alpha]$	1.4	1.1~1.2	1.3

2)重合度的计算

重合度用如下公式计算:

$$\varepsilon_\alpha = \frac{\overline{B_1B_2}}{p_b} = \frac{1}{2\pi}[z_1(\tan\alpha_{a1} - \tan\alpha') + z_2(\tan\alpha_{a2} - \tan\alpha')] \tag{5-14}$$

式中:α'——啮合角;

α_{a1}、α_{a2}——齿轮 1、2 的齿顶圆压力角。

α'、α_{a1}、α_{a2} 可由下式求出:

$$\alpha' = \arccos\frac{r_b}{r'}; \quad \alpha_{a1} = \arccos\frac{r_{b1}}{r_{a1}}; \quad \alpha_{a2} = \arccos\frac{r_{b2}}{r_{a2}}$$

一对齿轮传动时,重合度的大小表明了同时参加啮合的轮齿对数的多少。齿轮传动的重合度大,表明同时参加啮合的轮齿对数多,因此在载荷相同的情况下,每对轮齿的载荷就小,从而提高了齿轮的承载能力。因此在一般情况下,齿轮传动的重合度越大越好。

5.6 齿轮加工

现代工业生产中齿轮加工的方法有很多种,如铸造法、热轧法、冲压法、模锻法和切削法等。目前最常用的仍为切削法。用切削法加工齿轮齿廓的方法也有许多种,其加工原理概括起来分为仿形法和展成法两类。

5.6.1 仿形法

仿形法采用圆盘铣刀(见图 5-12)或指状铣刀(见图 5-13)将齿轮毛坯上齿槽部分的材料逐一铣掉。加工设备为普通卧式或立式铣床。铣刀的轴向剖面的形状和被加工齿轮齿槽的形状完全相同。加工时,铣刀绕自身的轴线转动,同时被加工齿轮沿轴线进给,加工出齿的宽度。一个齿槽加工完后,轮坯退回原处,用分度头将它转过 $360°/z$,再加工第二个齿槽。重复上述步骤,直到所有的齿槽加工完毕。

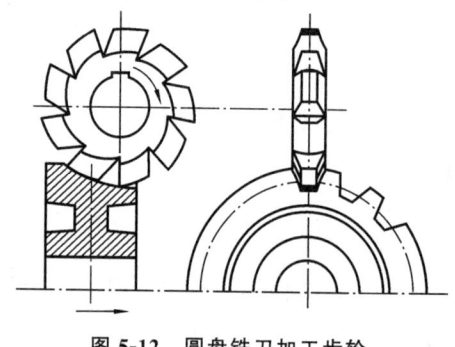

图 5-12 圆盘铣刀加工齿轮

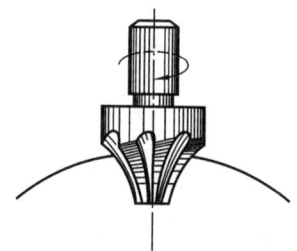

图 5-13 指状铣刀加工齿轮

一般用圆盘铣刀(卧铣)加工模数较小的齿轮,而用指状铣刀(立铣)加工模数较大的齿轮。指状铣刀还可以用于加工人字齿轮。

用仿形法加工齿轮的优点:用普通铣床就可以加工齿轮,不需要专用设备。但其也有以下缺点:

(1) 加工精度低。因为齿轮齿廓的形状取决于基圆的大小,而基圆半径 $r_b = (mz/2)\cos\alpha$,所以对于一定模数和压力角的一套齿轮,要加工出精确的渐开线齿廓,则对应于每一种齿数就必须有一把铣刀;若再考虑模数的变化,这样所需刀具的数量就太多,在实际生产中无法实行。因此,为了减少刀具数量,在工程上加工同样模数、压力角的齿轮时,一般只备有 1~8 号齿轮铣刀,每一种铣刀加工一定齿数范围内的齿轮。各号铣刀加工齿轮齿数的范围见表 5-6。

表 5-6 各号铣刀加工齿轮齿数的范围

铣刀号数	1	2	3	4	5	6	7	8
所能加工齿轮的齿数	12~13	14~16	17~20	21~24	25~34	35~54	55~134	>134

为了保证加工出来的齿轮在啮合时不卡住,每一号铣刀都是按所加工的那组齿轮中齿数最少的齿轮的齿形来制造的,因此用这把铣刀加工该组中其他齿数的齿轮,则齿形必有一定的

误差,所以这种加工方法精度低。

(2) 轮齿分度的误差也会影响齿形的精度。

(3) 加工不连续,生产率低。

由于仿形法的这些特点,它常常被用于修配或小批量生产中。

5.6.2　展成法

展成法也称包络法或范成法,是目前齿轮加工中最为常用的一种方法。展成法是利用一对齿轮啮合传动时,其齿廓曲线互为包络线的原理来加工齿轮的。加工时,除了切削和让刀运动之外,刀具和齿坯之间的运动与一对互相啮合的齿轮完全相同。常用刀具有齿轮型刀具(齿轮插刀)、齿条型刀具(齿条插刀)和齿轮滚刀等三种形式。

1. 齿轮插刀加工

如图 5-14(a)所示,齿轮插刀像一个具有切削刃的齿轮,加工时插刀 I 沿轮坯 II 的轴线方向运动(III 方向所示)以进行切削;同时插刀和轮坯还以恒定的传动比 $i = n_d/n_p = z_p/z_d$(其中 n_d、z_d 分别表示刀具的转速和齿数,n_p、z_p 分别表示轮坯的转速和齿数)做啮合运动,因此用这种方法加工出来的齿廓是插刀切削刃在各个位置的包络线(见图 5-14(b));此外,齿轮插刀还在加工过程中沿轮坯的径向进给,以加工出全齿高度;最后,为了防止插刀向上退刀(回程)时擦伤已加工好的轮齿表面,在退刀时,轮坯还需让开一小段距离,待插刀向下做切削运动时,轮坯再回到原来的位置。以上所述四种运动分别称为切削运动、展成运动、进给运动和让刀运动。

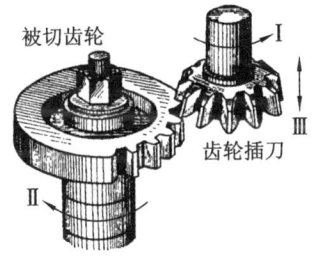
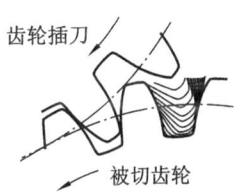

(a) 用齿轮插刀加工齿轮　　　　　　　(b) 齿轮插刀插齿展成原理

图 5-14　展成法加工齿轮(一)

只要根据被加工齿轮的齿数 z_p 使变速箱的速比等于插刀与轮坯的传动比 z_p/z_d,便可以用同一把插刀加工出与刀具模数和压力角相同而齿数不同的齿轮。因此,同一把插刀加工的不同齿数的齿轮能正确地互相啮合传动。

2. 齿条插刀加工

图 5-15 所示为用齿条插刀加工齿轮的情景。

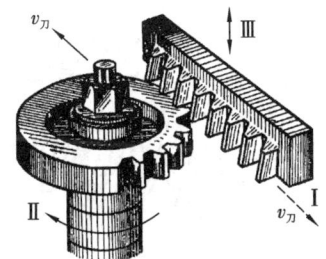
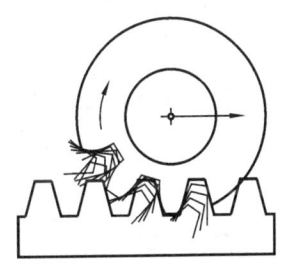

(a) 用齿条插刀加工齿轮　　　　　　　(b) 齿轮插刀插齿展成原理

图 5-15　展成法加工齿轮(二)

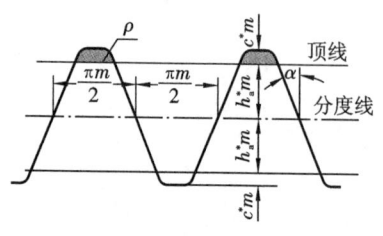

图 5-16　齿条插刀齿廓

如图 5-16 所示,齿条插刀齿廓的基本形状和普通的标准齿条相似,称为标准齿条型插刀。直线齿廓的倾斜角 α 也称为刀具的刀具角。阴影部分是刀具上比普通齿条增加的部分,其作用是切制被加工齿轮齿根处的过渡圆弧,使齿轮在啮合传动时齿顶和齿根间有一定的径向间隙。由于刀具上阴影圆角部分切削刃切出的齿廓是过渡曲线而不是渐开线,所以在后面的研究中我们仍认为齿条型刀具的形状与标准齿条相同。如前所述,在齿条型刀具上平行其齿顶、齿根的线段称为刀具节线。在这些节线当中,齿厚和齿槽宽相等的那条节线称为刀具的分度线,又称齿条型刀具的中线。分度线以上部分为齿顶高,分度线以下部分为齿根高。标准齿条型刀具的齿顶高规定为 $h_a^* m$,加上其增加部分,齿顶高总共为 $(h_a^* + c^*)m$。齿根高规定为 $(h_a^* + c^*)m$。所以,齿条插刀齿的齿顶高和齿根高是相等的。

加工时,刀具与齿轮轮坯之间的展成运动相当于齿条与齿轮之间的啮合运动。为切出整数个轮齿,刀具的移动速度一定要等于轮坯分度圆的圆周速度。即齿条型刀具的移动速度 $v_刀 = (mz/2)\omega = (d/2)\omega$,其中 m、z、ω 分别为被切齿轮的模数、齿数和角速度。刀具上某一给定的线段(这一线段可以是刀具的分度线或是刀具的节线)同齿轮轮坯的分度圆相切,刀具与轮坯做纯滚动。所以刀具在该线段上的齿槽宽和齿厚与被加工齿轮的齿厚和齿槽宽分别相等。由于齿条型刀具上除了分度线以外,在各条节线上的齿厚和齿槽宽都不相等,所以一般情况下被加工齿轮的分度圆齿厚和齿槽宽都是不相等的。切削刃在各个位置的包络线即为被加工齿轮的齿廓,如图 5-15(b)所示。

3. 齿轮滚刀加工

用齿轮插刀和齿条插刀加工齿轮是依靠刀具的往复插齿完成的,其切削都是不连续的,因而生产率较低。生产中广泛采用齿轮滚刀来加工齿轮,如图 5-17 所示。齿轮滚刀的外形如图 5-18 所示。滚刀的形状像一个螺旋,与螺旋不同之处在于沿刀具轴线开了若干条沟槽作为切削刃,以利于切削。当滚刀转动时,在轮坯回转面内便相当于一个无限长的齿条在连续不断地向左移动(见图 5-17(a)),所以用滚刀加工齿轮就相当于用齿条插刀加工齿轮。加工时,滚刀和轮坯各绕自己的轴线等速回转,其传动比 $n_d / n_p = z_p / z_d$,同时滚刀沿轮坯的轴线方向做缓慢的移动(见图 5-17(b)),以切出整个齿宽上的齿轮。

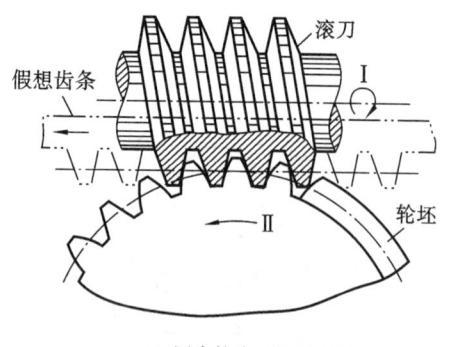

(a) 用齿轮滚刀加工齿轮

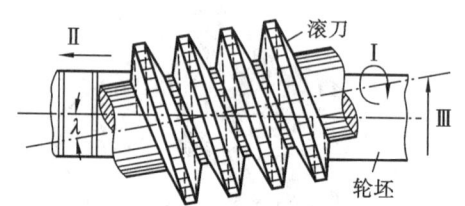

(b) 齿轮滚刀的加工位置

图 5-17　展成法加工齿轮(三)

生产上最常用的滚刀是阿基米德螺线滚刀,这种滚刀在轴面(即通过滚刀轴线的平面)内为具有完全精确的直线齿廓的齿条。

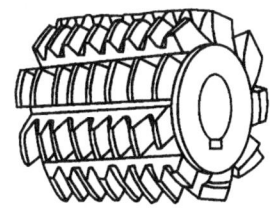

5.6.3 齿条型刀具相对于轮坯在不同位置时加工出的变位齿轮和标准齿轮

图 5-18 齿轮滚刀的外形

采用齿条型刀具用展成法加工齿轮时,刀具与轮坯之间的运动是展成运动,即齿条与齿轮之间的啮合运动。根据刀具相对于轮坯的不同位置,可以加工出变位齿轮和标准齿轮。

1. 用标准齿条型刀具加工标准齿轮

在切削齿轮时,先根据轮坯的外圆对刀,然后取总的径向进刀量等于标准齿全高($2h_a^* + c^*$)m,此时刀具与轮坯顶圆之间的顶隙为 $c^* m$,而刀具的分度线刚好与轮坯分度圆相切,如图 5-19 所示。这样切出的齿轮,其齿顶高为 $h_a = h_a^* m$,其齿根高为 $h_f = (h_a^* + c^*)m$。在切齿的展成运动中,需保证刀具分度线的移动速度与轮坯分度圆的圆周速度相等,刀具分度线上的齿槽宽将与轮坯分度圆上的齿厚相等;刀具分度线上的齿厚将与轮坯分度圆上的齿槽宽相等。由于刀具分度线上的齿厚和齿槽宽相等,故切出的齿轮在分度圆上的齿厚与齿槽宽也相等,即 $s = e = p/2 = 0.5\pi m$。这样切出的齿轮为标准齿轮。

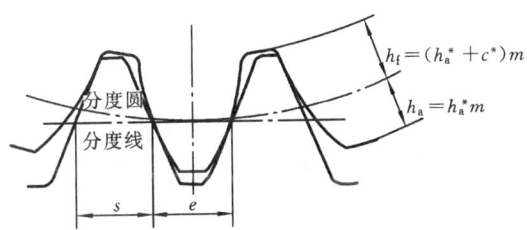

图 5-19 刀具中线与分度圆相切——加工标准齿轮

所谓标准齿轮,即分度圆上的齿厚与齿槽宽相等,且齿顶高 h_a、齿根高 h_f 为标准值的齿轮,即 $h_a = h_a^* m$,$h_f = (h_a^* + c^*)m$。

用同一把齿条型刀具加工出的两个不同齿数的齿轮进行啮合传动,因为两齿轮分度圆上的齿厚与齿槽宽相等,则当两齿轮的齿槽与轮齿相互嵌合时,其分度圆一定相切,即两轮各自的分度圆与节圆重合。此时,齿轮传动的顶隙 $c = c^* m$。

2. 用标准齿条型刀具加工非标准齿轮

图 5-20 中虚线表示加工标准齿轮的情形,此时刀具分度线(中线)与轮坯分度圆相切,加工出的齿轮分度圆上的齿厚与齿槽宽相等。如图 5-20 中实线所示,若刀具从加工标准齿轮的位置沿径向远离轮坯中心移动距离 xm(称为变位量,其中 m 为模数,x 为变位系数),则刀具移动方向与变位系数的关系为:

刀具外移时,$x > 0$,称为正变位;

刀具内移时,$x < 0$,称为负变位。

通过此方法加工出的齿轮称为变位齿轮。以下分析变位齿轮参数的变化规律。

(1)分度圆齿厚与齿槽宽 由于刀具分度线(中线)不再与分度圆相切并做纯滚动,所以轮坯分度圆上的齿厚与齿槽宽不再相等。轮坯分度圆上的齿厚增加量等于刀具节线上的刀具齿厚减少量。由图 5-20 可知,其值为 $2\overline{KJ}$。

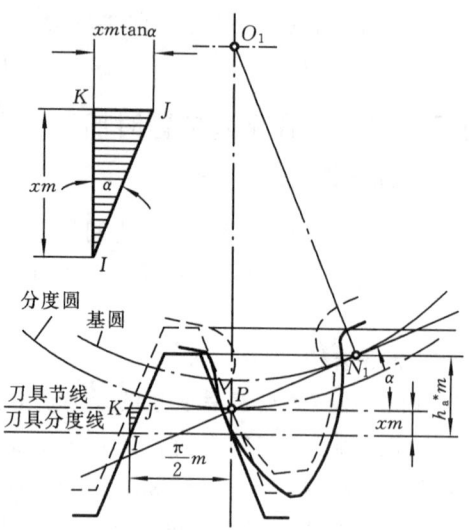

图 5-20　刀具中线与分度圆不相切——加工非标准齿轮

$$\begin{cases} s = \dfrac{\pi m}{2} + 2xm\tan\alpha \\[2mm] e = p - s = \dfrac{\pi m}{2} - 2xm\tan\alpha \end{cases} \tag{5-15}$$

（2）齿根圆与齿根高　当刀具正变位时，刀具沿轮坯中心外移，因此刀具齿顶线也相应地外移一变位量 xm，使得轮坯齿根圆与分度圆靠近 xm。这样，使得齿根高变短 xm，齿根圆相应变大。

$$\begin{cases} h_f = (h_a^* + c^* - x)m \\[2mm] d_f = d - 2h_f = mz - 2(h_a^* + c^* - x)m \end{cases} \tag{5-16}$$

（3）齿顶高与齿顶圆　当刀具外移 xm 后，被加工的齿轮的齿顶高将增大 xm，齿顶圆也会相应加大。但是，如果将同一把刀具加工出的两个变位齿轮相互接触进行啮合传动，则两轮分度圆再不会相切，此时的顶隙也不会是标准值 $c^* m$。由于齿轮传动时留有顶隙以储存润滑油来改善啮合性能，因此为保证达到标准顶隙，必须对齿顶高加以调整，即在变位齿轮的齿顶高上减去一段高度 σm。其中 m 为模数，σ 为齿顶高降低系数（σ 的取值在以后加以分析），故

$$\begin{cases} h_a = (h_a^* + x - \sigma)m \\[2mm] d_a = d + h_a = mz + 2(h_a^* + x - \sigma)m \end{cases} \tag{5-17}$$

在应用式（5-15）～式（5-17）进行计算时，若为标准齿轮，以 $x=0$ 代入（由以后的分析中知，此时也有 $\sigma=0$）；若为负变位齿轮，以 $x<0$ 代入即可。如将模数、压力角及齿数均相同的标准齿轮和变位齿轮相比较，可以发现各齿轮的齿顶高、齿根高、齿厚及齿槽宽是不同的，其变化情况如图 5-21 所示。显然，与标准齿轮比较，正变位齿轮的齿厚加大，而齿根高减小，在相应地加大毛坯顶圆尺寸的条件下，齿顶高增大；而负变位齿轮的齿厚减小，齿根高加大，在相应地减小毛坯顶圆尺寸的条件下，齿顶高减小。

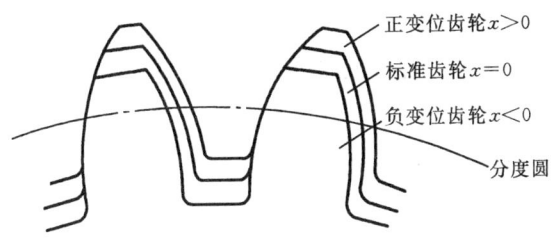

正变位齿轮 $x>0$

标准齿轮 $x=0$

负变位齿轮 $x<0$

分度圆

图 5-21　标准齿轮与变位齿轮比较

5.6.4　根切现象及避免根切的条件

1. 根切成因与避免条件

采用展成法加工渐开线齿轮时,若齿条刀具的顶部切入被加工齿轮轮齿根部,导致齿根渐开线被部分切除(见图 5-20 中的虚线内凹齿廓),此现象称为根切。根切会削弱轮齿弯曲强度、降低重合度,严重影响传动性能,应尽量避免严重根切。

根切是由于被加工齿轮的齿数过少(基圆过小)或变位系数选择不当,导致刀具顶部侵入基圆。避免根切的最小变位系数计算公式为

$$x \geqslant x_{\min} = h_a^* \frac{z_{\min} - z}{z_{\min}} \tag{5-18}$$

2. 标准齿轮的根切限制

对于标准齿轮,由于 $x=0$,由式(5-18)得避免根切的最少齿数条件为

$$z \geqslant z_{\min} \tag{5-19}$$

式中: $z_{\min}$ ——最少齿数,即用展成法加工标准齿轮时刚好不发生根切的齿数,计算公式为

$$z_{\min} = \frac{2h_a^*}{\sin^2 \alpha} \tag{5-20}$$

对于各种标准齿条型刀具,最少齿数的数值见表 5-7。 $x_{\min}$ 为最小变位系数。

表 5-7　最少齿数 $z_{\min}$ 值

α	20°	20°	15°	15°
h_a^*	1	0.8	1	0.8
$z_{\min}$	17	14	30	24

3. 变位齿轮的根切限制

对于变位齿轮而言,避免根切的条件为 $x \geqslant x_{\min}$ 。由式(5-18)可知,当被切齿轮的齿数 $z < z_{\min}$ 时,变位系数 $x_{\min}$ 为正值。这表明为了避免被切齿轮的根切,刀具应由标准位置从轮坯中心向外移开一段距离,称为正变位。当被切齿轮的齿数 $z > z_{\min}$ 时,由式(5-18)可知,最小的变位系数 $x_{\min}$ 为负值,这表明刀具可以向轮坯中心移近,只要移近的距离小于或等于 $|x_{\min}m|$,切出的齿轮仍不发生根切,此时刀具由标准位置向轮坯中心移近的变位,称为负变位。

4. 实例分析

对于标准齿制, $h_a^* = 1$, $\alpha = 20°$,则由式(5-20)计算得 $z_{\min} = 17$;由式(5-18)得 $x_{\min} = (17-z)/17$,即用展成法加工齿轮时不产生根切,对于标准齿轮的条件是 $z \geqslant 17$,对于变位齿轮的条件是 $x \geqslant x_{\min} = (17-z)/17$ 。

实际上,不论是标准齿轮还是非标准齿轮,该齿轮是否发生根切均可由公式(5-18)加以判断。

5.7　齿轮机构的几何尺寸计算

5.7.1　齿轮机构的中心距

定齿轮传动的中心距的确定必须满足两个条件:①保证无侧隙啮合;②保证顶隙 c 为标准值 $c^* m$。现分述如下。

1. 无侧隙啮合条件

在齿轮啮合传动中,若存在侧隙,则既不能保证定传动比传动,又会在主动轮反转时产生冲击。因此要保证无侧隙传动,才能确定齿轮传动的实际中心距 a'。

1)标准齿轮传动

对于标准齿轮传动,由于两轮分度圆上的齿厚与齿槽宽相等,故两轮的分度圆相切,其中心距 a 即为两轮分度圆半径之和。该中心距称为标准中心距 a。此时齿轮传动的啮合角等于分度圆压力角: $a' = \alpha$。

$$a = r_1 + r_2 = m(z_1 + z_2)/2 \tag{5-21}$$

2)变位齿轮传动

当采用变位齿轮传动时,由于 $x_1 \neq 0$ 或(和) $x_2 \neq 0$,两轮分度圆上的齿厚与齿槽宽不一定相等,两轮分度圆可能分离或相交,其传动的实际中心距 $a' \neq a$,此时实际中心距 a' 为两轮节圆半径之和:

$$a' = r'_1 + r'_2 = (r_{b1} + r_{b2})/\cos\alpha' = (r_1 + r_2)\cos\alpha/\cos\alpha'$$

即
$$a' = a\cos\alpha/\cos\alpha' \tag{5-22}$$

式中的啮合角 α' 要根据无齿侧间隙(即一轮节圆齿厚与另一轮节圆齿槽宽相等)的要求由下式计算:

$$\text{inv}\alpha' = \frac{2\tan\alpha(x_1 + x_2)}{z_1 + z_2} + \text{inv}\alpha \tag{5-23}$$

式(5-23)称为齿轮的无侧隙啮合方程式。该式表明:若两轮变位系数之和 $\sum x = x_1 + x_2$ 不等于零,则两轮做无侧隙啮合时,其啮合角 α' 就不等于分度圆压力角 α。这说明此时两轮的节圆和分度圆不重合,即两轮的分度圆或者分离,或者相交。两轮的实际中心距 a' 应用按式(5-23)求出的啮合角 α' 代入式(5-22)计算。

2. 标准顶隙条件

无论是标准还是变位齿轮传动,国家标准均规定两齿轮齿顶与齿根的径向间隙(即顶隙)为标准值 $c = c^* m$,以便储存润滑油。为此,齿轮传动除满足上述无侧隙啮合传动要求之外,还必须满足规定的顶隙。如图 5-22 所示,实际中心距 a' 应等于一轮齿顶圆半径、另一轮齿根圆半径及标准顶隙 $c^* m$ 之和,即

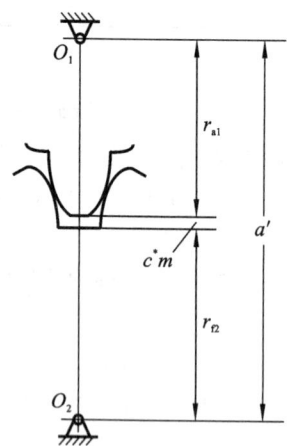

图 5-22　保证顶隙为标准值

$$a' = r_{a1} + r_{f2} + c^* m$$
$$= r_1 + (h_a^* + x_1 - \sigma)m + r_2 - (h_a^* + c^* - x_2)m + c^* m$$
$$= r_1 + r_2 + m(x_1 + x_2) - \sigma m$$

令 $ym = a' - a$，则有

$$
\begin{cases}
\sigma = x_1 + x_2 - y \\
y = \dfrac{a' - a}{m}
\end{cases}
\tag{5-24}
$$

式中：ym——实际中心距 a' 相对于标准中心距 a 的分离量；

y——分离系数；

σ——齿顶高降低系数。

可以证明，无论变位系数 x_1、x_2 如何取值，为保证无侧隙啮合且顶隙为标准值，必须满足 $\sigma > 0$。

当采用标准齿轮传动时，由于 $x_1 = x_2 = 0$，$a' = a$，$a' = \alpha$，故有 $\sigma = y = 0$。

5.7.2 齿轮传动的几何尺寸计算

由以上各节分析可知，标准齿轮传动只是变位齿轮传动的一个特例。以上推导的各公式中，当 $x_1 = x_2 = 0$ 时，可得到标准齿轮传动的计算公式。齿轮机构几何尺寸计算可参照表 5-8 进行。

表 5-8　外啮合直齿圆柱齿轮机构几何尺寸计算公式

渐开线方程 $\begin{cases} r_i = \dfrac{r_b}{\cos\alpha_i} \\ \mathrm{inv}\alpha_i = \tan\alpha_i - \alpha_i \end{cases}$　基本参数：z、m、α、x、h_a^*、c^*

模数	$m = p/\pi$	传动比	$i_{12} = r_2'/r_1' = r_2/r_1 = r_{b2}/r_{b1} = z_2/z_1$		基圆齿距	$p_b = p\cos\alpha$
名称	符号	标准齿轮传动	等变位齿轮传动		正传动	负传动
变位系数	x	$x = 0$	$x_1 = -x_2$		$x_1 + x_2 > 0$	$x_1 + x_2 < 0$
分度圆直径	d	$d = mz$				
基圆直径	d_b	$d\cos\alpha$；$d_i\cos\alpha_i$				
啮合角	α'	$\alpha' = \alpha$			$\mathrm{inv}\alpha' = \dfrac{2\tan\alpha(x_1 + x_2)}{z_1 + z_2} + \mathrm{inv}\alpha$	
中心距	$a(a')$	$a = r_1 + r_2 = m(z_1 + z_2)/2$			$a' = a\cos\alpha/\cos\alpha'$	
节圆直径	d'	$d' = d$			$d' = d\cos\alpha/\cos\alpha'$	
分离系数	y	$y = 0$			$y = (a' - a)/m$	
齿顶高降低系数	σ	$\sigma = 0$			$\sigma = x_1 + x_2 - y$	
齿顶高	h_a	$h_a = h_a^* m$	$h_a = (h_a^* + x)m$		$h_a = (h_a^* + x - \sigma)m$	
齿根高	h_f	$h_f = (h_a^* + c^*)m$	$h_f = (h_a^* + c^* - x)m$			
全齿高	h	$h = (2h_a^* + c^*)m$			$h = (2h_a^* + c^* - \sigma)m$	
齿顶圆直径	d_a	$d_a = d + 2h_a$				
齿根圆直径	d_f	$d_f = d - 2h_f$				

续表

名称	符号	标准齿轮传动	等变位齿轮传动	正传动	负传动
重合度	ε_α	$\varepsilon_\alpha = \dfrac{\overline{B_1 B_2}}{p_b} = \dfrac{1}{2\pi}\left[z_1(\tan\alpha_{a1} - \tan\alpha') + z_2(\tan\alpha_{a2} - \tan\alpha')\right]$			
分度圆齿厚	s	$s = \pi m/2$	$s = \pi m/2 + 2xm\tan\alpha$		
齿顶厚	s_a	$s_a = s\dfrac{r_a}{r} - 2r_a(\mathrm{inv}\alpha_a - \mathrm{inv}\alpha)$			
齿顶圆压力角	α_a	$\alpha_a = \arccos\left[\dfrac{z\cos\alpha}{z_1 + 2(h_a^* + x - \sigma)}\right]$			

下面仅就尺寸计算时应注意的情况加以提示。

通常已知(或计算出)以下基本参数:齿数 z_1、z_2,模数 m,压力角 α,变位系数 x_1、x_2。

若是变位齿轮传动,则应首先按无侧隙啮合方程计算出啮合角 α',然后按啮合角计算实际中心距 a'。

$$\begin{cases} \mathrm{inv}\alpha' = \dfrac{2(x_1 + x_2)}{z_1 + z_2}\tan\alpha + \mathrm{inv}\alpha \\[3mm] a' = a\dfrac{\cos\alpha}{\cos\alpha'} \end{cases}$$

由于齿轮的径向尺寸与分离系数 y 和齿顶高降低系数 σ 有关,故应首先算出。然后就可进行其他尺寸的计算。

最后要对设计出的几何尺寸是否可行进行校验。计算重合度:$\varepsilon_\alpha \geqslant [\varepsilon_\alpha]$ 保证齿轮传动的连续性。计算小齿轮齿顶厚:对于软齿面,要求 $s_a/m \geqslant 0.25$;对于硬齿面,要求 $s_a/m \geqslant 0.4$。避免齿顶磨尖。

5.8　齿轮机构的传动设计

5.8.1　齿轮机构的传动类型

对于单个齿轮,按其变位系数分正变位齿轮($x > 0$)、负变位齿轮($x < 0$)及零变位齿轮($x = 0$)。根据标准齿轮的定义,标准齿轮是分度圆上的 $s = e$ 且齿顶高、齿根高均为标准值($h_a^* m$、$h_f^* m$)的齿轮,所以 $x = 0$ 的零变位齿轮是否是标准齿轮还取决于其相配齿轮的变位系数是否为零。若不为零,则两轮的齿顶高 h_a 均不为标准值($\sigma \neq 0$),故不是标准齿轮。所以零变位齿轮($x = 0$)中,若顶高为标准值(即 $x_1 = x_2 = 0$),则为标准齿轮;若顶高不是标准值,则为零变位非标准齿轮。

对于一对相啮合的齿轮,按两齿轮的变位系数之和 $\sum x = x_1 + x_2$ 的值进行分类。现按如下公式分析各类齿轮传动的参数特性:

$$\begin{cases} \mathrm{inv}\alpha' = \dfrac{2(x_1 + x_2)}{z_1 + z_2}\tan\alpha + \mathrm{inv}\alpha \\ a' = a\cos\alpha/\cos\alpha' \\ y = (a' - a)/m \\ \sigma = x_1 + x_2 - y \end{cases} \tag{5-25}$$

（1）标准齿轮传动，即 $x_1 = x_2 = 0$ 的齿轮传动。由式（5-25）可知，$x_1 + x_2 = 0$，$\alpha' = \alpha$，$a' = a$，$y = 0$，$\sigma = 0$。

（2）等变位齿轮传动，即 $x_1 = -x_2$ 的齿轮传动，其 $x_1 + x_2 = 0$。与标准齿轮传动相同，其 $x_1 + x_2 = 0$，$\alpha' = \alpha$，$a' = a$，$y = \sigma = 0$。与标准齿轮传动比较，这种齿轮传动的啮合角未发生变化，仍等于分度圆压力角，但顶高与根高发生变化，故又称高变位齿轮传动。

上述两种传动的两齿轮分度圆是相切的。

（3）正传动（正角变位齿轮传动），即 $x_1 + x_2 > 0$ 的齿轮传动，其 $\alpha' > \alpha$，$a' > a$，$y > 0$，$\sigma > 0$。这种变位齿轮传动的啮合角 α' 大于标准齿轮传动的啮合角（此时即分度圆压力角 α），故称正角变位齿轮传动。由于 $a' > a$，故该类传动的两齿轮分度圆不相切而是分离。

（4）负传动（负角变位齿轮传动），即 $x_1 + x_2 < 0$ 的齿轮传动，其 $\alpha' < \alpha$，$a' < a$，$y < 0$，$\sigma > 0$。这种传动的啮合角小于标准齿轮传动的啮合角，故称负角变位齿轮传动。由于 $a' < a$，故该类传动的两齿轮分度圆不相切而是相割。

5.8.2　选择齿轮传动类型的齿数条件

为了使一对相互啮合的齿轮在用展成法加工时不根切，必须对该两齿轮的齿数提出要求。

（1）标准齿轮传动　使大、小两齿轮均不根切的齿数条件是

$$z_1 \geqslant z_{\min}$$
$$z_2 \geqslant z_{\min}$$

由于习惯上称 1 为小齿轮，故需保证 $z_1 \geqslant z_{\min}$，则 z_2 根据需要的传动比计算。

（2）非标准齿轮传动　对于非标准齿轮传动类型，为使大、小齿轮均不发生根切，需满足

$$x_1 \geqslant \frac{h_a^*(z_{\min} - z_1)}{z_{\min}}, \quad x_2 \geqslant \frac{h_a^*(z_{\min} - z_2)}{z_{\min}}$$

两式相加有

$$x_1 + x_2 \geqslant \frac{h_a^*[2z_{\min} - (z_1 + z_2)]}{z_{\min}} \tag{5-26}$$

① 等变位齿轮传动　由于 $x_1 = -x_2$，$\sum x = x_1 + x_2 = 0$，由式（5-26）得

$$z_1 + z_2 \geqslant 2z_{\min} \tag{5-27}$$

② 负传动（负角变位齿轮传动）　由于 $x_1 + x_2 < 0$，故知式（5-26）的右端一定为负值，即

$$z_1 + z_2 > 2z_{\min} \tag{5-28}$$

③ 正传动（正角变位齿轮传动）　由于 $x_1 + x_2 > 0$，故知式（5-26）的右端不论是否大于、小于或等于零均成立。因此，任何齿数和均能采用正传动。

5.8.3　各类齿轮传动的优缺点

分析各类齿轮传动的优缺点，可帮助我们根据不同的使用条件选择最合适的齿轮传动类型。

1. 标准齿轮传动

1）优点

其最大优点是具有互换性。即 m、z、h_a^*、α 相同的齿轮，它们的几何尺寸与传动参数是相同的，故在现场使用中可以相互交换。

2）缺点

（1）尺寸限制：由于 $z \geqslant z_{\min}$，因此结构尺寸不能进一步减小。

（2）中心距固定：仅适用于标准中心距 $a'=a=m(z_1+z_2)/2$ 的场合。

（3）强度不均衡：一对啮合的齿轮中，由于小齿轮的齿廓渐开线曲率半径较小，所以齿根厚度和齿顶厚度均较大齿轮小，所以与大齿轮相比，其抗弯强度较低，且齿顶容易磨"尖"。因此，一般情况下小齿轮容易损坏。

2．正传动

1）优点

（1）紧凑设计：当 $x_1+x_2>0$ 时，必须采用正传动。齿数和较少，所以齿轮机构有较小的结构尺寸。

（2）可以减轻轮齿的磨损：啮合角的增大和齿顶的降低，使得实际啮合线 $\overline{B_1B_2}$ 缩短，因而点 B_1、B_2 离节点 P 越近，所以两轮齿根部分的最大滑动速度降低，从而减轻了轮齿的磨损。

（3）提高强度：由于两轮均采用正变位，或在一轮采用正变位，而另一轮采用负变位时，其正变位系数必大于负变位系数的绝对值，因此，正传动的弯曲强度和接触强度都相对地有所提高或接近等强度。

（4）适当地选择变位系数 x_1 和 x_2，可以凑配给定的中心距。

2）缺点

正传动有以下缺点：

（1）互换性差，需成对设计、制造和使用。

（2）由于实际啮合线 $\overline{B_1B_2}$ 缩短，故重合度 ε_a 有所减小。

3．等变位齿轮传动

1）优点

（1）可以减小齿轮机构的尺寸。因为采用正变位，可以制造 $z<z_{\min}$ 而且无根切的小齿轮，所以当传动比一定时，如采用等移距变位齿轮传动，则两轮的齿数都可以相应地减少，因此也就减小了整个齿轮机构的尺寸。

（2）可以改善齿轮的磨损情况。因为采用等移距变位，小齿轮的齿顶圆半径增大了 x_1m，而大齿轮的齿顶圆半径减小了 x_2m。这样，使实际啮合线 $\overline{B_1B_2}$ 向大齿轮一方移动了一段距离，从而使大、小齿轮齿根的最大滑动速度接近相等，因而改善了大、小齿轮的磨损情况。

（3）可以相对地提高两齿轮的承载能力。由于小齿轮采用正变位，故其齿根的厚度增大，而大齿轮采用负变位，虽其齿根厚度有所减小，但这样可使大、小齿轮的强度趋于接近，所以两齿轮的承载能力可以相对地提高。

2）缺点

必须成对地设计、制造和使用，由此可知其互换性较差。

4．负传动

1）优点

（1）适当地选择变位系数 x_1 及 x_2，可满足设计要求的中心距。

（2）重合度 ε_a 略高于标准传动。

2）缺点

（1）需成对地设计、制造和使用，互换性较差。

（2）两轮齿根部分的最大滑动速度增大，使轮齿的磨损加剧。

（3）轮齿的弯曲强度和接触强度都有所降低。

比较上述各类传动，可以看出正传动的优点较多，传动质量较高，所以在一般情况下，应多采用正传动。负传动的缺点较多,所以一般只是在凑配中心距或在其他不得已的情况下才采用。各类齿轮传动的特点、性能及选择条件见表 5-9。

表 5-9　各类齿轮传动的特点、性能及选择条件

传动类型		零　传　动		角变位传动	
		标准齿轮传动	等变位齿轮传动 (高变位传动)	正传动 (正角变位传动)	负传动 (负角变位传动)
传动特点	x_1,x_2 $\sum x = x_1 + x_2$ α' a' y σ	$x_1 = x_2 = 0$ $\sum x = 0$ $\alpha' = \alpha$ $a' = a$ $y = 0$ $\sigma = 0$	$x_1 = -x_2$ $\sum x = 0$ $\alpha' = \alpha$ $a' = a$ $y = 0$ $\sigma = 0$	$x_1 > \lvert x_2 \rvert$ $\sum x > 0$ $\alpha' > \alpha$ $a' > a$ $y > 0$ $\sigma > 0$	$x_1 < \lvert x_2 \rvert$ $\sum x < 0$ $\alpha' < \alpha$ $a' < a$ $y < 0$ $\sigma > 0$
传动性能	重合度 ε_a	$\varepsilon_a = \varepsilon$	$\varepsilon_a < \varepsilon$	$\varepsilon_a < \varepsilon$	$\varepsilon_a > \varepsilon$
	设计中心距 A	$A = a$	$A < a$	$A \ll a$	$A > a$
	强度与磨损	小齿轮较差	大、小齿轮 趋于接近	可使大、小齿轮 趋于相等	有所降低
	使用要求	具有互换性	成对设计加工	成对设计加工	成对设计加工
选择条件	齿数条件	$z_1 > z_{\min}$	$z_1 + z_2 \geqslant 2z_{\min}$	无要求(当 $z_1 + z_2 < 2z_{\min}$ 时, 只可使用正传动)	$z_1 + z_2 > 2z_{\min}$
	使用场合	要求互换性, $a' = a$ 的场合	$a' = a$ 且要求较小 结构尺寸;或修复 标准齿轮传动 中的大、小齿轮时	$a' > a$ 且要求较小 结构尺寸、较好 性能的场合	仅在必须满足 $a' < a$ 时使用

5.8.4　基本参数的取值条件

一对啮合齿轮的基本参数包括 z_1、z_2、m、α、h_a^*、c^*、x_1、x_2,它们的取值决定了齿轮的几何尺寸,并直接影响齿轮传动的结构与性能。这些参数中,m、α、h_a^*、c^* 已标准化,模数由强度条件决定,故不作讨论。由于基本参数选择涉及的知识较多,故只能对某些参数的取值对齿轮传动工作性能的影响加以简单介绍。

1. 要求足够大的齿顶厚

为了保证齿轮的齿顶强度及使用寿命,齿顶厚 s_a 不能太薄。对于软齿面,要求 $s_a/m \geqslant 0.25$;对于硬齿面,要求 $s_a/m \geqslant 0.4$。由如下公式计算齿顶厚:

$$s_a = s \frac{r_a}{r} - 2r_a(\mathrm{inv}\alpha_a - \mathrm{inv}\alpha) \tag{5-29}$$

由于小齿轮的节圆较小,渐开线弯曲程度大于大齿轮,故当 x 取值较大时,小齿轮的齿顶容易变尖,所以齿顶变尖是变位系数和参数选择的限制条件。

2. 保证齿廓为渐开线

当 $x_{min}<0$ 且其绝对值很大，用展成法加工负变位齿轮时，可能出现 $d_a<d_b$ 的情况。此时的齿廓为非渐开线。为使齿廓的齿高部分均为渐开线，应使

$$r_a - r_b \geqslant h \tag{5-30}$$

其中：

$$r_a = mz/2 + m(h_a^* + x - \sigma)$$
$$r_b = mz\cos\alpha/2$$
$$h = m(2h_a^* + c^* - \sigma)$$

代入式(5-30)得约束条件

$$x \geqslant h_a^* + c^* + z(\cos\alpha - 1)/2 \tag{5-31}$$

例如 $z=70, h_a^*=1, c^*=0.25, \alpha=20°$。计算 $x \geqslant x_{min} = h_a^* \left(\dfrac{z_{min}-z}{z_{min}}\right) = -3.12$。若采用 $x = x_{min} = -3.12$，其 $d_a = 65.76$ mm，$d_b = 65.78$ mm。由于 $d_a < d_b$，即齿顶圆在基圆以内，所以齿廓无渐开线。为保证齿高部分均为渐开线，代入式(5-31)后得变位系数为 $x \geqslant -0.86$。

3. 基本参数选择

（1）齿数　对于标准齿轮，为避免根切，小齿轮的齿数应不小于最小齿数，即 $z_1 \geqslant z_{min}$。此外，当模数与变位系数一定时，齿数越少，轮齿的齿根与齿顶厚度越小，故小齿轮齿数不能太少，一般取小齿轮的齿数 $z_1 = 17 \sim 24$。小齿轮齿数确定后，根据齿轮机构的传动比要求可确定大齿轮的齿数。

（2）变位系数　变位系数的确定受很多因素的限制，这里只能提出其选择原则。在齿轮传动中，一般会给出实际中心距 a'、模数 m 和传动比。因此，首先应根据 a'、a 计算出啮合角 α'，根据 α' 由无侧隙方程计算变位系数之和 $\sum x = x_1 + x_2$，选择其中一个变位系数后，可根据要求的 $\sum x$ 计算另一个变位系数的值。

选择变位系数应注意以下原则：

（1）提高小齿轮的性能，使大、小齿轮的性能趋于接近，故一般希望 $x_1 \geqslant |x_2|$。

（2）对齿数多的负变位齿轮，为保证齿高部分的齿廓为渐开线，其变位系数的绝对值不能取得太大，可按式(5-31)确定 x 的范围。

（3）为防止用展成法加工齿轮时出现根切，所有的变位系数应满足 $x \geqslant x_{min} = h_a^* (z_{min} - z)/z_{min}$。

（4）确定变位系数后必须验算性能，当不能达到要求时应重新确定变位系数。

①齿轮传动的重合度 $\varepsilon_\alpha \geqslant [\varepsilon]$。

②由式(5-29)验算小齿轮的齿顶厚。

5.8.5　齿轮传动设计步骤

给定的原始数据不同，齿轮传动的设计步骤也略有不同，但一般程序如下：

（1）选定传动类型。

（2）选定两轮的变位系数 x_1、x_2。

（3）计算两轮的几何尺寸。

（4）验算重合度 ε_α 和小齿轮的齿顶厚 s_a。

现按如下两种情况讨论如何确定传动类型和两轮的变位系数。

情况 1　已知 z_1、z_2、m、α、a' 及 h_a^*

(1) 因为已知 a'、z_1、z_2 及 m，故齿轮传动的啮合角已经确定

$$\cos\alpha' = a\cos\alpha/a'$$
$$\cos\alpha' = m(z_1 + z_2)\cos\alpha/(2a')$$

其中标准中心距 $a = \dfrac{m(z_1 + z_2)}{2}$。

(2) 由啮合角 α' 按无侧隙啮合条件计算变位系数之和

$$x_1 + x_2 = \frac{(z_1 + z_2)(\mathrm{inv}\alpha' - \mathrm{inv}\alpha)}{2\tan\alpha}$$

式中，x 必须满足 $x \geqslant h_a^*(z_{\min} - z_1)/z_{\min}$ 规定的条件。对于齿数较多的负变位齿轮，为使齿廓为渐开线，还须满足式(5-29)的条件。

情况 2　已知 m、α、h_a^*、a' 及两轮的传动比 i_{12}

计算两轮的齿数，由

$$a' = \frac{m}{2}(z_1 + z_2)\cos\alpha/\cos\alpha' = \frac{mz_1}{2}(1 + i_{12})\cos\alpha/\cos\alpha'$$

得

$$z_1 = \frac{2a'}{m(1 + i_{12})}\cos\alpha'/\cos\alpha$$

令

$$z_1^0 = \frac{2a'}{m(1 + i_{12})}$$

若 z_1^0 为整数，说明 $\alpha' = \alpha$，$a' = a$，可选用标准齿轮传动及等变位齿轮传动。若 z_1^0 不为整数，说明 $\alpha' \neq \alpha$，$a' \neq a$。由于正传动的性能较好，所以取 $z_1 < z_1^0$ 的整数，使 $a' > a$ 以得到正传动。注意，此时齿轮的传动比与已知值有一定误差。

当 z_1 确定后，按 $z_2 = i_{12}z_1$ 计算轮 2 的齿数，该 z_2 不一定为整数。为了在得到正传动的同时又不使变位系数过大而降低重合度，圆整齿数 z_2 时，应使 $a < a'$，且使 a 最接近 a' 的那个圆整值作为轮 2 的齿数。

其余步骤同情况 1。

例 5-1　已知 $m = 3.5$ mm，$\alpha = 20°$，$h_a^* = 1$，$a' = 250$ mm，$i_{12} = 4.5$，试设计该对齿轮。

解　(1) 计算齿轮的齿数 z_1、z_2。

$$z_1^0 = \frac{2a'}{m(1 + i_{12})} = \frac{2 \times 250}{3.5 \times (1 + 4.5)} = 25.974$$

取
$$z_1 = 25$$
$$z_2 = z_1 i_{12} = 25 \times 4.5 = 112.5$$

若取 $z_2 = 112$，则 $a = \dfrac{m}{2}(z_1 + z_2) = \dfrac{3.5}{2} \times (25 + 112)\,\mathrm{mm} = 239.75$ mm。

若取 $z_2 = 113$，则 $a = \dfrac{m}{2}(z_1 + z_2) = \dfrac{3.5}{2} \times (25 + 113)\,\mathrm{mm} = 241.50$ mm。

可见应取 $z_2 = 113$，此时 $a < a'$，其标准中心距与 a' 更接近。其传动比 $i_{12} = z_2/z_1 = 113/25 = 4.52$，与给定值的相对误差 $\Delta i = \dfrac{113/25 - 4.5}{4.5} \approx 0.4\%$。

(2) 计算啮合角 α'。

$$\alpha' = \arccos\left(\frac{a\cos\alpha}{a'}\right) = \arccos\left(\frac{241.5 \times \cos 20°}{250}\right) = 24.8047°$$

（3）计算变位系数之和 $\sum x = x_1 + x_2$，确定 x_1、x_2。

$$x_1 + x_2 = \frac{(z_1 + z_2)(\text{inv}\alpha' - \text{inv}\alpha)}{2\tan\alpha} = \frac{(25 + 113)(\text{inv}24.8047° - \text{inv}20°)}{2\tan 20°} = 2.7179$$

由 $x_1 \geqslant |x_2|$，取 $x_1 = 1.4$，$x_2 = 2.7179 - 1.4 = 1.3179$。

（4）计算系数 y、σ。

$$y = (a' - a)/m = (250 - 241.5)/3.5 = 2.4286$$
$$\sigma = x_1 + x_2 - y = 2.7179 - 2.4286 = 0.2893$$

（5）计算几何尺寸。

$$d_1 = mz_1 = 3.5 \times 25 \text{ mm} = 87.5 \text{ mm}$$
$$d_2 = mz_2 = 3.5 \times 113 \text{ mm} = 395.5 \text{ mm}$$
$$d_{b1} = d_1\cos\alpha = 87.5 \times 0.9397 = 82.2238 \text{ mm}$$
$$d_{b2} = d_2\cos\alpha = 395.5 \times 0.9397 = 371.6514 \text{ mm}$$
$$s_1 = \pi m/2 + 2x_1 m\tan\alpha = \pi \times 3.5/2 + 2 \times 1.4 \times 3.5\tan 20° = 9.0647 \text{ mm}$$
$$s_2 = \pi m/2 + 2x_2 m\tan\alpha = 8.8555 \text{ mm}$$
$$h_{a1} = m(h_a^* + x_1 - \sigma) = 3.5 \times (1 + 1.4 - 0.2893) \text{ mm} = 7.3875 \text{ mm}$$
$$h_{a2} = m(h_a^* + x_2 - \sigma) = 3.5 \times (1 + 1.3179 - 0.2893) \text{ mm} = 7.1001 \text{ mm}$$
$$h_{f1} = m(h_a^* + c^* - x_1) = 3.5 \times (1 + 0.25 - 1.4) \text{ mm} = -0.5250 \text{ mm}$$
$$h_{f2} = m(h_a^* + c^* - x_2) = 3.5 \times (1 + 0.25 - 1.3179) \text{ mm} = -0.2377 \text{ mm}$$
$$d_{a1} = d_1 + 2h_{a1} = 102.2750 \text{ mm}$$
$$d_{a2} = d_2 + 2h_{a2} = 409.7002 \text{ mm}$$
$$d_{f1} = d_1 - 2h_{f1} = 88.55 \text{ mm}$$
$$d_{f2} = d_2 - 2h_{f2} = 395.9754 \text{ mm}$$

（6）检验各参数值。

①齿顶隙。

$$c' = a' - d_{a1}/2 - d_{f2}/2 = (250 - 102.2750/2 - 395.9754/2) \text{ mm} = 0.875 \text{ mm}$$
$$c = c^* m = 0.25 \times 3.5 \text{ mm} = 0.875 \text{ mm}$$

故 $c' = c$，为标准值。

②小齿轮的齿顶厚。

$$\alpha_{a1} = \arccos\left[\frac{z_1\cos\alpha}{z_1 + 2(h_a^* + x_1 - \sigma)}\right] = \arccos\left[\frac{25\cos 20°}{25 + 2 \times (1 + 1.4 - 0.2893)}\right] = 36.4918°$$

$$\alpha_{a2} = \arccos\left[\frac{113\cos 20°}{113 + 2 \times (1 + 1.3179 - 0.2893)}\right] = 24.8893°$$

$$\frac{s_{a1}}{m} = \left[z_1 + 2(h_a^* + x_1 - \sigma)\right]\left[\frac{\pi + 4x_1\tan\alpha}{2z_1} - (\text{inv}\alpha_{a1} - \text{inv}\alpha)\right]$$

$$= \left[25 + 2 \times (1 + 1.4 - 0.2893)\right]\left[\frac{\pi + 4 \times 1.4\tan 20°}{2 \times 25} - (\text{inv}36.4918° - \text{inv}20°)\right]$$

$$= 0.4577 > 0.4$$

或

$$s_{a1} = s_1 d_{a1}/d_1 - d_{a1}(\text{inv}\alpha_{a1} - \text{inv}\alpha)$$
$$= [9.0647 \times 102.275/87.5 - 102.275 \times (\text{inv}36.4918° - \text{inv}20°)]\text{mm}$$
$$= 1.6019 \text{ mm}$$
$$s_{a1}/m = 0.4577 > 0.4$$

③重合度 ε_α。

$$\varepsilon_\alpha = \frac{1}{2\pi}[z_1(\tan\alpha_{a1} - \tan\alpha') + z_2(\tan\alpha_{a2} - \tan\alpha')]$$
$$= \frac{1}{2\pi} \times [25(\tan36.4918° - \tan24.8047°) + 113 \times (\tan24.8893° - \tan24.8047°)]$$
$$= 1.137 > 1$$

5.9　斜齿圆柱齿轮机构

5.9.1　斜齿圆柱齿轮齿廓曲面的形成及其传动特点

前面在研究直齿圆柱齿轮时,是仅就齿轮的端面(垂直于齿轮轴线的平面)来讨论的。当一对直齿轮相啮合时,从端面看两齿廓接触于一点。但在齿轮的宽度上两齿廓的啮合实际上是沿一条平行于齿轮轴的直线相接触,如图 5-23(a)所示。啮合时两直齿轮沿整个齿宽应同时进入接触或同时分离,若加工误差导致啮合不同步,容易引起冲击、振动和噪声。直齿轮传动的重合度小,即同时啮合的轮齿对数较少,因而每对轮齿的载荷大,且在交替啮合时,轮齿载荷的变动也大,故传动不够平稳,所以直齿轮不适用于高速重载的传动。为了克服直齿轮传动的上述缺点,人们提出了斜齿圆柱齿轮传动。

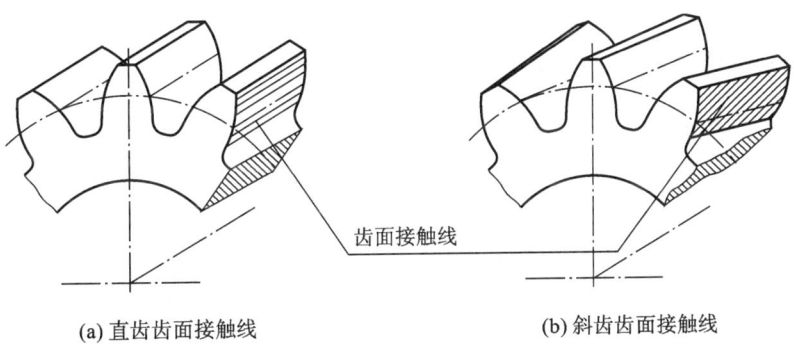

(a) 直齿齿面接触线　　　　　　　　　　　　　(b) 斜齿齿面接触线

图 5-23　齿面接触线

直齿圆柱齿轮的齿廓曲面是发生面绕基圆柱做纯滚动时,发生面上一条与齿轮轴相平行的直线 KK 所展成的渐开面,如图 5-24(a)所示。斜齿轮齿廓曲面的形成与直齿轮相似,只是直线 KK 不再与齿轮的轴线平行,而与它成一交角 β_b,如图 5-24(b)所示。当发生面绕基圆柱做纯滚动时,直线 KK 上各点都展成一条条渐开线,这些渐开线的集合就是斜齿轮的齿廓曲面。因此,由斜齿轮齿廓曲面形成过程可知,斜齿轮的端面齿廓为精确的渐开线。设想将发生面缠绕在基圆柱上,直线 KK 包围在基圆柱上形成螺旋线 AA,如图 5-24(b)所示,故直线 KK 所形成的曲面为一渐开螺旋面。螺旋线 AA 的螺旋角也就是直线 KK 对轴线方向的偏斜角 β_b,即轮齿在基圆柱上的螺旋角。

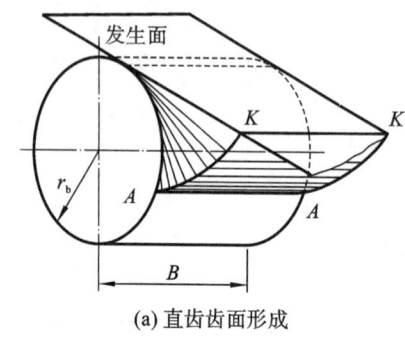
(a) 直齿齿面形成

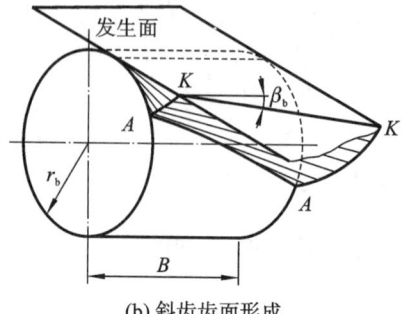
(b) 斜齿齿面形成

图 5-24 齿面形成

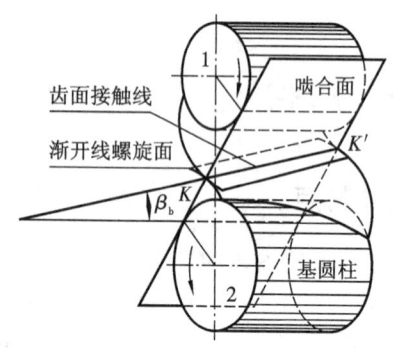

图 5-25 斜齿轮齿廓啮合示意图

图 5-25 所示为一对斜齿轮啮合的情况,与直齿轮啮合情况相似,两轮基圆柱的内公切面既是两轮齿面的发生面又是传动的啮合面。两啮合齿面的接触线 KK' 与轴线方向成一角度 β_b,故当轮齿的一端进入啮合时,轮齿的另一端要滞后一个角度才能进入啮合。轮齿从开始啮合至脱离啮合,其齿面上接触线的痕迹如图 5-23(b) 所示。两斜齿轮啮合传动时,从啮合开始,其齿面上的接触线先由短变长,然后又由长变短,直至脱离啮合。这样的啮合方式不但延长了每对轮齿的啮合时间、增加了重合度,而且两轮轮齿是逐渐进入啮合、逐渐脱离啮合的,不像直齿轮传动那样,两轮齿是突然沿整个齿宽接触,又突然沿整个齿宽脱离接触,从而减少了齿轮传动时的冲击、振动及噪声,提高了传动的平稳性。斜齿轮传动克服了直齿轮传动的缺点,在高速、大功率传动装置中,斜齿轮传动获得了广泛的应用。

5.9.2 斜齿圆柱齿轮几何尺寸的计算

由于斜齿轮的齿面为渐开线螺旋面,其端面的齿形和垂直于螺旋线方向的法面齿形不相同,因而斜齿轮的端面参数与法面参数也不相同。在制造斜齿轮时,常用齿条型刀具或盘形齿轮铣刀来加工,在切齿时刀具沿着轮齿的螺旋线方向进刀,须按齿轮的法面参数选择刀具。因此,在工程中规定斜齿轮法面参数(模数、分度圆压力角、齿顶高系数等)为标准值。而斜齿轮的几何参数却可用直齿轮计算公式计算(与直齿轮一样,其端面为精确的渐开线),所以必须建立法面参数与端面参数之间的换算关系。

1. 斜齿圆柱齿轮的螺旋角及模数

如图 5-26(a) 所示,将斜齿轮沿其分度圆柱面展开为矩形,矩形的高为斜齿轮的宽 B,长为分度圆的周长 πd。这时分度圆柱上轮齿形成的螺旋线便展成为一条斜直线,其与齿轮的轴线的夹角为 β,称为斜齿圆柱齿轮的分度圆螺旋角。它表示斜齿圆柱齿轮轮齿的倾斜程度。由图 5-26(b) 所示的几何关系,可得

$$\tan\beta = \frac{\pi d}{l} \tag{5-32}$$

式中:l——螺旋线的导程,即螺旋线绕分度圆一整圈后上升的高度。

由图 5-26(b) 可知,对于同一个斜齿轮,任何一个圆柱面上的螺旋线导程 l 都一样,因此,基圆柱面上的螺旋角 β_b 应该为

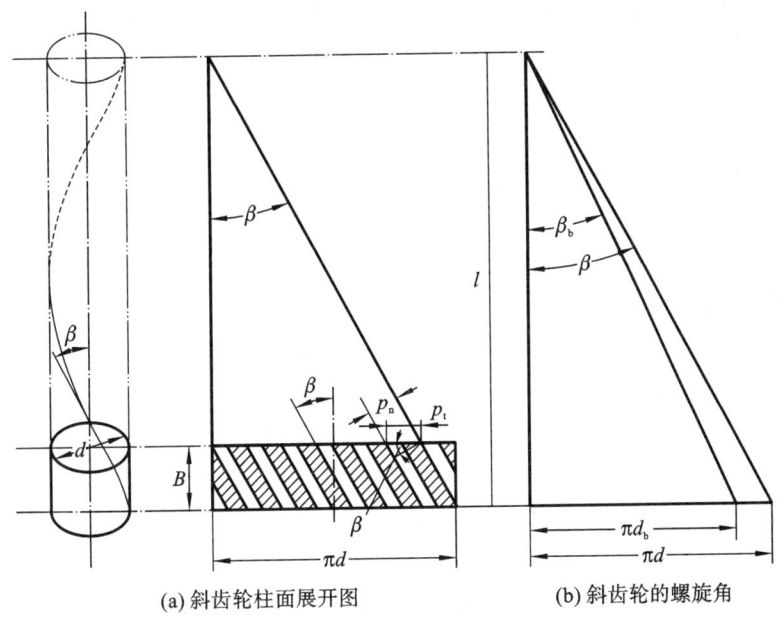

(a) 斜齿轮柱面展开图　　　　　　　(b) 斜齿轮的螺旋角

图 5-26　斜齿轮的螺旋角

$$\tan\beta_b = \frac{\pi d_b}{l} \tag{5-33a}$$

由式(5-32)、式(5-33a)可得

$$\frac{\tan\beta_b}{\tan\beta} = \frac{d_b}{d} = \cos\alpha_t$$

即

$$\tan\beta_b = \tan\beta\cos\alpha_t \tag{5-33b}$$

式中：α_t——斜齿轮的端面压力角。

由图 5-26(a)所示的几何关系，还可以得到

$$p_n = p_t\cos\beta \tag{5-34}$$

式中：p_n、p_t——斜齿轮分度圆柱面上轮齿的法面齿距和端面齿距。

将式(5-34)两边除以 π，即可求得法面模数 m_n 和端面模数 m_t 的关系为

$$m_n = m_t\cos\beta \tag{5-35}$$

2. 法面压力角 α_n 与端面压力角 α_t

为了便于分析斜齿轮的法面压力角 α_n 与端面压力角 α_t 的关系，现用斜齿条来加以说明。因为斜齿条与斜齿轮正确啮合时，斜齿条上的法面压力角及端面压力角必定和斜齿轮的相同，故知斜齿轮的两个压力角之间的关系，必与斜齿条的两个压力角之间的关系相同。

在直齿条上，法面和端面同是一个平面，所以 $\alpha_n = \alpha_t = \alpha$。对斜齿条来说，因为轮齿倾斜一个角度 β，于是就有端面与法面之分。图 5-27 所

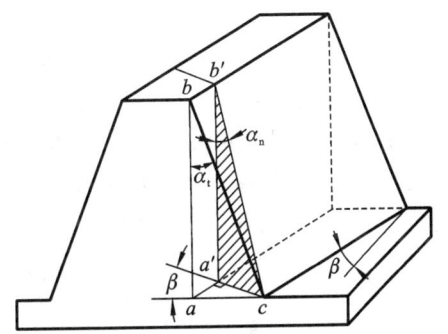

图 5-27　法面压力角和端面压力角

示的斜齿条，abc 为端面，$a'b'c$ 为法面。$\angle abc$ 为端面压力角 α_t，$\angle a'b'c$ 为法面压力角 α_n。由于 $\triangle abc$ 及 $\triangle a'b'c$ 的高相等，即 $ab = a'b'$，于是由几何关系可得

$$\frac{\overline{ac}}{\tan\alpha_t} = \frac{\overline{a'c}}{\tan\alpha_n}$$

又在 $\triangle aa'c$ 中，$\overline{a'c} = \overline{ac}\cos\beta$，故得

$$\tan\alpha_n = \tan\alpha_t\cos\beta \tag{5-36}$$

因为 $\cos\beta < 1$，所以 α_n 一定小于 α_t。

3. 斜齿轮传动的几何尺寸

斜齿轮的齿顶高和齿根高无论从法面来看还是从端面来看都是相同的，其计算方法与直齿轮的计算方法一样，即

$$h_a = (h_{an}^* + x_n - \sigma_n)m_n \quad 或 \quad h_a = (h_{at}^* + x_t - \sigma_t)m_t$$

$$h_f = (h_{an}^* + c_n^* - x_n)m_n \quad 或 \quad h_f = (h_{at}^* + c_t^* - x_t)m_t$$

式中：h_{an}^*——法面齿顶高系数，其值与直齿轮的 h_a^* 值一样，是标准值；

h_{at}^*——端面齿顶高系数，$h_{at}^* = h_{an}^*\cos\beta$；

c_n^*——法面顶隙系数，其值与直齿轮的 c^* 值一样，是标准值；

c_t^*——端面顶隙系数，$c_t^* = c_n^*\cos\beta$；

x_n——法面变位系数；

x_t——端面变位系数。

σ_n、σ_t——法面和端面齿顶高降低系数。

斜齿轮的分度圆直径 d 为

$$d = m_t z = \frac{m_n z}{\cos\beta}$$

斜齿圆柱齿轮传动的标准中心距 a 为

$$a = \frac{d_1 + d_2}{2} = \frac{m_t(z_1 + z_2)}{2} = \frac{m_n(z_1 + z_2)}{2\cos\beta} \tag{5-37}$$

由式(5-37)可知，在设计斜齿轮传动时，可用改变螺旋角 β 的办法来调整中心距的大小，以满足对中心距的要求，而不一定非用变位的办法不可。

斜齿轮的最少齿数 z_{min}，亦仿照直齿轮最少齿数的求法。当用齿条型刀具切齿时，仍可得到类似的关系，即

$$z_{min} = \frac{2h_{at}^*}{\sin^2\alpha_t} = \frac{2h_{an}^*\cos\beta}{\sin^2\alpha_t} \tag{5-38}$$

斜齿轮和直齿轮一样，可借变位修正的办法来满足不同的要求。加工变位斜齿轮时，也和加工变位直齿轮一样，仅需将刀具沿被切齿轮的半径方向移动一个距离 Δ_r。刀具的这个变位量不论从齿轮的端面或法面来看，都是一样的，即 $\Delta_n = \Delta_t = \Delta_r$。但是，当用模数与变位系数来表示这个变位量时，因斜齿轮的端面模数与法面模数不同，所以斜齿轮的变位系数也就分为端面变位系数 x_t 与法面变位系数 x_n。它们之间的关系为

$$\Delta_r = x_t m_t = x_n m_n = x_n m_t \cos\beta$$

即

$$x_t = x_n \cos\beta$$

由于斜齿轮端面上各部分的尺寸关系和直齿轮各部分的尺寸关系完全一样，所以变位斜齿轮传动端面上的几何参数及尺寸可以参照直齿轮传动的公式进行计算，但应注意必须采用

斜齿轮的端面参数 m_t、α_t、h_{at}^*、c_t^*、x_t。

斜齿圆柱齿轮的几何参数及尺寸计算公式见表 5-10。

表 5-10 斜齿圆柱齿轮的几何参数及尺寸计算公式

名　称	代　号	计　算　公　式
螺旋角	β	一般取 $8° \sim 20°$
法面模数	m_n	标准值
端面模数	m_t	$m_t = m_n / \cos\beta$
法面压力角	α_n	标准值
端面压力角	α_t	$\tan\alpha_t = \tan\alpha_n / \cos\beta$
法面齿距	p_n	$p_n = \pi m_n$
端面齿距	p_t	$p_t = \pi m_t = p_n / \cos\beta$
法面基圆齿距	p_{bn}	$p_{bn} = p_n \cos\alpha_n$
端面基圆齿距	p_{bt}	$p_{bt} = p_t \cos\alpha_t$
法面齿顶高系数	h_{an}^*	1（标准值）
端面齿顶高系数	h_{at}^*	$h_{at}^* = h_{an}^* \cos\beta$
法面顶隙系数	c_n^*	0.25（标准值）
端面顶隙系数	c_t^*	$c_t^* = c_n^* \cos\beta$
分度圆直径	d	$d = m_t z = m_n z / \cos\beta$
基圆直径	d_b	$d_b = d \cos\alpha_t$
最少齿数	z_{min}	$z_{min} = 2h_{at}^* / \sin^2\alpha_t$
法面变位系数	x_n	$x_n = x_t / \cos\beta$
端面变位系数	x_t	$x_t \geq h_{at}^* (z_{min} - z) / z_{min}$
齿顶圆直径	d_a	$d_a = d + 2h_a = d + 2(h_{an}^* + x_n)m_n$
齿根圆直径	d_f	$d_f = d - 2h_f = d - 2(h_{an}^* + c_n^* - x_n)m_n$
法面齿厚	s_n	$s_n = \left(\dfrac{\pi}{2} + 2x_n \tan\alpha_n \right) m_n$
端面齿厚	s_t	$s_t = \left(\dfrac{\pi}{2} + 2x_t \tan\alpha_t \right) m_t$
当量齿数	z_v	$z_v = z / \cos^3\beta$

5.9.3 斜齿圆柱齿轮正确啮合条件及重合度

1. 斜齿圆柱齿轮正确啮合的条件

一对斜齿圆柱齿轮正确啮合的条件如下。

（1）为了使两斜齿轮传动时，其相互啮合的两齿廓螺旋面相切，则当为外啮合时，两齿轮的螺旋角 β 应大小相等、方向相反，即

$$\beta_1 = -\beta_2 \tag{5-39}$$

当为内啮合时，两齿轮的螺旋角 β 应大小相等、方向相同，即

$$\beta_1 = \beta_2 \tag{5-40}$$

（2）相互啮合的两斜齿轮的端面模数 m_t 及端面压力角 α_t 应分别相等，即

$$m_{t1} = m_{t2}, \quad \alpha_{t1} = \alpha_{t2} \tag{5-41}$$

又由于相互啮合的两轮的螺旋角 β 相等，故其法面模数 m_n 及法面压力角 α_n 分别相等，即

$$m_{n1} = m_{n2}, \quad \alpha_{n1} = \alpha_{n2} \tag{5-42}$$

2. 斜齿轮机构的重合度

为便于分析斜齿轮传动的连续传动条件，现以端面尺寸相当的一对直齿轮传动与一对斜齿轮传动进行对比。

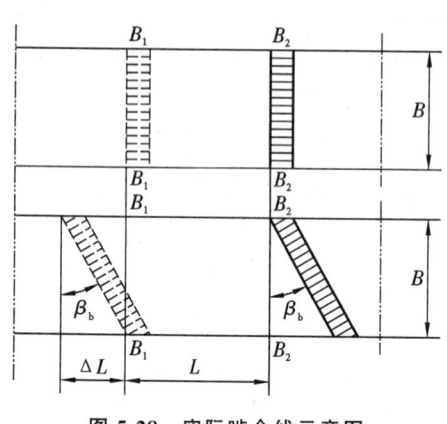

图 5-28　实际啮合线示意图

如图 5-28 所示，上图为直齿轮传动的啮合面，下图为斜齿轮传动的啮合面，直线 B_2B_2 表示在啮合平面内一对轮齿进入啮合的位置，B_1B_1 则表示脱离啮合的位置。可见，斜齿轮传动的实际啮合区比直齿轮增大了 $\Delta L = B\tan\beta_b$，因此斜齿轮传动的重合度也比直齿轮传动大，其增加的一部分重合度以 ε_β 表示，则

$$\varepsilon_\beta = \frac{\Delta L}{p_{bt}} = \frac{B\tan\beta_b}{p_{bt}}$$

上式可化为

$$\varepsilon_\beta = \frac{B\tan\beta\cos\alpha_t}{p_t\cos\alpha_t} = \frac{B\sin\beta/\cos\beta}{p_n/\cos\beta} = \frac{B\sin\beta}{\pi m_n} \tag{5-43}$$

所以斜齿轮传动的重合度 ε_γ 为端面重合度 ε_α 与纵向重合度 ε_β 两部分之和，即

$$\varepsilon_\gamma = \varepsilon_\alpha + \varepsilon_\beta$$

（1）端面重合度 ε_α。ε_α 是根据斜齿轮传动的端面参数所求得的重合度，称为端面重合度。其大小可用直齿轮传动时重合度的计算式（5-14）来求。不过这时要用端面啮合角 α_t' 来代替直齿轮传动的啮合角 α'，用端面齿顶压力角 α_{at} 来代替直齿轮的齿顶压力角 α_a，即

$$\varepsilon_\alpha = \frac{1}{2\pi}\left[z_1(\tan\alpha_{at1} - \tan\alpha_t') + z_2(\tan\alpha_{at2} - \tan\alpha_t')\right] \tag{5-44}$$

（2）纵向重合度 ε_β。由于斜齿轮轮齿的倾斜和齿轮具有一定的轴向宽度，从而使斜齿轮传动增加了一部分重合度 ε_β，这种重合度称为纵向重合度。

5.9.4　斜齿圆柱齿轮的当量齿轮和当量齿数

如图 5-29 所示，当用盘形齿轮铣刀来切制斜齿轮时，切削刃位于轮齿的法面内，并沿轮齿的螺旋线方向进刀。显然，这样切出的斜齿轮，不仅齿轮法面的模数和压力角与刀具的相同，而且法面的齿形也与切削刃的形状相对应。因此，在选择齿轮铣刀时，刀具的模数和压力角显然是取决于齿轮的法面模数及法面压力角的，齿轮铣刀是根据它所能切制的直齿轮的齿数来编号的。既然斜齿轮的法面齿形与切削刃的形状相对应，那就应该找出一个与斜齿轮法面齿形相当的直齿轮来，然后按照这个直齿轮的齿数来决定刀具的刀号。这个虚拟的直齿轮就称为斜齿轮的当量齿轮，其齿数就称为当量齿数 z_v，齿轮铣刀的刀号则应根据此当量齿数来

选取。

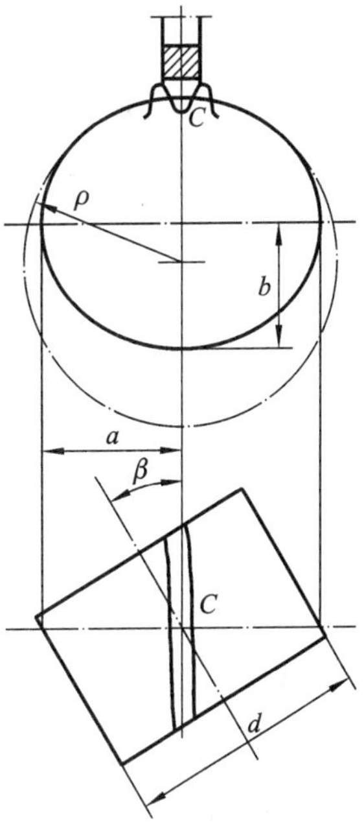

为了确定斜齿轮的当量齿数,过斜齿轮分度圆螺旋线上的一点 C,作此轮齿螺旋线的法面,将斜齿轮的分度圆柱剖开,其剖面为一椭圆,如图 5-29 所示。在此剖面上,点 C 附近的齿形可以近似地视为斜齿轮法面上的齿形。现以椭圆上点 C 的曲率半径 ρ 为半径作一个圆,作为虚拟的直齿轮的分度圆,并设此虚拟的直齿轮的模数和压力角分别等于该斜齿轮的法面模数和法面压力角。显然,此虚拟直齿轮的齿形就与上述斜齿轮的法面齿形十分相近,故此虚拟的直齿轮即为上述斜齿轮的当量齿轮,而其齿数即为当量齿数。

由图 5-29 可知,椭圆的长半轴 $a = d/(2\cos\beta)$,短半轴 $b = d/2$。由高等数学知识可知,点 C 的曲率半径应为

$$\rho = \frac{a^2}{b} = \frac{d}{2\cos^2\beta}$$

所以

$$z_{\mathrm{v}} = \frac{2\rho}{m_{\mathrm{n}}} = \frac{d}{m_{\mathrm{n}}\cos^2\beta} = \frac{m_{\mathrm{t}}z}{m_{\mathrm{n}}\cos^2\beta} = \frac{z}{\cos^3\beta} \qquad (5\text{-}45)$$

图 5-29　斜齿轮的当量齿轮

当量齿数除在用仿形法切制齿廓时需用来选取齿轮铣刀的刀号外,在计算轮齿的强度时,由于两啮合轮齿之间的作用力是沿轮齿的法向作用的,所以也要用到当量齿数或引用当量齿轮的概念。

5.9.5　斜齿圆柱齿轮机构的特点

与直齿圆柱齿轮传动比较,斜齿圆柱齿轮传动有以下特点:

(1) 啮合性能好。如上所述,在斜齿轮传动中,其齿轮齿面的接触线与轴线不平行。在传动时,由轮齿的一端先进入啮合,然后逐渐过渡到另一端,这种啮合方式不仅使轮齿在开始和脱离啮合时,不致产生冲击,因而传动平稳、噪声小,而且这种啮合方式也减少了制造误差对传动质量的影响。

(2) 重合度大。斜齿圆柱齿轮的重合度比直齿圆柱齿轮的大,降低了每对齿轮的载荷,相对地提高了齿轮的承载能力,并且使传动平稳。

(3) 斜齿轮的最小齿数比直齿轮的最小齿数少。因此,采用斜齿圆柱齿轮传动可以得到更加紧凑的机构。

上述三点为斜齿轮的主要优点。但斜齿轮传动也有一个较明显的缺点,即斜齿轮运转时会产生轴向推力。如图 5-30 所示,其轴向推力为

$$F_{\mathrm{a}} = F_{\mathrm{Q}}\tan\beta$$

当圆周力 F_{Q} 一定时,轴向推力 F_{a} 随着螺旋角的增大而增大,对支承齿轮的轴承产生不利的影响。为了不使斜齿轮传动产生过大的轴向力,设计时一般取螺旋角 $\beta = 7° \sim 15°$。如果想完全消除轴向推力,可以将斜齿轮做成左右对称的形状,即做成人字齿轮,如图 5-31 所示。由于这种齿轮的轮齿左右对称,所以在理论上产生的轴向推力可以完全自身抵消。但这种齿轮的加工较复杂,而且由于加工和安装的误差,其实际轴向推力可能不会完全抵消,从而造成轮齿的偏载,这是人字齿轮的缺点。

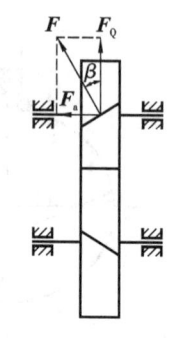

图 5-30　斜齿轮受力图

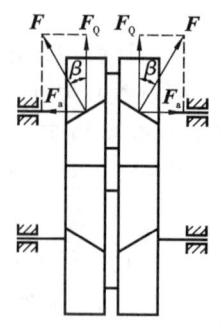

图 5-31　人字齿轮受力图

5.10　蜗轮蜗杆

5.10.1　蜗轮蜗杆的形成及其传动特点

1. 蜗轮蜗杆的形成

蜗轮蜗杆传动用于传递空间交错两轴之间的运动和动力,两轴夹角为 90°。

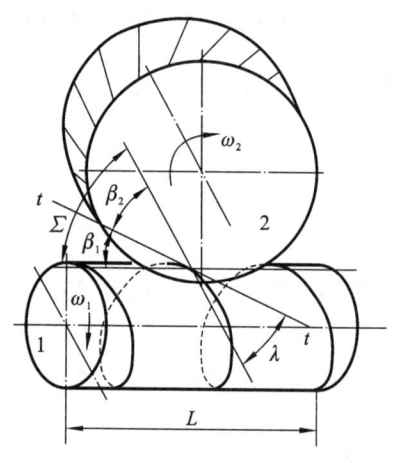

图 5-32　蜗轮蜗杆传动示意图

如图 5-32 所示,蜗轮蜗杆传动中轮 1 的分度圆直径远比轮 2 的分度圆直径小,轮 1 的螺旋角比轮 2 的螺旋角大许多;同时轮 1 的轴向长度较大,这样轮 1 的齿在其分度圆圆柱面上形成了完整的螺旋线,使其外形看上去像一个螺旋,称其为蜗杆。与蜗杆相啮合的大齿轮,即图中的轮 2,称为蜗轮。这样形成的蜗轮蜗杆传动,相啮合的轮齿为点接触。为改善其啮合状况,可将蜗轮的母线制成弧形,部分地包住蜗杆,并用与蜗杆形状相似的滚刀(不同之处是滚刀的外径略大,以便加工出顶隙)来加工蜗轮,这样就使得两者齿面之间的接触为线接触,从而降低其接触应力,减少磨损。

蜗杆有左旋和右旋之分,通常多用右旋蜗杆,如图 5-32 所示。蜗杆螺旋线升角 $\lambda = 90° - \beta_1$。因为蜗轮蜗杆两轴的交错角为 90°,所以 $\beta_2 = \lambda$,即蜗轮的螺旋角等于蜗杆的螺旋线升角。

根据其上螺旋线的多少,蜗杆又分为单头蜗杆和多头蜗杆。蜗杆上只有一条螺旋线,即在其端面上只有一个轮齿时,称为单头蜗杆,有两条螺旋线者则称为双头蜗杆,以此类推。蜗杆的头数即为蜗杆的齿数 z_1,通常 $z_1 = 1 \sim 4$;蜗轮的齿数为 z_2。一般多采用单头蜗杆传动。

2. 蜗轮蜗杆的传动特点

蜗轮蜗杆传动的最大特点是传动比大。这是因为蜗杆的齿数 z_1 很少,而蜗轮的齿数 z_2 可以较多,因此其传动比 $i_{12} = \omega_1/\omega_2 = z_2/z_1$ 可以很大。一般 $i_{12} = 10 \sim 100$,在分度机构中 i_{12} 甚至可以达到 500 以上。

蜗轮蜗杆传动的另一特点是具有自锁性。当蜗杆的螺旋线升角 λ 小于蜗轮蜗杆啮合齿间的当量摩擦角 φ_v 时,传动就具有了自锁性。具有自锁性的蜗轮蜗杆传动,只能由蜗杆带动蜗轮,而不能由蜗轮带动蜗杆。具有自锁性的蜗轮蜗杆传动装置常常用于起重机械中,以增加机械的安全性。

蜗轮蜗杆传动还有结构紧凑、传动平稳和噪声小的特点。

蜗轮蜗杆传动的主要缺点是机械效率较低,具有自锁性的蜗轮蜗杆传动效率更低。另外,由于啮合轮齿之间的相对滑动速度大,所以磨损也大,因此蜗轮常用耐磨材料(如锡青铜)制造,成本较高。

5.10.2　阿基米德蜗杆及其正确啮合条件

蜗轮蜗杆传动的类型有很多,普通圆柱蜗杆传动为最基本的类型。普通圆柱蜗杆按其齿廓曲线的形状不同可以分为阿基米德蜗杆、延伸渐开线蜗杆和渐开线蜗杆三种。其中又以阿基米德蜗杆的应用最为广泛,以下只讨论此类蜗杆传动。

1. 阿基米德蜗杆的加工

车削阿基米德蜗杆与车削梯形螺纹相似,采用梯形车刀在车床上完成。两切削刃的夹角 $2\alpha = 40°$,加工时将车刀的切削刃放于水平位置,并与蜗杆轴线在同一水平面内,如图 5-33 所示。这样加工出来的蜗杆,在轴剖面 I—I 内的齿形为直线;在法向剖面 $n—n$ 内的齿形为曲线;在垂直轴线的端面上,其齿形为阿基米德螺线,故称为阿基米德蜗杆。这种蜗杆工艺性能好,是目前应用最广泛的一种蜗杆。

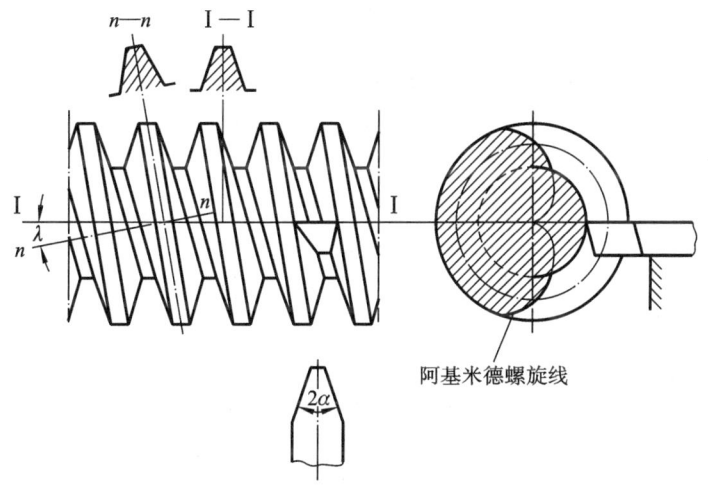

图 5-33　蜗杆加工示意图

2. 蜗轮蜗杆正确啮合的条件

图 5-34 所示为阿基米德蜗杆与蜗轮啮合的情况。若过蜗杆的轴线作一垂直于蜗轮轴线的平面,这个平面称为此蜗轮蜗杆传动的中间平面(也称主平面)。在此中间平面内(蜗杆的轴向齿形为直线,蜗轮的端面齿形为渐开线),蜗轮与蜗杆的啮合就相当于渐开线齿轮与齿条的啮合。因此蜗轮蜗杆正确啮合的条件为:中间平面内蜗杆与蜗轮的模数和压力角分别相等。蜗轮的端面模数 m_{t2} 应等于蜗杆的轴向模数 m_{a1},且为标准值;蜗轮的端面压力角 α_{t2} 应等于蜗杆的轴向压力角 α_{a1},且为标准值。即

$$\begin{cases} m_{t2} = m_{a1} = m \\ \alpha_{t2} = \alpha_{a1} = \alpha \end{cases} \tag{5-46}$$

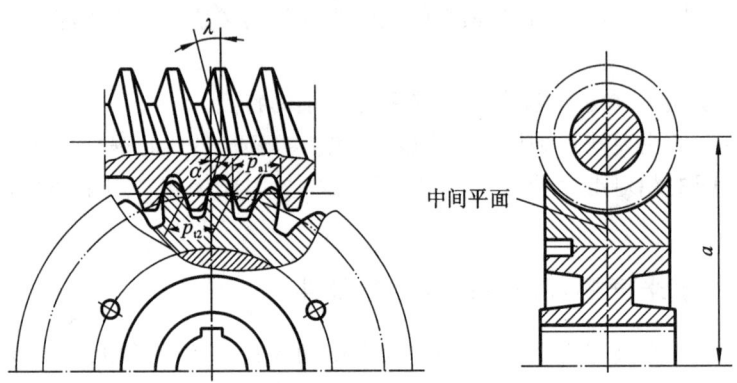

图 5-34 蜗杆蜗轮传动结构图

由于蜗轮蜗杆两轴空间交错,其轴间夹角 $\Sigma = 90°$,还需保证蜗杆分度圆柱螺旋线升角与蜗轮分度圆螺旋角相等,即 $\lambda_1 = \beta_2$,而且蜗轮与蜗杆螺旋线方向必须相同。

5.10.3 蜗轮蜗杆的变位修正和几何尺寸的计算

如上所述,在中间平面内,蜗轮与蜗杆的啮合相当于渐开线齿轮与齿条的啮合,因此,可以参照齿轮变位修正的方法进行修正。由于蜗杆等效为齿条,其本身不需变位,仅需根据传动的需要对蜗轮采取适当的变位。变位修正的蜗轮与蜗杆啮合传动时,蜗轮的分度圆恒与其节圆重合,而蜗杆的分度圆却不再与其节圆重合。蜗轮的变位修正,不仅可以满足中心距的设计要求,而且也可以在一定程度上提高蜗轮蜗杆传动的承载能力。

由于蜗杆相当于螺旋体,设其线数(即蜗杆齿数)为 z_1,导程为 L,升角为 λ_1,则蜗杆的分度圆直径(亦称中圆直径)应为

$$d_1 = \frac{L}{\pi\tan\lambda_1} = \frac{z_1 p_{a1}}{\pi\tan\lambda_1} = \frac{z_1 m_{a1}}{\tan\lambda_1} \tag{5-47}$$

蜗轮的分度圆直径可仿照齿轮分度圆的计算公式计算

$$d_2 = m_{t2} z_2 \tag{5-48}$$

式中:m_{a1}、m_{t2}——蜗杆的轴向模数和蜗轮的端面模数,其值见表 5-11。

表 5-11 蜗杆的模数 m 值　　　　　　　　　　　　单位:mm

第一系列	1,1.25,1.6,2.0,2.5,3.15,4.0,5.0,6.3,8.0,10.0,12.5,16.0,20.0,25.0,31.5,40.0
第二系列	1.5,1.75,3.0,3.5,4.5,5.5,6.0,7.0,12.0,14.0

注:优先采用第一系列。

由于在加工蜗轮时是用相当于蜗杆的滚刀来切制的,所以为了限制蜗轮滚刀的数量,对于同一模数的蜗杆,其直径应加以限制。为此,将蜗杆分度圆(中圆)直径规定为标准值,见表5-12。

表 5-12 蜗杆分度圆(中圆)直径 d_1 标准值　　　　　　单位:mm

10	11.2	12.5	14	16	18	20	22.4	25	28	31.5
35.5	40	45	50	56	63	71	80	90	100	112
125	140	160	180	200	224	250	280	315	355	400

由式(5-47)可知

$$\tan\lambda_1 = \frac{z_1 m_{a1}}{d_1} = \frac{z_1}{q}$$

式中：q——蜗杆直径系数，$q = d_1/m_{a1}$。

于是得到

$$d_1 = qm_{a1} = qm_{t2} \tag{5-49}$$

由式(5-49)可知，当齿数 z_1 和模数 m 一定时，q 值的选取与机构的结构和机械效率有关，取较大直径系数 q 值时，使 λ_1 减小，机械效率降低，且使蜗杆尺寸 d_1 增大，从而增大了蜗杆的刚度。因此，在刚度条件允许的情况下，一般希望取较小的 q 值，以提高机构传动的机械效率并可减小机械的结构尺寸。当设计自锁性蜗杆蜗轮机构时，则应取较大的 q 值。为满足不同情况的需要，在 m 一定时，允许 q 值在一定范围内变动，见表 5-13。不论如何变动 q 值，按式(5-49)决定的蜗杆直径一定要符合表 5-12 中所列蜗杆分度圆直径的标准值。

蜗轮蜗杆传动的标准中心距为

$$a = r_1 + r_2 = \frac{1}{2}m_{t2}(q + z_2) \tag{5-50}$$

表 5-13　蜗杆直径系数 q 与模数 m 的关系

模数 m/mm	1~1.75	2~8	10~20	>20
直径系数 q	28~10	25~7	20~6	15~6

其他部分的几何尺寸计算可以参照齿轮齿条的几何尺寸计算公式和有关资料。

5.11　锥齿轮机构

5.11.1　锥齿轮机构的应用、特点和分类

如图 5-35 所示，锥齿轮用于相交两轴之间的传动，其轮齿分布在截锥体表面，齿形从大端到小端逐渐收缩。与圆柱齿轮的圆柱几何体对应，锥齿轮的相关要素均表现为圆锥特征：当一对锥齿轮的运动等效于一对摩擦圆锥的纯滚动时，该摩擦圆锥即为锥齿轮的节圆锥。除节圆锥外，锥齿轮还包含以下关键圆锥：齿顶圆锥、分度圆锥（设计基准）、齿根圆锥、基圆锥（渐开线齿形生成基准）。锥齿轮大端与小端的几何参数存在差异，工程中以大端参数作为设计基准，即大端处压力角 $\alpha = 20°$，模数 m 按表 5-3 选取。

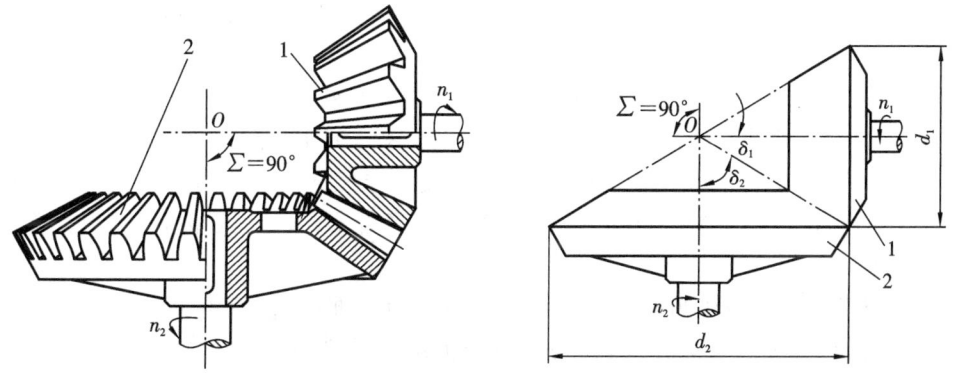

图 5-35　圆锥齿轮机构传动示意图

锥齿轮两轴的夹角 Σ 可根据传动需要选择，在一般机械中多采用 $\Sigma = 90°$ 的传动。有时也采用 $\Sigma \neq 90°$ 的传动。

锥齿轮的轮齿，有直齿、斜齿及曲齿（圆弧齿、螺旋齿）等多种形式，曲齿锥齿轮由于传动平稳，承载能力强，能够适应高速重载的要求，因此广泛用于汽车、拖拉机中的差速齿轮机构中，但其啮合原理和参数选择与加工方法密切相关，比较复杂，其详细理论已超出本课程范围，故从略，而斜齿锥齿轮则很少应用。由于直齿锥齿轮设计、制造和安装较简便，其应用最为广泛。本节仅讨论直齿锥齿轮。

5.11.2　直齿锥齿轮轮廓的形成

一对锥齿轮传动时，其锥顶交于点 O（见图5-35）。显然，在两轮的工作齿廓上，只有到锥顶 O 等距离的对应点才能相互啮合。因此，一对互相啮合的锥齿轮的相互运动为空间的球面运动，其锥顶交点 O 为球心，其共轭齿廓应该为球面曲线，球面渐开线的形成原理如下。

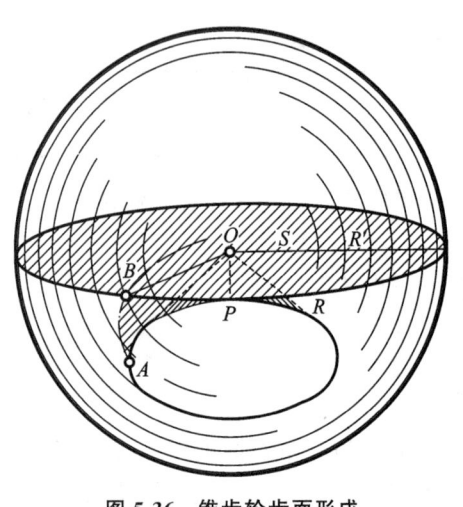

图5-36　锥齿轮齿面形成

如图5-36所示，当半径 R' 等于基圆锥的锥距 R 的圆平面 S 在该基圆锥上做纯滚动时，（同时圆心 O 与锥顶重合），该圆平面 S 上任一点 B 至顶点 O 的距离不变，均为 R，所以其轨迹 AB 必定在以锥顶 O 为圆心，锥距 R 为半径的球面上，故称渐开线 AB 为球面渐开线。因此，直线圆锥齿轮大端的齿廓曲线，理论上应在以锥顶 O 为中心，锥距 R 为半径的球面上。

5.11.3　背锥和当量齿轮

如上所述，锥齿轮的齿廓曲线在理论上是球面曲线，因球面不能展开成平面，这给锥齿轮的设计和制造带来很多困难，因此人们常将球面渐开线近似地展开在平面上，以便于齿廓的设计计算。方法是这样的：如图5-37（a）所示，$\triangle OCA$ 和 $\triangle OCB$ 分别为两轮的分度圆锥，该两分度圆锥的底圆分别为 AC、BC。分别过两分度圆锥的底圆作与大端渐开线的球面相切的圆锥 O_1AC、O_2BC，即为两锥齿轮的背锥。显然，两齿轮分度圆锥的轴线 OO_1、OO_2 即为两轮背锥的轴线。

如图5-37所示，两轮的分度圆锥角为 δ_1、δ_2，两轮大端的分度圆半径为 r_1、r_2。现自球心 O 作射线，将大端上的球面渐开线投影到背锥（见图5-37（a））上，然后将背锥展开为平面扇形，显然该背锥的母线（O_1C、O_2C）即为扇形齿轮的分度圆半径 r_{v1}、r_{v2}。将锥齿轮的背锥展开得到的扇形齿轮（见图5-37（b））补足而形成的完整的圆形齿轮，称为当量齿轮；其齿数称为当量齿数，用 z_v 表示。

显然该当量齿轮是以锥齿轮大端模数和压力角为标准值，以背锥母线为分度圆半径所作的一圆形齿轮，其齿形为渐开线，其与锥齿轮大端球面渐开线在背锥上的投影十分近似（特别是当 $OC/m > 30$ 时，越近似），因此可以用当量齿轮的齿廓近似代替锥齿轮的大端球面齿廓。

由图 5-37 可知

$$r_{v1} = \frac{r_1}{\cos\delta_1} = \frac{mz_1}{2\cos\delta_1}$$

而

$$r_{v1} = \frac{mz_{v1}}{2}$$

故得

$$z_{v1} = \frac{z_1}{\cos\delta_1}$$

同理得

$$z_{v2} = \frac{z_2}{\cos\delta_2} \qquad (5\text{-}51)$$

因为 $\cos\delta_1$ 和 $\cos\delta_2$ 总是小于 1，由上述可知，当量齿数总是大于真实齿数，当量齿数通常不是整数。

由于当量齿轮是齿形与直齿锥齿轮大端齿形极为接近的一个虚拟的直齿圆柱齿轮，所以前面对圆柱齿轮传动的一些结论，可以直接应用于锥齿轮传动。例如，根据一对圆柱齿轮正确啮合条件可知，一对锥齿轮的正确啮合条件应为两轮大端的模数和压力角分别相等；一对锥齿轮传动的重合度，可以按其当量齿轮传动的重合度计算；为了避免轮齿的根切，锥齿轮的当量齿数 z_v 应大于（至少等于）最少齿数 z_{min}；用当量齿数 z_v 选择仿形法加工锥齿轮的铣刀的刀号等。

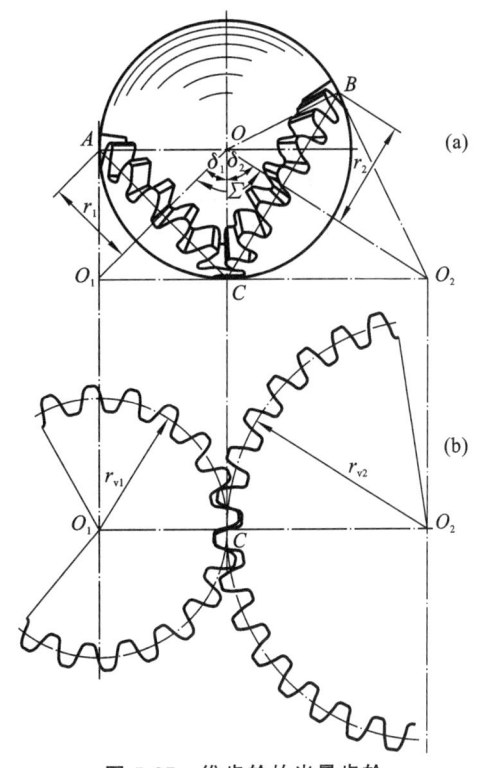

图 5-37　锥齿轮的当量齿轮

5.11.4　基本参数及啮合关系

1. 基本参数的标准值

为了便于度量，锥齿轮的尺寸和齿形均以大端为准，因此，大端模数和压力角取标准值，大端的模数按表 5-3 选取，压力角一般为 20°，其齿顶高系数 h_a^* 和径向间隙系数 c^* 的值如下。

对于常值：当 $m \leqslant 1$ mm 时，$h_a^* = 1$，$c^* = 0.25$；当 $m > 1$ mm 时，$h_a^* = 1$，$c^* = 0.2$。

对于短齿：$h_a^* = 0.8$，$c^* = 0.3$。

2. 正确啮合条件

一对直齿锥齿轮的正确啮合条件可以从当量直齿圆柱齿轮得到，即为两个当量齿轮的模数和压力角均分别相等。因此，两个锥齿轮的大端模数 m 和压力角 α 分别相等，且均为标准值。此外，为保证齿面成线接触，应满足两节圆锥的锥顶重合，即 $\delta_1 + \delta_2 = \Sigma$。因此，一对直齿圆锥齿轮正确啮合的条件是

$$\begin{cases} m_1 = m_2 = m \\ \alpha_1 = \alpha_2 = \alpha \\ \delta_1 + \delta_2 = \Sigma \end{cases} \qquad (5\text{-}52)$$

3. 传动比与分度圆锥角及轴角的关系

如图 5-38 所示，两锥齿轮分度圆半径分别为

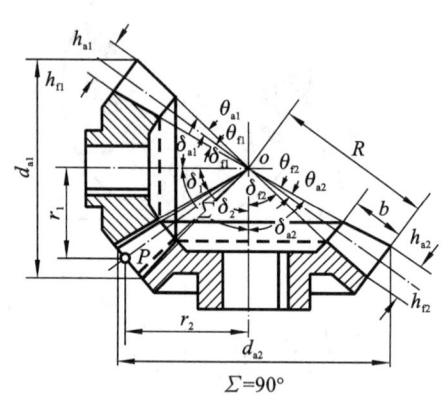
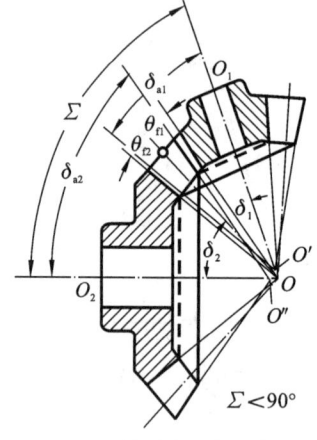

(a) 正常收缩顶隙锥齿轮传动　　　　　　(b) 等顶隙锥齿轮传动

图 5-38　锥齿轮几何尺寸

$$r_1 = OP\sin\delta_1, \quad r_2 = OP\sin\delta_2$$

两轮的传动比 i_{12} 为

$$i_{12} = \frac{\omega_1}{\omega_2} = \frac{z_2}{z_1} = \frac{r_2}{r_1} = \frac{OP\sin\delta_2}{OP\sin\delta_1} = \frac{\sin\delta_2}{\sin\delta_1} \tag{5-53}$$

又因轴交角 $\Sigma = \delta_1 + \delta_2$，所以

$$i_{12} = \frac{\sin(\Sigma - \delta_1)}{\sin\delta_1} = \sin\Sigma\cot\delta_1 - \cos\Sigma$$

即

$$\begin{cases} \tan\delta_1 = \dfrac{\sin\Sigma}{i_{12} + \cos\Sigma} \\ \delta_2 = \Sigma - \delta_1 \end{cases} \tag{5-54}$$

轴交角 Σ 可为任意值，如图 5-38(b)所示，但在大多数情况下 $\Sigma = 90°$，这时由式(5-53)得到

$$i_{12} = \frac{z_2}{z_1} = \cot\delta_1 = \tan\delta_2 \tag{5-55}$$

当 Σ 和 i_{12} 已知时，由以上两式可确定两轮分度圆锥角的值。

由于在锥齿轮传动中，通常 $\Sigma = 90°$，且采用标准齿轮传动或高度变位齿轮传动，故锥距 R 按下式计算

$$R = (r_1^2 + r_2^2)^{\frac{1}{2}} = \frac{m}{2}(z_1^2 + z_2^2)^{\frac{1}{2}} \tag{5-56}$$

5.11.5　几何尺寸的计算

图 5-38(a)所示的锥齿轮的齿顶圆锥、齿根圆锥和分度圆锥具有一个锥顶点 O。显然，沿齿宽方向的顶隙是不相等的，即齿顶间隙由大端逐渐缩小，这种齿轮称为正常收缩顶隙锥齿轮传动。其齿顶角 θ_a 和齿根角 θ_f 为

$$\tan\theta_a = \frac{h_a}{R} \tag{5-57}$$

$$\tan\theta_f = \frac{h_f}{R} \tag{5-58}$$

式中：R——分度圆锥大端的锥距；

h_a、h_f——锥齿轮大端的齿顶高和齿根高，其计算公式为

$$\begin{cases} h_a = (h_a^* + x)m \\ h_f = (h_a^* + c^* - x)m \end{cases} \tag{5-59}$$

锥齿轮的顶锥角 δ_a 和根锥角 δ_f 为

$$\begin{cases} \delta_{a1} = \delta_1 + \theta_{a1} \\ \delta_{a2} = \delta_2 + \theta_{a2} \end{cases} \tag{5-60}$$

$$\begin{cases} \delta_{f1} = \delta_1 - \theta_{f1} \\ \delta_{f2} = \delta_2 - \theta_{f2} \end{cases} \tag{5-61}$$

对于正常收缩齿，由于轮齿由大端至小端逐渐缩小，因此齿根圆角半径及齿顶厚也随之缩小，这对小端轮齿的强度不利。现在有一种等顶隙锥齿轮传动，如图 5-38(b)所示，即两轮的顶隙由大端到小端都是相等的。在这种情况下，一个锥齿轮的齿顶母线与另一个锥齿轮的齿根母线平行，因而其锥顶 O' 和 O'' 不再重合于一点，它们分别落于各自的分度圆锥顶点 O 之内，其齿根圆锥顶点仍与分度圆锥顶点重合于点 O。这种圆锥齿轮的顶锥角 δ_a 为

$$\begin{cases} \delta_{a1} = \delta_1 + \theta_{f2} \\ \delta_{a2} = \delta_2 + \theta_{f1} \end{cases} \tag{5-62}$$

这种锥齿轮相当于降低了轮齿小端的高度，这就不仅减小了齿顶被削尖的可能性，而且可使轮廓的实际工作段相对减短，从而可以把齿根的圆角半径加大一点，以避免应力集中，而相对地提高其承载能力。另外，等顶隙齿顶也有利于储油润滑。正因如此，这种传动的应用日益广泛。

直齿锥齿轮传动的几何尺寸计算公式见表 5-14。

表 5-14　直齿锥齿轮传动的几何尺寸计算公式

序　号	名　　称	符　号	公　　　式	
1	轴交角	Σ	$\Sigma = 90°$	$\Sigma \neq 90°$
2	分度圆锥角	δ	$\delta_1 = \arctan(1/i_{12})$ $\delta_2 = \Sigma - \delta_1$	$\delta_1 = \arctan\left(\dfrac{\sin\Sigma}{i_{12} + \cos\Sigma}\right)$ $\delta_2 = \Sigma - \delta_1$
3	分度圆直径	d	$d_1 = mz_1, d_2 = mz_2$	
4	锥距	R	$R = \dfrac{1}{2}\sqrt{d_1^2 + d_2^2}$	$R = \dfrac{d_1}{2\sin\delta_1} = \dfrac{d_2}{2\sin\delta_2}$
5	齿宽	b	$b \leqslant \dfrac{1}{3}R$	
6	齿顶高	h_a	$h_{a1} = m(h_a^* + x_1), h_{a2} = m(h_a^* + x_2)$	
7	齿根高	h_f	$h_{f1} = m(h_a^* + c^* - x_1), h_{f2} = m(h_a^* + c^* - x_2)$	

序　号	名　称	符　号	公　式
8	齿顶角	θ_a	$\theta_{a1} = \arctan(h_{a1}/R), \theta_{a2} = \arctan(h_{a2}/R)$
9	齿根角	θ_f	$\theta_{f1} = \arctan(h_{f1}/R), \theta_{f2} = \arctan(h_{f2}/R)$
10	顶锥角	δ_a	正常收缩齿: $\delta_{a1} = \delta_1 + \theta_{a1}, \delta_{a2} = \delta_2 + \theta_{a2}$ 等间隙收缩齿: $\delta_{a1} = \delta_1 + \theta_{f2}, \delta_{a2} = \delta_2 + \theta_{f1}$
11	根锥角	δ_f	$\delta_{f1} = \delta_1 - \theta_{f1}, \delta_{f2} = \delta_2 - \theta_{f2}$
12	齿顶圆直径	d_a	$d_{a1} = d_1 + 2h_{a1}\cos\delta_1, d_{a2} = d_2 + 2h_{a2}\cos\delta_2$
13	齿根圆直径	d_f	$d_{f1} = d_1 - 2h_{f1}\cos\delta_1, d_{f2} = d_2 - 2h_{f2}\cos\delta_2$
14	当量齿数	z_v	$z_{v1} = z_1/\cos\delta_1, z_{v2} = z_2/\cos\delta_2$
15	当量齿轮 分度圆半径	r_v	$r_{v1} = d_1/(2\cos\delta_1), r_{v2} = d_2/(2\cos\delta_2)$
16	当量齿轮 齿顶圆半径	r_{va}	$r_{va1} = r_{v1} + h_{a1}, r_{va2} = r_{v2} + h_{a2}$
17	当量齿轮 齿顶压力角	α_{va}	$\alpha_{va1} = \arccos\left(\dfrac{r_{v1}\cos\alpha}{r_{va1}}\right), \alpha_{va1} = \arccos\left(\dfrac{r_{v1}\cos\alpha}{r_{va1}}\right)$
18	重合度	ε	$\varepsilon = \dfrac{1}{2\pi}\left[z_{v1}(\tan\alpha_{va1} - \tan\alpha) + z_{v2}(\tan\alpha_{va2} - \tan\alpha)\right]$
19	大端分度圆齿厚	s	$s_1 = m\left(\dfrac{\pi}{2} + 2x_1\tan\alpha + x_{t1}\right)$ $s_2 = m\left(\dfrac{\pi}{2} + 2x_2\tan\alpha + x_{t2}\right)$
20	大端齿顶圆齿厚	s_a	$s_{a1} = s_1\dfrac{r_{va1}}{r_{v1}} - 2r_{va1}(\text{inv}\alpha_{va1} - \text{inv}\alpha)$ $s_{a2} = s_2\dfrac{r_{va2}}{r_{v2}} - 2r_{va2}(\text{inv}\alpha_{va2} - \text{inv}\alpha)$

5.11.6　锥齿轮的变位修正

锥齿轮也可以用变位修正以改善传动性能。锥齿轮的变位方式有两种,即径向变位和切向变位。

为了避免根切,增强小齿轮齿的抗弯强度,需做径向变位。径向变位多采用高度变位,即 x_1 取正值,且 $x_2 = -x_1$。这样两轴之间夹角 Σ 可以不变,且分度圆锥与节圆锥重合,但顶锥角和根锥角改变了。计算是按其当量圆柱齿轮的高度变位方法进行的,采用高度变位的齿数条件应为

$$z_{v1} + z_{v2} \geqslant 2z_{\min} \tag{5-63}$$

式中：$z_{\min}$——标准直齿圆柱齿轮不发生根切的最少齿数。

圆锥齿轮无根切的最小变位系数为

$$x_{\min} \geqslant h_a^* \frac{z_{\text{vmin}} - z_v}{z_{\text{vmin}}} \tag{5-64}$$

式中：z_v——圆锥齿轮的当量齿数。

采用切向变位的目的是改变大、小齿轮的相对强度，使互相啮合的轮齿的强度接近相等。完成切向变位的具体方法是，加工时将两个刀片各沿分度圆的切线方向靠拢或分离一个距离 $x_t m/2$（x_t 称为切向变位系数）。这样改变了两轮分度圆齿厚，亦即取 $x_{t1} = -x_{t2}$，使小齿轮的齿厚增加 $\Delta s_1 = x_{t1} m$，同时使大齿轮的齿厚相应减少 $\Delta s_2 = x_{t2} m = -x_{t1} m$。

同时进行高度变位和切向变位的锥齿轮，其分度圆齿厚为

$$s = m\left(\frac{\pi}{2} + 2x\tan\alpha + x_t\right) \tag{5-65}$$

当 x_t 为正值时，表示两刨刀分离，齿厚增加；而 x_t 为负值时，则表示两刨刀靠拢，齿厚减小，如图 5-39 所示。

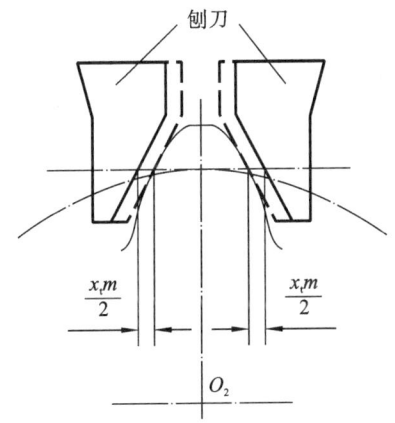

图 5-39　锥齿轮的切向变位

变位直齿锥齿轮的几何尺寸计算公式见表 5-14。

课程思政拓展阅读材料

材料一　采埃孚发布全新"传盈"品牌自动变速箱

变速器，又称变速箱，是用于改变发动机输出转速和转矩的装置，它能通过固定或分档方式改变输入轴与输出轴之间的传动比。变速器由变速传动机构和控制机构组成，部分车型还配备有动力输出机构。传动机构大多采用常规齿轮传动，也有采用行星齿轮传动的情况；常规齿轮传动变速器通常采用滑动齿轮和同步器等组件。

"传盈"中重卡自动变速箱基于采埃孚欧洲 EcoTronic 系列变速箱技术，是专为中国市场打造的本土化产品。该系列推出了 9 速和 6 速两款自动变速箱型号，以满足不同工况和用户多样化的需求；同时，"传盈"的推出，使得采埃孚在成功研发"传胜"重卡自动变速箱后，进一步将技术应用扩展至中重卡车型，适用于中长途运输、冷链物流、绿通、工程车辆及市政车辆等多种应用场景。

据介绍，"传盈"与"传胜"同样采用了采埃孚最新一代软件平台，并搭载了其自主换挡系统

OptiDrive™,使换挡策略及算法更为精准,确保在各种驾驶条件下均能提供理想挡位,同时具备包括蠕动模式、坡起辅助、越野模式、智能保护等丰富功能。

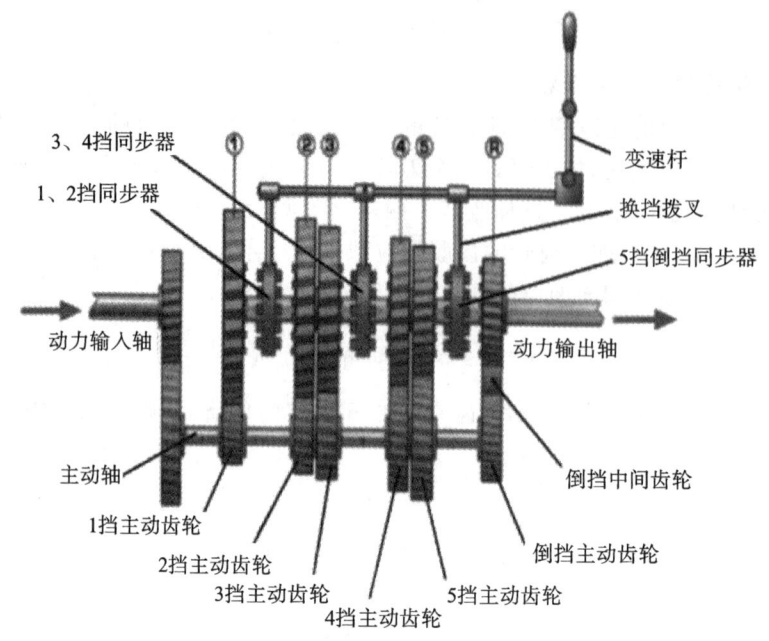

3、4挡同步器
1、2挡同步器
变速杆
换挡拨叉
5挡倒挡同步器
动力输入轴
动力输出轴
主动轴
倒挡中间齿轮
1挡主动齿轮
2挡主动齿轮
3挡主动齿轮
5挡主动齿轮
4挡主动齿轮
倒挡主动齿轮

变速箱内部齿轮结构

此外,"传盈"变速箱总质量比同类产品轻 20%,凭借轻量化设计和智能驾驶策略,油耗最高可降低 5%,离合器寿命延长 2~3 倍,换油周期可达 360000 km。

参考资料:

[1]　https://www.dongchedi.com/article/7284811309126926860。

[2]　https://baike.baidu.com/item/%E5%8F%98%E9%80%9F%E5%99%A8/892308? fr=ge_ala。

思考:变速箱是如何实现"变速"的?

材料二　微米之间显匠心,万能插齿机实现齿轮生产"千变万化"

小到钟表,大至船舶,都离不开齿轮来传递动力。齿轮加工所使用的机床主要为插齿机。在插齿过程中,插齿刀做上下往复的切削运动,并与工件产生相对滚动。插齿机主要用于加工多联齿轮和内齿轮,且在加装专用附件后,还可用于齿条加工。通过在插齿机上使用专用刀具,还可加工非圆形齿轮、不完全齿轮以及具有内外成形表面的零部件,如方孔、六角孔和带键轴(键与轴一体化)等。加工精度可达 7~5 级,且最大加工工件直径达 12 m。然而,插齿机被公认为机床工业中技术含量最高、零部件最多、结构最复杂的产品之一。为突破关键技术,具有机械专业背景的钟瑞龄认识到,必须融合全新的知识体系开展研发工作。此项研发历时 10 年,最终团队成功研发出电子螺旋导轨加工技术。如今,一台机床能够加工上万种零件,不仅可实现角度的多样变化,还能达到微米级的加工精度。

参考资料:https://weibo.com/1675509012/NtBfM6ndE。

思考1:插齿机的工作原理是什么? 其与滚齿机有什么区别?

思考2:钟瑞龄这种坚持不懈的精神对于我们之后的学习与研究有什么指导性的意义?

插齿机

讨 论

5-1 分析齿轮机构在机械系统中的基本功能,以及齿轮作为许多机械装置的首选传动方式的原因。

5-2 研究齿轮机构的不同类型,如直齿轮、斜齿轮、螺旋齿轮等,分析它们各自的特性和在实际应用中的优势。

5-3 探讨在设计齿轮机构时需要考虑的关键因素,如齿轮模数、齿数、啮合角等,以及这些因素对机构性能的影响。

5-4 讨论数字化技术(如计算机辅助设计(CAD)和数控加工(CNC))对齿轮机构制造过程的影响,以及这些技术如何提高制造效率和精度。

5-5 分析齿轮机构在汽车传动系统中的创新应用,包括新材料的应用、智能传感器的集成等,以满足现代汽车对效率和性能的要求。

习 题

5-1 (1)题 5-1 图(a)所示为同一基圆所形成的任意两条反向渐开线,试证明它们之间的公法线长度处处相等。

(2)题 5-1 图(b)所示为同一基圆所形成的任意两条同向渐开线,试证明它们之间的公法线也处处相等。

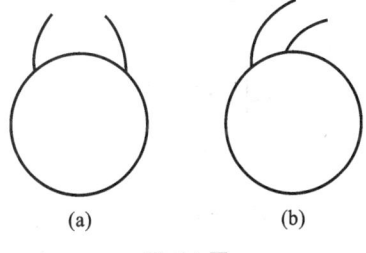

(a) (b)

题 5-1 图

5-2 已知两个渐开线直齿圆柱齿轮的齿数 $z_1=20$、$z_2=40$，它们都是标准齿轮，而且 m、a、h_a^*、c^* 均相同，试用渐开线齿廓的一个性质，说明这两个齿轮的齿顶厚度哪一个大，基圆上的齿厚哪个大。

5-3 题 5-3 图中画出了渐开线直齿圆柱齿轮传动的基圆和主动齿轮的回转方向(标有箭头者)，试在图上画出啮合线。

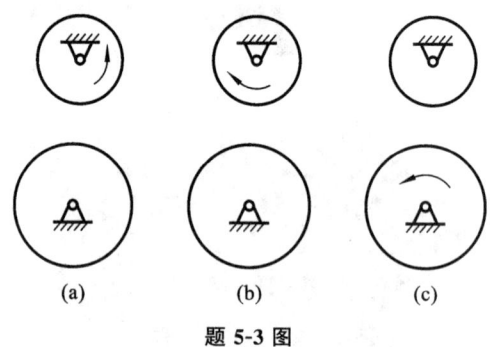

题 5-3 图

5-4 在题 5-4 图中，已知基圆半径 $r_b=50$ mm，现需求：

(1) 当 $r_i=65$ mm 时，渐开线的展角 θ_i、渐开线上的压力角 α_i 和曲率半径 ρ_i 的值。

(2) 当 $\theta_i=20°$ 时，渐开线上的压力角 α_i 及向径 r_i 的值。

5-5 一根渐开线在基圆上发生，试求渐开线上哪一点的曲率半径为零？哪一点的压力角为零？

5-6 渐开线主动齿轮 1 逆时针方向转动，已知两轮的齿顶圆、齿根圆、基圆以及中心距如题 5-6 图所示，试在图上画出：

(1) 理论啮合线 N_1N_2；

(2) 啮合开始点 B_2 及啮合终止点 B_1，标出实际啮合线；

(3) 啮合角 α'，一对节圆，标注出其半径 r_1'、r_2'。

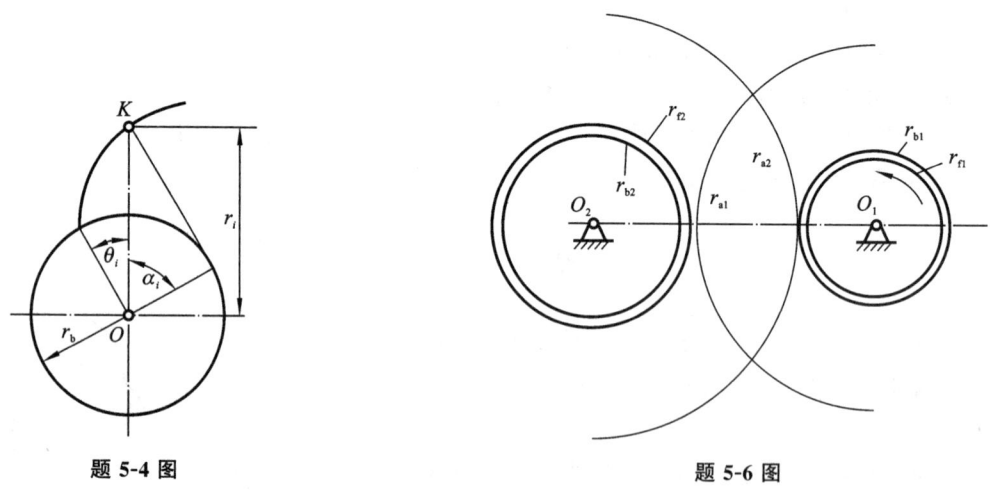

题 5-4 图   题 5-6 图

5-7 一对已切制好的渐开线外啮合直齿圆柱标准齿轮，$z_1=20$、$z_2=40$，$m=2$ mm，$a=20$，$h_a^*=2$，$c^*=0.25$，试说明中心距 $a=60$ mm 和 $a'=61$ mm 两种情况中哪些尺寸不同。

5-8　用一把 $m=2$ mm,$\alpha=20°$,$h_a^*=2$,$c^*=0.25$ 的标准齿条刀,在 $v_0=\dfrac{1}{2}mz\omega$(v_0 为齿条刀移动速度,ω 为齿轮角速度)的相对运动条件下,切削一个 $z=30$ 的渐开线直齿圆柱齿轮。若要使被切齿轮的齿根圆直径等于基圆直径,试确定此时的变位系数。

5-9　一渐开线直齿圆柱标准齿轮与齿条做无侧隙啮合传动。已知 $m=10$ mm,$\alpha=20°$,$h_a^*=1$,$z_1=25$,齿轮为主动,其角速度 $\omega_1=10$ rad/s,试求出齿轮与齿条的齿廓间在开始啮合点及终止啮合点处的相对滑动速度。

5-10　在 T616 镗床主轴箱中有一直齿圆柱渐开线标准齿轮,其压力角 $\alpha=20°$,齿数 $z=40$,齿顶圆直径 $d_a=84$ mm。现发现该齿轮已经损坏,需要重做一个齿轮,试确定这个齿轮的模数及齿顶高系数(提示:齿顶高系数只有两种情况,$h_a^*=0.8$ 和 $h_a^*=1$)。

5-11　设一渐开线标准齿轮,$z=26$,$m=3$ mm,$h_a^*=1$,$\alpha=15°$,求其齿廓曲线在分度圆及齿顶圆上的曲率半径及齿顶圆压力角。

5-12　有一对标准的渐开线直齿圆柱齿轮。已知 $z_1=19$,$z_2=42$,$m=5$ mm,$\alpha=20°$,$h_a^*=1$,$c^*=0.25$。若将中心距增大,直到刚好为连续传动,试求这时的啮合角 α',节圆直径 d_1'、d_2',中心距 a',分度圆分离距离 Δa,轮齿的径向间隙 c。

5-13　设有一对外啮合齿轮的齿数 $z_1=30$,$z_2=40$,$m=20$ mm,压力角 $\alpha=20°$,齿顶高系数 $h_a^*=1$。试求当中心距 $a'=725$ mm 时,两轮的啮合角 α'。又当 $\alpha'=22°30'$ 时,试求其中心距 a'。

5-14　设有一对外啮合渐开线标准齿轮的 $z_1=20$,$z_2=60$,$m=5$ mm,$\alpha=20°$,$h_a^*=1$,要求刚好保持连续传动,试求允许的最大中心距误差 Δa。

5-15　设有一对按标准中心距安装的外啮合渐开线齿轮,已知,$z_1=z_2=17$,$\alpha=20°$,欲使其重合度 $\varepsilon_a=1.4$,试求这对齿轮的齿顶高系数。

5-16　已知两齿轮的中心距 $a=155$ mm,传动比 $i_{12}=8/7$,模数 $m=10$ mm,压力角 $\alpha=20°$,$h_a^*=1$,试设计这对渐开线齿轮传动。

5-17　已知一对正常齿外啮合齿轮传动,$z_1=z_2=12$,$m=10$ mm,$\alpha=20°$,$a'=130$ mm,试设计这对齿轮。

第6章 轮 系

在实际机械中,为了满足不同的工作要求,常采用一系列彼此啮合的齿轮所组成的齿轮传动机构。这种由一系列齿轮组成的传动系统称为齿轮系,简称轮系。根据齿轮轮系运转时各轮几何轴线位置是否固定,可以把轮系分为两种类型:定轴轮系和周转轮系。

本章着重介绍各种轮系传动比的计算方法,以及轮系的功用,讨论轮系的效率和几何设计问题。

6.1 定轴轮系及其传动比计算

6.1.1 定轴轮系及其分类

定轴轮系即轮系中各个齿轮的轴线相对机架的位置都固定不动的轮系。图 6-1 中齿轮 1、$2\text{-}2'$、3、4 分别固定在 Ⅰ、Ⅱ、Ⅲ、Ⅳ 各轴上,各轮的轴线相对于机架的位置不变。

根据轮系中各轮的运动形式(平面运动或空间运动),可把定轴轮系分为平面定轴轮系和空间定轴轮系。平面定轴轮系即各轮的运动为平面运动的定轴轮系,这种轮系中的各齿轮均为平行轴圆柱齿轮,如图 6-1 所示。空间定轴轮系即各轮的运动为空间运动的定轴轮系,这种轮系中一定包含非平行轴传动的齿轮(如锥齿轮、蜗杆蜗轮),如图 6-2 所示。

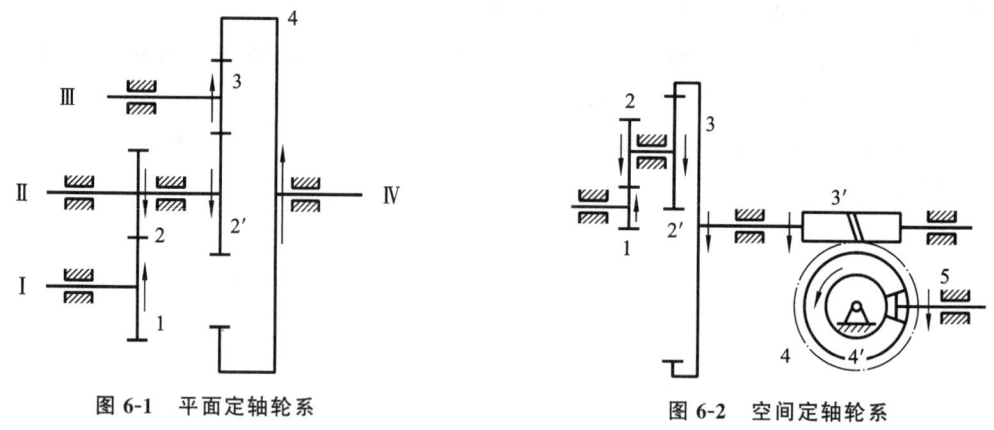

图 6-1 平面定轴轮系   图 6-2 空间定轴轮系

6.1.2 平面定轴轮系的传动比计算

定轴轮系的传动比(或速比)是指首轮的角速度(或转速)与末轮的角速度(或转速)之比。在速比计算中,既要求出传动比数值的大小,也要表示出首末两轮的转向关系。现以图 6-1 所示的定轴轮系为例,介绍其传动比的计算方法。

设齿轮 1 为主动轮(即首轮),齿轮 4 为从动轮(即末轮)。已知各轮的齿数分别为 z_1、z_2、$z_{2'}$、z_3 及 z_4,各轮的角速度分别为 ω_1、ω_2、$\omega_{2'}$、ω_3 及 ω_4。由于轮 2、$2'$ 固定在同一轴上,所以 $\omega_2 = \omega_{2'}$。根据一对齿轮传动比的计算公式,可分别列出各对齿轮的传动比。其中,外啮合齿轮传动的两齿轮转向相反,其传动比前应加"一"号,内啮合齿轮传动时,两齿轮转向相同,其传动比前应加"+"号。

$$i_{12} = \frac{\omega_1}{\omega_2} = -\frac{z_2}{z_1}$$

$$i_{2'3} = \frac{\omega_{2'}}{\omega_3} = -\frac{z_3}{z_{2'}}$$

$$i_{34} = \frac{\omega_3}{\omega_4} = \frac{z_4}{z_3}$$

将以上各式等号两边连乘起来得

$$i_{12}i_{2'3}i_{34} = \frac{\omega_1}{\omega_2}\frac{\omega_{2'}}{\omega_3}\frac{\omega_3}{\omega_4} = \frac{\omega_1}{\omega_4} = (-1)^2 \frac{z_2}{z_1}\frac{z_3}{z_{2'}}\frac{z_4}{z_3}$$

即

$$i_{14} = \frac{\omega_1}{\omega_4} = +\frac{z_2 z_4}{z_1 z_{2'}}$$

上式表示首末两轮传动比 i_{14} 的值为 $z_2 z_4/(z_1 z_{2'})$,"+"号表示首末两轮的转向相同。由上式可推广到一般情况,设标号 1 与 n 分别代表轮系中的首轮与末轮,则平面定轴轮系的传动比

$$i_{1n} = \frac{\omega_1}{\omega_n} = (-1)^m \times \frac{\text{所有从动轮齿数的连乘积}}{\text{所有主动轮齿数的连乘积}} \tag{6-1}$$

式(6-1)中的 m 为外啮合齿轮的对数。图 6-1 所示的轮系中,齿轮 3 同时与齿轮 2' 和齿轮 4 相啮合。它对轮 2 而言是从动轮,对轮 4 而言是主动轮,因而在传动比计算时,z_3 同时在分子与分母中出现而被消去,所以轮 3 的齿数并不影响传动比的大小,但可增加外啮合次数,从而改变从动轮的转向。这种同时与两个齿轮啮合的齿轮称为惰轮或过桥轮。

6.1.3　空间定轴轮系的传动比计算

根据以上推导方法,同样可以推导出空间定轴轮系的传动比计算公式 i_{1n}

$$i_{1n} = \frac{\omega_1}{\omega_n} = \frac{\text{所有从动轮齿数的连乘积}}{\text{所有主动轮齿数的连乘积}} \tag{6-2}$$

式(6-2)与式(6-1)的不同之处是空间定轴轮系的首末两轮的转向不能用 $(-1)^m$ 表示,因为空间定轴轮系中,若两轮的轴线不平行,则无法判定两轮转向是否相同或相反。对于空间定轴轮系,需用箭头标注法表示各轮转向,箭头方向表示齿轮可见侧的圆周速度方向。如图 6-2 所示,设轮 1 的转向向上,沿传动路线,逐对确定各轮的转向并在各齿轮上画出箭头。其中蜗杆的箭头向下,为确定蜗轮的转向,应首先判断蜗杆的螺旋方向。由于为右旋蜗杆,因此须用右手法则确定蜗杆蜗轮的相对运动关系,即将右手四指弯曲方向与蜗杆转向一致,拇指指向即表示蜗轮固定时,蜗杆沿轴线的移动方向。因蜗杆不能沿轴线运动,故蜗杆推动蜗轮向相反的方向运动(图中蜗轮的啮合点向左侧运动,因此蜗轮绕其轴线逆时针方向运动)。注意,若为左旋蜗杆,则用左手法则确定蜗轮的转向。对于锥齿轮啮合传动的转动关系也不难确定,因为相互啮合的两个锥齿轮在节点处的圆周速度是相同的,所以标示两者转向的箭头不是同时指向节点就是同时背离节点(这一点和圆柱齿轮传动是相同的)。图 6-2 的轮系中,首轮 1 与末轮 5 (锥齿轮)的轴线平行且箭头方向相反,故 i_{15} 可用负号表示。由式(6-2)得

$$i_{15} = -\frac{z_2 z_3 z_4 z_5}{z_1 z_{2'} z_{3'} z_{4'}}$$

如果空间定轴轮系中首末两轮的轴线不平行,其传动比 i_{1n} 不带正负号,其转向只用箭头表示。箭头标注法确定定轴轮系首末两轮的转向的方法,也可以用于平面定轴轮系(见图 6-1)。

6.2 周转轮系及其传动比计算

6.2.1 周转轮系及其分类

如果在轮系运转时,各个齿轮中有一个或多个齿轮轴线的位置并不固定,而是绕着其他齿轮的固定轴线回转,则这种轮系称为周转轮系,如图 6-3 所示。在该轮系中,外齿轮 1 和内齿轮 3 都是绕着固定的轴线 OO 回转的,这种齿轮称为太阳轮。齿轮 2 的轴承装在构件 H 上,而构件 H 是绕固定轴线 OO 回转的,所以当轮系运转时,齿轮 2 一方面绕着自己的轴线 O_1O_1 回转,另一方面又随着构件 H 一起绕着固定轴线 OO 回转,就像行星的运动一样,兼有自转和公转,故称齿轮 2 为行星轮;而装有行星轮 2 的构件 H 则称为系杆(或转臂或行星架)。在周转轮系中,由于一般都以太阳轮和系杆作为运动的输入和输出构件,故又常称它们为周转轮系的基本构件。基本构件都是围绕着同一固定轴线回转的。

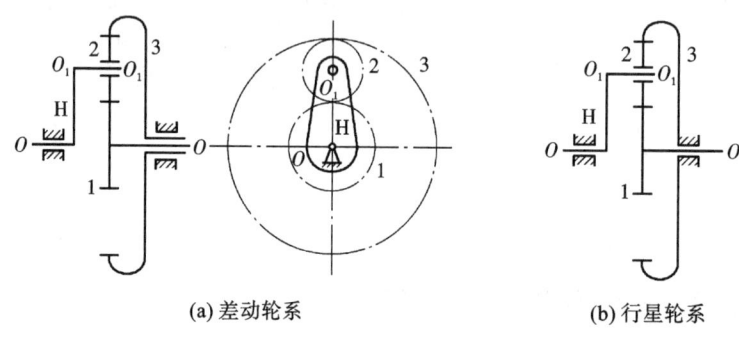

(a) 差动轮系   (b) 行星轮系

图 6-3 周转轮系

由上所述可见,一个周转轮系必定具有一个系杆,具有一个或几个行星齿轮,以及与行星齿轮相啮合的太阳轮。

周转轮系还可根据其所具有的自由度的数目,作进一步的划分。若周转轮系的自由度为 2(图 6-3(a)所示的轮系),则称其为差动轮系。为了确定这种轮系的运动,一般需要给定两个构件以独立的运动规律。若周转轮系的自由度为 1(见图 6-3(b),设将图 6-3(a)所示轮系的太阳轮 3 加以固定,就只剩下 1 个自由度了),则称其为行星轮系。为了确定行星轮系的运动,只需给定轮系中一个构件以独立的运动规律就可以了。

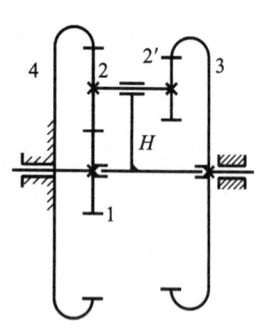

图 6-4 3K 型周转轮系

此外,周转轮系还常根据其基本构件的不同加以分类。设轮系中的太阳轮以 K 表示,系杆以 H 表示,则图 6-3 所示的周转轮系可以称为 2K-H 型周转轮系。图 6-4 所示的周转轮系则可称为 3K 型周转轮系,因为在此轮系中,其基本构件是三个太阳齿轮 1、3 及 4,而系杆 H 则只起支持行星齿轮 2 和 2′ 的作用。在实际机械中,采用最多的是 2K-H 型行星轮系。

6.2.2 周转轮系的传动比计算

通过对周转轮系和定轴轮系的观察和比较可以发现,它们之间的根本差别就在于周转轮系中存在转动的系杆,从而使得行星轮既具有自转又具有公转。由于这个差别,周转轮系的传动比就不能直接用定轴轮系传动比的方法进行求解。但是,根据相对运动的原理,假若给整个周转轮系加上一个公共角速度"$-\omega_H$",使其绕系杆的固定轴线回转,则各构件之间的相对运动仍将保持不变,但这时各杆的角速度为 $\omega_i - \omega_H$,即相对系杆的角速度,并记为 $\omega_i^H = \omega_i - \omega_H$,系杆的角速度为 $\omega_H - \omega_H = 0$,即系杆成为"静止不动"的了。于是,周转轮系便转化成了定轴轮系。这种经过转化所得的假想的定轴轮系,称为原周转轮系的转化机构或称转化轮系。

既然周转轮系的转化机构为一定轴轮系,那么此转化机构的传动比就可以按定轴轮系传动比的计算方法来计算。下面将会看到,通过转化机构传动比的计算,就可得出周转轮系中各构件之间角速度的关系,进而求得所需的该周转轮系的传动比。现以图 6-5 所示周转轮系为例,进行说明如下。

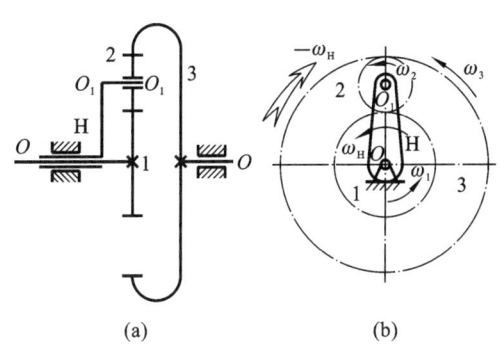

图 6-5 周转轮系各轮角速度

设 ω_1、ω_2、ω_3、ω_H 分别为齿轮 1、2、3 及系杆 H 原有的角速度,并且假设转向均相同。当假想给整个周转轮系加上一个公共的角速度"$-\omega_H$"后,各构件在转化轮系中的角速度分别为 ω_1^H、ω_2^H、ω_3^H 及 ω_H^H,它们与原有的角速度存在表 6-1 所列的关系。

表 6-1 反转前后的角速度关系

构 件 代 号	原周转轮系构件的角速度	转化轮系中构件的角速度 (即相对于系杆的角速度)
1	ω_1	$\omega_1^H = \omega_1 - \omega_H$
2	ω_2	$\omega_2^H = \omega_2 - \omega_H$
3	ω_3	$\omega_3^H = \omega_3 - \omega_H$
H	ω_H	$\omega_H^H = \omega_H - \omega_H = 0$

而由表 6-1 可见,由于 $\omega_H^H = 0$,所以该周转轮系已转化为图 6-6 所示的定轴轮系。在此转化轮系中,三个齿轮的角速度(相对于系杆 H)分别为 ω_1^H、ω_2^H、ω_3^H,于是,此转化轮系的传动比 i_{13}^H 可按求定轴轮系传动比的计算方法求得:

$$i_{13}^H = \frac{\omega_1^H}{\omega_3^H} = \frac{\omega_1 - \omega_H}{\omega_3 - \omega_H} = -\frac{z_2 z_3}{z_1 z_2} = -\frac{z_3}{z_1}$$

式中:齿数比前的"$-$"号表示在转化轮系中轮 1 与轮 3 的转向相反。

根据上述原理,不难求出计算周转轮系转化轮系传动比的一般公式。设周转轮系中的两个太阳轮分别为 1 和 n,系杆为 H,则其转化轮系中的传动比 i_{1n}^H 可表示为

$$i_{1n}^H = \frac{\omega_1^H}{\omega_n^H} = \frac{\omega_1 - \omega_H}{\omega_n - \omega_H} = \pm \frac{转化轮系中所有从动轮齿数的连乘积}{转化轮系中所有主动轮齿数的连乘积} \tag{6-3}$$

应用以上公式时应注意以下几点:

(1) 式(6-3)的齿数乘积的比及其正负号的确定与定轴轮系的确定方法完全一样,因为转化轮系本质为系杆 H 固定后的定轴轮系。

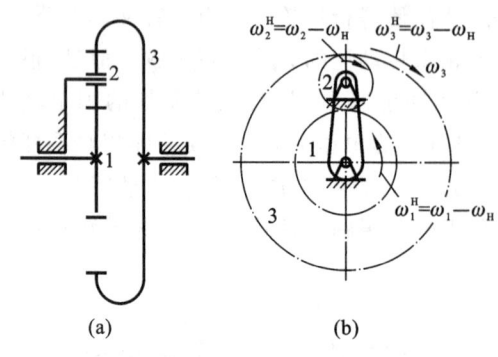

图 6-6　转化机构各轮相对角速度

（2）i_{1n}^{H} 表示转化轮系中轮 1 对轮 n 的传动比，即该周转轮系轮 1 相对于系杆的相对角速度 $\omega_1 - \omega_H$ 与轮 n 相对系杆的相对角速度 $\omega_n - \omega_H$ 之比，而 i_{1n} 表示原周转轮系中轮 1 对轮 n 的绝对角速度之比 ω_1 / ω_n，所以 $i_{1n}^{H}\left(=\dfrac{\omega_1 - \omega_H}{\omega_n - \omega_H}\right) \neq i_{1n}\left(=\dfrac{\omega_1}{\omega_n}\right)$。

（3）式（6-3）中 i_{1n}^{H} 为代数运算，因此 ω_1、ω_n、ω_H 必须为平行矢量，即轮 1、轮 n 与系杆 H 的转动轴线必须平行，否则不能应用该公式。

（4）式（6-3）基于自由度为 2 的差动轮系推导，需已知 ω_1、ω_n、ω_H 中任意两个量，方可求解第三个量，从而求出周转轮系的三个构件（轮 1、n 及系杆 H）中任意两构件间的传动比。周转轮系中各轮绝对角速度之比，即各轮传动比，其正负号根据式（6-3）的计算结果而定。

（5）若将差动轮系中的太阳轮 n 固定，则转化为自由度为 1 的行星轮系，即 $\omega_n = 0$。由式（6-3）得

$$i_{1n}^{H} = \frac{\omega_1 - \omega_H}{-\omega_H} = \pm \frac{\text{转化轮系中所有从动轮齿数的连乘积}}{\text{转化轮系中所有主动轮齿数的连乘积}}$$

即

$$i_{1H} = 1 - i_{1n}^{H} = 1 - \left(\pm \frac{\text{转化轮系中所有从动轮齿数的连乘积}}{\text{转化轮系中所有主动轮齿数的连乘积}}\right) \tag{6-4}$$

由式（6-4）可知，在行星轮系中，若轮 1、n 及系杆 H 的转动轴线相互平行，轮 n 为固定轮，轮 1 为活动轮，则式（6-4）可叙述如下：活动轮对系杆的传动比等于 1 减去转化轮系中活动轮对固定轮的传动比。

举例如下。

例 6-1　图 6-7 所示为一个大传动比减速器：（1）已知各轮的齿数为 $z_1 = 100$，$z_2 = 101$，$z_{2'} = 100$，$z_3 = 99$，求原动件 H 对从动件 1 的传动比 i_{H1}；（2）若 $z_1 = 99$，而其他轮齿数不变时，求传动比 i_{H1}。

解　（1）图示为 2K-H 型轮系，2、2′ 为双联行星轮，H 为系杆，1 为活动太阳轮，3 为固定太阳轮，它们组成一个行星轮系，由式（6-3）及 $\omega_3 = 0$ 得

$$i_{13}^{H} = \frac{\omega_1 - \omega_H}{0 - \omega_H} = 1 - \frac{\omega_1}{\omega_H} = (-1)^k \frac{z_2}{z_1} \frac{z_3}{z_{2'}}$$

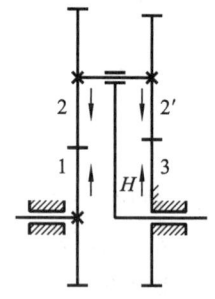

图 6-7　2K-H 型轮系

其中 $k = 2$（两次外啮合，转向符号负负得正）：

$$i_{13}^{H} = \frac{z_2}{z_1} \frac{z_3}{z_{2'}} = \frac{101 \times 99}{100 \times 100} = \frac{9999}{10000} = 0.9999$$

代入行星轮系，由式（6-4）得

$$i_{1H} = 1 - i_{13}^{H} = 1 - 0.9999 = 0.0001$$

$$i_{H1} = \frac{1}{i_{1H}} = 10000$$

即当系杆转 10000 圈时，轮 1 才转 1 圈，其转向与系杆的转向相同，可见其传动比极大。

（2）若 $z_1 = 99$,而其他轮齿数不变时,则

$$i_{1H} = 1 - i_{13}^H = 1 - \frac{z_2 z_3}{z_1 z_{2'}} = 1 - \frac{101 \times 99}{99 \times 100} = -\frac{1}{100}$$

所以

$$i_{H1} = \frac{1}{i_{1H}} = -100$$

即当系杆转 100 圈时,轮 1 反向转 1 圈。可见,同一种结构形式的行星轮系,若将其一轮的齿数变动一个齿,不仅影响传动比的大小,而且转动方向也将发生变化。这就进一步说明了不能凭直观来判别构件的转动方向,必须由计算结果来确定。

例 6-2　图 6-8 是由锥齿轮组成的周转轮系。已知 $z_1 = 60$, $z_2 = 40$, $z_{2'} = z_3 = 20$, $n_1 = n_3 = 120$ r/min。设太阳轮 1、3 的转向相反,试求系杆 H 的转速 n_H 的大小与方向。

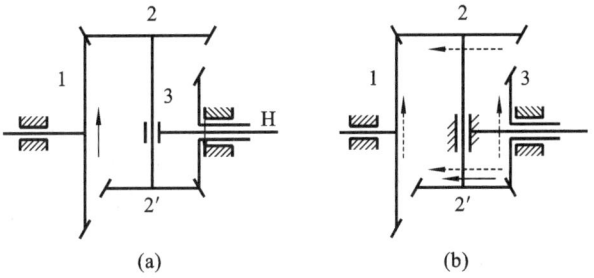

图 6-8　周转轮系

解　图 6-8(a)所示为差动轮系,且两太阳轮 1 及 3 与系杆 H 轴线平行,故可使用式(6-3)。由式(6-3),图 6-8(b)所示转化轮系的传动比为

$$i_{13}^H = \frac{n_1 - n_H}{n_3 - n_H} = +\frac{z_2 z_3}{z_1 z_{2'}}$$

值得注意的是等式右边的"+"号,是在转化轮系中应用画箭头的方法判断的。它表示在转化轮系中,太阳轮 3 与轮 1 的转向相同;而在图 6-8(a)所示的周转轮系中,齿轮 1、3 的真实转向是输入的,这两个概念不能混淆。

根据已知条件,轮 1、3 转向相反,故若设 n_1 为正,则 n_3 为负;取 $n_1 = +120$ r/min,则 $n_3 = -120$ r/min,分别代入上式得

$$\frac{120 - n_H}{(-120) - n_H} = +\frac{40 \times 20}{60 \times 20}$$

$$n_H = +600 \text{ r/min}$$

上式表示系杆 H 的转向与太阳轮 1 相同。

6.3　复合轮系及其传动比计算

6.3.1　复合轮系

在各种实际机械中应用的轮系,往往既不是单纯的定轴轮系,也不是单纯的行星轮系,而是由定轴轮系和行星轮系组合而成,或由多个行星轮系复合而成,这类轮系统称为复合轮系。

图 6-9 所示为由 1、2-2'、3 齿轮组成的定轴轮系,与由系杆 H,齿轮 4、5、6 组成的行星轮系

通过连接构成的复合轮系;图 6-10 所示为由 H_1、1、2、3 及 H_2、4、5、6 两个行星轮系构成的复合轮系。

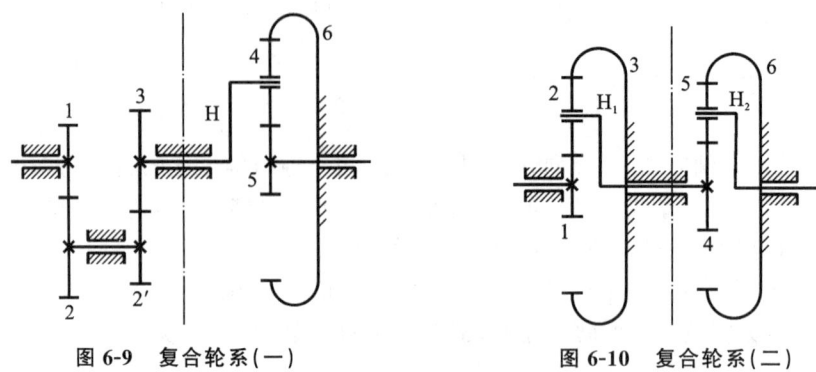

图 6-9   复合轮系(一)   图 6-10   复合轮系(二)

6.3.2   复合轮系的传动比计算

在复合轮系中,通常既包含定轴轮系部分,又包含行星轮系部分,或由多个行星轮系组合而成。显然,此类复合轮系既不能视为定轴轮系进行传动比计算,也不能作为单一的行星轮系处理。以图 6-10 所示由两个行星轮系组成的复合轮系为例,即使其全部为行星轮系,仍无法直接应用式(6-3)或式(6-4)计算整体传动比 i_{1H_2}。若对图 6-10 所示的复合轮系整体施加与系杆 H_1 角速度方向相反的角速度 $-\omega_{H_1}$,则左侧行星轮系将转化为定轴轮系(即转化轮系),而右侧行星轮系中的系杆 H_2 角速度变为 $\omega_{H_2}-\omega_{H_1}$,原固定齿轮 6 则以 $-\omega_{H_1}$ 转动,此时该轮系转变为差动轮系。即便如此,整个机构仍属于复合轮系结构。唯一有效的方法是:将复合轮系中的定轴轮系与行星轮系逐一分离,分别应用定轴轮系和行星轮系的传动比公式计算各部分的传动比,再通过联立方程求解复合轮系的整体传动比。

因此,计算复合轮系的传动比按如下步骤进行。

1)划分基本轮系

首先需准确区分轮系中的定轴轮系与行星轮系。划分时,以行星轮系为优先识别对象,定位行星轮及其支承构件(系杆),每个独立系杆对应一个行星轮系。

剩余未包含在行星轮系中的齿轮组即为定轴轮系部分。

2)建立各轮系传动比方程

根据划分结果,分别对定轴轮系、行星轮系(或差动轮系)建立传动比方程。

定轴轮系:直接应用式(6-1)或式(6-2)。

行星轮系:采用转化轮系法,按式(6-3)或式(6-4)列写方程。

3)联立方程求解

通过分析各基本轮系间的运动学联系(如共用齿轮的角速度关系、系杆的关联性等),建立方程组并求解复合轮系传动比。

6.3.3   计算实例

例 6-3   图 6-11(a)所示为一电动卷扬机减速器运动简图,设已知各轮齿数,试求其传动比 i_{15}。

解   首先将该轮系分解为由 1、2、2′、3、H(即齿轮 5)组成的差动轮系(见图 6-11(b)),和由齿轮 3′、4、5 组成的定轴轮系。下面先分别列出它们的传动比。

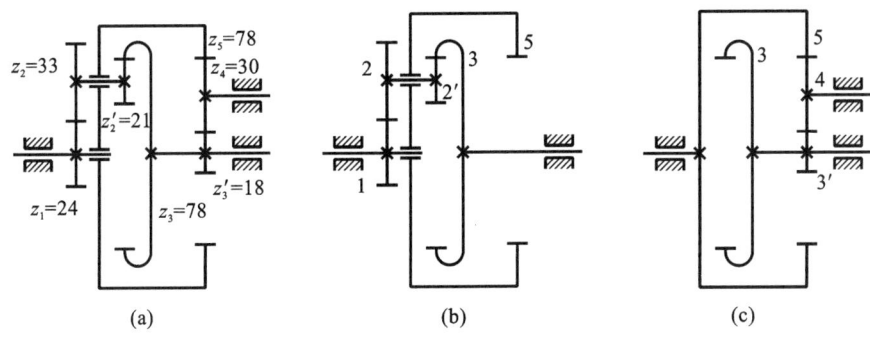

图 6-11　例 6-3 图

由式(6-3)可得差动轮系转化机构的传动比为

$$i_{13}^{H}=\frac{\omega_1-\omega_H}{\omega_3-\omega_H}=\frac{\omega_1-\omega_5}{\omega_3-\omega_5}=-\frac{z_2}{z_1}\frac{z_3}{z_{2'}}$$

或

$$\omega_1=\frac{z_2}{z_1}\frac{z_3}{z_{2'}}(\omega_5-\omega_3)+\omega_5$$

由式(6-1)可得定轴轮系的传动比为

$$i_{3'5}=\frac{\omega_{3'}}{\omega_5}=-\frac{z_5}{z_{3'}}$$

即

$$\omega_{3'}=-\frac{z_5}{z_{3'}}\omega_5$$

由两基本轮系间的关系可知,$\omega_{3'}=\omega_3$,并将上式代入差动轮系转化机构的传动比公式得

$$i_{15}=\frac{\omega_1}{\omega_5}=\frac{z_2 z_3}{z_1 z_{2'}}\left(1+\frac{z_5}{z_{3'}}\right)+1$$

最后,将各轮齿数代入上式后得

$$i_{15}=\frac{33\times 78}{24\times 21}\times\left(1+\frac{78}{18}\right)+1=28.24$$

在图 6-11(a)所示的轮系中,其差动部分(见图 6-11(b))的两个基本构件 3 及 H(5),被定轴轮系部分(见图 6-11(c))封闭起来了,从而使差动轮系部分的两个基本构件 3 及 H 之间保持一定的关系,而整个轮系变成了自由度为 1 的特殊的行星轮系,常称为封闭式行星轮系。

例 6-4　在图 6-12 所示摩托车里程表的机构中,C 为车轮轴。已知各轮的齿数为:$z_1=17,z_3=23,z_4=19,z_{4'}=20,z_5=24$。设轮胎受压变形后使 28 in(1 in=2.54 cm)车轮的有效直径约为 0.698 m。当车行 1 km 时,表上的指针刚好回转一周,求齿轮 2 的齿数。

解　首先将该轮系划分为由 3、4、4'、5、H(2)组成的行星轮系和由 1、2 组成的定轴轮系,并分别列出它们的传动比,其中周转轮系中的太阳轮 3 为固定轮,故可按行星轮系传动比公式(6-4)得

$$i_{52}=1-i_{53}^2=1-\frac{z_3 z_{4'}}{z_4 z_5}$$

定轴轮系的传动比

$$i_{12}=-z_2/z_1$$

以上两式联立有

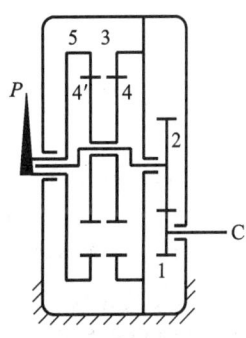

图 6-12　例 6-4 图

$$i_{15} = n_1/n_5 = i_{12}\frac{1}{i_{52}}$$

得

$$i_{15} = n_1/n_5 = \frac{z_2 z_4 z_5}{z_1(z_3 z_{4'} - z_4 z_5)}$$

其中

$$n_1 = 1000/0.698\pi, \quad n_5 = 1$$

代入上式得

$$z_2 = \frac{1000 z_1 (z_3 z_{4'} - z_4 z_5)}{0.698\pi z_4 z_5} = \frac{1000 \times 17 \times (23 \times 20 - 19 \times 24)}{0.698\pi \times 19 \times 24} = 68$$

例 6-5　图 6-13 所示的轮系中,由齿轮 4、5 以及转臂 H 和机架组成一周转轮系,而转臂 H 上又支承了另一周转轮系。因此,该轮系经一次反转将转臂 H 相对固定后,齿轮 1、2、3 仍是一周转轮系,故称为双重周转轮系。这种轮系的特点是:其中最少要有一个行星轮同时绕三个平行轴线转动。如行星轮 2 绕 O_2、O_4、O_H 三轴线转动。设已知各齿轮齿数和电机转速,需求杆 H 的转速。

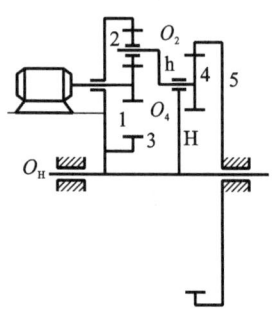

图 6-13　例 6-5 图

解　首先将整个轮系以 $-n_H$ 绕轴线 O_H 转动,便成为杆 H 固定的混合轮系,其中齿轮 4、5 转化成为定轴轮系,传动比为

$$\frac{n_4^H}{n_5^H} = \frac{n_4 - n_H}{-n_H} = \frac{z_5}{z_4}$$

再对杆 H 固定后的混合轮系中的周转轮系部分,以 $-n_h^H$ 转动,使转臂 h 相对固定,得

$$\frac{n_1^H - n_h^H}{n_3^H - n_h^H} = -\frac{z_3}{z_1}$$

式中:$n_h^H = n_h - n_H = n_4 - n_H, n_3^H = n_3 - n_H = 0$。

因电动机装在杆 H 上,故 n_1^H 就是电动机的转速,所以

$$\frac{n_1^H - n_4 + n_H}{-n_4 + n_H} = -\frac{z_3}{z_1}$$

联立以上各式求解,消去 n_4 后求得杆 H 的转速为

$$n_H = -\frac{z_1 z_4}{z_5(z_1 + z_3)} n_1^H$$

6.4　轮系的功用

轮系在各种机械中的应用极为广泛。按用途不同来分,其功用大致可归纳为以下几个方面。

1. 实现分路传动

利用轮系,可以将主动轴上的运动传递给若干个从动轴,实现分路传动。图 6-14 所示为一滚齿机工作台传动机构,它通过电动机带动主动轴上的两个齿轮 1、$1'$,分两路来带动刀具 6 与毛坯 $5'$,使其完成刀具与毛坯之间的展成运动。

2. 获得较大的传动比

一对齿轮的传动,为了避免由于齿数过于悬殊使机构轮廓尺寸庞大,且使小齿轮易于损

坏,一般采用传动比不大于 8。

当要求获得更大传动比时,就需要采用轮系组合或周转轮系来满足(见图 6-15)。特别是采用周转轮系,可以在使用几个齿轮,并且结构也很紧凑的条件下,得到很大的传动比。

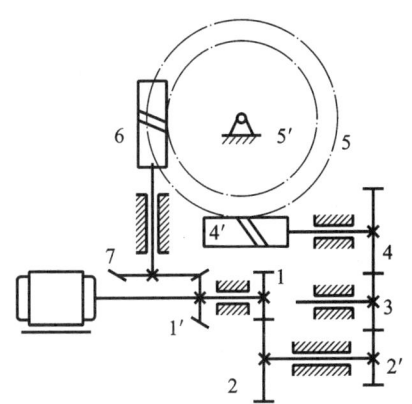

图 6-14 滚齿机传动机构

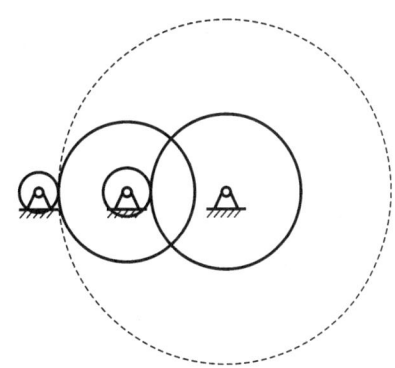

图 6-15 齿轮机构与轮系比较

3. 实现变速传动

根据机器的工作需要,在主动轴转速不变的情况下,利用轮系可使从动轴获得若干种转速。在图 6-16 所示的车床变速箱中,操纵三联齿轮 a 和双联齿轮 b 在轴上滑动,分别与不同的齿轮啮合,可使带轮得到 6 种不同的转速。

4. 实现换向传动

图 6-17 所示为车床进给丝杠的三星轮换向机构。齿轮 2、3 浮套在三角形构件 a 的轴上,构件 a 可绕轮 4 的轴线转动。在图 6-17(a)所示位置上,主动轮 1 的转动经中间轮 2 及 3 传给从动轮 4,此时轮 4 与轮 1 转向相反;若通过手柄转动构件 a,使之处于图 6-17(b)所示位置上,则轮 2 不参与啮合,这时主动轮 1 与从动轮 4 之间少了一对外啮合传动,将使轮 4 与轮 1 的转向相同。

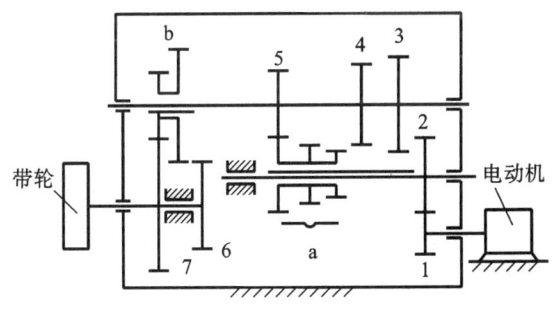

图 6-16 车床变速箱

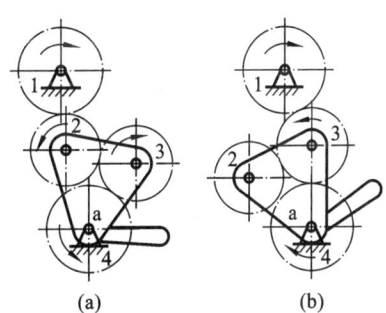

图 6-17 三星轮换向机构

5. 实现运动的合成与分解

轮系的另一重要功能体现在运动的合成与分解。差动轮系因其具有两个自由度的特性,需同时输入两个独立运动才能获得确定的输出,这一特性为运动合成提供了基础。在制绳机中(见图 6-18),三股细线分别由三个行星轮 2 牵引,当主动轮 1 和轮 3 以特定转速输入时,行星轮在绕中心轴公转的同时产生自转——公转使三股线同向合股,自转则让每股线自身拧紧,最终将三股细线合为一股粗绳。这种合成过程通过差动轮系对双输入运动的协调,实现了复杂动作的同步完成。

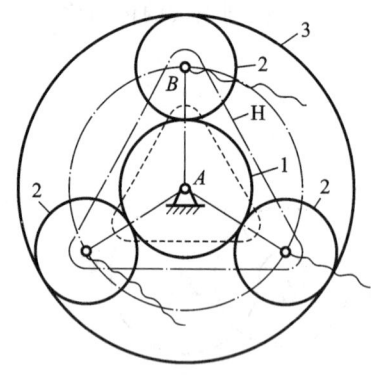

图 6-18　制绳机机构

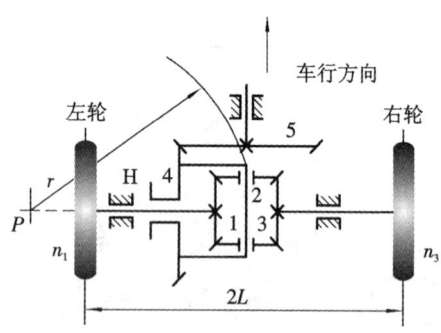

图 6-19　汽车后轴的差速器

同样,差动轮系也可实现将一个输入运动按要求分解成两个不同的运动。如图 6-19 所示,汽车发动机通过变速箱带动小锥齿轮 5,再传给大锥齿轮 4,它们同装在桥的壳体里面组成一个定轴轮系。与车轮轴固连的锥齿轮 1、3 和行星齿轮 2 及系杆 H(与大齿轮 4 固接)组成一个差动轮系。

当汽车直线行驶时,两轮行驶距离相同,故要求两车轮转速相等,即 $n_1 = n_3$。此时差动轮系 1、2、3、H(4)成为一个整体,随锥齿轮 4 一起转动,差动轮系不起分解作用。当汽车转弯时,由于内侧后轮转弯半径小,而外侧后轮转弯半径大,两轮行驶的距离不相等,故要求轮 1、3 应有不同的转速,即 $n_1 \neq n_3$。此时,差速器将自动地把发动机输入的转速 n_5 按要求分解为两后轮的不同转速 n_1、n_3。

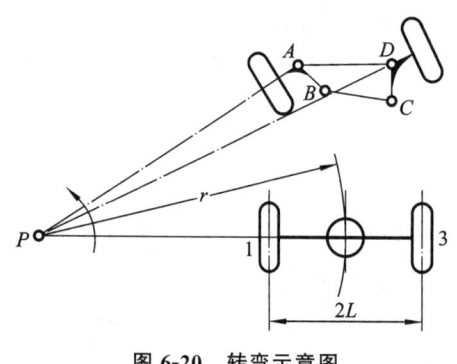

图 6-20　转弯示意图

如图 6-20 所示,汽车左转弯时,两前轮在转向机构 ABCD 的作用下,其轴线与汽车两后轮的轴线相交于点 P,这时整个汽车可看作是绕着点 P 转动;又设轮子在地面上不打滑,则两后轮的转速与弯道半径成正比,则由图可得

$$\frac{n_1}{n_3} = \frac{r-L}{r+L} \qquad (6\text{-}5)$$

式中:r——弯道平均半径;

L——后轮距之半。

在差动轮系中,$z_1 = z_3$,$n_H = n_4$,由式(6-3)得

$$i_{13}^{4} = \frac{n_1 - n_4}{n_3 - n_4} = -1 \qquad (6\text{-}6)$$

联立式(6-5)、式(6-6),可求得此时汽车两后轮转速分别为

$$\begin{cases} n_1 = \dfrac{r-L}{r} n_4 \\[2mm] n_3 = \dfrac{r+L}{r} n_4 \end{cases}$$

上式说明,两后轮的转速是随弯道半径的不同而变化的,以保持车轮与地面的纯滚动,从而提高车轮的使用寿命。

6. 在重量较小的条件下实现大功率传动

在用于动力传动的行星减速器中,往往都采用多个行星轮同时啮合(见图 6-21),使功率通过多对轮齿啮合来传递,以减小齿轮尺寸,实现大功率传动。同时,由于行星轮是均匀分布在太阳轮四周的,使各啮合处的径向力和行星轮公转所产生的离心惯性力得以平衡,从而增加了运转的平稳性。此外,行星轮减速器中,常采用内啮合,利用了内齿轮中部的空间,加之其输入轴和输出轴在同一轴线上,所以行星减速器的径向尺寸非常紧凑。因此,在大功率的传动中,为了减小传动机构的尺寸和重量,行星减速器得到了日益广泛的使用。图 6-22 表示某涡轮螺旋桨发动机主减速器的传动简图。P 为螺旋桨,$1'$、$2'$、$3'$ 组成定轴轮系,1、2、3、H 组成差动轮系。它有四个行星轮 2,六个中间惰轮 $2'$(图中均只画出一个)。动力从太阳轮 1 输入后,分两路传递给螺旋桨 P(图 6-22 中箭头所示)。由于采用了多个行星轮以及功率分流传动,所以在较小的外廓尺寸下(外廓尺寸约为 430 mm),其传递的功率可达 2850 kW。

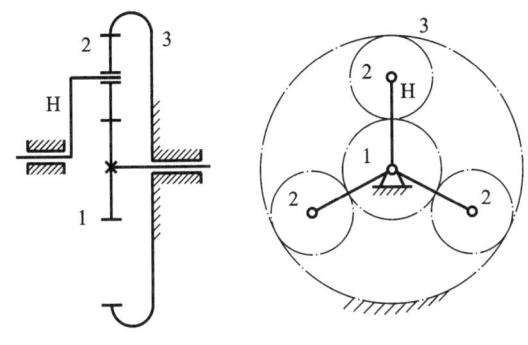

图 6-21 多行星轮减速器

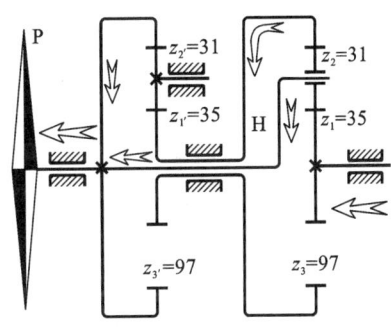

图 6-22 涡轮螺旋桨发动机主减速器的传动简图

课程思政拓展阅读材料

材料一 行星减速机:高效精密传动的工程利器

随着减速机行业的不断发展,越来越多的企业开始应用减速机,行星减速机既是一种工业产品,也是一种传动机构。其工作原理为:由一个内齿环紧密结合于齿箱壳体上,内齿环中心装有一颗由外部动力驱动的太阳齿轮;在太阳齿轮与内齿环之间,均等分布着三个行星齿轮,这些行星齿轮安装于托盘上并与内齿环啮合;当输入轴驱动太阳齿轮旋转时,行星齿轮不仅绕自身轴转动,还沿内齿环的内侧轨迹公转,从而通过托盘轴输出动力。利用轮系的减速特性,行星减速机能够将电动机的转速降低至所需水平,并输出较大的转矩。

在传递动力与运动的减速机系统中,行星减速机属于精密设备,其减速比可精确控制,使得输出转速可低至 0.1~0.5 r/min。行星减速机内部齿轮采用 20CrMnTi 材料,经过渗碳、淬火和磨齿等工艺处理,因而具备体积小、重量轻、承载能力高、使用寿命长、运转平稳、噪声低、输出扭矩大、速比高、效率高和性能安全等优点。

此外,该减速机兼具功率分流和多齿啮合的特点,展现出广泛的通用性,是一种新型的高精密减速设备。其最大输入功率可达 104 kW,适用于起重运输、工程机械、冶金、矿山、石油化工、建筑机械、轻工纺织、医疗器械、仪器仪表、汽车、船舶、兵器及航空航天等工业领域。

另外,市场上还出现了多种行星系列新品,如 WGN 定轴传动减速器、WN 子母齿轮传动减速器及弹性均载少齿差减速器等。

行星轮系

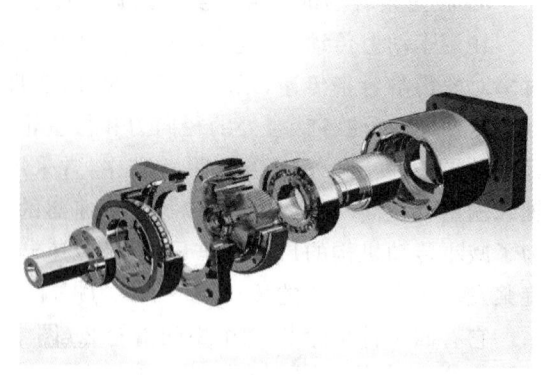

行星减速机

参考资料:

[1] https://baike. baidu. com/item/％E8％A1％8C％E6％98％9F％E5％87％8F％E9％80％9F％E6％9C％BA/10298421? fr＝ge_ala。

[2] https://haokan. baidu. com/v? pd＝wisenatural＆vid＝7005823067824835758。

思考:行星减速机在工业应用中有哪些优势和适用场景? 请举例说明。

材料二 "车床界老大":CA6140

提到 CA6140,车床行业无人不知、无人不晓,作为由新中国第一台普通车床——C620 型普通机床改进而来的卧式车床,CA6140 不论是从适配性、经济性,还是从物理性能和操作性能等角度考虑,都比其他普通车床具有显著优势。

CA6140 普通卧式车床主要由主轴箱、床鞍与刀架部件、尾座、进给箱、溜板箱以及床身等结构组成。

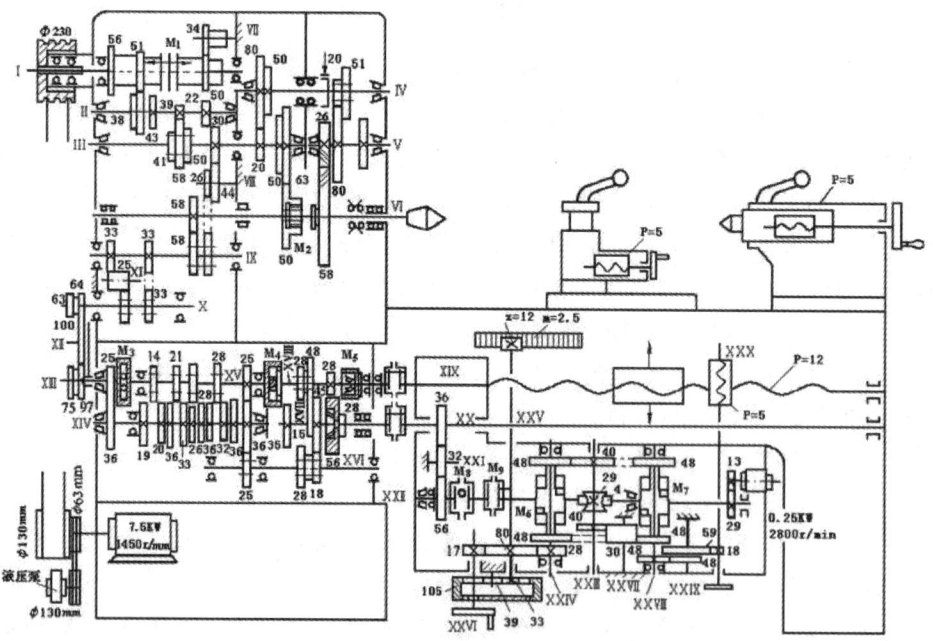

CA6140 传动系统

主轴箱的作用是支撑并传动主轴,从而使主轴能够以预定速度驱动工件旋转。床鞍用于固定车刀,并使车刀在床鞍的作用下沿斜向、横向和纵向方向运动。尾座通过后顶尖支撑工件,同时可安装其他加工刀具。进给箱的作用在于调节机床的自动进给量,并能改变加工螺纹的螺距。溜板箱便于操作人员对机床进行操控,床身作为机床的基础支撑部件,承载并固定各主要部件,确保它们之间保持稳定的相对位置。

CA6140 普通车床的床身宽度达到 400 mm,其导轨面具有优异的耐磨性和长使用寿命。同时,该车床在结构刚性及传动系统性能方面表现出色,更能满足高切削力加工的功能需求。

参考资料:https://baijiahao.baidu.com/s? id=1753423348989057976&wfr=spider&for=pc。

思考:参考 CA6140 传动系统图,分析其中包含哪些基础轮系,思考 CA6140 是如何实现零件加工的。

讨 论

6-1 基础轮系有哪些? 分别讨论各自的特点。

6-2 如何选择合适的传动比以满足不同应用的需求? 传动比的改变如何影响系统的速度和扭矩?

6-3 分析轮系设计时需要考虑的关键因素,如传动比、材料选择、减震等,以及这些因素对系统性能的影响。

6-4 不同类型的齿轮(直齿轮、斜齿轮、锥齿轮、蜗轮蜗杆等)在轮系中的应用有何不同?如何选择适当的齿轮类型以满足设计要求?

习 题

6-1 题 6-1 图所示为一时钟轮系,S、M、H 分别表示秒针、分针、时针。图中数字表示该轮的齿数。假设 B 和 C 的模数相等,试求齿轮 A、B、C 的齿数。

6-2 在题 6-2 图所示的轮系中,设已知 $z_1=z_2=z_{3'}=z_4=20$,齿轮 1、3、3′ 与 5 同轴线,试求传动比 i_{15}。

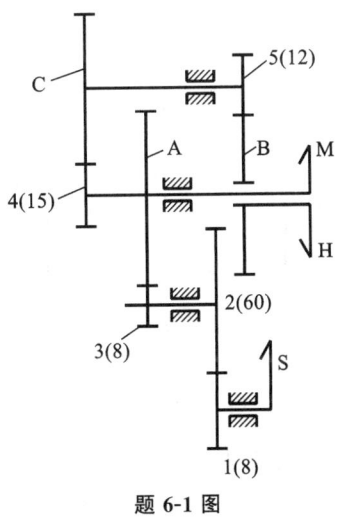

题 6-1 图

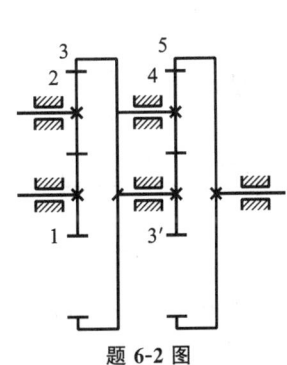

题 6-2 图

6-3 题 6-3 图所示为一手摇提升装置,其中各轮齿数均已知,试求传动比 i_{15},并指出当提升重物时手柄的转向。

6-4 题 6-4 图所示为一滚齿机工作台传动机构,工作台与蜗轮 5 固连。若已知 $z_1 = z_{1'} = 15, z_2 = 35, z_{4'} = 1(右旋), z_4 = 40,$ 滚刀 $z_6 = 1(左旋), z_7 = 28,$ 若要切制一个齿数 $z_{5'} = 64$ 的齿轮,应如何选配挂轮组的齿数 $z_{2'}、z_3$ 和 z_4?

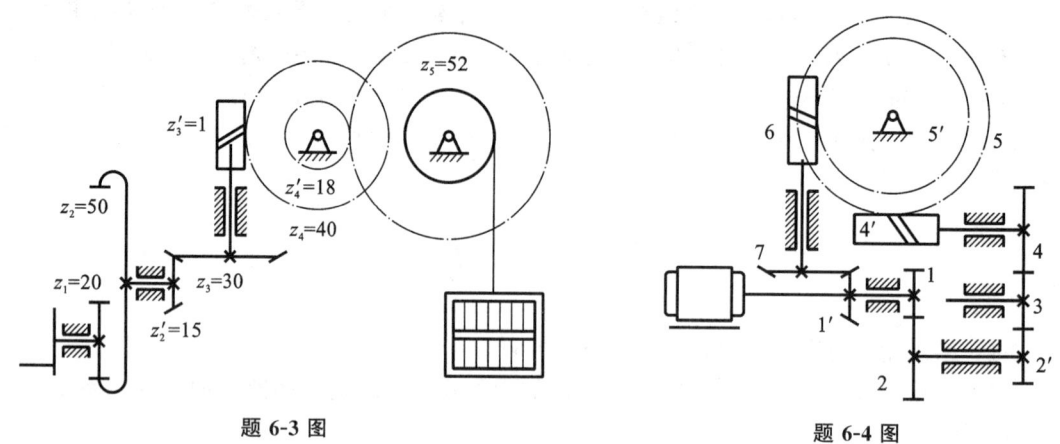

题 6-3 图　　　　　　　　　题 6-4 图

6-5 题 6-5 图所示为桥式起重机(天车)传动系统的运动简图,电动机转速 $n_1 = 960$ r/min,拟通过二级减速器带动车轮转动,使天车行走速度为 $v = 0.8$ m/s。已知车轮直径 $D = 400$ mm,试确定各个齿轮的齿数(提示:对于展开式二级齿轮减速器,为了使两个大齿轮的浸油深度相近,应使两个大齿轮具有相近的半径,高速级传动的传动比 $i_1 \approx (1.2 \sim 1.3) \sqrt{i_\Sigma}$,其中 i_Σ 为该减速器的总传动比)。

6-6 有一回归式齿轮变速箱(主、从动轴位于同一直线),已知主动轴的转速 $n = 1000$ r/min,要求从动轴有 6 种转速:40 r/min、100 r/min、200 r/min、250 r/min、400 r/min 和 500 r/min。若所有齿轮的模数均为相同,试设计此变速箱。

6-7 题 6-7 图所示为一装配用气动一字旋具齿轮减速部分的传动简图。已知各轮齿数为 $z_1 = z_4 = 7, z_2 = z_5 = 16$。若 $n_1 = 3000$ r/min,试求一字旋具的转速。

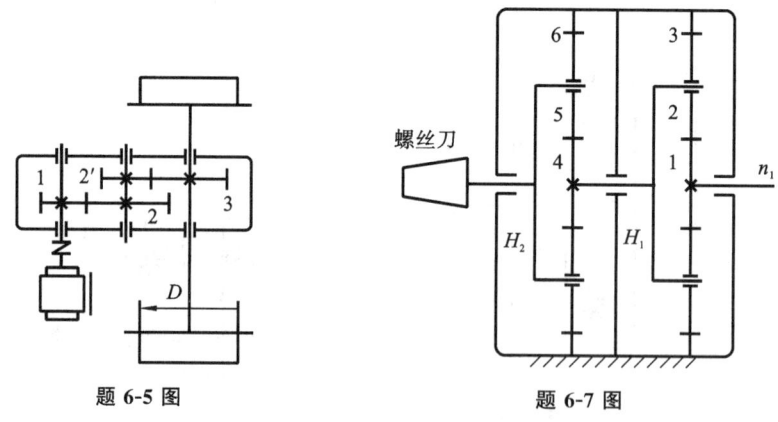

题 6-5 图　　　　　　　　　题 6-7 图

6-8 题 6-8 图所示为收音机短波调谐微动机构。已知齿数 $z_1 = 99, z_2 = 100,$ 试问:当旋钮转动一圈时,齿轮 2 应转过多大角度(齿轮 3 为宽齿,同时与轮 1、轮 2 相啮合)?

6-9 在题 6-9 图所示的混合轮系中，设已知 $n=3549$ r/min，又各轮齿数为 $z_1=36$，$z_2=60$，$z_3=23$，$z_4=49$，$z_{4'}=49$，$z_5=31$，$z_6=131$，$z_7=94$，$z_8=36$，$z_9=167$，试求系杆 H 的转速 n_H。

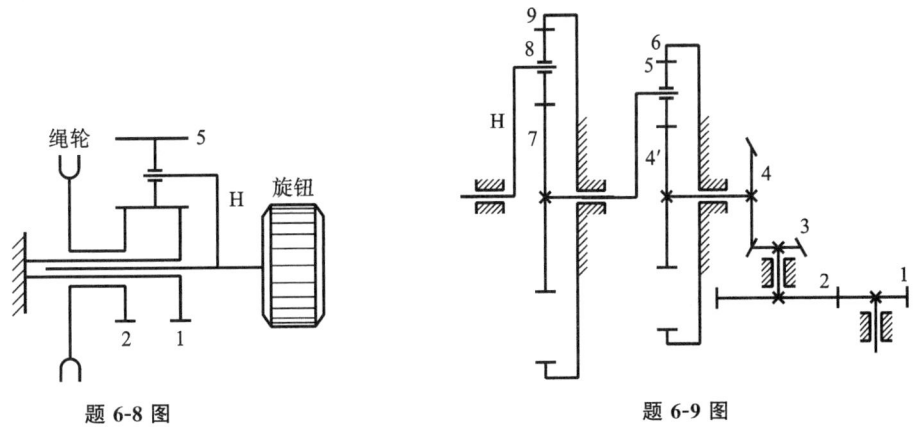

题 6-8 图　　　　　　　　　　　　题 6-9 图

6-10 题 6-10 图所示的差动轮系是各轮模数相同的标准齿轮传动。设已知各轮的齿数 $z_1=15$，$z_2=25$，$z_{2'}=20$，$z_3=60$，又有 $n_1=200$ r/min，$n_3=50$ r/min，试求在以下条件下系杆 H 转速 n_H 的大小和方向：(1)当 n_1、n_3 转向相同时；(2)当 n_1、n_3 转向相反时。

6-11 在题 6-11 图所示的电动三爪自定心卡盘传动轮系中，设已知各轮的齿数为 $z_1=6$，$z_2=z_{2'}=25$，$z_3=57$，$z_4=56$，试求传动比 i_{14}。

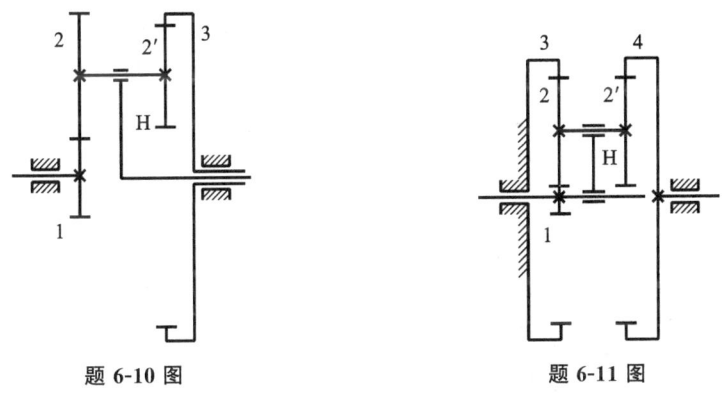

题 6-10 图　　　　　　　　　　　　题 6-11 图

6-12 题 6-12 图所示为何种轮系？设已知 $z_1=34$，$z_2=z_3=20$（齿轮 3 为宽齿，同时与齿轮 2 和齿轮 4 啮合），$z_4=74$，试求传动比 i_{1H}。

6-13 如题 6-13 图所示为手动起重葫芦，已知 $z_1=z_{2'}=10$，$z_3=40$，传动总效率 $\eta=0.9$。为提升 $G=10000$ N 的重物，求必须施加于链轮 A 上的圆周力 F。

6-14 如题 6-14 图所示为粗纺机中的差动轮系，已知 $z_1=64$，$z_2=60$，$z_3=45$，$z_4=30$，$n_1=400$ r/min，$n_H=40\sim140$ r/min，求 n_4。

6-15 如题 6-15 图所示为纺织机中的差动轮系，设 $z_1=30$，$z_2=25$，$z_3=z_4=24$，$z_5=18$，$z_6=121$，$n_1=48\sim200$ r/min，$n_H=316$ r/min，求 n_6。

6-16 如题 6-16 图所示为矿山运输机的行星齿轮减速器，已知 $z_1=z_3=17$，$z_2=z_4=39$，$z_5=18$，$z_7=156$，$n_1=1450$ r/min。当制动器 B 制动、A 放松时，鼓轮 H 回转（当制动器 B 放松、A 制动时，鼓轮 H 静止，齿轮 7 空转），求 n_H。

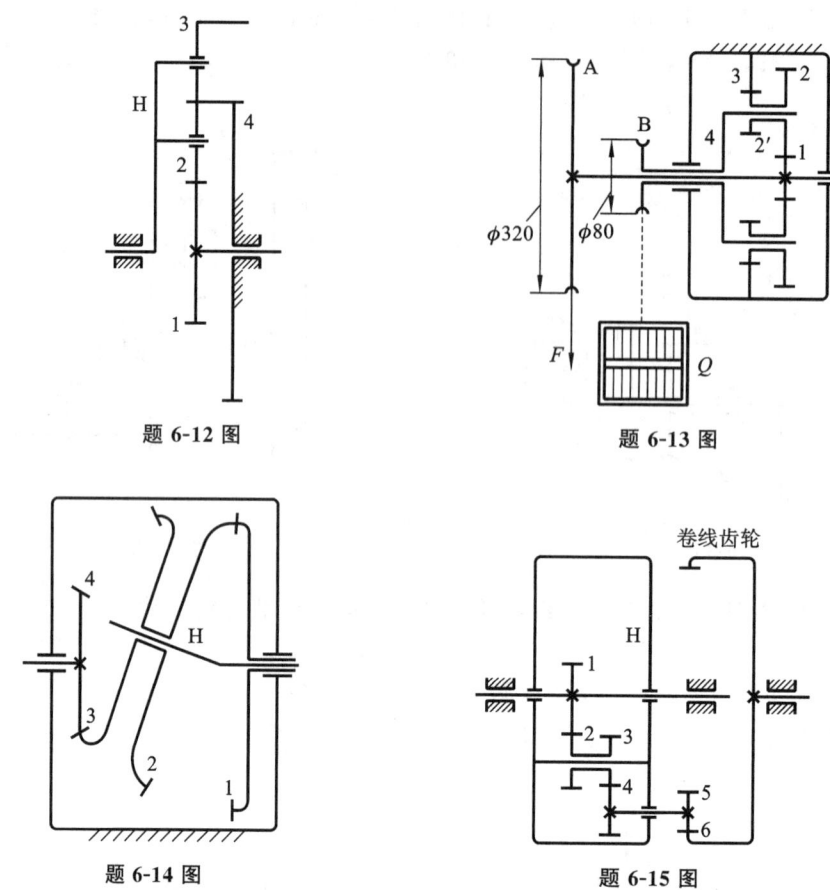

题 6-12 图　　　　　　　　　　　　　　题 6-13 图

题 6-14 图　　　　　　　　　　　　　　题 6-15 图

6-17　在题 6-17 图所示行星轮系中,已知:$z_1=62$,$z_2=z_3=z_4=18$,$z_{2'}=z_{3'}=40$,求传动比 i_{1H}。

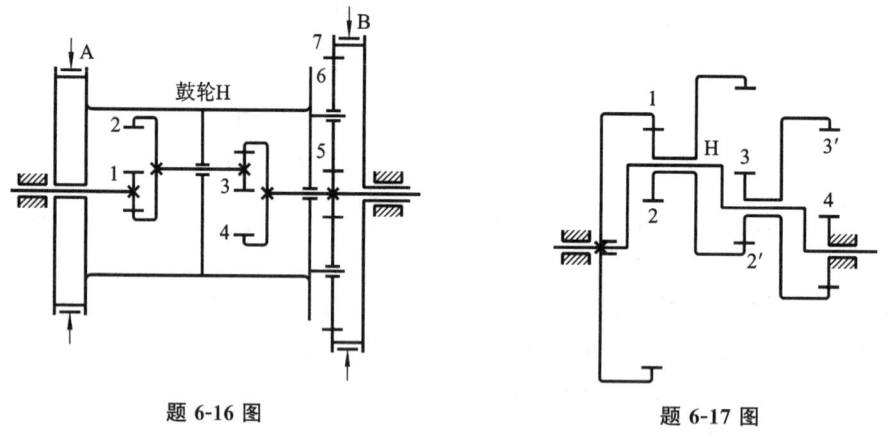

题 6-16 图　　　　　　　　　　　　　　题 6-17 图

6-18　在题 6-18 图所示的轮系中,轮 1 与电动机轴相连,$n_1^3=1440$ r/min,$z_1=z_2=20$,$z_3=60$,$z_4=90$,$z_5=210$,求 n_3。

6-19　用于自动化照明灯具上的一周转轮系如题 6-19 图所示。已知输入转速 $n_1=19.5$ r/min,组成轮系的各齿轮均为圆柱直齿轮。各轮齿数为 $z_1=60$,$z_2=z_{2'}=30$,$z_3=40$,$z_4=40$,$z_5=120$。试求箱体的转速。

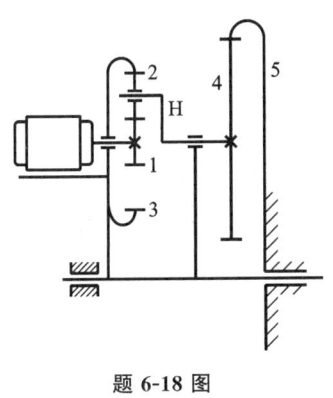

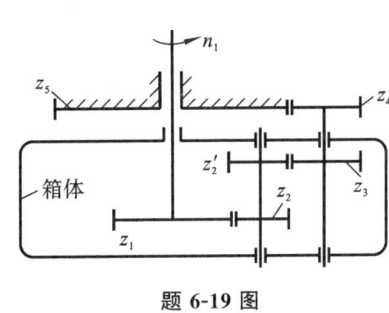

题 6-18 图　　　　　　　　　　　　　　　　题 6-19 图

6-20　题 6-20 图所示为 THK6355 型数控自动换刀镗床的刀库转位装置。齿轮 4 与刀库连接成一体,内齿轮 3 与机架固连,各轮齿数为 $z_1=24, z_2=z_{2'}=28, z_3=80, z_4=78$(变位齿轮)。试计算液压马达与刀库间的转速关系。

6-21　在题 6-21 图所示的马铃薯挖掘机机构中,齿轮 4 固定不动,挖叉 A 固连在最外边的齿轮 3 上。挖薯时十字架 1 回转而挖叉 A 始终保持一定的方向。轮 3、4 的大小关系应如何?

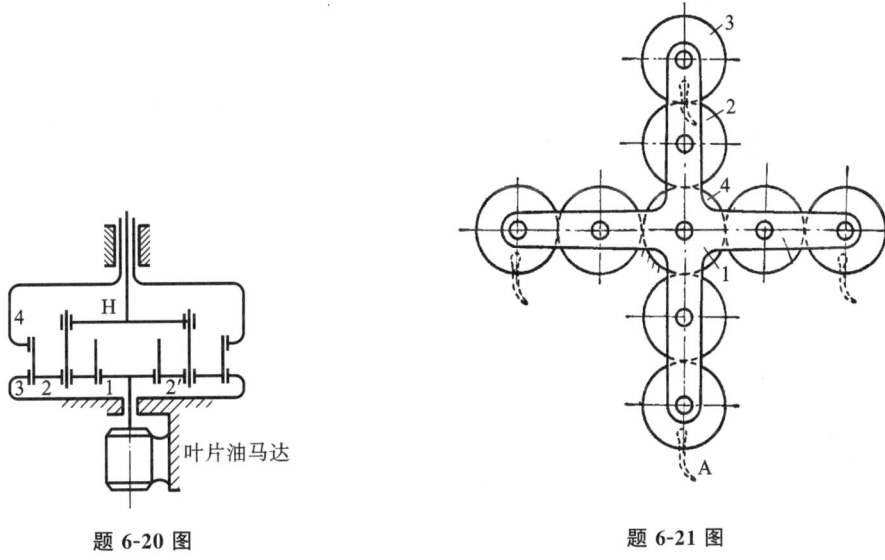

题 6-20 图　　　　　　　　　　　　　　　　题 6-21 图

6-22　在题 6-22 图所示周转轮系机构中,内齿轮 7 以 60 r/min 逆时针等速转动。试决定转臂 3 的转速大小和方向。又问如果转臂 3 以 300 r/min 逆时针转动,那么此时内齿轮 7 的转速大小和方向如何?

6-23　在题 6-23 图所示门座式起重机的旋转机构中,已知电动机的转速 $n=1440$ r/min,各传动齿轮齿数为 $z_1=1$(右旋),$z_2=40, z_3=15, z_4=180$,试确定该起重机的转速(即机房平台的转速)。

6-24　在题 6-24 图所示镗床的镗杆进给机构中,已知 $z_1=60, z_4=z_{3'}=z_2=30$,螺杆的导程 $h=6$ mm,且为右旋螺纹。设所有齿轮的模数相同,当被切工件的右旋螺纹的导程 $h'=2$ mm 时,齿轮 $z_{2'}$ 和 z_3 的齿数各为多少?

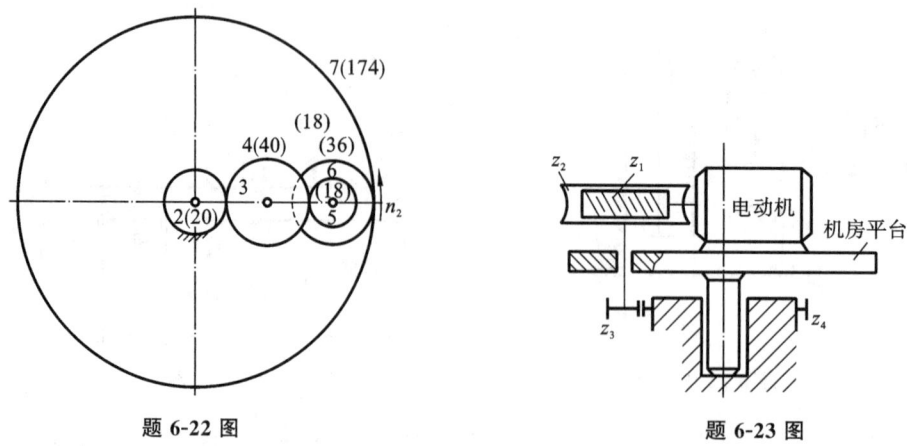

题 6-22 图   题 6-23 图

6-25　如题 6-25 图所示 2K-H 型轮系中,齿轮 $z_{2'}$ 为内齿圈,2 为外齿圈。已知各轮齿数 $z_1=40$,$z_{2'}=60$,$z_2=72$,各轮模数相同。设备对齿轮的啮合效率(包括轴承效率)为 0.98,当由系杆 H 输入功率为 8 kW 时,试求输出功率。

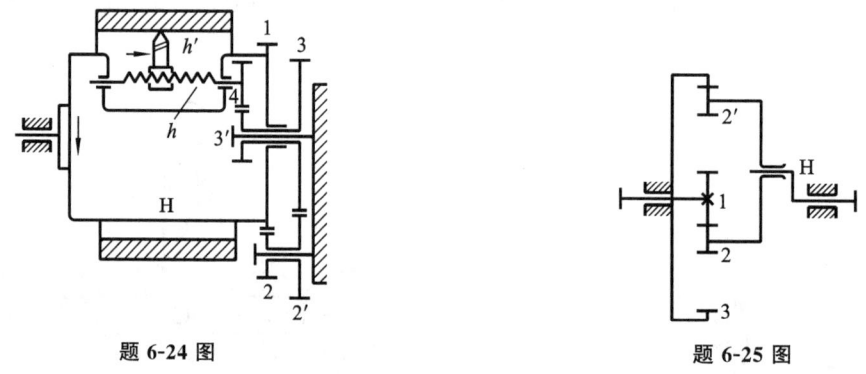

题 6-24 图   题 6-25 图

6-26　现需设计 2K-H 型行星减速器,要求的减速比为 5.30,行星轮数 $k=4$,并采用标准齿轮,试确定各齿轮的齿数。

第7章 精密机械设计概论

7.1 精密机械设计的要求

1. 功能要求

设计精密机械时应先满足其功能需求。例如仪器的监测、控制功能、自动显示和记录功能、数据处理功能、打印数据功能、误差校正和补偿功能等。

2. 可靠性要求

精密机械需在一定的时间内和一定的使用条件下有效实现预期功能，同时要求其工作安全可靠、操作维修方便。为此，零部件应具有一定的强度、刚度和动态稳定性等工作能力。

3. 精度要求

精度是精密机械的一项重要技术指标，设计时必须保证精密机械正常工作时所要求的精度。例如：轴承的回转精度，导轨的导向精度等。

4. 经济性要求

组成精密机械的零部件能最经济地被制造出来，这就要求零件结构简单、节省材料、工艺性好，尽量采用标准尺寸和标准件。

5. 外观要求

精密机械的造型设计时，应做到使机械造型美观、表面处理精细、色彩协调统一。

7.2 精密机械零件的常用材料

精密机械中常用的工程材料有黑色金属、有色金属、非金属材料和复合材料等。

7.2.1 黑色金属

1. 碳钢与合金钢

碳钢按其含碳量的不同，分为低碳钢、中碳钢和高碳钢。合金钢是冶炼时人为地在钢中加入一些合金元素，如锰（Mn）、硅（Si）、铬（Cr）、镍（Ni）、钼（Mo）、钨（W）、钒（V）、钛（Ti）、铌（Nb）、锆（Zr）、稀土元素（RE）等，以提高钢的力学性能、工艺性能、物理性能和化学性能。根据加入合金元素总量的不同，合金钢可分为低合金钢、中合金钢和高合金钢。

碳钢具有成本低、易加工的优点，通过调整含碳量和热处理可改善性能，适用于受力不大、承受静载荷的零件。优质碳钢适用于承受变应力或冲击载荷的零件。碳钢的局限性在于淬透性低，且无法满足耐低温（高韧度）、耐磨等特殊需求，此类工况需选用合金钢。

2. 铸钢

铸钢与锻钢的力学性能大体相近，与灰铸铁相比，其减振性差，弹性模量、伸长率、熔点均较高，铸造性能差（铸造收缩率大，容易形成气孔）。铸钢主要用于制造承受重载、形状复杂的大型零件。

3. 灰铸铁

灰铸铁中的碳大部分或全部以片状石墨形态存在,断口呈灰色,故称灰铸铁。灰铸铁成本低,铸造性好,可制成形状复杂的零件,且具有良好的减振性能。灰铸铁本身的抗压强度高于抗拉强度,故适用于制造在受压状态下工作的零件。但灰铸铁的脆性很大,不宜承受冲击载荷。

4. 球墨铸铁

球墨铸铁中的碳是以球状石墨形态存在,具有较高的延展性和耐磨性。球墨铸铁的强度比灰铸铁高,接近于碳钢,而减振性优于钢,因此多用于制造受冲击载荷的零件。

7.2.2 有色金属

有色金属及其合金具有许多可贵的特性,如减摩性、耐蚀性、耐热性、导电性等。在精密机械中多作为耐磨、减摩、耐蚀或装饰材料来使用。

1. 铜合金

铜具有良好的导电性、导热性、耐蚀性和延展性。常用的铜合金有黄铜、青铜等。黄铜是铜与锌的合金,青铜是合金中加入的主要元素为锡、铅等。黄铜可铸造也可锻造,有良好机械加工性能。含锡量小于 8% 的锡青铜适用于压力加工,含锡量超过 10% 的锡青铜适用于铸造。若青铜中不含锡而含铝、铍、锰等其他元素,则可改善铜合金的力学性能和耐蚀、耐磨性能,如铝青铜的强度比黄铜和锡青铜都高,且价格低,常用来制造承受重载、耐磨的零件。铍青铜经淬火和人工时效处理后,强度、硬度、弹性极限和疲劳极限均能有较大的提高,具有良好的耐蚀性、导电和导热性和无磁性,是制造某些弹性元件的极好材料,但它的成本较高,非重要零件不宜采用。

2. 铝合金

铝的密度小(约为钢的 1/3),熔点低,导热、导电性良好,塑性高,纯铝的强度低。铝合金不耐磨,可用镀铬的方法提高其耐磨性。铝合金的切削性能好,但铸造性能差。铝合金不产生电火花,故作贮存易燃、易爆燃料的容器比较理想。

3. 钛合金

钛和钛合金的密度小,耐高温与低温性能突出,并具有良好的耐蚀性,故在航空、造船、化工等工业中得到了广泛应用。

7.2.3 非金属材料

在精密机械和仪器仪表中,除了大量应用各种金属材料外,还经常使用各种非金属材料,如工程塑料、橡胶、人工合成矿物等。

1. 工程塑料

工程塑料是以合成树脂为基体,加入填充剂、增塑剂、稳定剂等制成的高分子材料。其突出的优点是密度小、质量轻,耐蚀性好,容易加工,可用注塑、挤压成形的方法制成各种形状复杂、尺寸精确的零件。

工程塑料按其成形工艺的特点,可分为热塑性塑料和热固性塑料。热塑性塑料在加工成形中经过三个步骤,即:熔融塑化(加热至黏流态);流动成形(即在压力下注入模具中);冷却固化为制成品。上述过程可反复进行。热固性塑料,则在加热加压过程中发生化学反应而固化,这种成形的固化反应是不可逆的,故已固化的塑料是不能重复使用的。

常用的热塑性塑料有:聚酰胺(尼龙)、聚甲醛、聚碳酸酯、氯化聚醚、有机玻璃和聚砜等。热固性塑料有酚醛塑料、氨基塑料等。

塑料品种繁多,而且不断出现新的品种,如可满足某些特殊要求而具有特殊性能的塑料——医用塑料等。

为了提高塑料零件的机械强度和耐磨、耐油性能,防止老化和静电聚集,还可在塑料表面电镀及涂覆。

2. 橡胶

橡胶除具有较大的弹性和良好的绝缘性之外,还具有耐磨损、耐化学腐蚀、耐放射性等性能。

3. 人工合成矿物

使用较多的人工合成矿物有刚玉和石英。刚玉俗称宝石,它的成分是三氧化二铝(Al_2O_3),硬度仅次于钻石。纯的宝石是无色的,但由于杂质的渗入会具有红、蓝、黑、褐等不同颜色。天然宝石十分珍贵,大多用作装饰品;而工业用宝石大多为人工合成,而且已能大量生产。渗入氧化铬和二氧化钛的宝石是红宝石,渗入氧化钛和氧化铁的宝石是蓝宝石。目前,我国仪器仪表和钟表行业一般多使用红宝石来制造微型轴承,如一些电表、航空仪表、某些百分表和钟表等中的宝石轴承。由于宝石的弹性模量、硬度都很高,宝石轴承的孔可以加工得十分光洁,它与钢制轴颈之间的摩擦系数很小,这样可使其在工作中摩擦损耗极小,从而可长期保持仪器仪表的原始精度,并提高使用寿命。此外,许多记录仪也采用了有毛细管的红宝石作记录笔尖,因红宝石十分耐磨,所以笔尖不会在短期内磨损而始终保持光滑耐用。宝石轴承已有了国家标准,使用时可查阅相关文献。

石英是一种透明的晶体,有天然与人工合成的两种。现多用人工合成的石英晶体,成分为二氧化硅(SiO_2),是一种六棱柱形多面体,两端呈角锥形。石英晶体是一个各向异性体,具有压电效应。如果将石英晶体按要求制成一定规格的石英晶片,则它具有固定的振动频率,当晶片的固有频率与外加电场的交电频率相同时,晶片会产生谐振,利用这个特性,可制成石英振荡器。目前,电子钟、电子表以及各种频率计中的晶体振荡器,都是由石英晶体制成的。此外,石英还是多种新型压力、力传感器的优良材料。

7.2.4　复合材料

复合材料是由两种或两种以上性质不同的金属材料或非金属材料,按设计要求进行定向处理或复合而得的一种新型材料。复合材料有纤维复合材料、层叠复合材料、颗粒复合材料、骨架复合材料等。工业中用的较多的是纤维复合材料,这种材料主要用于制造薄壁压力容器。再如,在碳素结构钢板表面贴覆塑料或不锈钢,可以得到强度高而耐蚀性能好的塑料复合钢板或金属复合钢板。目前,复合材料除已普遍用于各种容器外,在汽车、航空航天工业也已被采用。随着科学技术的发展,复合材料的应用将日趋广泛。

关于各种材料的力学性能、产品规格等,可参阅工程材料手册。常用材料的应用举例见表 7-1。

表 7-1　常用材料的应用举例

材料类别		应用举例或说明
碳素钢	低碳钢(w(C)≤0.25%)	铆钉、螺钉、连杆、渗碳零件等
	中碳钢(w(C)>0.25%~0.60%)	齿轮、轴、蜗杆、丝杠、连接件等
	高碳钢(w(C)>0.60%)	弹簧、工具、模具等
合金钢	低合金钢(合金元素总含量(质量分数)小于等于5%)	较重要的钢结构和构件、渗碳零件、压力容器等
	中合金钢(合金元素总含量(质量分数)大于5%~10%)	飞机构件、热镦锻模具、冲头等
	高合金钢(合金元素总含量(质量分数)大于10%	航空工业蜂窝结构、液体火箭壳体、核动力装置、弹簧等
一般铸钢	普通碳素铸钢	机座、箱壳、阀体、曲轴、大齿轮、棘轮等
	低合金铸钢	容器、水轮机叶片、水压机工作缸、齿轮、曲轴等
特殊用途铸钢	—	分别用于耐蚀、耐热、无磁、电工零件、水轮机叶片、模具等
灰铸铁	低牌号(HT100、HT150)	对机械性能无一定要求的零件,如盖、底座、手轮、机床床身等
	高牌号(HT200~HT350)	承受中等静载的零件,如机身、底座、泵壳、法兰、齿轮、联轴器、飞轮、带轮等
球墨铸铁	(QT400-18~QT900-2)	要求强度和耐磨性较高的零件,如曲轴、凸轮轴、齿轮、活塞环、轴套、犁刀等
特殊性能铸铁	—	用于耐热、耐蚀、耐磨等场合
铜合金	铸造铜合金、铸造黄铜(ZCu)	用于轴瓦、衬套、阀体、船舶零件、耐蚀零件、管接头等
	铸造青铜(ZCu)	用于轴瓦、蜗轮、丝杠螺母、叶轮、管配件等
	变形铜合金、黄铜(H)	用于管、销、铆钉、螺母、垫圈、小弹簧、电气零件、耐蚀零件、减摩零件等
	青铜(Q)	用于弹簧、轴瓦、蜗轮、螺母、耐磨零件等
轴承合金(巴氏合金)	锡基轴承合金(ZSnSb)	用于轴承衬,其摩擦系数低,减摩性、抗烧伤性、磨合性、耐蚀性、韧度、导热性均良好
	铅基轴承合金(ZPbSb)	强度、韧度和耐蚀性稍差,但价格较低,其余性能同 ZSnSb

材 料 类 别		应 用 举 例 或 说 明
塑料	热塑性塑料（如聚乙烯、有机玻璃、尼龙等）	用于一般结构零件、减摩和耐磨零件、传动件、耐腐蚀件、绝缘件、密封件、透明件等
	热固性塑料（如酚醛塑料、氨基塑料等）	
橡胶	普通橡胶 特种橡胶	用于密封件、减振件、防振件、传动带、运输带和软管、绝缘材料、轮胎、胶辊、化工衬里等

7.3　精密机械零件的热处理

　　热处理工艺与一般铸造、锻造和机械加工工艺不同。铸、锻造和机械加工是为了获得一定形状、一定尺寸精度的零件；而零件在热处理前后，形状和尺寸几乎无多大变化，但其内部结构却发生了质的变化，这种变化对零件的内在质量和使用性能影响颇大。因此，热处理工艺在精密机械中被广泛采用，一些重要零件如齿轮、主轴、弹簧，以及刀具、模具和量具等，在加工过程中都需经过热处理后才能使用。

　　钢的热处理是通过加热、保温、冷却的操作方法，使钢的组织结构发生变化，以获得所需性能的一种工艺方法。

　　除钢以外，铸铁和某些铜合金、铝合金也能通过热处理改变其力学性能。

　　根据加热、保温、冷却条件的不同和对钢的性能的要求不同，钢的热处理有下述一些主要类型。

7.3.1　普通热处理

1. 退火

　　将钢加热到稍高于临界温度，并在该温度下保持一定时间，然后随炉缓慢冷却的热处理方式称为退火。退火的目的是：软化钢件，以便进行切削加工；细化晶粒，改善组织以提高钢的力学性能；消除残余应力，以防止钢件的变形、开裂。

　　铸件、锻件、焊接件、热轧件、冷拉件等在制造过程中，会聚集有残余应力。如果这些应力不予消除，会引起钢件在一定时间以后，或在随后的切削加工中产生变形和裂纹。

　　如果仅是为消除钢件中的残余应力，可进行低温退火。其操作过程是：将钢件随炉缓缓加热（100～150 ℃/h）至 500～650 ℃，经一段时间保温后，随炉缓慢冷却（50～100 ℃/h）至 300～200 ℃以下出炉。钢件在低温退火过程中并无组织变化，残余应力主要是通过在 500～650 ℃保温后的缓冷过程消除的。

2. 正火

　　正火的加热温度和保温时间与退火相似，不同的是正火在空气中冷却，冷却速度大于退火时的冷却速度，故可获得比退火后更细的珠光体组织，从而得到较高的力学性能（硬度和强度均比退火后高）。正火的目的是：用于普通结构零件的最终热处理（不再进行淬火和回火；用于低、中碳钢的预热处理，以获得合适的硬度，便于后续的切削加工。

3. 淬火

将钢加热到临界温度以上的某一温度,经保温后投入水、盐水或油中迅速冷却的热处理方式称为淬火。淬火的目的是提高零件的硬度和耐磨性。

普通淬火处理是将整个零件按上述过程淬火。这种热处理方式亦称整体淬火。整体淬火后的零件会产生较大的残余应力,因此淬火后必须进行回火以降低脆性并稳定尺寸。

4. 回火

将淬火以后的零件重新加热到临界温度以下的某一温度,保持一段时间,然后在空气或油中冷却的热处理方式称为回火。回火的目的是:消除淬火时因冷却过快而产生的残余应力,降低脆性,提升材料的韧度。因而回火不是独立的工序,它是淬火后必须执行的后序工艺。

根据加热温度不同,回火可分为低温回火、中温回火和高温回火。

低温回火:加热温度为 150～250 ℃,目的是在保持高硬度的前提下降低淬火残余力和脆性,用于需要高硬度(59～62 HRC)的工具和受强烈摩擦的零件,如切削工具、模具和滚动轴承等。

中温回火:加热温度为 350～500 ℃,目的是消除淬火后的内应力,获得较高的弹性、一定的硬度和韧度,用于需要一定的硬度(40～50 HRC)、好的弹性和一定韧度的零件,如弹簧、热作模具等零件。

高温回火:加热温度为 500～650 ℃,目的是消除淬火后的残余应力,获得较高的韧度和塑性,但硬度较低(200～350 HBS)。通常把淬火后经高温回火的热处理过程称为调质处理。一些重要的零件,如主轴、连杆、丝杠、齿轮等均需调质处理。调质处理还可使零件切削加工性能获得改善。

除了上述三种常用的回火方法外,某些高合金钢还在 640～680 ℃ 进行软化回火。某些量具等精密工件,为了保持淬火后的高硬度及尺寸稳定性,有时需在 100～150 ℃ 进行长时间的加热(10～50 h),这种低温长时间的回火称为尺寸稳定处理或时效处理。人工时效一般在油浴炉中进行,这样可使零件加热均匀又不致造成氧化。某些零件淬火后须进行冷处理,方法是把淬冷至室温的零件继续放入 −70～−80 ℃(也可冷至更低的温度)的冷槽中冷冻,保持一段时间。冷处理的目的是使零件尺寸稳定,提高零件的硬度、耐磨性和寿命。

7.3.2　表面热处理

1. 表面淬火

表面淬火主要是通过快速加热与立即淬火冷却相结合的方法来实现的。即利用快速加热使钢件表面很快达到淬火的温度,而不等热量传至中心,即迅速予以冷却,如此便可以只使表层被淬硬,而中心仍留有原来塑性和韧度较好的退火、正火或调质状态的组织。实践证明,表面淬火用钢的含碳量以 0.40%～0.50% 为宜。如果含碳量过高,则会增加淬硬层的脆性,降低心部的塑性和韧度,并增加淬火开裂的倾向。相反,如果含碳量过低,则会降低表面淬硬层的硬度和耐磨性。

根据加热的方法不同,表面淬火主要有:感应加热(高频、中频、工频)表面淬火,火焰加热表面淬火,电接触加热表面淬火,以及电解液加热表面淬火等。工业中应用最多的为感应加热表面淬火。

感应加热表面淬火目前已有专用设备。感应电流透入工件表层的深度主要取决于电流频率,频率越高,电流透入深度越浅,即淬透层越薄。因此,可选用不同频率来达到不同要求的淬硬层深度。

生产中一般可根据工件尺寸大小和所需淬硬层的深度来选用感应加热的频率,见表 7-2。

表 7-2　感应加热方式的适用范围

加 热 方 式	淬硬层深度/mm	适 用 范 围
高频加热(电流频率为 100～500 kHz,常用为 200～300 kHz)	0.5～2.5	中小型零件加热,如中小模数齿轮,中小型圆柱零件
中频加热(电流频率为 500～10000 Hz,常用为 2500～8000 Hz)	2～10	直径较大的轴类零件,大中等模数齿轮
工频加热 (电流频率为 50 Hz)	10～20	ϕ300 mm 以上的大型零件

感应加热表面淬火的工件表面不易氧化和脱碳,变形小,淬硬层易于控制,淬火操作容易实现机械化和自动化,生产率高。因此,感应加热表面淬火在工业上获得日益广泛的应用,对于大批量的流水生产极为有利。但设备价格较高,维修、调整比较困难,形状复杂的零件不宜用此法进行淬火,感应器难以制造。

表面淬火适用于要求表面硬度、内部韧度均高的零件,如齿轮、蜗杆、丝杠、轴颈等。

2. 化学热处理

化学热处理是将工件置于一定介质中加热并保温,使介质中的活性原子渗入工件表层,以改变表层的化学成分和组织,从而使工件表面具有某种特殊的力学或物理、化学性能的一种热处理工艺。与表面淬火相比,不同之处在于:表面层不仅有组织变化,而且有成分的变化。化学热处理工艺较多,如渗碳、渗氮、碳氮共渗等,渗入的元素不同,会使工件表面所具有性能也不同。

(1)渗碳　渗碳是向钢件表面层渗入碳原子的过程。其目的是使工件在热处理后表面具有高硬度和耐磨性,而心部仍保持一定强度以及较高的韧度和塑性。

按照采用的渗碳剂不同,渗碳法可分为气体渗碳、固体渗碳、液体渗碳三种。其中,气体渗碳法因生产率高,劳动条件好,渗碳质量容易控制,并易于实现自动化,在当前工业生产中应用最广。

气体渗碳法是将工件置于密封的加热炉(如井式气体渗碳炉)中,通入气体渗碳剂,在 900～950 ℃加热、保温,使活性碳原子渗入表层。

渗碳主要用于低碳钢、低碳合金钢的工件。对于某些齿轮、轴、活塞销、万向联轴器等要求表面层的硬度、耐磨性、疲劳强度和心部的韧度和塑性都很高的重载零件,渗碳后尚需进行淬火和低温回火。

(2)渗氮　渗氮是向钢件表面层渗入氮原子的过程。其目的是提高表面层的硬度和耐磨性,并提高疲劳强度和耐蚀性。

目前,应用最为广泛的是气体渗氮法。气体渗氮法是利用氨气受热分解出活性氮原子,被钢吸收后形成渗氮层,并向心部扩散。氨的分解从 200 ℃开始,同时铁素体对氮有一定的溶解能力,所以气体渗氮一般在 500～570 ℃下进行。结束后随炉降温到 200 ℃以下,停气出炉。

渗氮通常利用专门设备或在井式炉内进行。渗氮前须将调质后的零件除油净化,入炉后应先用氨气置换炉内空气。

渗氮能获得比渗碳淬火更高的表面硬度、耐磨性、热硬性、疲劳强度和耐蚀性能。渗氮后不再淬火,变形小。渗氮主要用于硬度和耐磨性高,以及不易磨削的精密零件,如齿轮(尤其是内齿轮)、主轴、镗杆、精密丝杠、量具、模具等。

(3)碳氮共渗(氰化)　碳氮共渗是向钢的表层同时渗入碳和氮的过程,习惯上又称为氰化。目前以中温(700～800 ℃)气体碳氮共渗和低温(<570 ℃)气体碳氮共渗(即气体软氮化)应用较为广泛。

中温气体碳氮共渗与渗碳比较有很多优点,不仅加热温度低,零件变形小,生产周期短,而且渗层具有较高的耐磨性、疲劳强度和耐蚀性。不足之处在于中温气体碳氮共渗工艺较难控制,处理后工件表层易出现孔洞和黑色组织,且较脆等,尚待进一步研究解决。

低温气体碳氮共渗是一种较新的化学热处理工艺。与一般气体氮化相比,不仅处理时间可显著缩短,且零件变形很小,处理前后零件精度无显著变化。除使钢具有较高的耐磨、耐疲劳、抗擦伤等性能外,低温气体碳氮共渗还有一个突出的优点,就是氮化层不但很硬,而且有一定的韧度,不易发生剥落现象。

低温气体碳氮共渗处理不受钢种的限制,它适用于碳素钢、合金钢、铸铁以及粉墨冶金材料等。现已普遍用于模具、量具以及各种耐磨零件的处理,效果良好。不足之处在于氮化表层中铁氮化合物的层厚比较薄,仅 0.01～0.02 mm;其热分解气体具有一定毒性,尚需研究解决。

7.4　精密机械零件的强度

强度是零件抵抗外部载荷作用的能力。强度不足时,零件可能发生断裂或产生塑性变形,导致零件丧失工作能力而失效。

7.4.1　载荷和应力

在计算零件强度时,需要根据作用在零件上的载荷大小、方向、性质及工作状态来确定零件内部的应力分布。作用在零件上的载荷和相应的应力,按其随时间变化的情况,可分为以下两类。

1. 静载荷和静应力

对于不随时间变化或变化缓慢的载荷和应力,称为静载荷和静应力(见图 7-1)。例如,零件的重力及其产生的应力。

2. 变载荷和变应力

对于随时间作周期性变化的载荷和应力,称为变载荷和变应力(见图 7-2)。变应力既可由变载荷产生,也可以在静载荷作用下间接形成。例如,在不变弯矩作用下,轴等速转动时,其横截面内会产生周期性变化的弯曲应力。

应力作周期性变化时,一个周期所对应的应力变化称为应力循环。应力循环中的平均应力 σ_m,应力幅度 σ_a,循环特性 r 与其最大应力 σ_{max} 和最小应力 σ_{min} 有如下的关系:

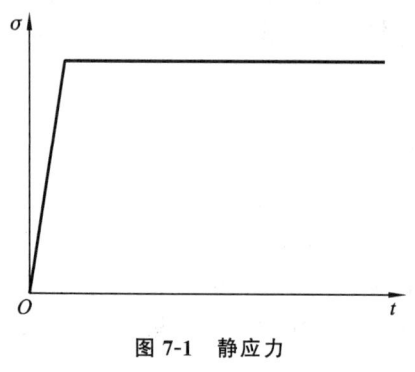

图 7-1　静应力

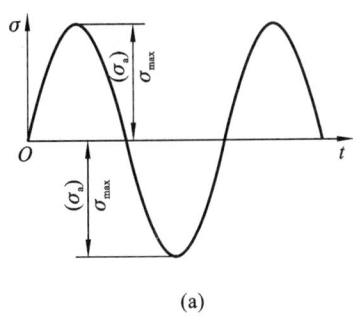 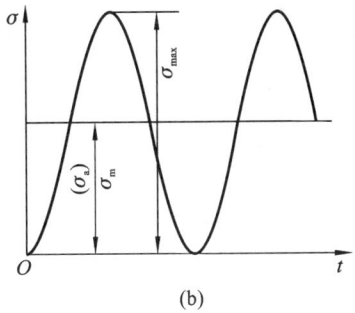

$$(a) \qquad\qquad (b)$$

图 7-2 变应力

$$\begin{cases} \sigma_m = \dfrac{\sigma_{max} + \sigma_{min}}{2} \\[2mm] \sigma_a = \dfrac{\sigma_{max} - \sigma_{min}}{2} \\[2mm] r = \dfrac{\sigma_{min}}{\sigma_{max}} \end{cases} \qquad (7\text{-}1)$$

当 $r = -1$ 时,称为对称循环;当 $r \neq -1$ 时,称为非对称循环;其特例是 $r = 0$,称为脉动循环。

在进行强度计算时,作用在零件上的载荷又可分为名义载荷和计算载荷。

(1) 名义载荷 在稳定和理想的工作条件下,作用在零件上的载荷称为名义载荷。

(2) 计算载荷 为了提高零件的工作可靠性,必须考虑影响零件强度的各种因素,如零件的变形、工作阻力的变动、工作状态的不稳定等。为计入上述因素,将名义载荷乘以某些系数,作为计算时采用的载荷,此载荷称为计算载荷。

7.4.2 零件的整体强度

零件整体抵抗载荷作用的能力称为整体强度。判断零件整体强度的方法有两种,第一种是把零件在载荷作用下产生的应力(σ、τ)与许用应力($[\sigma]$、$[\tau]$)相比较,其强度条件为

$$\sigma \leqslant [\sigma] \quad \text{或} \quad \tau \leqslant [\tau] \qquad (7\text{-}2)$$

而

$$[\sigma] = \frac{\sigma_{lim}}{[S_\sigma]}, \quad [\tau] = \frac{\tau_{lim}}{[S_\tau]}$$

式中:σ_{lim}、τ_{lim}——零件材料的极限应力;

$[S_\sigma]$、$[S_\tau]$——许用安全系数。

第二种是把零件在载荷作用下的实际安全系数与许用安全系数进行比较,其强度条件为

$$S_\sigma = \frac{\sigma_{lim}}{\sigma} \geqslant [S_\sigma] \quad \text{或} \quad S_\tau = \frac{\tau_{lim}}{\tau} \geqslant [S_\tau] \qquad (7\text{-}3)$$

1. 静应力下的强度

在静应力条件下,零件的整体强度可采用前述任一判断方法进行评定。对于塑性材料制成的零件,应以材料的屈服极限 σ_s 或 τ_s 作为极限应力;而对于脆性材料制成的零件,则应以材料的强度极限 σ_b 或 τ_b 作为极限应力。若缺乏屈服极限数据,则可采用强度极限作为极限应力,但应选用较大的安全系数。

2. 变应力下的强度

在变应力作用下，零件可能出现的一种失效形式为疲劳断裂，该失效形式不仅取决于变应力的幅值，还与应力循环次数有关。对于表面无缺陷的金属材料，其疲劳断裂过程可分为两个阶段：第一阶段是在变应力作用下，零件表面发生微观滑移而形成初始裂纹；第二阶段则为初始裂纹在变应力作用下不断扩展直至导致断裂。实际上，由于实际材料中存在晶界夹渣、微孔以及机械加工引起的表面划伤和裂纹等缺陷，材料的疲劳断裂过程往往主要表现为初始裂纹的扩展阶段。此外，零件上的圆角、凹槽、缺口等几何特征所引起的应力集中，也会促进零件表面裂纹的产生与扩展。

当循环特性 r 固定时，材料在经历 N 次应力循环而未发生疲劳破坏时的最大应力，称为疲劳极限，记为 σ_{rN}。

表示应力循环次数 N 与疲劳极限 σ_{rN} 之间关系的曲线称为疲劳曲线。金属材料的疲劳曲线通常有两种类型：一种是当循环次数 N 超过某一临界值 N_0 后，疲劳极限不再降低，曲线趋于水平（见图 7-3(a)），此 N_0 称为循环基数；另一种的疲劳曲线则没有明显的水平段（见图7-3(b)），此类曲线多见于有色金属及某些高硬度合金钢。

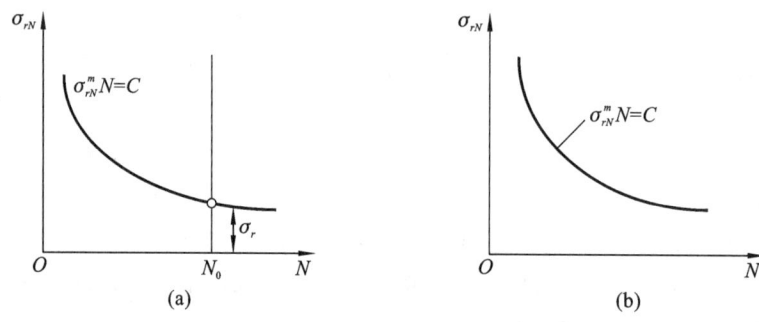

图 7-3　疲劳曲线

疲劳曲线可分为两个区域：$N \geqslant N_0$ 区为无限寿命区；$N < N_0$ 区为有限寿命区。在无限寿命区，疲劳极限是一个常数，而在有限寿命区，疲劳极限 σ_{rN} 将随循环次数 N 的减小而增大，其疲劳曲线方程为

$$\begin{cases} \sigma_{rN}^m N = \sigma_r^m N_0 = C \\ \tau_{rN}^m N = \tau_r^m N_0 = C' \end{cases} \tag{7-4}$$

式中：σ_r（或 τ_r）——循环特性为 r，对应于无限寿命区的疲劳极限；

m——与应力状态有关的指数；

C、C'——常数。

由式(7-4)可按 σ_r 求出循环次数为 N 的疲劳极限

$$\begin{cases} \sigma_{rN} = \sigma_r \sqrt[m]{\dfrac{N_0}{N}} = K_L \sigma_r \\ K_L = \sqrt[m]{\dfrac{N_0}{N}} \end{cases} \tag{7-5}$$

式中：K_L——寿命系数。

所谓无限寿命，是指零件承受的变应力低于疲劳极限 σ_r 时，工作应力总循环次数可大于 N_0，但并不意味着零件永远不会失效。

零件处于变应力状态下工作时,通常以材料的 σ_r 作为极限应力 $\sigma_{\lim}$,然后用寿命系数 K_L 来考虑零件实际应力循环次数 N 的影响。

提高零件的疲劳强度可采取以下措施:①应用屈服极限高和细晶粒组织的材料;②零件截面形状的变化应平缓,以减小应力集中;③改善零件的表面质量,如减小表面粗糙度,进行表面强化处理(表面喷丸、滚压)等;④减少材料的冶金缺陷,如采用真空冶炼,使非金属夹杂物减少。

7.4.3 零件的表面强度

1. 表面接触强度

在精密机械中,经常遇到两个零件的曲面相互接触以传递压力的情况。加载前,两曲面呈线接触或点接触,加载后,由于接触表面的局部弹性变形,原先的接触线或接触点扩展为一个微小的接触区域。如图 7-4(a)所示,原为线接触的两圆柱体,加载后接触区域扩展为 $2a \times b$ 的小矩形;如图 7-4(b)所示,原为点接触的两球,加载后接触点扩展为直径为 $2a$ 的圆形区域。在接触区域内产生的局部应力称为接触应力。

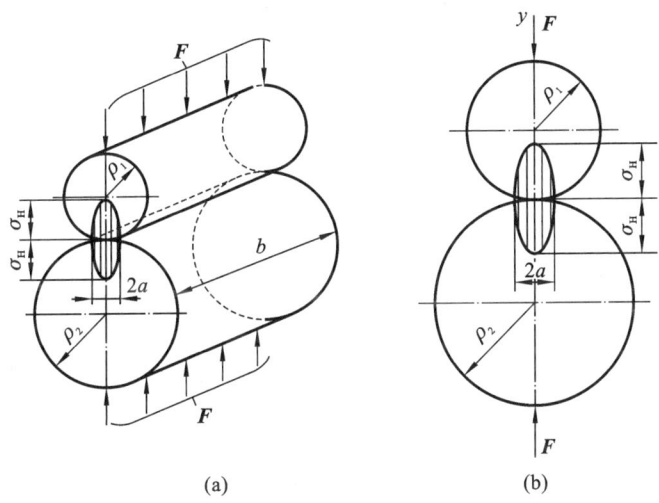

图 7-4　微小接触面积和接触应力

根据赫兹公式,轴线平行的两个圆柱体相压时,其最大接触应力可按下式计算:

$$\sigma_H = \sqrt{F_u \Big/ \left[\rho\pi\Big(\frac{1-u_1^2}{E_1}+\frac{1-u_2^2}{E_2}\Big)\right]} \tag{7-6}$$

式中:σ_H——最大接触应力;

F_u——接触线单位长度上的载荷,$F_u = F/b$;

ρ——两圆柱体在接触处的综合曲率半径,$1/\rho = 1/\rho_1 \pm 1/\rho_2$,其中加号用于外接触,减号用于内接触;

E_1、E_2——两圆柱体材料的弹性模量;

u_1、u_2——两圆柱体材料的泊松比。

当 $u_1 = u_2 = u$ 时,式(7-6)可以简化为

$$\sigma_H = \sqrt{\frac{F_u}{\rho}\cdot\frac{E}{2\pi(1-u^2)}} \tag{7-7}$$

式中:E——两圆柱体材料的综合弹性模量,$E=2E_1E_2/(E_1+E_2)$。

当两个钢制球体在力 F 作用下相压时(见图 7-4(b)),最大接触应力 σ_H 为

$$\sigma_H = 0.338\sqrt[3]{\frac{FE^2}{\rho^2}} \tag{7-8}$$

在循环接触应力作用下,接触表面产生疲劳裂纹,裂纹扩展导致表层小块金属剥落,这种失效形式称为疲劳点蚀。疲劳点蚀将使零件表面失去正确的形状,降低零件的工作精度,引起附加动载荷,产生噪声和振动,并降低零件的使用寿命。

提高表面接触强度可采取以下措施:①增大接触处的综合曲率半径 ρ,以降低接触应力;②提高接触表面的硬度,以提高接触疲劳极限;③提高零件表面的加工质量,以优化接触条件;④采用黏度较大的润滑油,以减缓疲劳裂纹的扩展。

2. 表面磨损强度

零件在摩擦的条件下,其表面形状和尺寸逐渐改变的过程称为磨损,当磨损量超过允许值时,即产生失效。引起磨损的原因,一种是由于硬质微粒进入两接触表面间,另一种是两接触表面在相对运动中相互刮削。

磨损会降低零件的强度,增大接触面间的摩擦,从而降低传动效率和零件的工作精度。但磨损并非都有害,如跑合、研磨都是有益的磨损。

从零件开始工作到磨损量 Δ 超过允许值而失效的整个期间,可分为三个阶段(见图 7-5)。

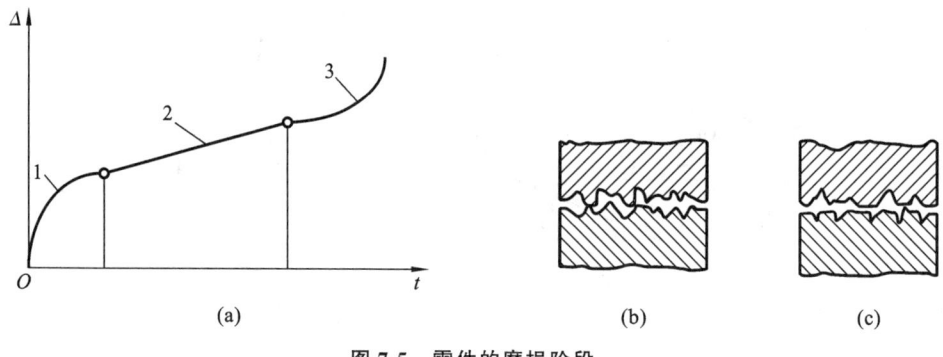

图 7-5　零件的磨损阶段

第一阶段称为跑合阶段(如图 7-5(a)中曲线段 1 所示)。在这一阶段,机械加工后在零件表面遗留下的粗大锯齿体(如图 7-5(b)所示)部分被刮除,部分发生塑性变形并填充到锯齿体的波谷中,从而增加了实际接触的平滑表面;当平滑表面的宽度超过残余波谷宽度时(如图 7-5(c)所示),跑合过程结束,磨损速度随之减缓并趋于稳定。

第二阶段称为稳定磨损阶段(如图 7-5(a)中曲线段 2 所示),在该阶段中磨损速度较为稳定,是零件的正常工作阶段。

第三阶段称为崩溃磨损阶段(如图 7-5(a)中曲线段 3 所示),在这一阶段,接触表面的磨损量超过允许值,导致零件在工作中产生冲击载荷,降低运动精度,使零件迅速失效。

减小磨损的基本方法有:

①充分润滑摩擦表面,使得接触表面部分或全部脱离直接接触。

②定期清洗或更换润滑剂。

③采用适当的密封装置。

④合理选择摩擦表面材料。对于一对相互摩擦的零件,为避免其中较贵重的零件过早磨

损,常采用减摩材料制造另一零件的摩擦表面,以减小摩擦阻力。常用的减摩材料有巴氏合金、青铜、某些牌号的铸铁和塑料等。

⑤采用热处理、电镀、熔镀等方法提高接触表面的耐磨性。

⑥合理减小摩擦表面的粗糙度,以改善摩擦面的接触状况。

由于影响磨损的因素很多,如载荷的大小和性质、相对滑动速度、润滑和冷却条件等,所以很难建立起有充分理论依据的抗磨损强度计算方法。通常利用摩擦表面的压强 p 和与摩擦功成正比的 pv 值,近似地判断零件的抗磨损强度,即令 p 和 pv 的计算值满足下列条件:

$$\begin{cases} p \leqslant [p] \\ pv \leqslant [pv] \end{cases} \tag{7-9}$$

式中:v——接触表面的相对滑动速度(m/s);

　　　$[p]$——许用压强(N/mm^2);

　　　$[pv]$——许用 pv 值。

7.5　精密机械零件的刚度

刚度是零件在载荷作用下抵抗弹性变形的能力。刚度的大小用产生单位变形所需要的外力或外力矩来表示。

由静载荷与变形关系所确定的刚度称为静刚度,而由变载荷与变形关系所确定的刚度称为动刚度。对于金属材料制造的零件,其静刚度与动刚度的数值基本相同;但对于某些非金属材料(如橡胶零件)制造的零件,静载荷 F_1 作用下的变形量 λ_1,会大于在变载荷(其载荷的最大值为 F_1)作用下的变形量入 λ_2(见图 7-6),因此其静刚度与动刚度不同。对于某些零件,要求有足够的刚度。若刚度不足,可能导致关联零件协同工作失效,降低系统精度。例如,轴刚度不足会破坏齿轮啮合精度,引发运动误差。

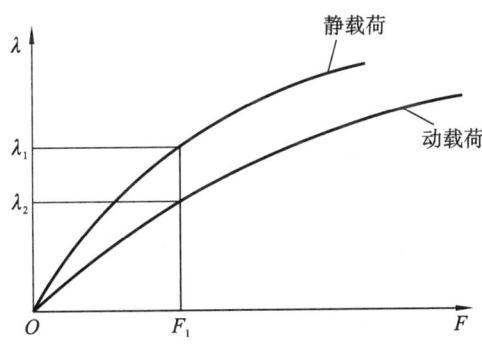

图 7-6　橡胶零件的载荷-变形曲线

对于另外一些零件,则要求有一定的刚度,即在载荷作用下,零件应产生给定的变形。例如弹性元件、减振器等。满足刚度要求是这类零件设计计算的出发点。

由工程力学可知,零件刚度的大小与材料的弹性模量、零件的截面形状和几何尺寸有关,而与材料的强度极限无关。如图 7-7 所示的片簧,其刚度为

$$F' = \frac{F}{\lambda} = \frac{3EI_a}{L^3} = \frac{Ebh^3}{4L^3} \tag{7-10}$$

式中:L——片簧的工作长度;

I_a——片簧的截面惯性矩,$I_a = bh^3/12$,其中 b 为片簧的宽度;

h——片簧的厚度;

E——片簧材料的弹性模量。

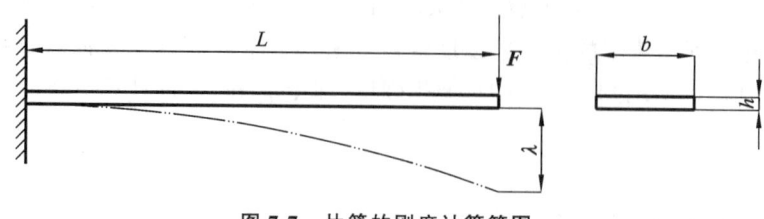

图 7-7　片簧的刚度计算简图

当零件仅需满足刚度要求时,碳素钢与高强度合金钢的弹性模量相近,应优先选用成本较低的碳素钢。提高刚度的有效措施包括:优化截面形状(如增大惯性矩)、缩短支承间距、增设加强筋等。

部件刚度受多因素影响(如装配误差、连接刚度),难以精确计算。现行方法为估算变形值并与许用值对比,许用值通常基于试验或工程经验确定。

7.6　精密机械零件的工艺性

为了使精密机械能够以最经济的方式制造出来,在结构设计过程中,应同时关注整体结构的工艺性和各个零件的工艺性。

工艺性良好的结构和零件具有以下特点:

①制造和装配工时较少;

②需要的复杂设备数量较少;

③材料消耗较少;

④生产准备费用较低。

结构工艺性与具体的生产条件有关,对于在某一生产条件下工艺性很好的结构,在另一种生产条件下就不一定也是很好的。尽管如此,仍可提出下述一些通用的改善结构工艺性的原则:

(1) 整个结构易于拆分成若干部件,各部件之间的连接及布局应便于装配、维修和检验。

(2) 在结构中应尽量采用已经成熟并已批量生产的零件和部件,特别是应尽量选用标准件;在同一个结构中,尽量采用相同零件。

(3) 应使零件和部件具有互换性,在精度要求较高的情况下,可设计调整环节,尽可能不采用选择装配。

零件工艺性也与具体的生产条件有关,改善零件工艺性的一般原则是:

(1) 合理选择零件毛坯的类型。如模锻件、冲压件一般仅适用于大批量生产,在单件或小批量生产时,则不宜采用,以免模具造价太高而提高零件成本。

(2) 零件的形状应力求简单,尽可能减少被加工表面的数量,以降低加工费用。

(3) 零件上的孔、槽等应尽可能选用标准刀具来加工。

(4) 在满足工作要求的前提下,合理确定加工精度、表面粗糙度和热处理条件等。

课程思政拓展阅读材料

材料一　长征一号:千里之行

1970 年 4 月 24 日,位于酒泉卫星发射中心的发射场上,寂静的夜空突然被一阵轰鸣声打破。紧接着,一枚长 30 m、直径 2.25 m、起飞质量达 80 t 的火箭以炽热的火焰划破夜空,向南方飞去。15 min 后,我国第一颗人造卫星"东方红一号"传回影像,同时播放着《东方红》乐曲,向世界宣告:中国人也有能力进军太空。而将"东方红一号"送入太空的,正是我国第一枚运载火箭——"长征一号"。

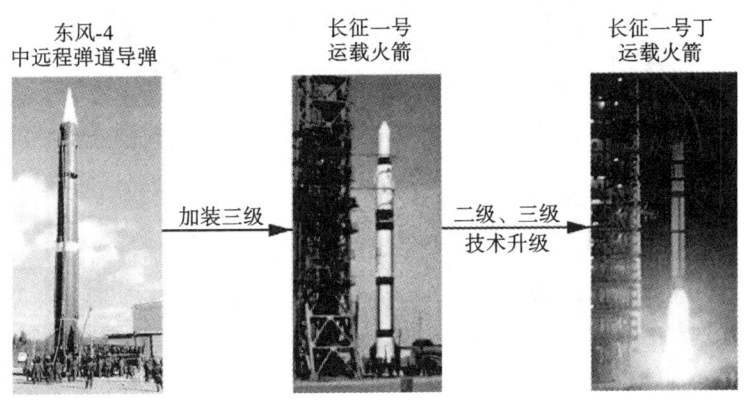

东风-4
中远程弹道导弹
加装三级
长征一号
运载火箭
二级、三级
技术升级
长征一号丁
运载火箭

提及"长征",在许多人心中不仅让人联想到 80 多年前红军长征二万五千里的艰苦历程,也使人想到 50 年来不断将我国卫星和航天员送入太空的"长征"系列运载火箭。

在我国运载火箭设计初期,新成立的七机部第一研究院(即中国运载火箭技术研究院的前身)的科研人员,受到毛主席《七律·长征》中展现的红军不畏艰难、顽强奋斗精神的启发,提出将我国运载火箭命名为"长征"的构想,并获得上级批准。"长征"这一名称寓意着我国的运载火箭事业将像红军长征一样,克服一切艰难险阻,最终抵达胜利的彼岸。

参考资料:https://mp. weixin. qq. com/s? __biz = MzI3MzE3OTI0Mw = = & mid = 2247539623 & idx = 1 & sn = 87d5ab569778102d07b62c8fa7912bcf & chksm = eb252ca3dc52a5b5 1f4c66b160d4d469901d7d0c801efcafbb91ff09463cc08b65c6656af4f0 & scene = 27。

思考 1:探讨在长征一号火箭推进剂容器中所使用的材料,该材料需要具备哪些特性才能承受极端的压力和温度?

思考 2:如何进行零件的应力分析,以确保其能够承受来自加速度、重力、振动等方面的巨大力量?

材料二　空间站:宇宙的城堡

航天科技的历史并不久远,但是在这个新生事物中,空间站的历史相对来说并不短,早在1971 年,人类就成功发射了史上第一座空间站,至今已有了半个多世纪的历史。1961 年人类实现了首次载人航天,第一次在大气层边缘亲眼俯瞰地球,此举表明人类在有相应准备的时候,是能够在太空中进行长时间的工作和生活的。随后,经过数年的不断完善,空间站技术不断进步与扩展。到 1971 年发射的"礼炮 1 号"空间站时,作为世界上首座空间站,虽然其设计较为原始,但已具备轨道舱、服务舱和对接舱,整星重约 18.5 t。从整体上看,"礼炮 1 号"空间站可视为一次成功的尝试。尽管在两次与飞船对接过程中出现了问题,但三名航天员依然在空间站内完成了为期 23 天的任务,证明了其整体设计的可行性。两个月后,这座空置的空间站坠入大气层并被烧蚀殆尽。

空间站

此后,"礼炮"系列 2、3、4、5 号空间站先后发射,其中"礼炮 2 号"因发射后解体,其余均圆满完成任务。这一系列空间站被称为第一代空间站,其特点在于结构较小,不适合长期居住,但成功验证了物资补给、对接等关键技术,为后续空间站的发展奠定了基础。"礼炮"系列 6、7 号被称为第二代空间站,它们体型更大,对接口上升至两个,具备更强的对接能力,同时设计寿命也增加到了 10 年。1986 年,世界上首座多模块空间站——"和平号"发射升空。该空间站采用分批发射后对接的方式,其主体长 13.13 m,重 21 t,拥有多达 6 个对接口。通过各模块的不断组合,最终呈现出一个多结构、功能齐全的空间站。

参考资料:https://zhuanlan.zhihu.com/p/123388711。

思考 1:探讨空间站结构设计中如何才能满足对强度和刚度的要求,以确保其在太空中能够承受外部冲击和内部载荷的压力。

思考 2:探讨在空间站外壳和结构中所使用的材料,需要具备哪些特性才能抵御宇宙空间中的辐射、微小碎片撞击和极端温度?

讨　　论

7-1　分析现实中的精密机械设计案例,探讨设计者在材料选择、热处理以及零件强度与刚度方面所面临的挑战及对应解决方案。

7-2　探讨如何在设计过程中确保零件的强度和刚度,使其能够承受预期负载和工作环境,包括设计原则、结构优化、应力分析及模拟等方法。

7-3　讨论热处理对精密机械零件性能的影响,如热处理如何改变材料的硬度、韧性和耐磨性;同时探讨针对不同类型精密零件所采用的热处理工艺。

习　　题

7-1　表征金属材料的力学性能的主要指标有哪些?

7-2　金属材料在加工和使用过程中,影响其力学性能的主要因素是什么?

7-3　常用的硬度指标有哪些?

7-4　常用的热处理工艺有哪些?

7-5　选择精密机械零件的材料时,应满足哪些基本要求?

第8章 连 接

机械是由若干零部件按工作要求,采用各种不同的连接方式组合而成的。在机械制造中,连接是指被连接件与连接件的组合。就机械零件而言,被连接件包括:轴与轴上零件(如齿轮、带轮等)、轮圈与轮芯、箱体与箱盖,以及焊接零件中的钢板与型钢等。连接件又称紧固件,如螺栓、螺母、销、铆钉等。有些连接则没有专门的紧固件,如靠被连接件本身变形而形成的过盈连接,以及利用分子结合力实现的焊接和黏结等。实践证明,机械的损坏往往发生在连接部位,因此,对于设计者而言,熟悉各种连接的特点与设计方法是非常必要的。

常见的机械连接有两大类:一类是在机器工作时,被连接的各零部件之间可以有相对位置的变化,这种连接称为机械动连接,即前面已讨论过的运动副,本章不再赘述;另一类是在机器工作时,被连接的各零部件之间的相对位置固定不变,不允许有相对运动,这类连接称为机械静连接。机械静连接按拆卸方式分为两种:一种是可拆卸连接,如键连接、螺纹连接、销连接、楔连接、成形连接等,这些连接装拆方便,在拆开时不需要损坏连接件中的任一零件;另一种是不可拆卸连接,如焊接、铆接、黏结等,这些连接要拆开时会破坏或损伤连接中的零件。本章只讨论可拆卸连接。

8.1 螺 纹 概 述

8.1.1 螺纹的形成

将一倾斜角为 ψ 的直线绕在圆柱体表面转动,即可形成一条螺旋线,如图 8-1(a)所示。取一平面图形(如图 8-1(b)所示,通常为三角形、矩形、梯形或锯齿形),使其沿着螺旋线运动,并在运动过程中始终保持平面图形通过圆柱体的轴线,即可得到螺纹。根据平面图形形状的不同,螺纹分为三角形螺纹、矩形螺纹、梯形螺纹和锯齿形螺纹等。三角形螺纹多用于连接,其余的多用于传动。按照螺旋线的旋向,螺纹分为左旋螺纹和右旋螺纹(见图 8-2)。机械制造中一般采用右旋螺纹,有特殊要求时,才采用左旋螺纹。按照螺旋线的数目,螺纹还可分为单线螺纹和等距排列的多线螺纹(见图 8-2)。为了制造方便,螺纹的线数一般不超过 4。

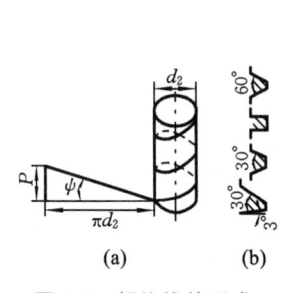

(a)　　　(b)

图 8-1　螺旋线的形成

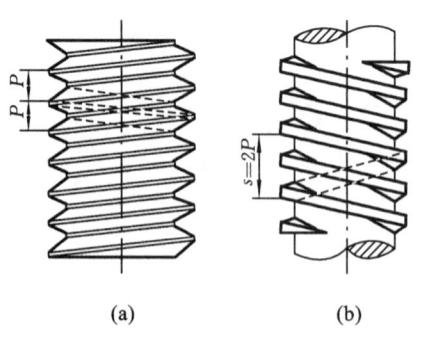

(a)　　　(b)

图 8-2　螺纹的线数与旋向

螺纹有外螺纹和内螺纹之分,它们共同组成螺旋副。用于连接的螺纹称为连接螺纹;用于传动的螺纹称为传动螺纹,其对应的传动称为螺旋传动。

8.1.2 螺纹的几何参数

按照螺纹的母体形状,螺纹分为圆柱螺纹和锥螺纹。现以圆柱螺纹为例,说明螺纹的主要几何参数(见图 8-3)。

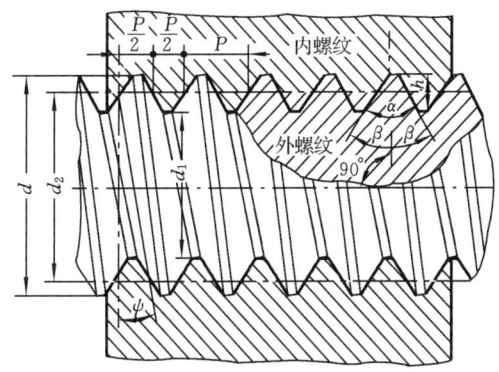

图 8-3 圆柱螺纹的主要几何参数

(1) 大径 $d(D)$:与外螺纹牙顶(或内螺纹牙底)相重合的假想圆柱体的直径,在标准中定义为公称直径。

(2) 小径 $d_1(D_1)$:与外螺纹牙底(或内螺纹牙顶)相重合的假想圆柱体的直径,一般为螺杆危险剖面的直径。

(3) 中径 $d_2(D_2)$:在轴向截面上,当牙厚等于牙沟槽宽度时对应的假想圆柱直径。

(4) 线数 n:螺纹的螺旋线数目,一般 $n \leqslant 4$。

(5) 螺距 P:相邻两牙在中径线上对应两点间的轴向距离。

(6) 导程 S:同一条螺旋线上的相邻两牙在中径线上对应两点间的轴向距离。对于 n 线螺纹,有 $S = nP$。

(7) 螺纹升角 ψ:在中径圆柱面上,螺旋线的切线与垂直于螺纹轴线的平面间的夹角。

$$\tan\psi = \frac{nP}{\pi d_2} \tag{8-1}$$

(8) 牙型角 α:轴向截面内,螺纹牙型相邻两侧边的夹角。螺纹牙型的侧边与螺纹轴线的垂线间的夹角称为牙侧角 β。对于对称牙型,$\beta = \alpha/2$。

(9) 工作高度 h:内、外螺纹旋合后接触面的径向高度。

8.2 螺旋副的受力、效率与自锁

8.2.1 矩形螺纹副($\beta = 0°$)

螺纹副在力矩 T 和轴向载荷 F_a 作用下的相对运动,可简化为作用在中径 d_2 上的水平力 F 推动滑块沿螺纹运动,如图 8-4(a)所示。将矩形螺纹沿中径 d_2 展开可得一斜面模型,螺母沿螺纹上升的运动等效为滑块沿斜面的向上运动(见图 8-4(b))。

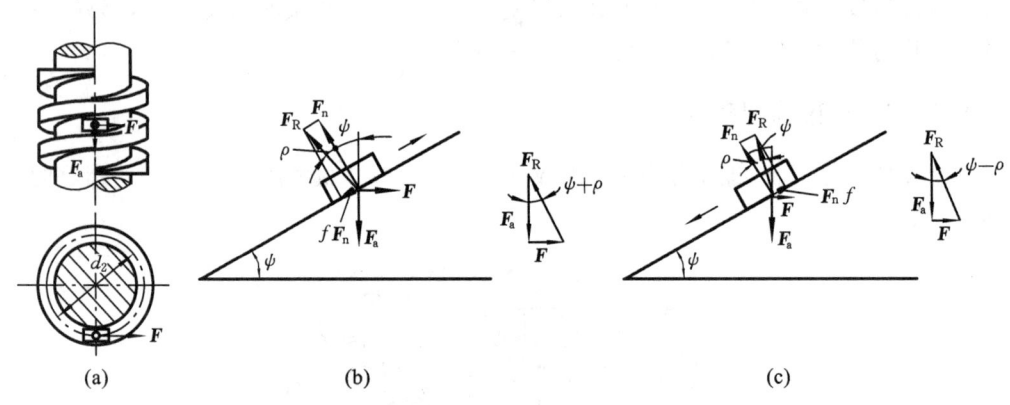

图 8-4　矩形螺纹的受力分析

1. 滑块等速上升(拧紧螺母)

当滑块沿斜面等速上升时,F_a 为阻力,F 为驱动力。将法向反力 F_n 和摩擦力 fF_n 合成为总反力 F_R,总反力 F_R 与 F_a 的夹角为 $\psi+\rho$。由力的平衡条件可得:

$$F = F_a \tan(\psi+\rho) \tag{8-2}$$

作用在螺纹副上的相应驱动力矩(拧紧力矩)为

$$T = F\frac{d_2}{2} = F_a \frac{d_2}{2}\tan(\psi+\rho) \tag{8-3}$$

式中:ψ——螺纹升角;

　　F_a——轴向载荷;

　　F——作用在中径上的水平推力;

　　ρ——摩擦角;

　　d_2——螺纹中径。

2. 滑块等速下滑(松开螺母)

当滑块沿斜面等速下滑时(见图 8-4(c)),轴向载荷 F_a 变为驱动力,而 F 变为维持滑块等速运动所需的平衡力。由力多边形可得

$$F = F_a \tan(\psi-\rho) \tag{8-4}$$

作用在螺纹副上的相应力矩为

$$T = F\frac{d_2}{2} = F_a \frac{d_2}{2}\tan(\psi-\rho) \tag{8-5}$$

3. 自锁条件分析

当斜面倾角 ψ 大于摩擦角 ρ 时,滑块在轴向载荷 F_a 的作用下有向下加速运动的趋势。这时由式(8-4)求出的平衡力 F 为正值,方向如图 8-4(c)所示。它阻止滑块加速以保持等速下滑,故 F 是阻力。当斜面倾角 ψ 小于摩擦角 ρ 时,滑块不能在轴向载荷 F_a 的作用下自行下滑,即处于自锁状态,这时由式(8-4)求出的平衡力 F 为负,其方向与图 8-4(c)所示相反(即 F 与运动方向成锐角),F 为驱动力。这说明当 $\psi=\rho$ 时,必须施加驱动力 F 才能使滑块等速下滑。

对于传力螺旋机构和连接螺纹,都要求螺纹具有自锁性,如螺旋式压力机、螺旋千斤顶等。

8.2.2　非矩形螺纹副($\beta \neq 0°$)

非矩形螺纹指牙侧角 $\beta \neq 0°$ 的三角形螺纹、梯形螺纹、锯齿形螺纹等。

1. 法向力与当量摩擦系数

对比图 8-5(a)与(b)可知,若忽略螺纹升角的影响,在轴向载荷 F_a 作用下,非矩形螺纹的法向力比矩形螺纹的大。若将法向力的增量等效为摩擦系数的增加,则非矩形螺纹的摩擦阻力可表示为

$$\frac{F_a}{\cos\beta}f = \frac{f}{\cos\beta}F_a = f'F_a$$

式中:f'——当量摩擦系数,即

$$f' = \frac{f}{\cos\beta} = \tan\rho' \tag{8-6}$$

式中:ρ'——当量摩擦角;

　　　β——牙侧角。

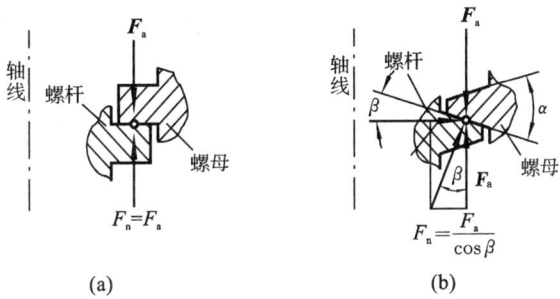

图 8-5　矩形螺纹与非矩形螺纹的法向力

2. 受力分析与力矩公式

将图 8-4 中的 f 换成 f'、ρ 换成 ρ',就可像对矩形螺纹那样对非矩形螺纹进行受力分析。当螺母沿非矩形螺纹等速上升(滑块沿斜面等速上升)时,可得水平推力

$$F = F_a\tan(\psi + \rho') \tag{8-7}$$

相应的驱动力矩为

$$T = F\frac{d_2}{2} = F_a\frac{d_2}{2}\tan(\psi + \rho') \tag{8-8}$$

当螺母沿非矩形螺纹等速下降(滑块沿斜面等速下滑)时,平衡力为

$$F = F_a\tan(\psi - \rho') \tag{8-9}$$

对应的驱动力矩为

$$T = F_a\frac{d_2}{2}\tan(\psi - \rho') \tag{8-10}$$

3. 自锁条件

与矩形螺纹分析相同,若螺纹升角 ψ 小于当量摩擦角 ρ',则螺纹副具有自锁性。如不施加驱动力矩,无论轴向驱动力 F_a 多大,都不能使螺纹副发生相对运动。考虑到极限情况,非矩形螺纹的自锁条件可表示为

$$\psi \leqslant \rho' \tag{8-11}$$

以上分析适用于各种螺旋传动和螺纹连接。当轴向载荷为阻力,阻止螺纹副相对运动时(如用螺旋千斤顶顶举重物时,重力阻止螺杆上升),相当于滑块沿斜面等速上升,此时应使用式(8-3)或式(8-8)。当轴向力为驱动力,与螺纹副相对运动方向一致时(如用螺旋千斤顶降落

重物时,重力与下降方向一致),相当于滑块沿斜面等速下滑,此时应使用式(8-5)或式(8-10)。

8.2.3 螺旋副效率

螺旋副的效率 η 是指有效功与输入功之比。输入功:驱动力矩 T 所做的功,即 $W_{输入}=2\pi T$;有效功:轴向载荷 F_a 提升高度 S(导程)所做的功,即 $W_{有效}=F_a S$。效率公式为

$$\eta=\frac{W_{有效}}{W_{输入}}=\frac{F_a S}{2\pi T}$$

效率与螺纹升角 ψ 的关系为

$$\eta=\frac{F_a S}{2\pi T}=\frac{\tan\psi}{\tan(\psi+\rho')} \tag{8-12}$$

由式(8-12)可知:ψ 越大,η 值越大;ρ' 越大,η 值越小。但由于过大的螺纹升角 ψ 会使螺纹加工困难,且由反映螺旋副效率的图 8-6 可知,升角过大,效率提高也不显著,因此一般 $\psi\leqslant25°$。

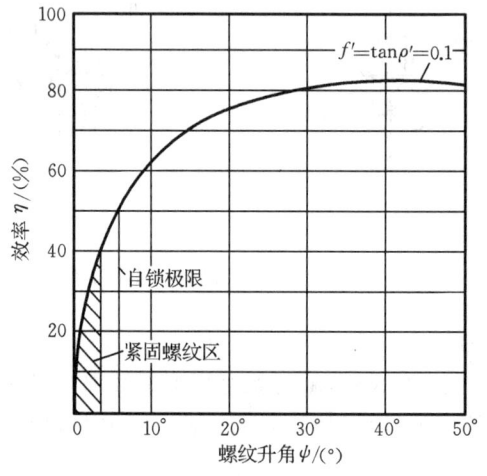

图 8-6 螺旋副的效率曲线

8.3 常用螺纹的基本类型和特点

8.3.1 三角形螺纹

在机械设备中常用的螺纹有三角形、梯形、矩形和锯齿形。为了减少摩擦和提高效率,梯形螺纹($\beta=15°$)、锯齿形螺纹($\beta=3°$)、矩形螺纹($\beta=0°$)的牙侧角都比三角形螺纹的小得多,而且有较大的间隙以便储存润滑油,故用于传动。

三角形螺纹主要有普通螺纹和管螺纹两类,前者多用于紧固连接,后者用于各种管道的紧密连接。普通螺纹是牙形角 $\alpha=60°$ 的三角形螺纹,以大径 d 为公称直径。同一公称直径可以有多种螺距的螺纹,其中螺距最大的螺纹称为粗牙螺纹,其余都称为细牙螺纹。粗牙螺纹应用最为广泛。公称直径相同时,细牙螺纹的升角小、小径大,因而强度高、自锁性能好。但细牙螺纹不耐磨、易滑扣,故多用于薄壁或细小零件,以及受冲击、振动和变载荷的连接中,也可用作微调机构的调整螺纹。粗牙普通螺纹的基本尺寸如表 8-1 所示。细牙普通螺纹的基本尺寸如表 8-2 所示。

管螺纹用于管道的紧密连接,有牙型角分别为 $\alpha = 55°$ 和 $\alpha = 60°$ 的两种管螺纹,并且分别有圆柱管螺纹和圆锥管螺纹两类。多数管螺纹的公称直径是管子的内径。圆柱管螺纹广泛应用于水、煤气、润滑管路系统中;圆锥管螺纹不用填料即能保证紧密性而且旋合迅速,适用于密封要求较高的管路连接中。

管螺纹连接最常用的是英制细牙三角形螺纹,牙型角 $\alpha = 55°$,如图 8-7(b)、(c)所示,它是用于管件连接的紧密螺纹,牙顶与牙底有较大的圆角,内、外螺纹旋合后牙型间无径向间隙,公称直径近似为管子内径。管螺纹分为非螺纹密封的管螺纹(见图 8-7(b))和螺纹密封的管螺纹(见图 8-7(c))。前者本身不具备密封性,如果连接有密封要求,需在密封面间加上密封件。后者的螺纹分布在锥度为 1∶16 的圆锥管壁上,不用另加密封件即可保证连接的密封性。

表 8-1　粗牙普通螺纹基本尺寸(摘自 GB/T196—2003)　　　　　　单位:mm

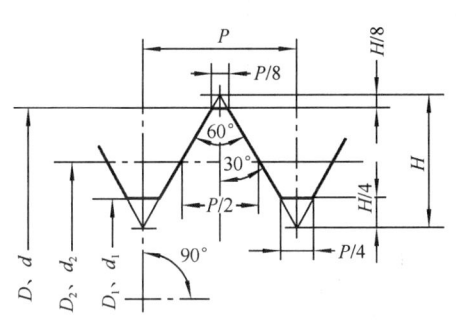

$$H = 0.866P$$
$$d_2 = d - 0.6495P$$
$$d_1 = d - 1.0825P$$

D、d 为内、外螺纹大径

D_2、d_2 为内、外螺纹中径

D_1、d_1 为内、外螺纹小径

P 为螺距

标记示例:

M24(粗牙普通螺纹,直径为 24,螺距为 3)

公称直径 (大径)	粗牙		
	螺距 P	中径 D_2、d_2	小径 D_1、d_1
3	0.5	2.675	2.459
4	0.7	3.545	3.242
5	0.8	4.480	4.134
6	1	5.350	4.918
8	1.25	7.188	6.647
10	1.5	9.026	8.376
12	1.75	10.863	10.106
(14)	2	12.701	11.835
16	2	14.701	13.835
(18)	2.5	16.376	15.294
20	2.5	18.376	17.294
(22)	2.5	20.376	19.294
24	3	22.052	20.752
(27)	3	25.052	23.752
30	3.5	27.727	26.211

注:括号内的公称尺寸为第二系列。

表 8-2　细牙普通螺纹基本尺寸　　　　　　　　　　单位：mm

螺距 P	中径 D_2、d_2	小径 D_1、d_1	螺距 P	中径 D_2、d_2	小径 D_1、d_1	螺距 P	中径 D_2、d_2	小径 D_1、d_1
0.35	$d-1+0.773$	$d-1+0.621$	1	$d-1+0.350$	$d-2+0.918$	2	$d-2+0.701$	$d-3+0.835$
0.5	$d-1+0.675$	$d-1+0.459$	1.25	$d-1+0.188$	$d-2+0.647$	3	$d-2+0.052$	$d-4+0.752$
0.75	$d-1+0.513$	$d-1+0.188$	1.5	$d-1+0.026$	$d-2+0.376$	—	—	—

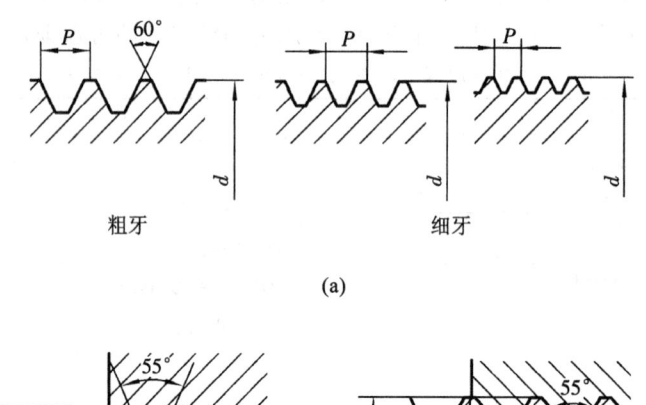

(a)

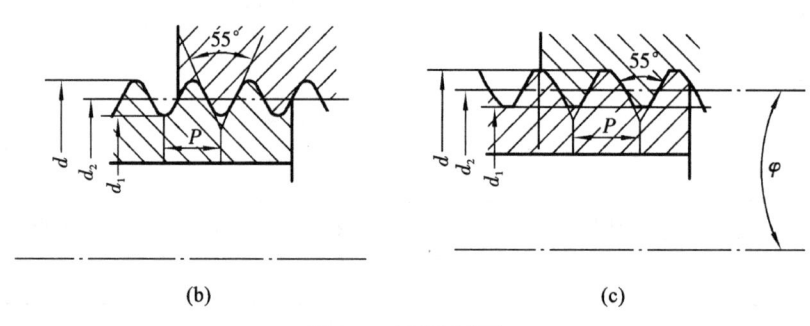

(b)　　　　　　　　　　　　(c)

图 8-7　三角形螺纹

8.3.2　矩形螺纹

矩形螺纹的牙型为正方形，牙型角 $\alpha=0°$，传动效率高，常用于传力或传导螺旋，但牙根强度弱，精加工困难，对中性差，螺纹副磨损后的间隙难以补偿或修复，故工程上已逐渐被梯形螺纹所替代。

8.3.3　梯形螺纹

梯形螺纹牙型为等腰梯形，牙型角 $\alpha=30°$（见图 8-8（a）），其传动效率略低于矩形螺纹，但牙根强度高、工艺性好、螺纹对中性好，可以精加工，还可以通过采用剖分螺母消除螺纹副磨损后的间隙，应用较广，常用于传动，尤其多用于机床丝杠等。

8.3.4　锯齿形螺纹

锯齿形螺纹的牙型角 $\alpha=33°$，工作面的牙侧角为 3°（见图 8-8（b）），非工作面的牙侧角为 30°。该螺纹综合了矩形螺纹传动效率高和梯形螺纹牙根强度高的特点，且对中性好，多用于单向受力的传力螺旋。

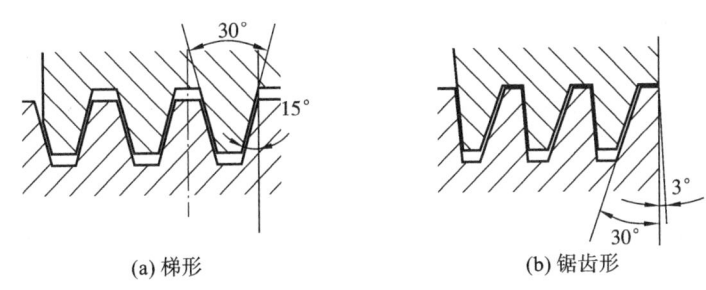

(a) 梯形　　　　　　　　　　　(b) 锯齿形

图 8-8　梯形螺纹和锯齿形螺纹

8.4　螺纹连接的基本类型和螺纹连接件

8.4.1　螺纹连接的基本类型

螺纹连接主要有四种类型:螺栓连接、双头螺柱连接、螺钉连接及紧定螺钉连接。

1. 螺栓连接

螺栓连接分普通螺栓连接和铰制孔用螺栓连接两种。采用普通螺栓连接(如图 8-9(a)所示)时,被连接件的通孔与螺栓杆间有一定间隙,无论传递的载荷是何种形式的载荷,螺栓杆均承受拉力。由于这种连接的通孔所需加工精度低、结构简单、装拆方便,故应用较广泛。用铰制孔用螺栓连接(如图 8-9(b)所示)时,螺栓的光杆和被连接件的孔多采用基孔制过渡配合,采用这种连接的螺栓杆工作时受剪切和挤压作用,主要用来承受横向载荷。它用于载荷大、冲击严重、要求良好对中的场合。

2. 双头螺柱连接

双头螺柱连接如图 8-10(a)所示,当被连接件之一较厚而不宜加工成通孔且需要经常拆卸

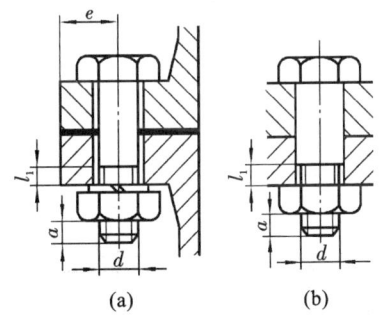

(a)　　　　　　(b)

图 8-9　螺栓连接

螺纹余留长度 l_1:

静载荷,$l_1 \geqslant (0.3 \sim 0.5)d$;

变载荷,$l_1 \geqslant 0.75d$;

冲击载荷或弯曲载荷,$l_1 \geqslant d$;

铰制孔用螺栓,$l_1 \approx 0$。

螺纹伸出长度 $a = (0.2 \sim 0.3)d$。

螺栓轴线到边缘的距离 $e = d + (3 \sim 6)$ mm。

通孔直径 $d_0 \approx 1.1d$。

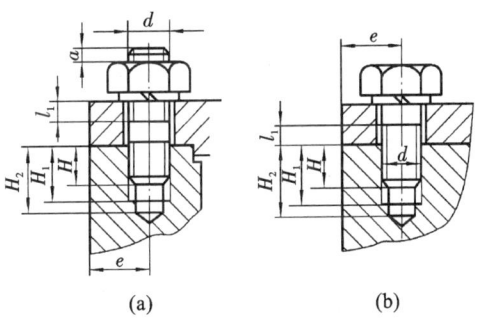

(a)　　　　　　(b)

图 8-10　双头螺柱连接和螺钉连接

座端拧入深度 H,根据螺孔材料确定:

钢或青铜,$H \approx d$;

铸铁,$H = (1.25 \sim 1.5)d$;

铝合金,$H = (1.5 \sim 2.5)d$。

螺纹孔深度 $H_1 = H + (2 \sim 2.5)P$。

钻孔深度 $H_2 = H_1 + (0.5 \sim 1)d$。

l_1、a、e 值同图 8-9。

时,可用双头螺柱连接。

3. 螺钉连接

螺钉连接如图 8-10(b)所示,这种连接不需要使用螺母,其用途和双头螺柱相似,多用于受力不大且不需要经常拆卸的场合。

4. 紧定螺钉连接

紧定螺钉连接如图 8-11 所示,将紧定螺钉旋入一零件的螺纹孔中,并以其末端顶住另一零件的表面或嵌入相应的凹坑中,以固定两个零件的相对位置,并传递不大的力或转矩。

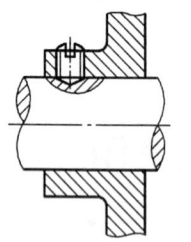

图 8-11 紧定螺钉连接

8.4.2 螺纹连接件

由于使用的场合及要求各不相同,螺纹连接件的结构形式也有多种类型。常用的有螺栓(见图 8-12)、双头螺柱(见图 8-13)、螺钉、地脚螺栓(见图 8-14(a))、吊环螺栓(见图 8-14(b))、螺母(见图 8-14(c))、垫圈(见图 8-14(d))等。螺栓的头部结构(见图 8-15(a))、螺钉的头部结构(见图 8-15(b))和螺钉的尾部结构(见图 8-15(c)),也因使用场合不同而具有多样性。螺纹连接件大多已标准化,螺纹连接件的结构设计应结合实际,根据有关标准合理选用。

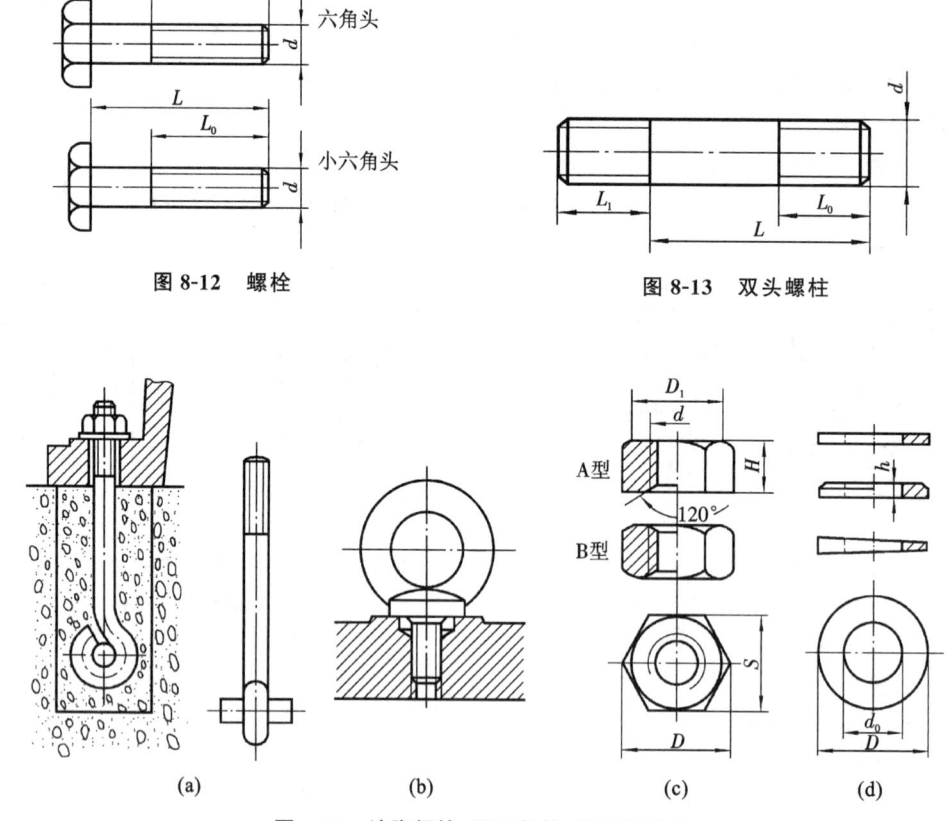

图 8-14 地脚螺栓、吊环螺栓、螺母和垫圈

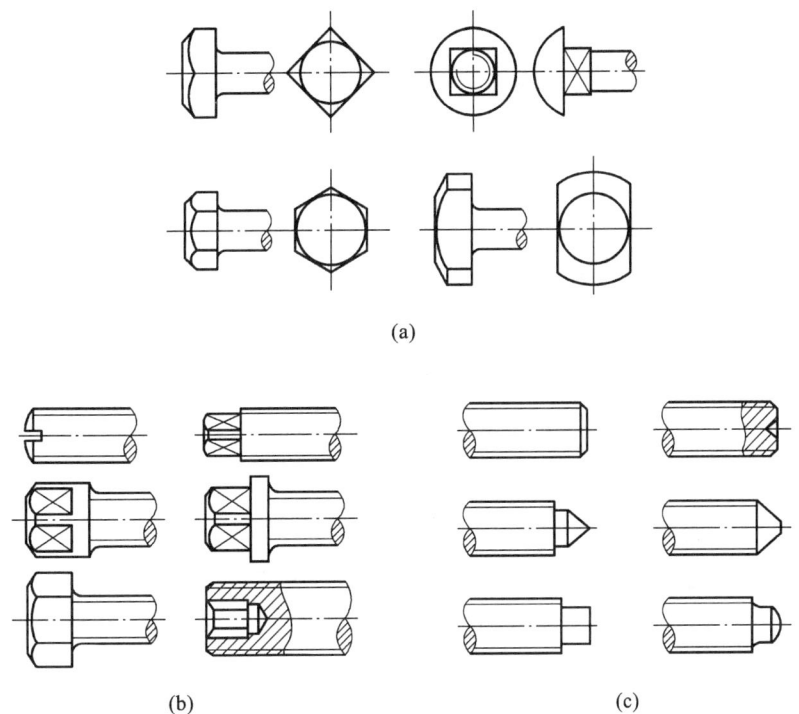

图 8-15　螺栓的头部结构和螺钉的头部、尾部结构

8.5　螺纹连接的预紧和防松

8.5.1　螺纹连接的预紧

大多数螺纹连接在装配时需要预紧,即在承受工作载荷之前对连接件施加轴向预紧力,该预紧力对螺纹连接的可靠性、强度和密封性均有很大的影响。预紧力的大小根据连接工作的需要而确定。

装配时通过拧紧力矩实现预紧力调控。如图 8-16 所示,拧紧力矩 T 需要克服螺纹副的阻力矩 T_1 和螺母环形支承面上摩擦力矩 T_2,即 $T = T_1 + T_2$。对于 M10～M68 的粗牙普通钢制螺栓,拧紧时采用标准扳手,在无润滑的情况下,可得出拧紧力矩的近似计算式为

$$T \approx 0.2 F_0 d \tag{8-13}$$

式中:T——拧紧力矩(N·mm);

　　F_0——预紧力(N);

　　d——螺纹公称直径(mm)。

对小直径的螺栓装配时应施加较小的拧紧力矩,否则可能导致螺栓杆断裂。对于有强度要求的螺栓连接,若无拧紧力矩控制措施,不宜采用小于 M12 的螺栓。对于重要的螺栓连接,在装配时预紧力的大小要严格控制。生产中常用测力矩扳手(见图 8-17(a))或定力矩扳手(见图 8-17(b))来控制拧紧力矩,从而控制预紧力。此外,还可通过控制预紧螺母后螺栓的伸长量等间接方法来控制预紧力。

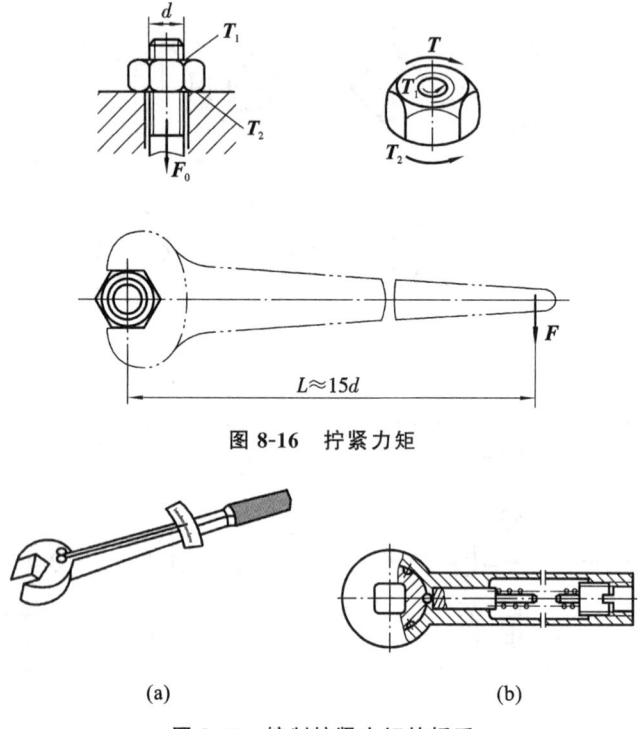

图 8-16 拧紧力矩

(a)   (b)

图 8-17 控制拧紧力矩的扳手

8.5.2 螺纹连接的防松

连接螺纹一般都具有自锁性,即螺纹连接在静载荷条件下不会自行松脱。但在冲击、振动等变载荷作用下,或温度变化较大时,螺纹副中的摩擦力可能减小或瞬间衰减,从而失去自锁能力,经多次重复后,会使连接松动。因此,在机械设计中必须考虑螺纹连接的防松问题。

螺纹连接防松的根本问题在于防止螺纹副的相对转动。防松的方法很多,按其工作原理,可将其分为摩擦防松、机械防松和永久防松三类。螺纹常用的防松方法如表 8-3 所示。

表 8-3 常用的防松方法

摩擦防松	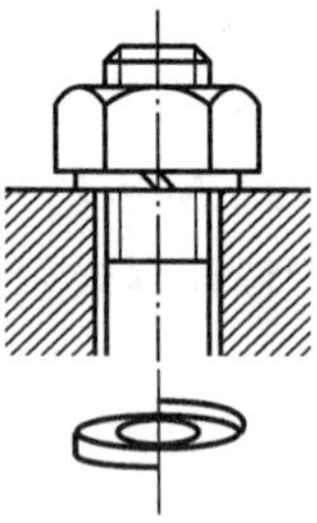 弹簧垫圈	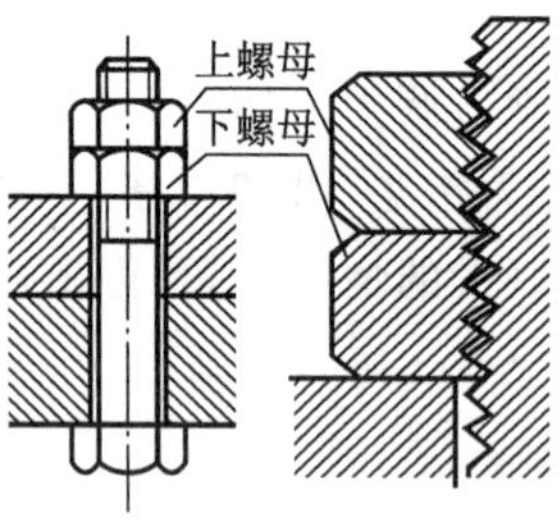 对顶螺母	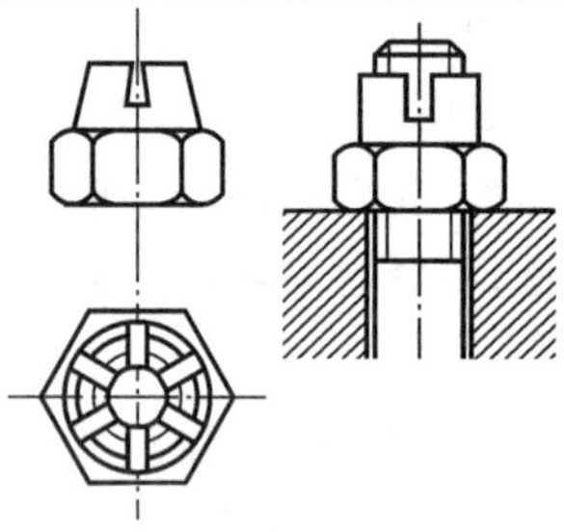 弹性锁紧螺母
	弹簧垫圈材料为弹簧钢,装配后垫圈被压平,其反弹力能使螺纹副间保持压紧力和摩擦力	利用两螺母的对顶作用使螺栓始终受到附加的拉力和附加的摩擦力作用。结构简单,可用于低速重载场合	在螺母上端开缝后径向收口,拧紧胀开,靠螺母的弹性锁紧,达到防松目的。简单可靠,可多次装拆而不降低防松能力,一般用于重载场合

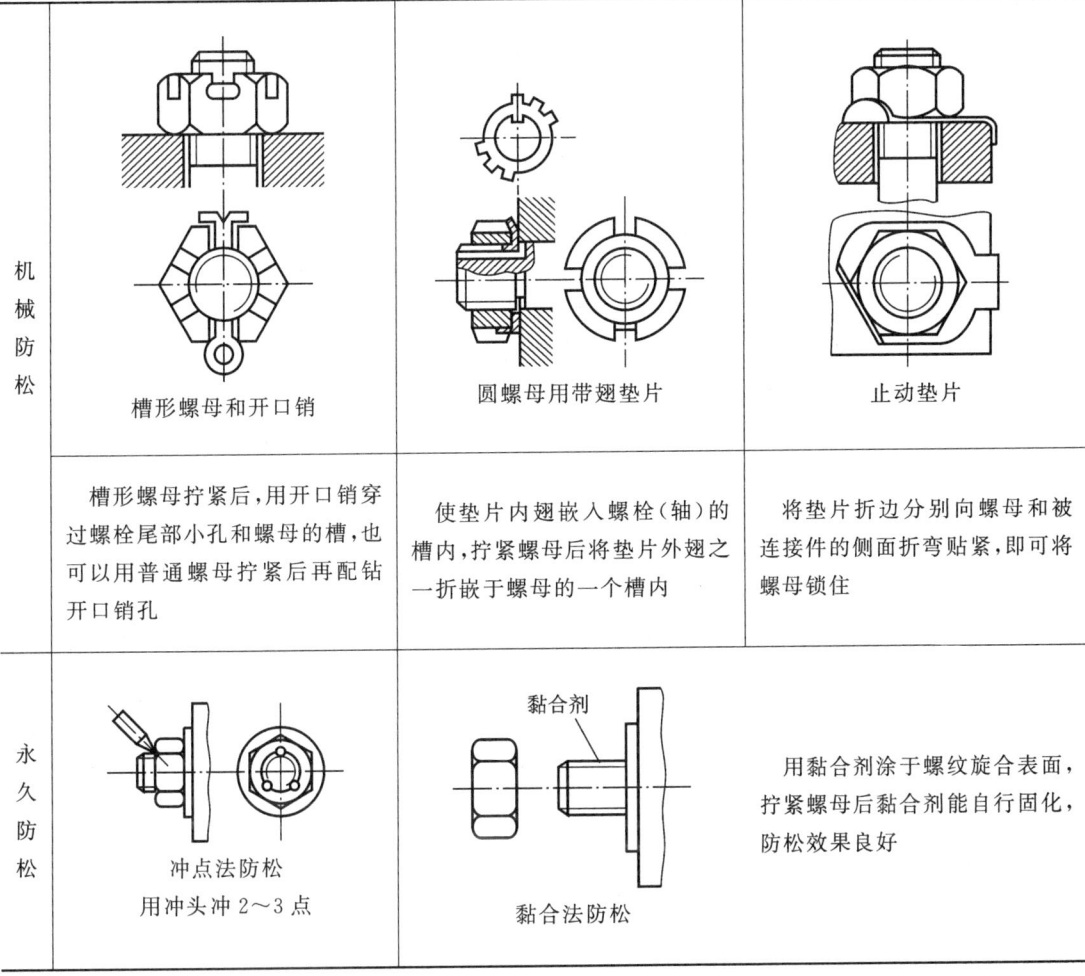

机械防松	槽形螺母和开口销	圆螺母用带翅垫片	止动垫片
	槽形螺母拧紧后,用开口销穿过螺栓尾部小孔和螺母的槽,也可以用普通螺母拧紧后再配钻开口销孔	使垫片内翅嵌入螺栓(轴)的槽内,拧紧螺母后将垫片外翅之一折嵌于螺母的一个槽内	将垫片折边分别向螺母和被连接件的侧面折弯贴紧,即可将螺母锁住
永久防松	冲点法防松 用冲头冲 2~3 点	黏合法防松	用黏合剂涂于螺纹旋合表面,拧紧螺母后黏合剂能自行固化,防松效果良好

例 8-1 已知 M12 螺栓用碳素结构钢制成,其屈服强度 $\sigma_s = 240$ MPa,螺纹副摩擦系数 $f = 0.1$,验算其能否自锁。欲使螺母拧紧后螺杆的拉应力达到材料屈服强度的 50%,求应施加的拧紧力矩。

解 (1)求当量摩擦系数及当量摩擦角。

$$f' = \frac{f}{\cos\beta} = \frac{0.1}{\cos30°} = 0.1154 \ (\beta \text{ 为牙型半角})$$

$$\rho' = \arctan f' = 6.59°$$

(2)求螺纹升角 ψ。

由表 8-1 查 M12 螺栓,知 $P = 1.75$ mm,$d_2 = 10.863$ mm,$d_1 = 10.106$ mm。故

$$\psi = \arctan\frac{nP}{\pi d_2} = \arctan\frac{1.75}{10.863\pi} = 2.94°$$

因为 $\psi < \rho'$,故具有自锁性。

(3)求螺杆总拉力(预紧力)F_a。

$$F_a = \frac{\pi d_1^2}{4} \times \frac{\sigma_s}{2} = \frac{10.106^2 \times 240\pi}{4 \times 2} = 9626 \text{ N}$$

（4）求拧紧力矩 T。

由式(8-13)，得

$$T \approx 0.2F_a d = 0.2 \times 9626 \text{ N} \times 12 \times 10^{-3} \text{ m} = 23.1 \text{ N} \cdot \text{m}$$

8.6　螺纹连接的强度计算

普通螺栓连接的主要失效形式有：①螺栓杆断裂；②螺纹的压溃或剪断；③由于频繁拆卸导致螺纹牙间相互磨损而出现滑扣等现象。据螺栓失效统计分析，普通螺栓失效形式多为螺栓杆部分的疲劳断裂。因此，普通螺栓连接的设计准则是保证螺栓杆有足够的拉伸强度。铰制孔用螺栓主要承受横向剪力，其可能的失效形式是螺栓杆被剪断、螺栓杆或孔壁被压溃，其设计准则是保证连接有足够的挤压强度和抗剪强度。

由于螺纹各部分尺寸基本上根据等强度原则确定，因此，螺栓连接的计算主要是确定螺纹小径 d_1，再根据 d_1 查标准选定螺纹的大径(公称直径)d 及螺距 P。

8.6.1　松螺栓连接

在装配螺栓连接时，无需预紧螺母，因此在工作载荷作用前，除相关零部件自重外，连接件并未受力，此种连接称为松螺栓连接。松螺栓连接一般仅承受轴向拉力。

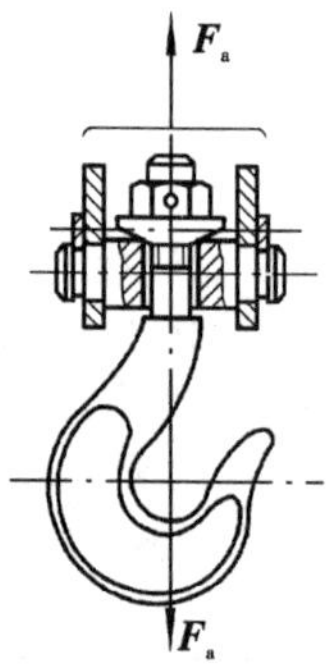

图 8-18 所示为起重吊钩的松螺栓连接，装配时未预紧螺母，在无载荷状态下螺栓不受力，工作时受轴向拉力 $\boldsymbol{F}_a$ 的作用。螺栓的抗拉强度条件为

$$\sigma = \frac{F_a}{A} = \frac{F_a}{\pi d_1^2 / 4} \leqslant [\sigma] \tag{8-14}$$

图 8-18　起重吊钩的松螺栓连接

式中：F_a——轴向拉力(N)；

A——螺栓危险截面面积(mm)；

d_1——螺纹的小径(mm)；

$[\sigma]$——连接螺栓的许用拉应力(MPa)。

8.6.2　紧螺栓连接

在未受工作载荷前，螺栓及被连接件之间已存在预紧力，这种螺栓连接称为紧螺栓连接。紧螺栓连接的受力情况较为复杂，需分别进行分析和讨论。

1. 受横向载荷的螺栓连接

（1）普通螺栓连接　如图 8-19 所示，当被连接件承受垂直于螺栓轴线方向的横向载荷时，螺栓杆与孔壁存在间隙，此时横向载荷不会直接作用于螺栓，而是通过预紧螺栓使被连接件接触面间产生压力，从而形成摩擦阻力来传递横向载荷。因此所需的螺栓轴向压紧力(即预紧力)应为

$$F_a = F_0 \geqslant \frac{KF}{mf} \tag{8-15}$$

式中：F——横向载荷(N)；

F_0——每个螺栓的预紧力；

f——被连接件表面的摩擦系数，对于钢或铸铁的被连接件，可取 $f = 0.1 \sim 0.15$；

m——接合面数；

K——可靠性系数，通常取 $K=1.1\sim1.3$。

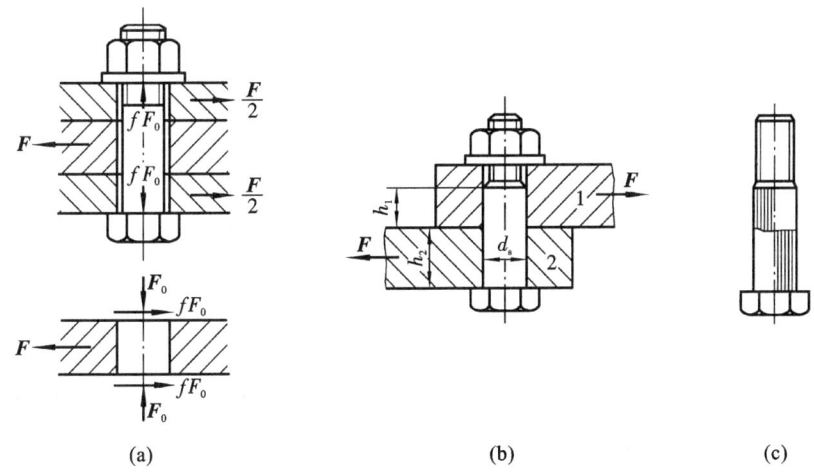

图 8-19　受横向外载荷的紧螺栓连接

如给定值 F，则可由式(8-15)求出预紧力 F_0。F_0 对于被连接件是压力，而对于螺栓则是拉力，因此，在螺栓的危险截面上产生拉伸应力，其值为

$$\sigma = \frac{F_0}{\pi d_1^2/4}$$

在螺栓的危险截面上，不仅有由 F_0 引起的拉伸应力 σ，还有在预紧螺栓时由螺纹力矩 T 产生的扭转切应力 τ 的作用，对于常用的 M10～M68 普通钢制螺栓，取 d_2/d_1 和 ψ 的平均值，并取 $\tan\rho'=0.15$，由计算可得 $\tau\approx0.5\sigma$，按第四强度理论，当量应力 σ_e 为

$$\sigma_e = \sqrt{\sigma^2 + 3\tau^2} = \sqrt{\sigma^2 + 3\times(0.5\sigma)^2} \approx 1.3\sigma$$

由此可见，紧螺栓连接在预紧时虽同时承受拉伸与扭转的复合作用，但在计算时可以按只受拉伸的作用来计算，不过要将所受的拉力增大 30% 来考虑扭转切应力的影响。因此，螺栓螺纹部分的强度条件为

$$\sigma_e = \frac{1.3F_0}{\pi d_1^2/4} \leqslant [\sigma] \tag{8-16}$$

设计公式为

$$d_1 \geqslant \sqrt{\frac{4\times1.3F_0}{\pi[\sigma]}} \tag{8-17}$$

式中：$[\sigma]$——紧螺栓连接的许用应力(MPa)，其值可查表 8-4。

（2）铰制孔用螺栓连接　承受横向载荷时，除了采用普通螺栓连接外，还可采用铰制孔用螺栓连接。此时螺栓孔为铰制孔，与螺栓杆直径 d_s 为过渡配合，螺栓杆直接承受剪切与挤压作用，如图 8-19(b)(c)所示。

如横向载荷为 F，则强度条件为

$$\tau = \frac{F}{m\dfrac{\pi d_s^2}{4}} \leqslant [\tau] \tag{8-18}$$

式中：m——螺栓受剪面数；

[τ]——许用剪切应力(MPa),查表 8-4。

表 8-4　螺栓连接的许用应力

螺栓连接受载情况			许用应力	
松螺栓连接				$S=1.2\sim1.7$
紧螺栓连接	受轴向、横向载荷		$[\sigma]=\sigma_s/S$	控制预紧力时,$S=1.2\sim1.5$;不控制预紧力时,S 查表 8-5
	铰制孔用螺栓受横向载荷	静载荷		$[\tau]=\sigma_s/2.5$ $[\sigma_p]=\sigma_s/1.25$(被连接件为钢) $[\sigma_p]=\sigma_{bp}/(2\sim2.5)$(被连接件为铸铁)
		变载荷		$[\tau]=\sigma_s/(3.5\sim5)$ $[\sigma_p]$按静载荷的$[\sigma_p]$值降低 $20\%\sim30\%$

由于螺栓杆与孔壁无间隙,其接触表面承受挤压,因此由式(8-18)求出 d_s 值,并查机械设计手册得到标准值后,还应校核挤压强度,其强度条件为

$$\sigma_p = \frac{F}{d_s L_{min}} \leqslant [\sigma_p] \tag{8-19}$$

式中:$[\sigma_p]$——螺栓或孔壁材料的许用挤压应力(MPa),选两者中的小者,查表 8-4;

　　　L_{min}——螺栓杆与孔壁接触表面的最小长度(mm),设计时应取 $L_{min}=1.25d_s$。

铰制孔用螺栓连接由于螺栓杆直接承受横向载荷,因此在同样大小横向载荷的作用下,比采用普通螺栓所需的直径小,从而具有省材料及质量轻的优点。但螺栓杆和螺栓孔都需要精加工,在制造及装配时不如采用普通螺栓连接方便。

2. 受轴向载荷的螺栓连接

工程中常见外载荷与螺栓轴线平行的工况,如图 8-20 所示气缸盖螺栓连接。设流体压强为 p,螺栓数量为 z,则每个螺栓的轴向工作载荷为 $F_E=p\pi D^2 4z$。但螺栓实际承受的总拉伸载荷 $\mathbf{F}_a$ 并非预紧力 $\mathbf{F}_0$ 与工作载荷 $\mathbf{F}_E$ 的简单叠加。

图 8-21(a)所示为螺母刚与被连接件接触但还没拧紧的情况。螺栓拧紧后,螺栓受到拉力 $\mathbf{F}_0$ 作用而伸长了 δ_{b0};被连接件受到压缩力 $\mathbf{F}_0$ 作用而缩短了 δ_{c0},如图 8-21(b)所示。

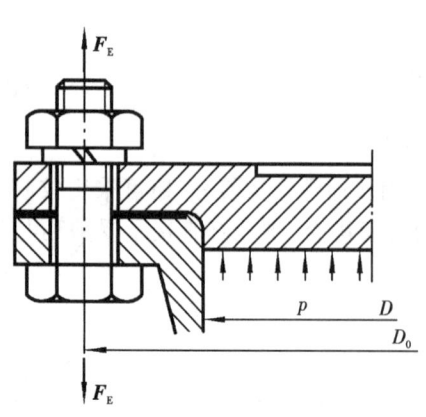

图 8-20　气缸盖螺栓连接

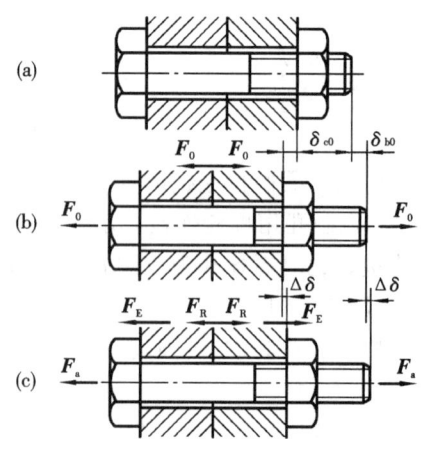

图 8-21　载荷与变形的示意图

在连接承受轴向工作载荷 F_E 时，螺栓的伸长量再增加 $\Delta\delta$，此时螺栓的伸长量为 $\delta_{b0}+\Delta\delta$，相应的拉力就是螺栓的总拉伸载荷 F_a，如图 8-21(c)所示。与此同时，被连接件则随着螺栓的伸长其厚度回弹，其压缩量减少了 $\Delta\delta$，则实际压缩量为 $\delta_{c0}+\Delta\delta$，而此时被连接件受到的压力就是残余预紧力 F_R。

工作载荷 F_E 和残余预紧力 F_R 一起作用在螺栓上（见图 8-21(c)），所以螺栓的总拉伸载荷为

$$F_a = F_E + F_R \tag{8-20}$$

式中：F_R 与螺栓刚度、被连接件刚度、预紧力 F_0 及工作载荷 F_E 有关。

紧螺栓连接应保证被连接件的结合面不出现间隙，因此残余预紧力 F_R 应大于零。当工作载荷 F_E 没有变化时，可取 $F_R=(0.2\sim0.6)F_E$；当 F_E 有变化时，$F_R=(0.6\sim1.0)F_E$；对于有紧密性要求的连接（如压力容器的螺栓连接），$F_R=(1.5\sim1.8)F_E$。

在一般计算中，可先根据连接的工作要求规定残余预紧力 F_R，然后由式(8-20)求出总的拉伸载荷 F_0，按式(8-16)计算螺栓强度。

若工作载荷 F_E 在 $0\sim F_E$ 内周期性变化，则螺栓所受的总拉伸载荷 F_a 应在 $F_0\sim F_a$ 内变化。受变载荷作用的螺栓的受力计算可粗略按总拉伸载荷 F_a 进行，其强度条件仍为式(8-16)，所不同的是许用应力应按表 8-4 和表 8-5 在变载荷项内查取。

表 8-5 不控制预紧力时螺纹连接的安全系数 S

材 料	静 载 荷		变 载 荷	
	M6～M16	M16～M30	M6～M16	M16～M30
碳素钢	4～3	3～2	10～6.5	6.5
合金钢	5～4	4～2.5	7.6～5	5

8.7 螺纹的材料和许用应力

螺栓常用的材料有 Q215、Q235、10、35、45 钢等，重要和特殊用途的螺纹连接件可采用力学性能较高的合金钢。螺纹连接件按材料的力学性能按等级划分。这些材料的力学性能分级如表 8-6 所示。

表 8-6 螺纹连接件的力学性能等级和推荐材料

项 目			力学性能级别									
			4.6	4.8	5.6	5.8	6.8	8.8(≤M16)	8.8(>M16)	9.8	10.9	12.9
螺栓、螺钉、螺柱	抗拉强度 σ_b/MPa	公称值	400		500		600	800		900	1000	1200
	屈服强度 σ_s/MPa	公称值	240	—	—	—	—	—		—	—	—
	布氏硬度/HBW		114	124	147	152	181	245	250	286	316	380
	推荐材料		低碳钢或中碳钢				低碳合金钢或中碳钢		40Cr 15MnVB		30CrMnSi 15MnVB		

项 目		力学性能级别									
		4.6	4.8	5.6	5.8	6.8	8.8(≤M16)	8.8(>M16)	9.8	10.9	12.9
相配合螺母	性能级别	4 或 5		5		6	8 或 9		9	10	12
	推荐材料	低碳钢					低碳合金钢 或中碳钢		40Cr 15MnVB		30CrMnSi 15MnVB

注:①9.8级仅适用于螺纹大径 $d \leqslant 16$ mm 的螺栓、螺钉和螺柱;

②规定性能的螺纹连接件在图样中只标注力学性能等级,不应再标出材料。

表 8-6 中共有 9 个等级,从 4.6 到 12.9。小数点前的数字代表材料抗拉强度 σ_b 的 1/100,小数点后的数字代表材料的屈服强度 σ_s 与抗拉强度 σ_b 比值的 10 倍。

螺纹连接的许用应力和安全系数参见表 8-4 和表 8-5。

例 8-2 一钢制液压缸,油压 $p = 1.6$ MPa,$D = 160$ mm,$D_0 = 220$ mm,螺栓数目 $z = 8$,试计算其连接螺栓的直径并验算螺栓间距是否满足要求(见图 8-20)。

解 (1)计算每个螺栓承受的平均轴向工作载荷 F_E。

$$F_E = \frac{p \pi D^2 / 4}{z} = \frac{1.6 \times \pi \times 160^2}{4 \times 8} \text{ kN} = 4.02 \text{ kN}$$

(2)决定螺栓所受的总拉伸载荷 F_a。

根据前面所述,对于压力容器取残余预紧力 $F_R = 1.7 F_E$,则由式(8-20)可得

$$F_a = F_E + 1.7 F_E = 2.7 \times 4.02 \text{ kN} = 10.85 \text{ kN}$$

(3)求螺栓直径 d。

按表 8-6 选取螺栓材料性能等级为 4.8 级,$\sigma_s = 320$ MPa,装配时不要求严格控制预紧力,按表 8-5 暂取安全系数 $S = 3$,螺栓许用应力为

$$[\sigma] = \frac{\sigma_s}{S} = \frac{320}{3} \text{ MPa} = 106.67 \text{ MPa}$$

由式(8-17)得螺栓的小径为

$$d_1 \geqslant \sqrt{\frac{4 \times 1.3 F_a}{\pi [\sigma]}} = \sqrt{\frac{4 \times 1.3 \times 10.85 \times 10^3}{\pi \times 106.67 \times 10^6}} \text{ m} = 12.97 \text{ mm}$$

查表 8-1,取 M16 螺栓(小径 $d_1 = 13.835$ mm)。由表 8-5 可知,所取安全系数 $S = 3$ 是合理的。

(4)验算螺栓间距。

$$l = \frac{\pi D_0}{z} = \frac{\pi \times 220}{8} \text{ mm} = 86.4 \text{ mm}$$

当 $p = 1.6$ MPa 时,$l = 86.4$ mm $< 7 \times 16$ mm $= 112$ mm,所以螺栓间距满足紧密性要求。

在例 8-2 中,求螺栓直径时要用到许用应力 $[\sigma]$,而 $[\sigma]$ 又与螺栓直径有关,所以常采用试算法。这种方法在其他零件设计计算中也经常用到。

8.8 提高螺纹连接强度的措施

螺栓连接承受轴向变载荷时,其损坏形式多为螺栓杆的疲劳断裂,通常都发生在应力集中

较严重的部位,即螺栓头部、螺纹收尾部和螺母支承平面所在的螺纹位置(见图 8-22)。以下简要说明影响螺栓连接强度的因素和提高螺栓连接强度的措施。

8.8.1 降低螺栓总拉伸载荷 F_a 的变化范围

螺栓所受的轴向工作载荷 F_E 在 $0 \sim F_E$ 内变化时,螺栓所承受的总载荷 F_a 也作相应的变化。减小螺栓刚度 k_b 或增大被连接件刚度 k_c 都可以减小 F_a 的变化幅度。这对防止螺栓的疲劳损坏是十分有利的。

为了减小螺栓刚度,可减小螺栓光杆部分直径(见图 8-23(a))或采用空心螺杆(见图 8-23(b)),有时也可增加螺栓杆的长度。

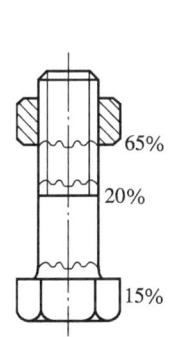

图 8-22 螺栓疲劳断裂的部位

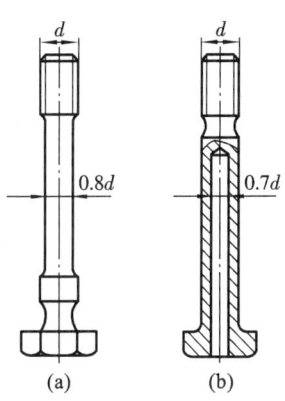

图 8-23 减小螺栓刚度的结构

被连接件本身的刚度是较大的,但被连接件的接合面因需要密封而采用软垫片时(见图 8-24)将降低其刚度。若采用金属薄垫片或采用 O 形密封圈作为密封元件(见图 8-25),则仍可保持被连接件原来的刚度值。

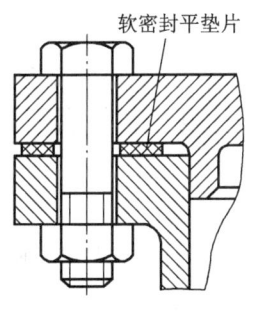

图 8-24 用软密封平垫片密封

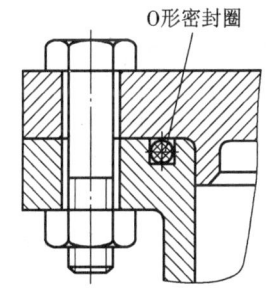

图 8-25 用 O 形密封圈密封

8.8.2 改善螺纹牙间的载荷分布

采用普通螺母时,轴向载荷在螺纹各旋合圈间的分布不均匀,如图 8-26(a)所示,从螺母支承面算起,第一圈受载荷最大,以后各圈递减。理论分析和实验证明,旋合圈数越多,载荷分布不均匀性也就越显著,到第 8~10 圈以后,螺纹几乎不受载荷。所以,采用圈数多的厚螺母,并不能提高连接强度。若采用如图 8-26(b)所示的悬置(受拉)螺母,则螺母锥形悬置段与螺栓杆均为拉伸变形,有助于减少螺母与螺栓杆的螺距变化差,从而使载荷分布比较均匀。图 8-26(c)所示为环槽螺母,其作用和悬置螺母相似。

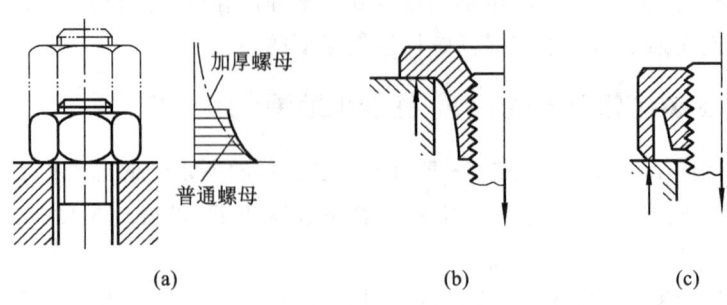

图 8-26　改善螺纹牙的载荷分布

如图 8-27 所示,增大螺栓头部与杆部过渡处圆角(见图 8-27(a))、切制卸载槽(见图 8-27(b)(c)),使截面变化平缓、降低应力集中系数。

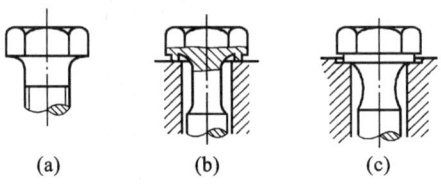

图 8-27　减小螺栓应力集中的方法

8.8.3　避免或减小附加应力

由于设计、制造或安装不当,螺栓可能承受附加弯曲应力(见图 8-28),这会降低螺栓疲劳强度,应设法避免。例如,在铸件或锻件等未加工表面上安装螺栓时,采用凸台(见图 8-29(a))或沉头座(见图 8-29(b))等结构,经切削加工后可获得平整的支承面。

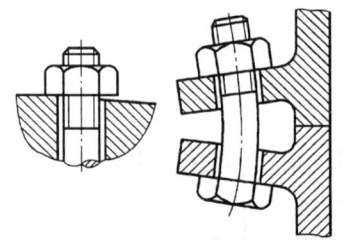

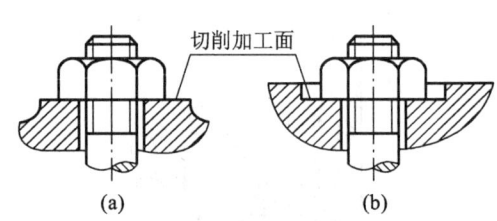

图 8-28　螺栓受到附加弯曲应力的原因　　　　图 8-29　避免附加应力的方法

除上述方法外,在制造工艺上采取冷镦头部和滚压螺纹的螺栓,其疲劳强度比车制螺栓提高约 30%。另外,液体碳氮共渗、渗氮等表面硬化处理也能提高螺栓的疲劳强度。

8.9　键连接和销连接

8.9.1　键连接的类型、特点及应用

键主要用来实现轴和轴上零件之间的周向固定并传递转矩。有些类型的键还可实现轴上零件的轴向固定或轴向移动。

键连接是一种可拆连接,其结构简单、可靠性高、装拆方便、应用广泛。键是标准件,分为平键、半圆键、楔键和切向键等。设计时应根据各类键的结构和应用特点进行选择。

1. 平键连接

平键的两侧面是工作面,上表面与轮毂槽底之间留有间隙,工作时通过键与键槽的挤压和剪切传递扭矩,如图 8-30 所示。平键连接结构简单,对中性好,装拆方便,应用广泛。

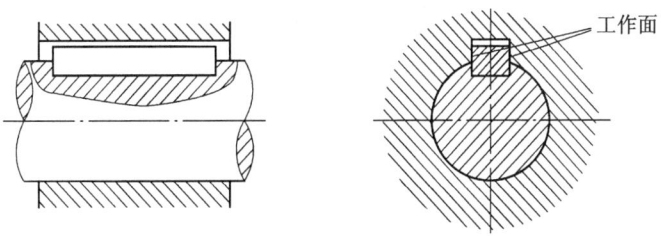

图 8-30　平键连接

常用的平键有普通平键、导向平键和滑键三种。

1)普通平键

普通平键应用最广,其端部形状可制成圆头(A 型,如图 8-31(a)所示)、方头(B 型,如图 8-31(b)所示)或单圆头(C 型,如图 8-31(c)所示)。采用 A 型平键时,轴上的键槽用指状铣刀加工,键在键槽中固定良好,但键槽端部的应力集中较大;采用 B 型平键时,轴上的键槽用盘状铣刀加工,轴的应力集中较小,但键在键槽中的轴向固定不好,当键的尺寸较大时,可用紧定螺钉将键压紧在键槽中;C 型平键常用于轴端连接。

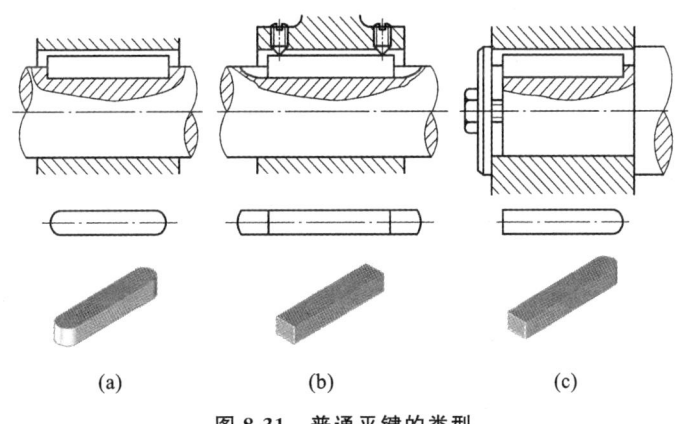

| (a) | (b) | (c) |

图 8-31　普通平键的类型

2)导向平键

导向平键较长,需用螺钉固定在轴上的键槽中,为了便于装拆,键的中部应制有起键螺纹孔,如图 8-32 所示。

导向平键有 A 型、B 型两种,能实现轴上零件的轴向移动,构成动连接。如变速箱中的滑移齿轮可采用导向平键连接。

3)滑键

当零件轴向移动的距离较长时,若采用导向平键,则导向平键太长,不易加工。此时,可采用长度较短的滑键连接,如图 8-33 所示。滑键固定在轴的轮毂上,与轮毂一起沿轴上键槽做轴向移动。

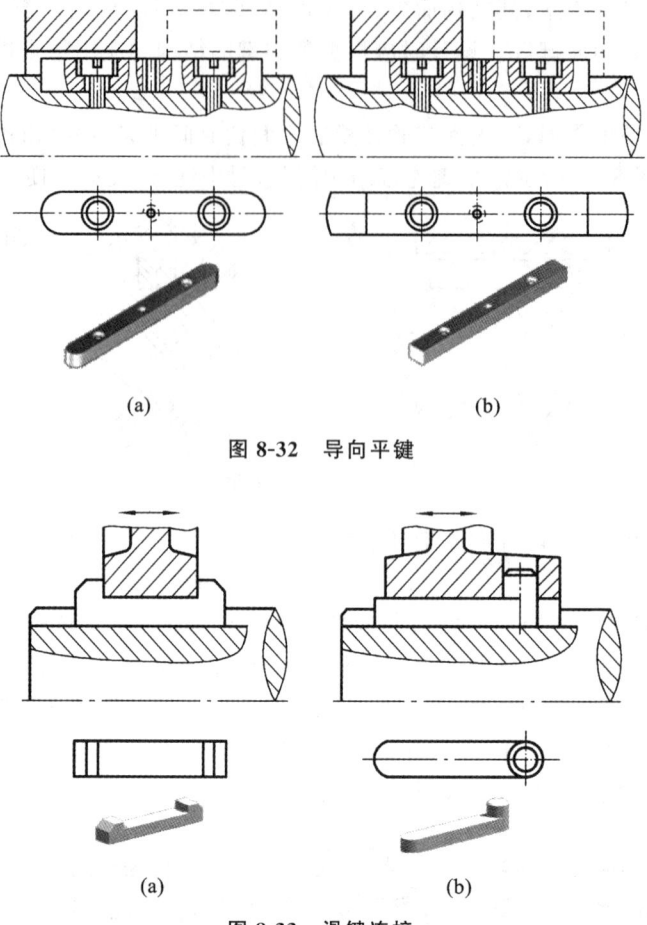

图 8-32　导向平键

图 8-33　滑键连接

2. 半圆键连接

半圆键以两侧面为工作面,键体在轴上键槽中能绕槽底圆弧中心摆动,如图 8-34 所示。半圆键制造简单,安装方便,对中性好,可以自动适应毂槽底面的斜度。但缺点是轴上键槽较深,显著削弱轴的强度。因此,半圆键只适用于轻载、轮毂宽度小的连接和轴端的连接,特别适用于锥形轴端的连接,如图 8-35 所示。

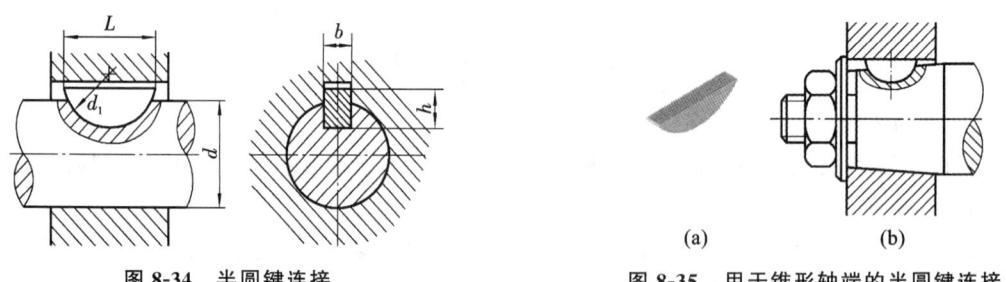

图 8-34　半圆键连接　　　　　　　图 8-35　用于锥形轴端的半圆键连接

3. 楔键连接

楔键的上、下表面是工作面,键的上表面和与之配合的轮毂键槽的底面均有 1∶100 的斜度,如图 8-36 所示。装配时,楔键被击入轴槽,键的上、下表面会产生很大的挤压力。工作时,主要靠挤压力在工作面上产生的摩擦力来传递动力,并可承受单向轴向力。

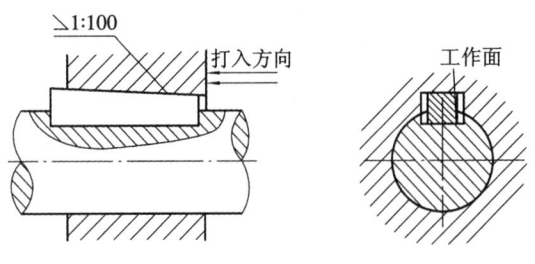

图 8-36 楔键连接

楔键有 A 型、B 型和 C 型三种,如图 8-37 所示。

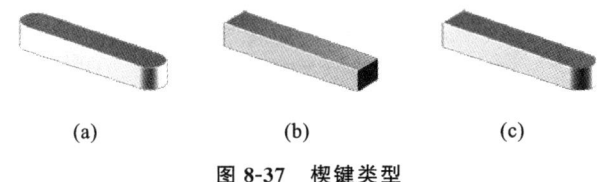

(a)　　　　　　　(b)　　　　　　　(c)

图 8-37 楔键类型

带有钩头的楔键便于拆卸,如图 8-38 所示。使用钩头楔键时应当加防护装置,避免安全隐患。

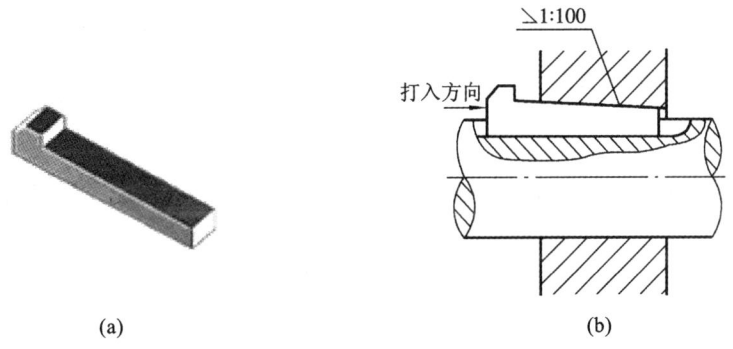

(a)　　　　　　　　　　　　(b)

图 8-38 钩头楔键

楔键打入时,会使轴与轴上零件的轴线不重合,产生偏心,如图 8-39 所示。另外,在受到冲击载荷作用时,楔键连接容易松动。因此,楔键连接仅适用于精度要求不高、转速较低的场合,如建筑机械、农业机械等。目前这种连接已较少使用。

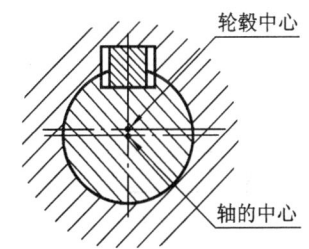

图 8-39 楔键连接引起的偏心

4. 切向键连接

切向键由一对楔键沿斜面贴合而成,如图 8-40 所示。装配时将两键楔紧,键的上、下表面是工作面,工作面上的压力沿轴的切线方向作用,因此,切向键能传递很大的转矩。

一副切向键只能传递一个方向的转矩,当需双向传递转矩时,应采用两副切向键呈 120°~130°角布置,以避免轴上零件相对于轴的中心线偏心过大,如图 8-41 所示。

切向键由于键槽对轴的削弱较大,常用于载荷大、对中性要求不高、直径大于 100 mm 的轴上,如大型带轮及飞轮、矿用大型绞车的卷筒及齿轮等与轴的连接。

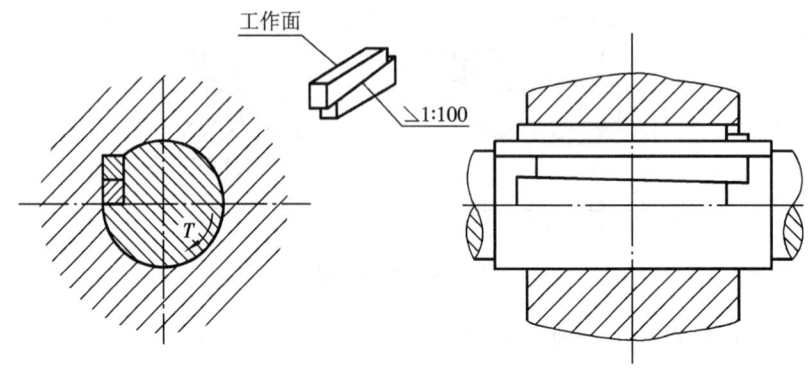

图 8-40 切向键连接

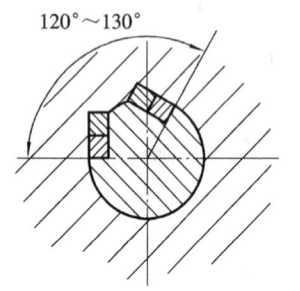

图 8-41 两副切向键的布置方式

8.9.2 平键连接的设计计算

平键连接的设计,通常是根据工作条件和使用要求选定键的类型,然后根据轴径从标准中确定键的横截面尺寸,并根据轮毂宽度确定键的长度,对键进行强度验算。

1. 平键的材料及尺寸确定

平键的材料采用抗拉强度不小于 $500\sim600$ MPa 的碳素钢,通常用 45 钢。当轮毂用非铁金属或非金属材料时,键可用 20 或 Q235 钢。

平键的截面尺寸 $b\times h$ 按轴径从表 8-7 中选取,键的长度 L 参照轮毂长度从表 8-7 中选取。

表 8-7 普通平键和键槽的尺寸   单位:mm

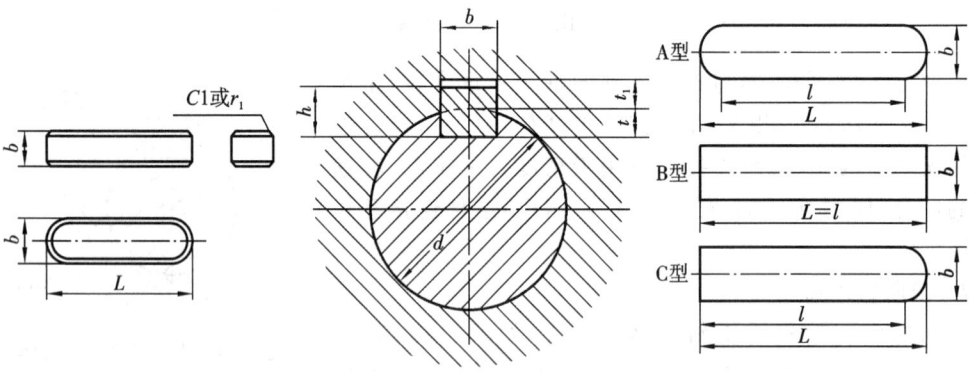

标记示例:

圆头普通平键(A 型),$b=16$、$h=10$、$L=100$ 的标记为:GB/T 1096 键 $16\times10\times100$

平头普通平键(B 型),$b=16$、$h=10$、$L=100$ 的标记为:GB/T 1096 键 B$16\times10\times100$

单圆头普通平键(C 型),$b=16$、$h=10$、$L=100$ 的标记为:GB/T 1096 键 C$16\times10\times100$

续表

轴径	键 的 尺 寸				键槽的尺寸		
d	b	h	C 或 r_1	L	t	t_1	半径 r
自 6～8	2	2	0.16～0.25	6～20	1.2	1.0	0.08～0.16
>8～10	3	3	0.16～0.25	6～36	1.8	1.4	0.08～0.16
>10～12	4	4		8～45	2.5	1.8	
>12～17	5	5	0.25～0.4	10～56	3.0	2.3	0.16～0.25
>17～22	6	6	0.25～0.4	14～70	3.5	2.8	0.16～0.25
>22～30	8	7		18～90	4.0	3.3	
>30～38	10	8		22～110	5.0	3.3	
>38～44	12	8		28～140	5.0	3.3	
>44～50	14	9	0.4～0.6	36～160	5.5	3.8	0.25～0.40
>50～58	16	10		45～180	6.0	4.3	
>58～65	18	11		50～200	7.0	4.4	
>65～75	20	12	0.5～0.8	56～220	7.5	4.9	0.40～0.60
>75～85	22	14	0.5～0.8	63～250	9.0	5.4	0.40～0.60

2. 平键连接的失效形式

普通平键连接为静连接,其主要失效形式是工作面的压溃。导向平键连接和滑键连接为动连接,其主要失效形式是工作面的磨损。除非有严重过载,一般情况下,键不会被剪断。

3. 平键连接的强度计算

平键连接的受力情况如图 8-42 所示。对于静连接,应校核挤压强度:

$$\sigma_p = \frac{4T}{dhl} \leqslant [\sigma_p] \qquad (8\text{-}21)$$

对于动连接,应校核压力:

$$p = \frac{4T}{dhl} \leqslant [p] \qquad (8\text{-}22)$$

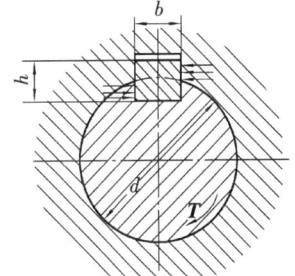

图 8-42　平键连接的受力情况

式(8-21)和式(8-22)中:

T——键所传递的转矩(N·mm);

d——轴径(mm);

h——键的高度(mm);

l——键的工作长度(mm)(其中,A 型键 $l = L - b$,B 型键 $l = L$,C 型键 $l = L - \dfrac{b}{2}$,b 为键的宽度);

$[\sigma_p]$——许用挤压应力(MPa)(见表 8-8);

$[p]$——许用压力(MPa)(见表 8-8)。

表 8-8　键的许用挤压应力$[\sigma_p]$和许用压力$[p]$　　　　　　　　　单位:MPa

许　用　值	轮　毂　材　料	载　荷　性　质		
		静载荷	轻微冲击	冲击
$[\sigma_p]$	钢	125～150	100～120	60～90
	铸铁	70～80	50～60	30～45
$[p]$	钢	50	40	30

注:① $[\sigma_p]$、$[p]$应按连接中材料力学性能最弱的零件选取;

　　② 如与键有相对滑动的被连接件表面经过淬火,则动连接的许用压力$[p]$可提高 2～3 倍。

8.9.3　销连接

销是标准件,其主要功用有定位、连接、过载保护。定位销(见图 8-43(a))用来固定零件之间的相互位置;连接销(见图 8-43(b))用来实现零件之间的连接,并可传递较小载荷;安全销(见图 8-43(c))在安全装置中作过载剪断元件。按外形分,销可分为圆柱销、圆锥销、槽销、开口销等。

圆柱销靠微量的过盈配合固定在铰制销孔中,如图 8-43(a)所示。圆柱销不宜多次装拆,否则会降低其定位精度和连接的可靠性。

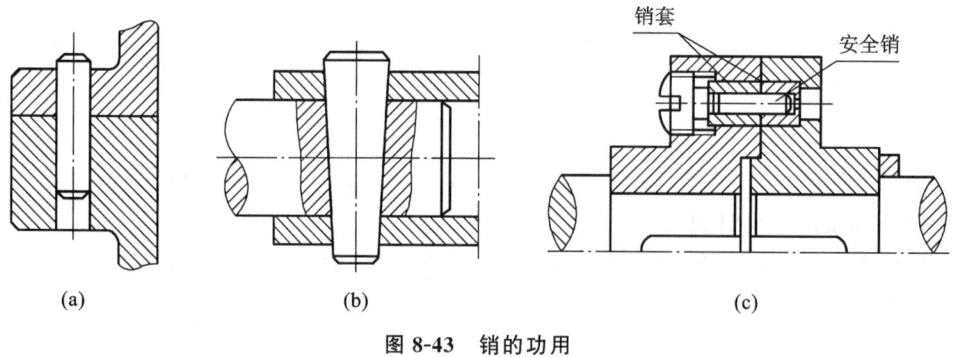

　　　　(a)　　　　　　　　　　　(b)　　　　　　　　　　　(c)

图 8-43　销的功用

圆锥销具有 1:50 的锥度,如图 8-43(b)所示。圆锥销的小头直径为标准值。圆锥销安装方便,定位精度高,可多次装拆而不会影响其定位精度。大端带有螺纹的圆锥销(见图 8-44)便于拆卸,可用于盲孔或拆装困难之处;小端带外螺纹的圆锥销可用螺母锁紧,适用于有冲击的场合,如图 8-45 所示。

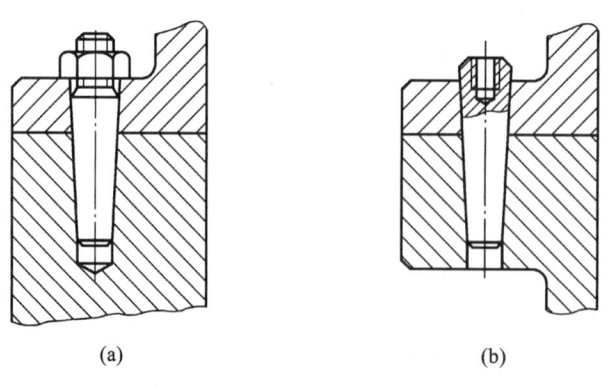

　　　　　　(a)　　　　　　　　　　　　　　(b)

图 8-44　大端带螺纹的圆锥销

开尾圆锥销(见图 8-46)用于有振动冲击的场合。

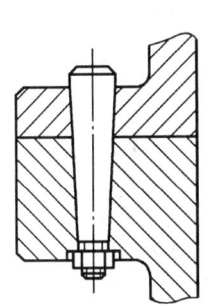

图 8-45 小端带外螺纹的圆锥销

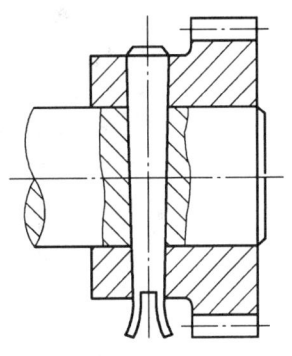

图 8-46 开尾圆锥销

槽销上有三条纵向沟槽,如图 8-47 所示。将槽销打入销孔后,由于销材料的弹性变形,可使销与孔壁压紧,不易松脱,因此可承受振动、冲击和变载荷。槽销孔不需铰制,加工方便,且可多次装拆。

开口销(见图 8-48(a))装配时,需用钳子将尾部分开,以防脱落(见图 8-48(b))。开口销常用于有冲击、振动的场合,或与槽形螺母相配用于螺纹连接的防松(见图 8-48(b))。

销的常用材料为 35 钢、45 钢。

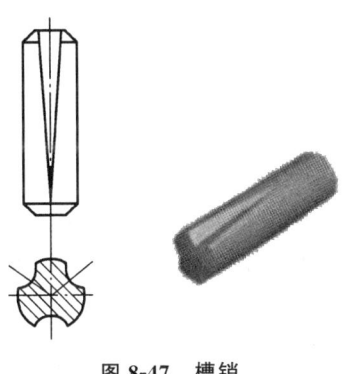

图 8-47 槽销

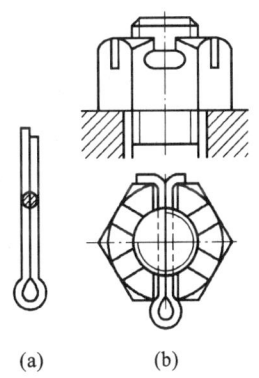

(a)　　　　(b)

图 8-48 开口销与槽形螺母

课程思政拓展阅读材料

材料一 洲际导弹:致敬东风-41 洲际导弹

原子弹的问世使国际战争进入了核时代,其巨大威力带来的毁灭性打击,使其成为国家重要的核威慑力量。然而,原子弹本身并未配备发射装置,只能采用空投方式,存在易被拦截的风险。经过多年的技术发展,各核大国已研发出威力更大的核弹头,并配备了专用发射装置,从而诞生了洲际导弹。当前,洲际导弹主要分为陆基、海基和空基三种发射模式。

我国在成功研制原子弹后,并未停止研发步伐,而是在巨大的国际竞争压力下,决心发展自主的洲际导弹,维护国家安全。

自 1965 年立项以来,经过 15 年的攻关,1980 年我国成功研制出第一枚洲际导弹——东风-5。随着技术不断进步,我国逐步构建了种类齐全的洲际导弹家族,其中,东风-41 被誉为"天花板"级产品。东风-41 拥有 14000～15000 km 射程,采用北斗导航系统,精度约为 100 m,

东风-41 洲际导弹

不受国外导航系统制约。其一大亮点在于弹头的二次点火技术,使飞行轨迹难以预测;末段突防速度高达 20 Ma,令拦截变得极为困难。此外,东风-41 还可搭载 10 个分导弹头,实现分散打击,形成如同"天女散花"般的攻击效果。

参考资料:https://baijiahao.baidu.com/s? id = 1786332804386541056&wfr = spider&for = pc。

思考1:讨论东风-41 导弹中连接键的设计原则和安全因素。连接键的设计如何确保其在导弹发射、飞行和承受极端压力时的可靠性和稳定性?

思考2:探讨连接键在东风-41 导弹工程中的关键作用。连接键在整个导弹结构中起到了怎样的支撑和联系作用?

材料二 港珠澳大桥:一个工程奇迹

港珠澳大桥是一项连接中国香港特别行政区、广东省珠海市与中国澳门特别行政区的跨海桥隧工程,位于广东省伶仃洋海域。该工程以其宏大的工程规模、前所未有的施工难度以及尖端的建造技术而闻名于世。全桥总长约 55 km,其中主桥长约 29.6 km;连接中国香港口岸与珠澳口岸的距离为 41.6 km;桥面设有双向六车道高速公路,设计时速为 100 km/h。

港珠澳大桥

港珠澳大桥的前身为伶仃洋大桥项目。20 世纪 90 年代末，受亚洲金融危机的影响，香港特别行政区政府认为有必要尽快建设一条连接粤港澳三地的跨海通道，促进区域协同发展。1983 年，香港富商胡应湘首次提出兴建连接香港与珠海的伶仃洋大桥；1998 年，国务院批准了伶仃洋跨海大桥工程项目。但由于各种原因，该项目在 1999 年至 2002 年间曾一度搁置。

2003 年，港珠澳大桥项目取代了原伶仃洋大桥方案，成为连接粤港澳三地的总体规划。2004 年，港珠澳大桥前期协调小组成立，全面启动各项前期工作；2005 年，确定采用 Y 型线路连接香港、珠海与澳门；2007 年，确定大桥三地的落点分别为香港大屿山石散石湾、澳门明珠点和珠海拱北；2009 年 12 月 15 日，港珠澳大桥正式开工建设。

作为历时 15 年论证、9 年施工（2003—2018）的超级工程，港珠澳大桥不仅大幅提升粤港澳交通效率，更通过世界最长的沉管隧道、人工岛快速成岛等技术创新，推动区域经济融合，彰显我国综合国力与工程技术实力。

参考资料：https://www.casece.cn/shbk/lygl/175299.html。

思考 1：大桥连接键在海底隧道和人工岛区段的特殊设计考虑了哪些方面因素？是否有针对海底地质特点和海洋环境的定制设计？

思考 2：港珠澳大桥连接键的特殊材料选择，以应对海上恶劣环境的影响和长期耐久性，这些材料的特性和选择原则是什么？

讨 论

8-1 探讨连接键设计对于可持续发展的重要性。思考如何选择材料和设计连接键以减少资源浪费和环境影响。

8-2 讨论工程师在设计连接键时所面临的创新挑战。思考如何平衡轻量化、强度、成本和耐久性等因素。

8-3 连接键设计如何兼顾可持续性与环保要求？其对制造过程和循环利用有何影响？

8-4 在连接键设计中，如何平衡强度和刚度以满足工程需求？这种平衡在不同应用场景中又有何变化？

习 题

8-1 螺纹的主要参数有哪些？其中导程与螺距、导程与螺旋升角有什么关系？

8-2 常用螺纹连接的类型有哪些？它们各有什么特点？各适用于什么场合？

8-3 常用螺纹按牙型分为哪几种？各有什么特点？各适用于什么场合？

8-4 在螺纹连接中，为什么要采用防松装置？防松装置按工作原理分为哪些类型？试分别列举几例。

8-5 提高螺纹连接强度的措施有哪些？

8-6 半圆键连接与普通平键连接相比较，有什么优缺点？适用于什么场合？

8-7 键连接有哪些类型？平键连接与楔键连接在结构上和使用性能上有什么不同？

8-8 平键连接的主要失效形式是什么？确定键及键槽横截面尺寸的主要依据是什么？

8-9 平键、楔键、切向键连接在工作原理上有什么不同？为什么平键应用最广？

8-10 用 M16 六角头螺栓连接两块厚度均为 30 mm 的钢板，两块钢板上钻 φ17 mm 的通孔,采用弹簧垫圈防松。查表确定该螺栓连接的主要尺寸,并按 1 : 1 比例画出连接结构的装配关系图。

8-11　两块金属板用普通螺栓连接,传递横向载荷为 5000 N,接合面间摩擦系数 $f=$ 0.15,用性能等级为 6.8 的中碳钢制造。试确定螺栓直径。

8-12　一钢制液压油缸如题 8-12 图所示,缸内油压 $p=2$ MPa,油缸直径 $D=160$ mm,沿凸缘圆周均匀分布 8 个螺栓,装配时控制预紧力。试确定螺栓直径。

8-13　直径 $d=80$ mm 的钢制圆柱形轴端安装一铸铁齿轮,轴段长 110 mm,载荷平稳,试选择平键连接的尺寸,并计算连接所能传递的最大转矩。

8-14　试选择一个直齿圆柱齿轮与轴静连接所用的键(A 型)。已知轴与轮毂材料均为钢,装齿轮处的轴径 $d=60$ mm,转矩 $T=9\times10^5=$ N·mm,载荷性质为有轻微冲击。

8-15　螺栓连接中,横向载荷 $F_a=2500$ N,螺栓 M12 的性能等级为 4.6,两被连接件间摩擦系数 $f_1=0.2$,试计算连接所需的预紧力 F,并验算螺栓的强度。

8-16　一螺纹 M20×1.5 的普通单线数螺纹连接件,其承受的轴向载荷 $F_a=10$ kN,已知螺纹间的摩擦角 $\rho=10°$,试分别求出拧紧、松开时,作用在螺纹副上的力矩。

8-17　如题 8-17 图所示,底板螺栓组连接用 4 个螺栓将铸铁支架固定在地上。已知外载荷 $F_P=10$ kN,$\alpha=30°$,支架尺寸(mm):$a=180,b=600,b_1=300,c=500,h=350$。支架与地面的摩擦系数 $f=0.3$。试确定螺栓的公称直径。

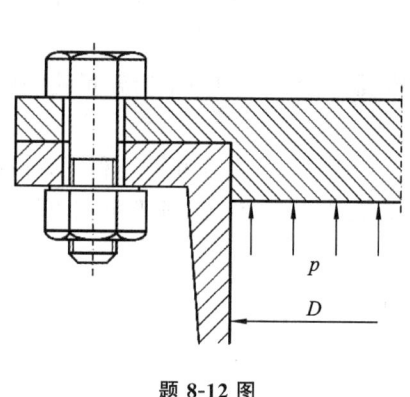

题 8-12 图

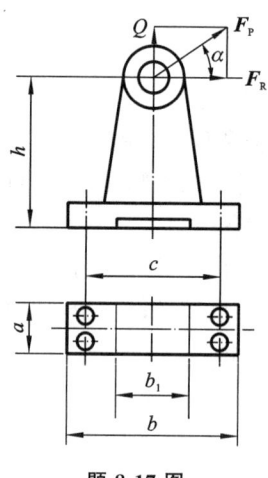

题 8-17 图

第9章 齿轮传动

第5章介绍了齿轮机构的工作原理、主要几何参数、各参数间的关系及其计算等内容,使读者对齿轮机构的原理及运动学特性有了一个基本的了解。然而,对于具体机器中的齿轮机构或工作于特定工况下的齿轮机构来说,为了保证其能在使用寿命期内安全可靠地工作,还有许多其他问题需要考虑,如齿轮材料选择、齿轮主要性能参数确定的依据和方法、齿轮结构的确定、结构参数的确定等。本章将针对这些内容进行介绍。

第5章根据两轴的相对位置及齿形介绍了齿轮的分类。此外,还有两种分类方式需要介绍。一种是根据齿轮装置的封闭程度分类,可以把齿轮分为开式齿轮、半开式齿轮和闭式齿轮。开式齿轮是指齿轮装置完全暴露在外,没有防尘罩或机壳,因而润滑条件差、外界杂质容易侵入啮合区,可能导致齿轮快速磨损。因此,这类齿轮通常用在低速及要求不高的场合,如建筑机械、农业机械及一些简易机械设备中。半开式齿轮通常配有简易的安全防护罩,有时还把大齿轮浸入油池中,其润滑条件有所改善,但仍不能很好地防止外界杂质的侵入。闭式齿轮则是指齿轮装置安装在密封箱体中,能防止外界杂质侵入,并具有良好的润滑条件,在汽车、机床、航空等工程领域具有广泛的应用。另一种是根据齿轮的齿面硬度分,把齿轮分为软齿面齿轮和硬齿面齿轮。齿面硬度不大于 350 HBS(或 38 HRC)的齿轮称为软齿面齿轮,齿面硬度大于 350 HBS(或 38 HRC)的齿轮称为硬齿面齿轮。

9.1 齿轮传动的失效形式及设计准则

9.1.1 齿轮传动的失效形式

当齿轮工作中承受的各种载荷超过其工作能力的许用值时,就会发生失效。通常情况下,齿轮的失效主要发生在轮齿部分,因齿轮自身特性及工况的不同,失效形式也有所不同。工程中轮齿的失效形式主要有五类:轮齿折断、齿面点蚀、齿面胶合、齿面磨损和塑性变形。

1. 轮齿折断

从失效的起因上分,轮齿折断通常分为两种情况:过载折断和弯曲疲劳折断。过载折断由瞬时载荷或冲击载荷过大引起;而弯曲疲劳折断由循环变化的弯曲应力及累计循环次数超过允许值引起。工程中最常见的失效形式是轮齿弯曲疲劳折断。

从轮齿折断的形式上分,轮齿折断可分为轮齿的整体折断和局部折断,如图9-1所示。整体折断通常发生在齿宽较小的直齿轮上,局部折断通常发生在斜齿轮及齿宽较大的直齿轮上。

适当加大齿根过渡圆角半径、消除加工刀痕、对齿根进行强化处理,可有效提高轮齿的抗折断能力。

2. 齿面点蚀

齿面点蚀也称齿面接触疲劳磨损。齿轮工作时,齿面承受循环变化的接触应力作用,当接触应力及其累计循环次数超过允许值时,齿面表层会产生微裂纹,进而扩展、剥落,形成许多非

(a) 整体折断　　　　　　　　　　(b) 局部折断

图 9-1　轮齿折断示意图

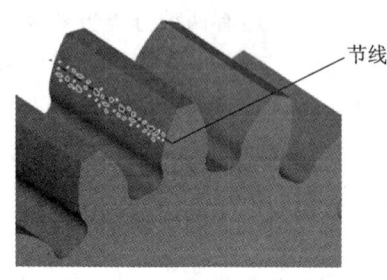

图 9-2　齿面点蚀示意图

规律散布的微小凹坑,如图 9-2 所示,俗称这种失效为齿面点蚀。由于节线附近的接触应力较大,因此点蚀通常首先出现在节线附近(靠近齿根一侧)。齿面点蚀失效不像轮齿折断那么严重,许多情况下允许齿面出现一定程度的点蚀,但点蚀面积大,动载荷、振动、噪声等也会增大,齿轮传动性能会降低。

提高齿面硬度和适当采用黏度高的润滑油均有利于提高齿轮的抗点蚀能力。

3. 齿面胶合

齿面胶合主要发生在高速重载齿轮传动中。由于齿面间承受较大压力和高速相对滑动,齿面间摩擦发热严重、啮合区温度高,进而引起润滑油黏度和承载能力下降,使齿面金属直接接触而粘连,随后的齿面相对运动又使得较软的轮齿表面沿滑动方向被撕脱,形成沟痕,此现象称为齿面胶合,如图 9-3 所示。在低速重载的工况下,由于齿面间不易形成润滑油膜,也容易产生胶合失效,这时通常称为冷胶合。

提高齿面硬度、减小表面粗糙度及采用含抗胶合添加剂的润滑油等均能有效提高齿轮的抗胶合能力。

4. 齿面磨损

齿面磨损失效主要发生在开式和半开式齿轮传动中。由于外界杂质进入啮合面,以及润滑不充分,齿面材料快速磨损。齿面过度磨损后,齿廓会产生显著变形,如图 9-4 所示,从而影响正常啮合,并引发严重的振动、噪声,增大动载荷。

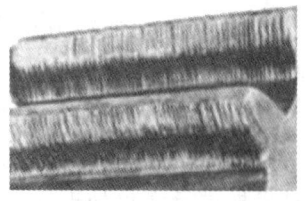 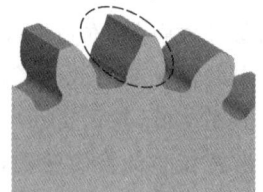

图 9-3　齿面胶合示意图　　　　　图 9-4　齿面磨损示意图

5. 塑性变形

轮齿的塑性变形分为两种情况:齿面塑性变形和齿体塑性变形。在重载传动工况下,齿面相对滑动产生的摩擦力所致应力可能超过材料的屈服强度,从而使得齿面表层材料沿着摩擦力方向流动,形成凹槽(主动轮上)或突脊(从动轮上),如图 9-5 所示,此现象称为齿面塑性变形。当齿轮受到较大短期过载或冲击载荷时,用较软材料制成的齿轮可能发生轮齿整体的歪斜变形,这种失效称为齿体塑性变形。

除了上述主要的失效形式之外,齿轮传动还可能因过热、侵蚀、电蚀及其他多种原因产生腐蚀或裂纹等失效。

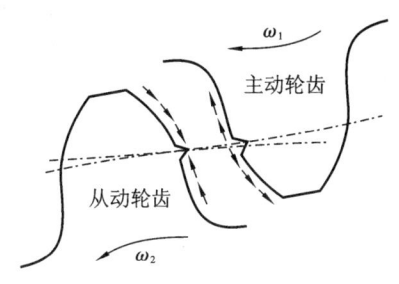

图 9-5 齿面塑性变形示意图

9.1.2 设计准则

齿轮传动承载能力计算的主要目的是保证齿轮安全可靠工作,即在预定寿命期内不发生各种形式的失效。不同工况下工作的齿轮的失效形式各不相同,因而相应的设计准则也有所不同。

在一般工况下,齿轮传动主要可能发生弯曲疲劳折断和齿面点蚀失效,因此,应分别进行齿根弯曲疲劳强度计算和齿面接触疲劳强度计算。

对于闭式软齿面齿轮传动来说,齿面点蚀是主要问题,因而通常先按齿面接触疲劳强度进行设计计算,初步确定主要性能参数,再按齿根弯曲疲劳强度进行校核计算;对于闭式硬齿面齿轮传动来说,其齿轮抗点蚀能力较强,弯曲疲劳折断是主要问题,因而通常先按齿根弯曲疲劳强度进行设计计算,初步确定主要性能参数,再按齿面接触疲劳强度进行校核计算;对于开式齿轮传动,由于目前尚未建立起关于磨损失效的广为工程实际使用且行之有效的计算方法和基础数据,并考虑到磨损失效使齿厚严重变薄而可能导致轮齿折断,因此,通常只按齿根弯曲疲劳强度进行设计计算,并将模数加大 10%~15% 后取标准值。

对于重载工况下工作的齿轮,由于还可能产生齿面胶合失效,因此还需要进行抗胶合能力计算(可参见 GB/T 3480.5—2021)。

9.2 齿轮常用材料及热处理、传动精度和设计参数与许用应力

9.2.1 常用材料及热处理

由 9.1 节中所述的齿轮失效形式可知,齿轮材料不仅应具备良好的抗点蚀、胶合、磨损及塑性变形能力,同时还应具备较好的抗折断能力。因此,对齿轮材料的基本要求通常为齿面要硬、齿芯要韧,此外,还应具有良好的冷、热加工工艺性。

目前最常用的齿轮材料为钢,此外,在某些要求不高的场合下,也可用铸铁或非金属材料。表 9-1 所列为常用齿轮材料的类型、热处理方式及力学性能。

表 9-2 所示为常用齿轮材料的应用范围。进行齿轮材料选择时可参考此表。需要注意的是:当相互啮合的两个齿轮均为软齿面时,由于小齿轮齿根较薄,且同时间内所经历的应力循环次数较多,为保持大、小齿轮强度和寿命尽量均衡,在选择材料及热处理方式时,一般应使小齿轮齿面硬度比大齿轮齿面硬度高 20~50 HBS。

表 9-1 常用齿轮材料的类型、热处理方式及力学性能

材料牌号	热处理方式	硬　　度	接触疲劳极限 σ_{Hlim}/MPa	弯曲疲劳极限 σ_{FE}/MPa
45	正火	156～217 HBS	350～400	280～340
	调质	197～286 HBS	550～620	410～480
	表面淬火	40～50 HRC	1120～1150	680～700
40Cr	调质	217～286 HBS	650～750	560～620
	表面淬火	18～55 HRC	1150～1210	700～740
40CrMnMo	调质	229～363 HBS	680～710	580～690
	表面淬火	45～50 HRC	1130～1150	690～700
35SiMn	调质	207～286 HBS	650～760	550～610
	表面淬火	45～50 HRC	1130～1150	690～700
40MnB	调质	241～286 HBS	680～760	580～610
	表面淬火	45～55 HRC	1130～1210	690～720
38SiMnMo	调质	241～286 HBS	680～760	580～610
	表面淬火	45～55 HRC	1130～1210	690～720
	氮碳共渗	57～63 HRC	880～950	790
38CrMoAlA	调质	255～321 HBS	710～790	600～640
	表面淬火	45～55 HRC	1130～1210	690～720
20CrMnTi	渗氮	＞850 HV	1000	715
	渗氮淬火回火	56～62 HRC	1500	850
20Cr	渗碳淬火回火	56～62 HRC	1500	850
ZG310-570	正火	163～197 HBS	280～330	210～250
ZG340-640	正火	179～207 HBS	31～340	240～270
ZG35SiMn	调质	241～269 HBS	590～640	500～520
	表面淬火	45～53 HRC	1130～1190	690～720
HT300	时效	187～255 HBS	330～390	100～150
QT500-7	正火	170～230 HBS	450～540	260～300
QT600-3	正火	190～270 HBS	490～580	280～310

注:表中的 σ_{Hlim}、σ_{FE} 数值是根据 GB/T 3480.5—2021 提供的线图,按材料的硬度值所查得,适用于材料质量和热处理质量达到中等要求的场合。

表 9-2 常用齿轮材料的应用范围

材料牌号	应 用 范 围	
45	正火	低中速、中载的非重要齿轮
	调质	低中速、中载的重要齿轮
	表面淬火	高速、中载而冲击较小的齿轮

续表

材料牌号	应用范围	
40Cr	调质	低中速、中载的重要齿轮
	表面淬火	高速、中载、无剧烈冲击的齿轮
38SiMnMo	调质	低中速、中载的重要齿轮
	表面淬火	高速、中载、无剧烈冲击的齿轮
20Cr	渗碳淬火	高速、中载,并承受冲击的重要齿轮
20CrMnTi		
16MnCr5		
17CrNiMo6		
38CrMoAlA	调质	耐磨性强、载荷平稳、润滑良好的传动
	表面淬火	
ZG310-570	正火	低中速、中载的大直径齿轮
ZG340-640		
HT300	时效	低中速、轻载、冲击较小的齿轮
QT500-7	正火	低中速、轻载,有冲击的齿轮
QT600-3		
布基酚醛层压板	—	高速、轻载、要求噪声小的齿轮
MC 尼龙		

9.2.2 传动精度和设计参数

1. 齿轮传动的精度及其选择

渐开线圆柱齿轮传动的精度分为 13 个等级,其中 0 级最高,12 级最低。国家标准规定,齿轮传动的精度指标分别用三种公差组来表示。

(1)第 Ⅰ 公差组。用齿轮一转内的转角误差表示,决定齿轮传递运动的准确程度。

(2)第 Ⅱ 公差组。用齿轮一齿内的转角误差表示,决定齿轮运转的平稳程度。

(3)第 Ⅲ 公差组。用啮合区域的形状、位置和大小表示,决定齿轮载荷分布的均匀程度。

选择齿轮精度等级时,应从降低制造成本的角度出发,在满足主要使用功能的前提下兼顾其他要求。例如,仪表中的齿轮传动,以保证运动精度为主;航空动力传输装置中的齿轮传动,以保证平稳性精度为主;轧钢机中的齿轮传动,以保证接触精度为主。同一齿轮的三种公差组精度等级可相同也可不同。常用齿轮精度及其应用场合如表 9-3 所示。

表 9-3 常用齿轮精度及其应用场合

精度等级	圆周速度 v/(m/s)			应 用
	直齿圆柱齿轮	斜齿圆柱齿轮	直齿圆锥齿轮	
6 级	≤15	≤30	≤12	高速重载齿轮传动(如飞机、汽车和机床中的重要齿轮),分度机构中的齿轮等

精度等级	圆周速度 $v/(\text{m/s})$			应　用
	直齿圆柱齿轮	斜齿圆柱齿轮	直齿圆锥齿轮	
7 级	≤10	≤15	≤8	高速中载或中速重载的齿轮传动(如标准系列减速器中的齿轮,汽车和机床中的齿轮等)
8 级	≤6	≤10	≤4	机械制造中对精度无特殊要求的齿轮
9 级	≤2	≤4	≤1.5	低速及精度要求低的齿轮

2. 齿轮传动设计参数的选择

1) 压力角 α 的选择

增大压力角,节点处齿廓曲率半径增加而区域系数减小,赫兹应力降低;齿根厚度增加而齿形系数和应力修正系数均下降,尽管重合度略有下降,但总的来说齿根弯曲应力和齿面接触应力还是降低了。因此,增大压力角,有利于提高齿轮传动的弯曲强度和接触强度。我国对一般用途的齿轮传动规定的标准压力角为 $\alpha=20°$。为提高航空用齿轮传动的弯曲强度及接触强度,我国航空齿轮传动标准还规定了 $\alpha=25°$ 的标准压力角。但增大压力角,相应增加轮齿的刚度,对降低噪声和动载荷不利。

2) 齿数 z 的选择

在保证接触强度的前提下,增加齿数可增加重合度、改善传动平稳性,同时降低齿高,减小齿坯尺寸,降低加工时的切削量,有利于节省制造费用。另外,降低齿高,齿顶处的滑动速度也会减少,从而降低磨损及胶合的可能性。但模数小了,齿厚随之减薄,齿轮的弯曲强度有所下降。不过在一定的齿数范围内,尤其是当承载能力主要取决于齿面接触强度时,齿数多一些为好。

闭式齿轮传动一般转速较高,为了提高传动的平稳性,减小冲击振动,齿数多一些为好,小齿轮的齿数可取为 $z_1=20\sim40$。开式(半开式)齿轮传动,由于轮齿主要为磨损失效,为使轮齿不致过小,故小齿轮不宜选用过多的齿数,一般可取 $z_1=17\sim20$。

小齿轮齿数确定后,按齿数比可确定大齿轮齿数 z_2。为了使轮齿磨损均匀,一般使 z_1 和 z_2 互为质数。

3) 齿宽系数 ϕ_d 的选择

在保证齿轮接触强度和弯曲强度的前提下,增加齿宽系数,齿轮的轴向尺寸增大,而径向尺寸减小。当对径向尺寸有严格要求时,应选择较大的齿宽系数。但增加齿宽系数,将增大载荷沿接触线分布的不均匀程度,因此,齿宽系数应适当。

圆柱齿轮的齿宽系数 ϕ_d 的荐用值列于表 9-4。

表 9-4　圆柱齿轮的齿宽系数 ϕ_d

装置状况	两支承相对于小齿轮作对称布置	两支承相对于小齿轮作不对称布置	小齿轮作悬臂布置
ϕ_d	0.9~1.4(1.2~1.9)	0.7~1.15(1.1~1.65)	0.4~0.6

注:①大、小齿轮皆为硬齿面时,ϕ_d 应取表中偏下限值;若皆为软齿面或仅大齿轮为软齿面时,ϕ_d 可取表中偏上限的数值。

②括号内的数值用于人字齿轮,此时 b 为人字齿轮的总宽度。

③金属切削机床的齿轮传动,若传递的功率不大,ϕ_d 可小到 0.2。

④非金属齿轮可取 $\phi_d=0.5\sim1.2$。

4）变位系数的选择

变位系数影响轮齿几何尺寸、端面重合度、滑动率、齿面接触应力和齿根弯曲应力。合理选择变位系数可以避免根切，调整中心距，提高齿面接触疲劳强度、弯曲疲劳强度、抗胶合能力和耐磨损性能。

变位系数一般根据设计目的和约束条件而定，有多种确定方法。这里介绍一种线图法。具体做法是：①在图 9-6(a)中，按照使用要求以及齿数和 $z_\Sigma = z_1 + z_2$，选择适宜的变位系数和 $x_\Sigma = x_1 + x_2$；②在图 9-6(b)中，过坐标点 $(z_\Sigma/2, x_\Sigma/2)$ 作射线，保持该射线到相邻的两条 L 线的距离之比；③在图 9-6(b)中，从横坐标上的 z_1 和 z_2 处作垂直线，与②中所作射线的交点的纵坐标即为 x_1 和 x_2。对于斜圆柱齿轮，按当量齿数 $z_v = z/\cos^3\beta$ 来查，得出变位系数为 x_n。

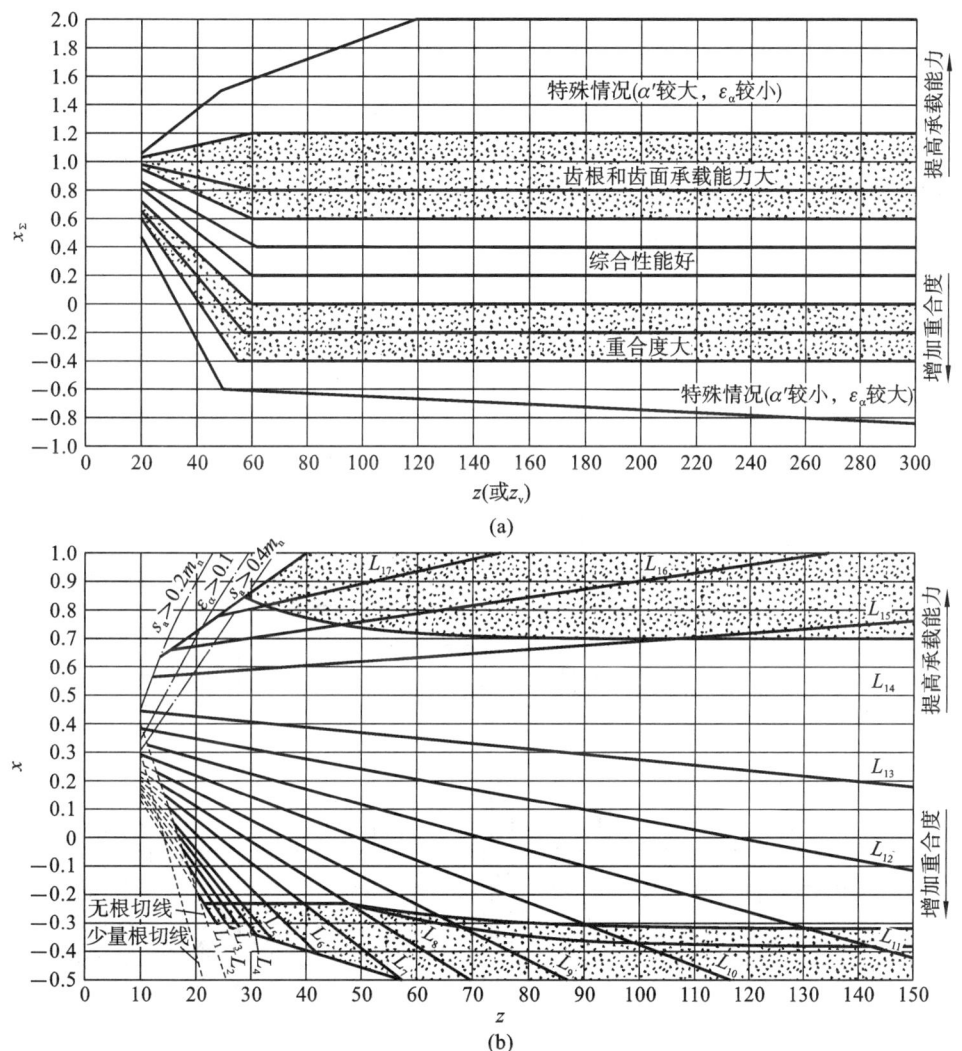

图 9-6　外啮合、减速齿轮传动变位系数选择图

9.2.3　齿轮的许用应力

齿轮的许用应力是基于实验条件下的齿轮疲劳极限，并考虑实际齿轮与实验条件的差别

和可靠性而确定的。

1. 齿轮疲劳试验的条件

齿轮疲劳试验的条件为:中心距 $a=100$ mm、$m=3\sim5$ mm、$\alpha=20°$、$b=10\sim50$ mm、$v=10$ m/s,齿面微观不平度十点高度 $Rz=3$ μm,齿根过渡表面微观不平度十点高度 $Rz=10$ μm,齿轮精度等级为 $4\sim7$ 级;齿轮材料在完全弹性范围内,承受脉动循环变应力,载荷系数 $K_H=K_F=1$,润滑剂黏度 $v_{50}=100$ mm^2/s,失效概率为 1%。

2. 齿轮的许用应力

对一般的齿轮传动,因绝对尺寸、齿面粗糙度、圆周速度及润滑等对实际齿轮的疲劳极限的影响不大,通常都不予考虑,故只需要考虑应力循环次数的影响即可。由此得到齿轮的许用应力为

$$[\sigma]=\frac{K_N\sigma_{\lim}}{S} \tag{9-1}$$

式中:S——疲劳强度安全系数。对接触疲劳强度而言,由于出现点蚀后只是增大振动和噪声,不会使齿轮传动中断,故可取 $S=S_H=1$。但对弯曲疲劳强度来说,一旦发生断齿,就会引起严重的事故,因此在进行齿根弯曲疲劳强度计算时取 $S=S_F=1.25\sim1.5$。在进行直齿锥齿轮的齿根弯曲疲劳强度计算时,$S_F\geqslant1.5$。

K_N——寿命系数。当实际齿轮的应力循环次数大于或小于试验齿轮的循环次数 N_0 时,用于将试验齿轮的疲劳极限折算为实际齿轮的疲劳极限。弯曲疲劳寿命系数 K_{FN} 查图 9-7,接触疲劳寿命系数 K_{HN} 查图 9-8。

$\sigma_{\lim}$——齿轮的疲劳极限。弯曲疲劳极限 σ_{Flim} 查图 9-9,图中的 σ_{Flim} 值是对试验齿轮的弯曲疲劳极限进行应力校正后的结果;接触疲劳极限 σ_{Hlim} 查图 9-10。

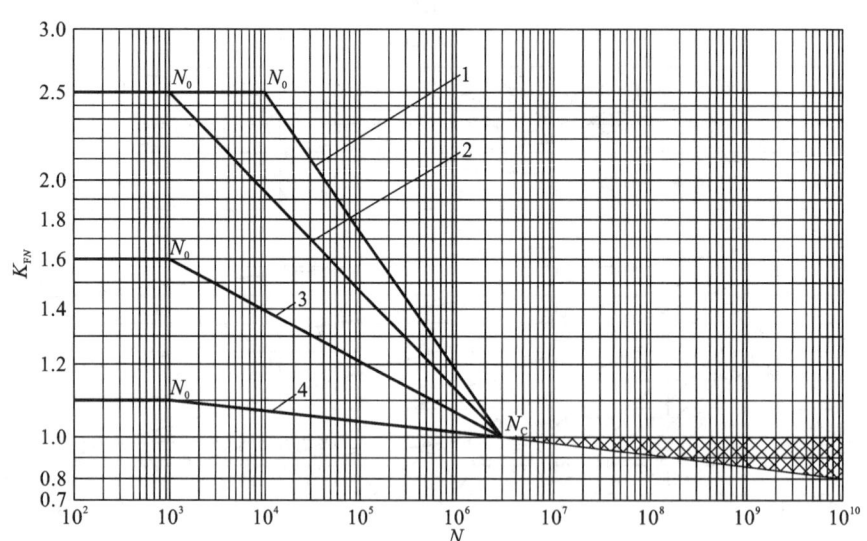

图 9-7　弯曲疲劳寿命系数 K_{FN}(当 $N>N_C$ 时,可根据经验在网纹区内取值)

1—调质钢,球墨铸铁(珠光体、贝氏体),珠光体可锻铸铁;

2—渗碳淬火的渗碳钢,全齿廓火焰或感应淬火的钢、球墨铸铁;

3—渗氮钢,球墨铸铁(铁素体),灰铸铁,结构钢;4—碳氮共渗的调质钢、渗碳钢

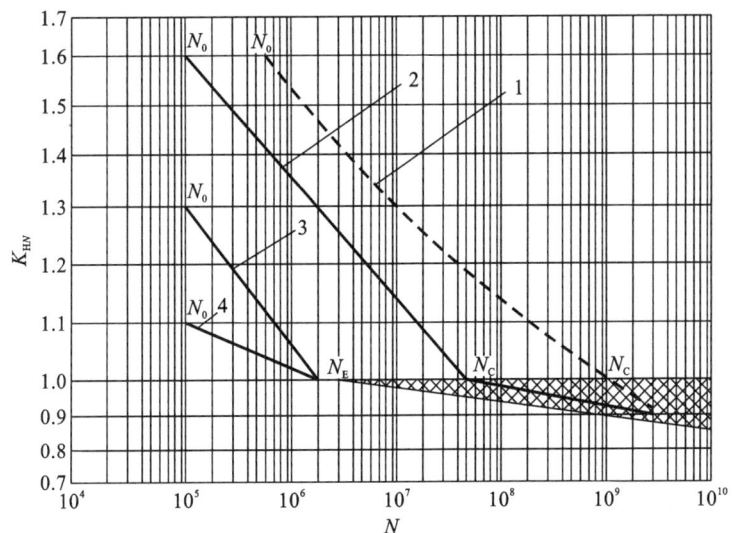

图 9-8 接触疲劳寿命系数 K_{HN}（当 $N > N_C$ 时，可根据经验在网纹区内取值）

1—允许一定点蚀时的结构钢，调质钢，球墨铸铁（珠光体、贝氏体），珠光体可锻铸铁，渗碳溶火的渗碳钢；

2—结构钢，调质钢，渗碳淬火钢，火焰或感应淬火的钢，球墨铸铁，球墨铸铁（珠光体、贝氏体），珠光体可锻铸铁；

3—灰铸铁，球墨铸铁（铁素体），渗氮的渗氮钢，调质钢，渗碳钢；4—碳氮共渗的调质钢、渗碳钢

图 9-7、图 9-8 中应力循环次数的计算方法是：设 n 为齿轮的转速（单位为 r/min）；j 为齿轮每转一圈时，同一齿面的啮合次数；L_h 为齿轮的工作寿命（单位为 h），则齿轮的工作应力循环次数 N 为

$$N = 60njL_h \tag{9-2}$$

由于齿轮材料的品质和加工过程不尽相同，使其疲劳极限具有一定的分散性。在图 9-9 和图 9-10 中，将同一种材料能够达到的质量分为高、中、低三个等级，分别用 ME、MQ 和 ML 表示。在查取数据时，一般在 MQ 及 ML 中间选值。当齿面硬度超出图中荐用的范围时，可按外插法查取数据。当齿轮承受对称循环应力时，应将所得数据乘以 0.7。

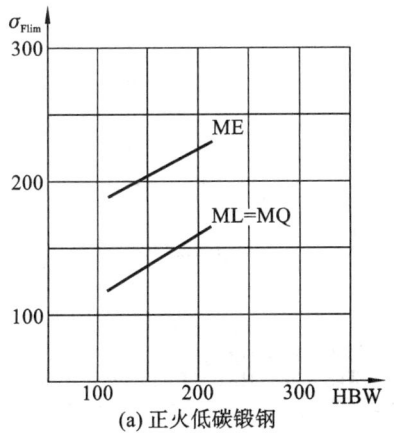

(a) 正火低碳锻钢

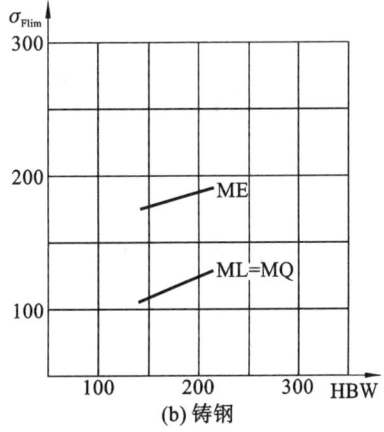

(b) 铸钢

图 9-9 齿轮的弯曲疲劳极限 σ_{Flim}

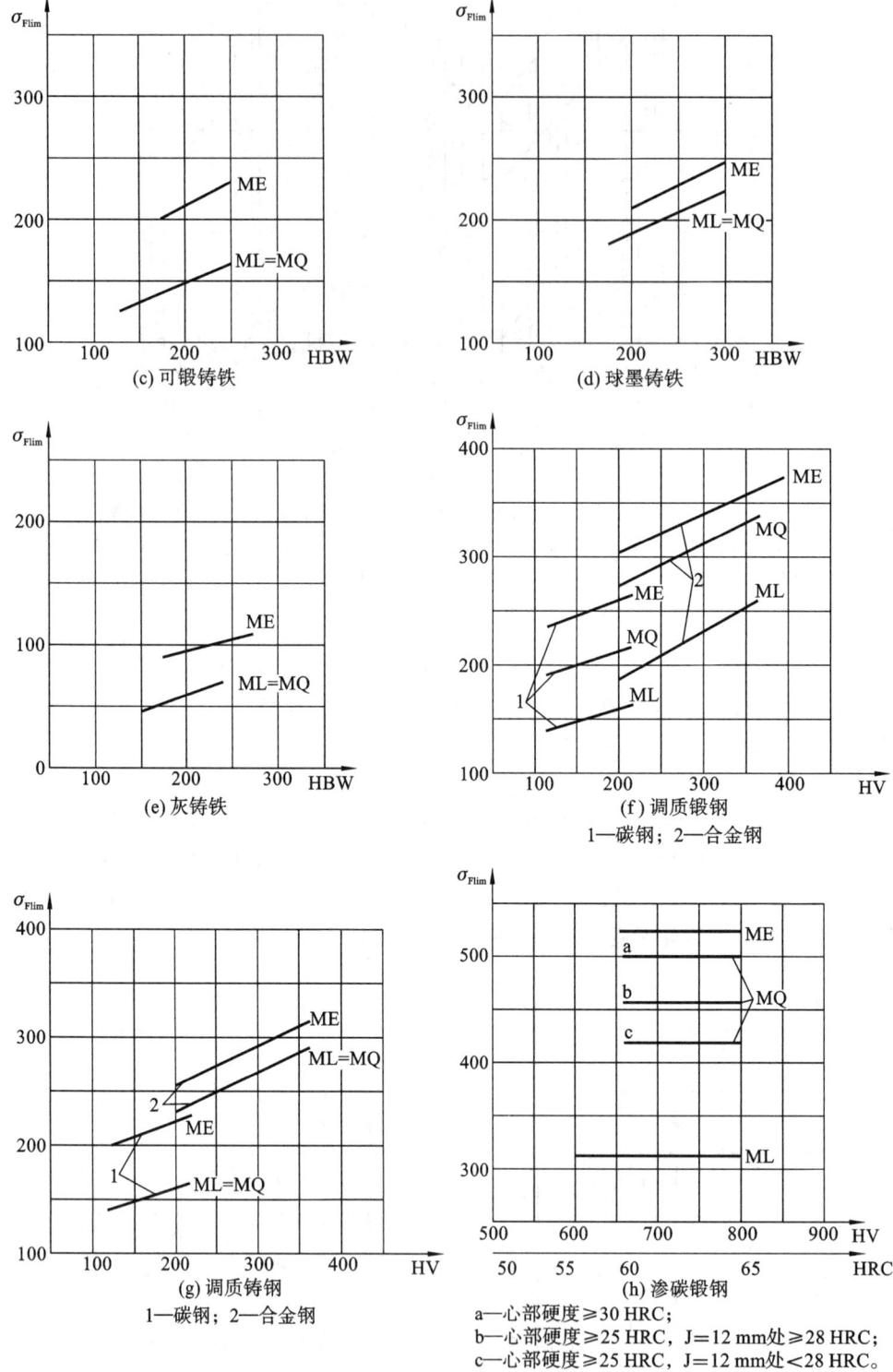

(c) 可锻铸铁

(d) 球墨铸铁

(e) 灰铸铁

(f) 调质锻钢
1—碳钢；2—合金钢

(g) 调质铸钢
1—碳钢；2—合金钢

(h) 渗碳锻钢
a—心部硬度≥30 HRC；
b—心部硬度≥25 HRC，J=12 mm处≥28 HRC；
c—心部硬度≥25 HRC，J=12 mm处<28 HRC。

续图 9-9

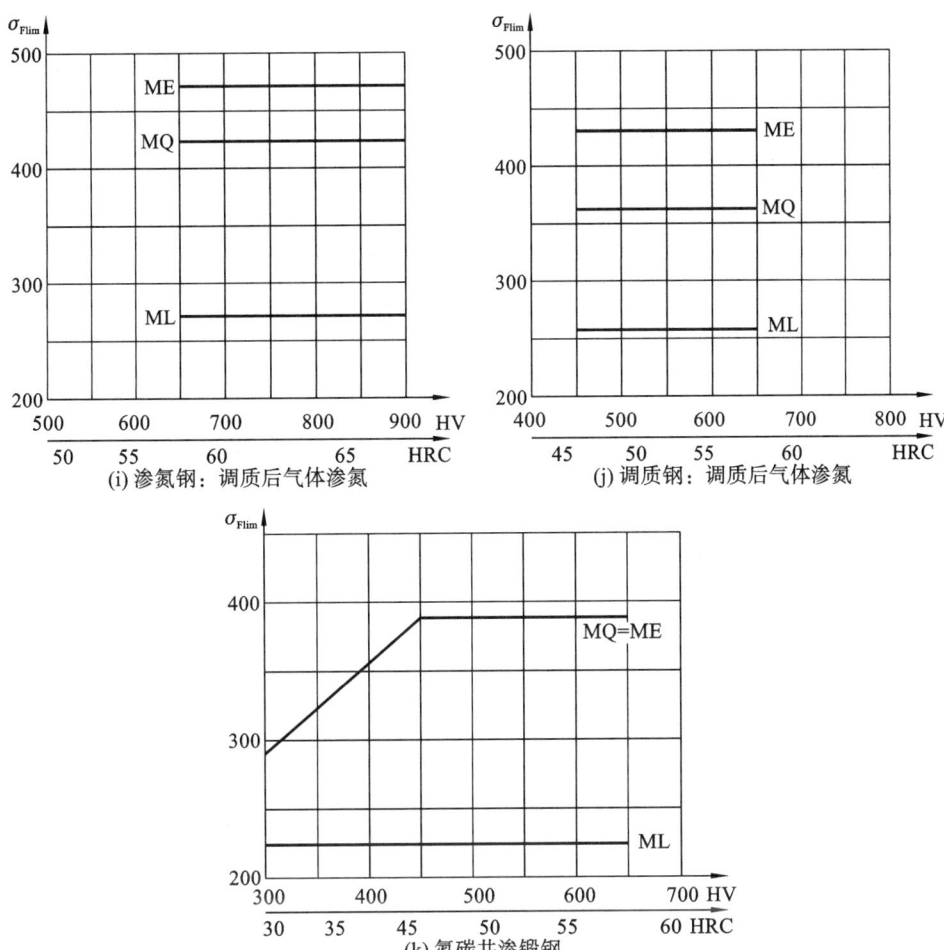

(i) 渗氮钢：调质后气体渗氮　　　　(j) 调质钢：调质后气体渗氮

(k) 氮碳共渗锻钢

续图 9-9

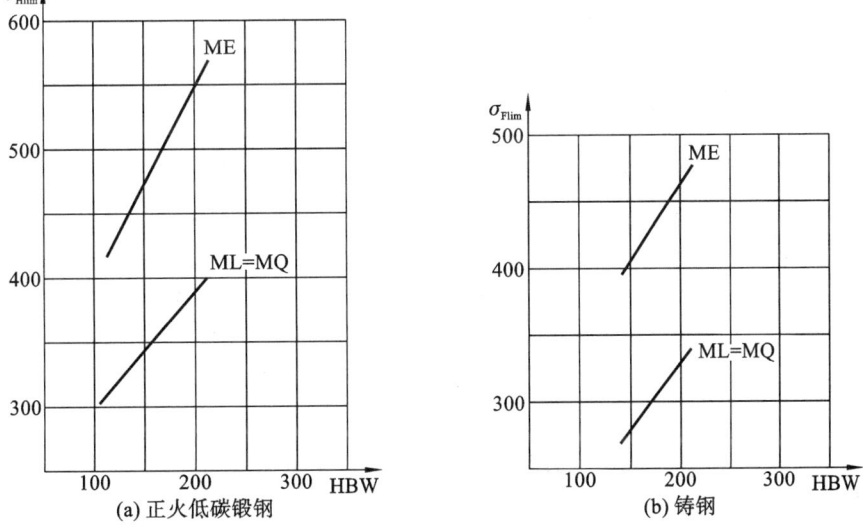

(a) 正火低碳锻钢　　　　　　　　　(b) 铸钢

图 9-10　齿轮的接触疲劳极限 σ_{Hlim}

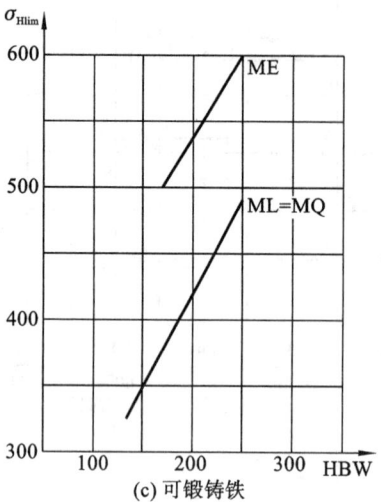

(c) 可锻铸铁

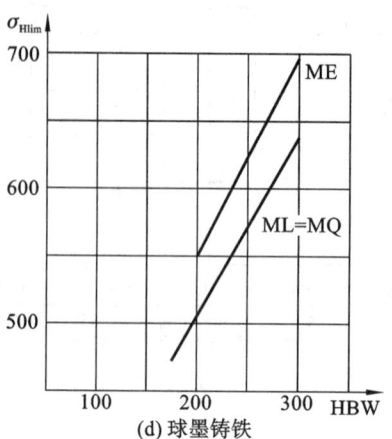

(d) 球墨铸铁

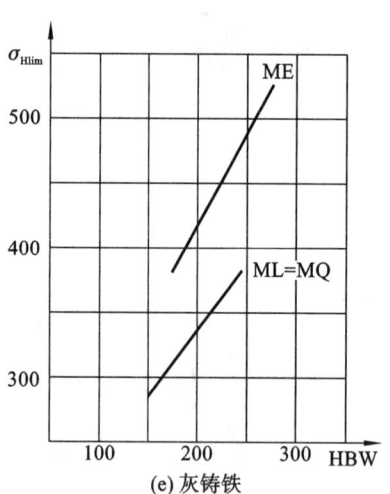

(e) 灰铸铁

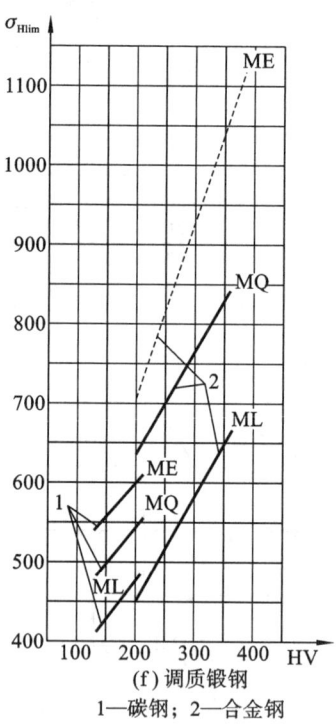

(f) 调质锻钢
1—碳钢；2—合金钢

续图 9-10

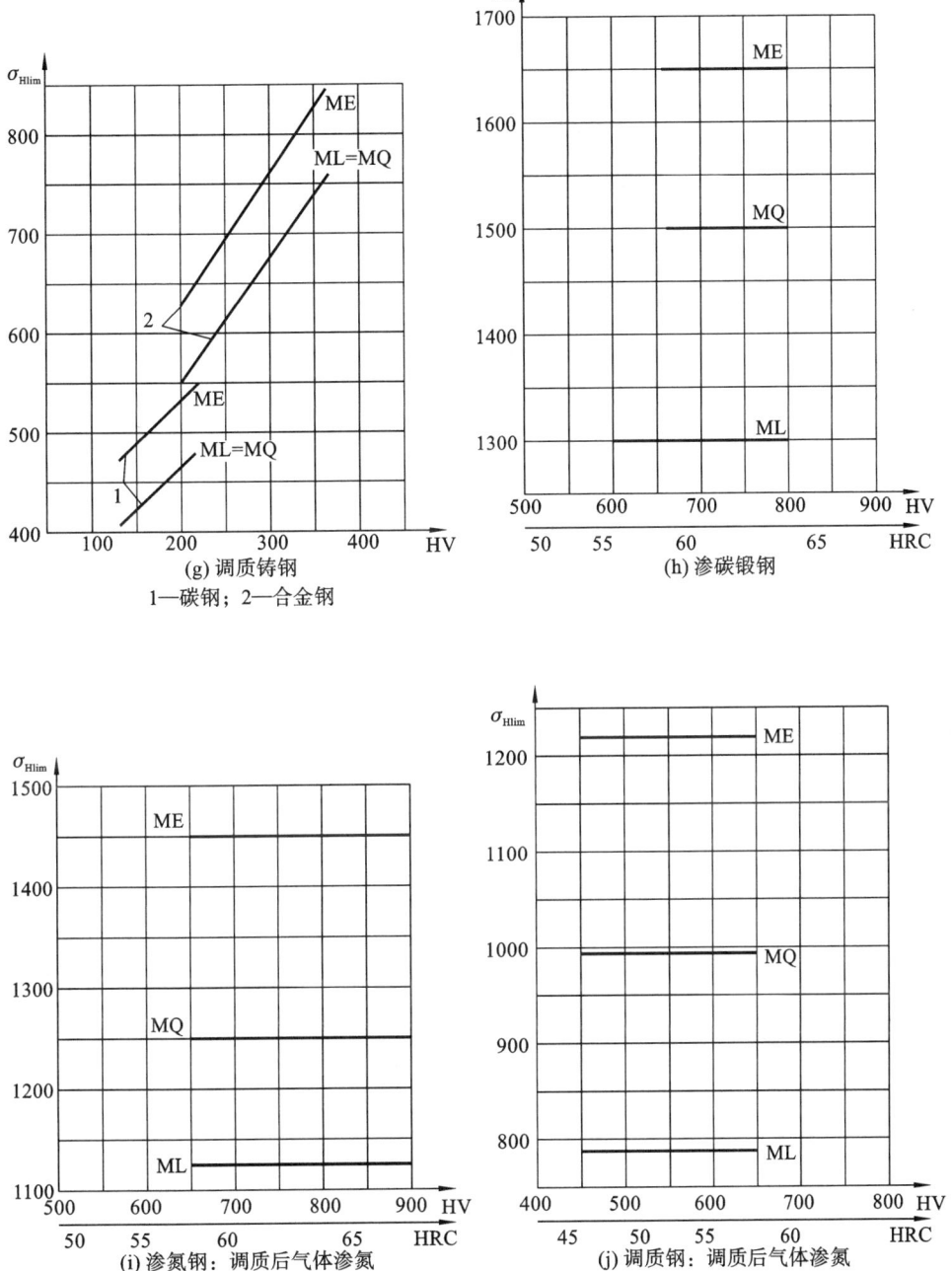

(g) 调质铸钢
1—碳钢；2—合金钢

(h) 渗碳锻钢

(i) 渗氮钢：调质后气体渗氮

(j) 调质钢：调质后气体渗氮

续图 9-10

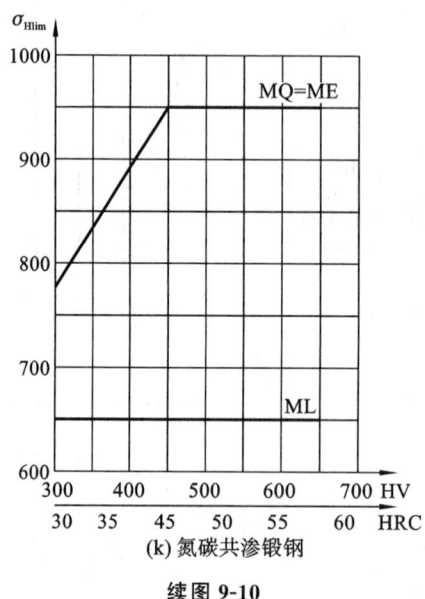

(k) 氮碳共渗锻钢

续图 9-10

9.3　标准直齿圆柱齿轮传动设计计算

9.3.1　受力分析

为了进行齿轮的强度计算及对其支承轴与轴承进行设计计算,必须计算齿轮工作中所受的载荷。

图 9-11 所示为一对以标准中心距安装的标准直齿圆柱齿轮传动受力图,啮合点为节点 C。从满足工程应用的角度考虑,忽略齿面间的摩擦力,并将作用线变化的实际分布载荷简化为沿齿廓法向的集中力,记为法向力 $\boldsymbol{F}_\mathrm{n}$,作用于节点 C。进一步将其分解为在点 C 沿分度圆切线方向和径向方向的两个分力,分别记为圆周力 $\boldsymbol{F}_\mathrm{t}$ 和径向力 $\boldsymbol{F}_\mathrm{r}$。各力计算公式为

$$\begin{cases} F_\mathrm{t} = F_\mathrm{t1} = F_\mathrm{t2} = \dfrac{2T_1}{d_1} \\[2mm] F_\mathrm{r} = F_\mathrm{r1} = F_\mathrm{r2} = F_\mathrm{t}\tan\alpha \\[2mm] F_\mathrm{n} = F_\mathrm{n1} = F_\mathrm{n2} = \dfrac{F_\mathrm{t}}{\cos\alpha} \end{cases} \tag{9-3}$$

式中:T_1——主动轮上的转矩。

设输入功率为 $P(\mathrm{kW})$,主动轮转速为 $n_1(\mathrm{r/min})$,则有:

$$T_1 = 9.55 \times 10^6 \frac{P}{n_1} (\mathrm{N \cdot mm}) \tag{9-4}$$

式中:d_1——主动轮分度圆直径(mm);

α——分度圆压力角,对于标准齿轮,$\alpha = 20°$。

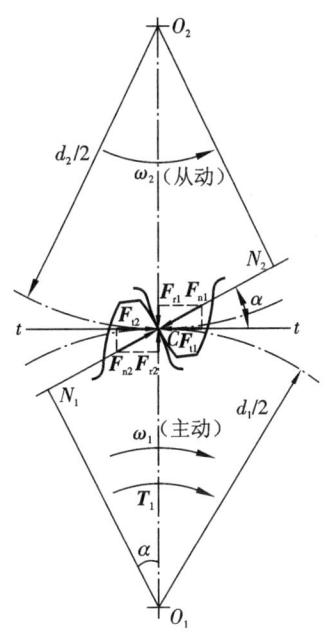

图 9-11　直齿圆柱齿轮传动的作用力

9.3.2　计算载荷

按式(9-3)计算所得载荷为简化模型上、理想情况下的载荷,称为名义载荷。实际上,由于原动机和工作机的特性、齿轮的制造和安装误差、轴系的变形等因素的影响,会产生附加动载荷及载荷分布不均匀现象,从而使实际载荷大于名义载荷。因此,在进行齿轮强度计算时,需要对名义载荷进行修正,使之更接近实际载荷。修正后的载荷称为计算载荷。对于法向力F_n,其计算载荷为

$$F_{nca} = KF_n \tag{9-5}$$

式中:K——载荷系数,其值可由表 9-5 查得。

表 9-5　载荷系数 K

原　动　机	工作机载荷特性		
	均匀	中等冲击	严重冲击
电动机	1~1.2	1.2~1.6	1.6~1.8
多缸内燃机	1.2~1.6	1.6~1.8	1.9~2.1
单缸内燃机	1.6~1.8	1.8~2.0	2.2~2.4

注:对斜齿、圆周速度低、精度高、齿宽系数小的齿轮,应取偏小值;对直齿、圆周速度高、精度低、齿宽系数大的齿轮,应取偏大值;当齿轮相对于两端轴承对称布置时,宜取偏小值;当非对称布置或单支承悬臂布置时,宜取偏大值。

9.3.3　齿面接触疲劳强度计算

齿面接触疲劳强度计算是为了防止齿面点蚀失效而进行的齿轮工作能力计算。除开式齿轮传动之外,各种工况下的齿轮传动均有可能产生齿面点蚀,因此,齿面接触疲劳强度计算是

最重要的齿轮工作能力计算内容之一。

点蚀是由高副接触中表面的变接触应力引起的。因此,强度计算公式可表示为

$$\sigma_H \leqslant [\sigma_H] \tag{9-6}$$

式中:σ_H——整个啮合过程中齿面的最大工作接触应力。

一对轮齿在任一瞬间的啮合,可等效看作两个圆柱体的啮合(这两个圆柱体的曲率分别与两齿廓在啮合点的曲率相等),因此,在任一啮合位置上最大接触应力 σ_{Hmax} 为

$$\sigma_{Hmax} = \sqrt{\dfrac{F_n}{\pi b} \cdot \dfrac{\dfrac{1}{\rho_1} \pm \dfrac{1}{\rho_2}}{\dfrac{1-\mu_1^2}{E_1} + \dfrac{1-\mu_2^2}{E_2}}}$$

式中:F_n——作用载荷;

b——接触长度;

ρ——综合曲率半径,$\rho = \dfrac{\rho_1 \rho_2}{\rho_2 \pm \rho_1}$,$\rho_1$、$\rho_2$ 分别为两圆柱的曲率半径,正号用于外接触,负号用于内接触;

μ_1、μ_2——两齿轮材料泊松比;

E——综合弹性模量,$E = \dfrac{2E_1 E_2}{E_1 + E_2}$,$E_1$、$E_2$ 分别为两圆柱体材料的弹性模量。

由于轮齿啮合位置是变化的,因此,σ_{Hmax} 也是变化的。根据强度计算的一般原则,理论上来说,式(9-6)中的 σ_H 应取为整个啮合过程中最大的 σ_{Hmax}。综合考虑曲率半径及同时啮合的齿对数可知,最大的 σ_{Hmax} 发生在齿根部分靠近节线处(即单齿对啮合的下界点)。但进一步考虑工程上误差容许及计算的简便性,通常以节点处啮合时的 σ_{Hmax} 作为 σ_H 的计算依据。对标准直齿圆柱齿轮,将节点处的相应参数代入,并进行参数合并和形式上的简化,可得:

$$\sigma_H = Z_E Z_H \sqrt{\dfrac{F_t}{bd_1} \dfrac{u \pm 1}{u}} \tag{9-7}$$

式中:Z_E——弹性(影响)系数,其值取决于两齿轮的材料,可查表9-6;

Z_H——区域系数,$Z_H = \sqrt{2/(\sin\alpha \cdot \cos\alpha)}$,对标准齿轮来说,$\alpha = 20°$,$Z_H = 2.5$;

b——啮合宽度;

u——齿数比,定义为大齿轮齿数(设为 z_2)与小齿轮齿数(设为 z_1)之比,即 $u = z_2/z_1$;

符号"+"用于外啮合传动,"—"用于内啮合传动,下同。

考虑载荷系数 K,并结合式(9-3)和式(9-7),代入式(9-6)后,可得直齿圆柱齿轮齿面接触疲劳强度计算公式为

$$\sigma_H = Z_E Z_H \sqrt{\dfrac{2KT_1}{bd_1^2} \dfrac{u \pm 1}{u}} \leqslant [\sigma_H] \tag{9-8}$$

式(9-8)为齿面接触疲劳强度计算的校核形式。引入齿宽系数的概念,定义为 $\phi_d = b/d_1$,即 $b = \phi_d d_1$,代入式(9-8)并作形式变换,可得齿面接触疲劳强度计算的设计公式:

$$d_1 \geqslant \sqrt[3]{\dfrac{2KT_1}{\phi_d} \dfrac{u \pm 1}{u} \left(\dfrac{Z_E Z_H}{[\sigma_H]}\right)^2} \, (\text{mm}) \tag{9-9}$$

需要注意的是,式中的许用应力$[\sigma_H]$应取两齿轮中的较小者。

表 9-6 弹性(影响)系数 Z_E

小 齿 轮	大 齿 轮				
	灰铸铁	球墨铸铁	铸钢	锻钢	夹布胶木
锻钢	162.0	181.4	188.9	189.8	56.4
铸钢	161.4	180.5	188.0	—	—
球墨铸铁	156.6	173.9	—	—	—
灰铸铁	143.7	—	—	—	—

9.3.4 轮齿弯曲疲劳强度计算

弯曲疲劳强度计算是为了防止轮齿发生弯曲疲劳断裂而进行的齿轮承载能力校核。弯曲疲劳断裂是各种工况下齿轮传动系统均有可能发生的失效形式,因此,弯曲疲劳强度计算也是齿轮承载能力校核最重要的计算内容之一。

弯曲疲劳断裂是由循环变化的弯曲应力引起的。因此,强度计算公式可表示为

$$\sigma_F \leqslant [\sigma_F] \tag{9-10}$$

式中:σ_F——啮合周期内轮齿危险截面的最大弯曲应力。其值取决于轮齿上的弯矩和抗弯截面系数。

图 9-12 所示为一齿轮弯曲受力模型。由于齿轮芯部刚度远大于轮齿刚度,因此可将轮齿受力模型简化为悬臂梁模型。危险截面通常可按 30°切线法确定,即作与轮齿对称线成 30°夹角且与齿根过渡曲线相切的直线,将两侧的切点相连,所得平面被视为危险截面。由此可求得该截面的抗弯截面系数。由图可直观地看出,当轮齿在齿顶啮合时,弯曲力臂最大,但由于此时有多对齿啮合,因此载荷 F_n 并非最大,因此仍然不是理论上的最大弯矩啮合时刻。但考虑到齿轮的加工与安装误差、安全性及简便性,通常取齿顶啮合处时刻,并假设所有载荷由单齿承载来进行弯矩的计算。

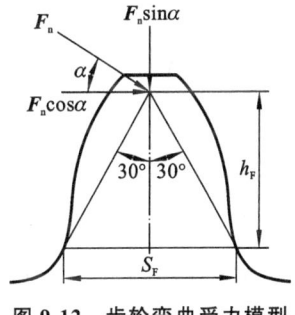

图 9-12 齿轮弯曲受力模型

基于上述原则,根据材料力学中的相应知识与公式、考虑载荷系数 K,并进行相关参数合并与形式简化,可得轮齿危险截面处的最大弯曲应力,即:

$$\sigma_F = \frac{2KT_1 Y_{Fa} Y_{Sa}}{bd_1 m} \tag{9-11}$$

式中:m——齿轮模数;

Y_{Fa}——齿形系数,只与齿数和变位系数有关(对于标准齿轮,只与齿数有关),而与模数无关;

Y_{Sa}——考虑载荷作用于齿顶时的应力校正系数,同样也只与齿数和变位系数有关;

其余符号意义同前。对标准齿轮来说,Y_{Fa} 和 Y_{Sa} 可由表 9-7 查取。

表 9-7　齿形系数 Y_{Fa} 与应力校正系数 Y_{Sa}

$z(z_v)$	17	18	19	20	21	22	23	24	25	26	27	28	29
Y_{Fa}	2.97	2.91	2.85	2.8	2.76	2.72	2.69	2.65	2.62	2.6	2.57	2.55	2.53
Y_{Sa}	1.52	1.53	1.54	1.55	1.56	1.57	1.575	1.58	1.59	1.595	1.6	1.61	1.62
$z(z_v)$	30	35	40	45	50	60	70	80	90	100	150	200	∞
Y_{Fa}	2.52	2.45	2.4	2.35	2.32	2.28	2.24	2.22	2.2	2.18	2.14	2.12	2.06
Y_{Sa}	1.625	1.65	1.67	1.68	1.7	1.73	1.75	1.77	1.78	1.79	1.83	1.865	1.97

注:①基准齿形的参数为 $\alpha = 20°, h_a^* = 1, c^* = 0.25, \rho = 0.38 m$;
②对于内齿轮,当 $\alpha = 20°, h_a^* = 1, c^* = 0.25, \rho = 0.15 m$ 时,$Y_{Fa} = 2.053, Y_{Sa} = 2.65$。

将式(9-11)代入式(9-10)可得直齿圆柱齿轮弯曲疲劳强度计算公式为

$$\sigma_F = \frac{2KT_1 Y_{Fa} Y_{sa}}{bd_1 m} = \frac{2KT_1 Y_{Fa} Y_{sa}}{bm^2 z_1} \leqslant [\sigma_F] \tag{9-12}$$

式(9-12)为弯曲疲劳强度计算的校核形式。将 $b = \phi_d d_1$ 代入式(9-12)并进行形式变换,可得弯曲疲劳强度计算的设计公式为

$$m \geqslant \sqrt[3]{\frac{2KT_1 Y_{Fa} Y_{sa}}{\phi_d z_1^2 [\sigma_F]}} \, (\text{mm}) \tag{9-13}$$

使用式(9-13)时,应该注意:
①对于一对相互啮合的齿轮,应将 $Y_{Fa1} Y_{Sa1}/[\sigma_{F1}]$ 和 $Y_{Fa2} Y_{Sa2}/[\sigma_{F2}]$ 中的较大者代入;
②按式计算出模数值后,应向大值方向取接近的标准模数,对于传递动力的齿轮来说,还需保证 $m \geqslant 1.5$ mm。

9.3.5　设计案例

例 9-1　设计某带式运输机用单级减速器中的标准直齿圆柱齿轮传动。已知:原动力为电动机,工作中单向运转,工作机存在中等振动;输入功率 $P = 9.5$ kW,小齿轮转速 $n_1 = 730$ r/min,传动比 $i = 3.8$。

解　设计步骤如表 9-8 所示。

表 9-8　标准直齿圆柱齿轮传动设计步骤

设计计算项目	设计计算内容	设计计算结果
(1) 材料选择及确定许用应力	参考表 9-2 和表 9-1,小齿轮材料选用 45 钢,调质处理,齿面硬度为 197~286 HBS,$\sigma_{Hlim1} = 550~620$ MPa,$\sigma_{FE1} = 410~480$ MPa。 大齿轮材料选用 45 钢,正火处理,齿面硬度为 156~217 HBS,$\sigma_{Hlim2} = 350~400$ MPa,$\sigma_{FE2} = 280~340$ MPa	

设计计算项目	设计计算内容	设计计算结果
（2）按齿面接触疲劳强度设计计算	小齿轮硬度取近中值 240 HBS,大齿轮硬度取近中值 190 HBS,均为软齿面,硬度差为 50 HBS,满足要求。 按一般可靠度要求,取安全系数 $S_H=1.0$,$S_F=1.25$,则许用应力为 $[\sigma_{H1}]=\dfrac{\sigma_{Hlim1}}{S_H}=585$ MPa $$[\sigma_{F1}]=\frac{\sigma_{FE1}}{S_F}=356 \text{ MPa}$$ $$[\sigma_{H2}]=\frac{\sigma_{Hlim2}}{S_H}=375 \text{ MPa}$$ $$[\sigma_{F2}]=\frac{\sigma_{FE2}}{S_F}=248 \text{ MPa}$$ 因属于闭式软齿面齿轮传动,根据设计准则,应按齿面接触疲劳强度进行设计计算,即采用式(9-9)。式中各参数求取如下。 ①参考表 9-3,选择 8 级精度齿轮;参考表 9-5,取载荷系数 $K=1.5$。 ②小齿轮上的转矩为 $$T_1=9.55\times10^6\frac{P}{n_1}=9.55\times10^6\times\frac{9.5}{730} \text{ N·mm}$$ $$=124280.8 \text{ N·mm}$$ ③齿宽系数选取。由于为单级减速器,因此,齿轮通常为对称布置,参考表 9-4,取 $\phi_d=1.0$。 ④齿数比。因属于减速传动,齿数比与传动比相等,即 $u=3.8$。 ⑤弹性(影响)系数。两齿轮均为锻钢,查表 9-6 得 $Z_E=189.8$。 ⑥区域系数。因是标准齿轮,故 $Z_H=2.5$。 ⑦许用应力 $[\sigma_H]$ 取两齿轮中的较小者,即 $$[\sigma_H]=[\sigma_{H2}]=375 \text{ MPa}$$ ⑧将各参数代入式(9-9)可得 $$d_1\geqslant\sqrt[3]{\frac{2\times1.5\times124280.8}{1.0}\times\frac{3.8+1}{3.8}\times\left(\frac{189.8\times2.5}{375}\right)^2} \text{ mm}$$ 即 $d_1\geqslant91$ mm	小齿轮材料:45 钢,调质;大齿轮材料:45 钢,正火。 疲劳极限取中值: $\sigma_{Hlim1}=585$ MPa $\sigma_{FE1}=445$ MPa $\sigma_{Hlim2}=375$ MPa $\sigma_{FE2}=310$ MPa $[\sigma_{H1}]=585$ MPa $[\sigma_{F1}]=365$ MPa $[\sigma_{H2}]=375$ MPa $[\sigma_{F2}]=248$ MPa $d_1\geqslant91$ mm

设计计算项目	设计计算内容	设计计算结果
（3）几何参数的选择与调整	通过接触疲劳强度计算确定小齿轮分度圆直径下限后,可以此为基础,选择、计算、调整、确定齿轮传动的其他几何参数。 　　①齿数选择。 　　因属于闭式软齿面齿轮传动,故初选 $z_1=37$,因此,$z_2=uz_1$ $=3.8\times37=140.6$,取整为 $z_2=140$。 　　②确定模数。 $$m=d_1/z_1=91/37 \text{ mm}=2.46 \text{ mm}$$ 取标准模数 $m=2.5$ mm。 　　③计算中心距。 标准中心距为 $$a=\frac{m(z_1+z_2)}{2}=\frac{2.5\times(37+140)}{2} \text{ mm}$$ $$=221.25 \text{ mm}$$ 　　④调整参数。 　　齿轮中心距通常需要取整数,为此,调整大齿轮齿数为 $z_2=$ 143,此时,标准中心距变为 $$a=\frac{m(z_1+z_2)}{2}=\frac{2.5\times(37+143)}{2} \text{ mm}=225 \text{ mm}$$ 　　需要注意的是,齿数调整后,齿数比(或传动比)会有偏差,但一般工程中允许其相对误差在 $\pm5\%$ 之内,现校核如下: $$\Delta_u=\frac{\left|\frac{143}{37}-3.8\right|}{3.8}\times100\%=1.7\%<5\%$$ 因此,满足要求。 　　此时,两齿轮的分度圆直径分别为 $$d_1=mz_1=2.5\times37 \text{ mm}=92.5 \text{ mm}$$ $$d_2=mz_2=2.5\times143 \text{ mm}=357.5 \text{ mm}$$	$z_1=37$ $z_2=143$ $m=2.5$ mm $d_1=92.5$ mm $d_2=357.5$ mm $a=225$ mm
（4）校核轮齿弯曲疲劳强度	基于上述参数,按式(9-12)进行弯曲疲劳强度校核。 　　①齿形系数与应力校正系数查取。 　　由表9-7查得 $z=35$ 和 $z=40$ 时,分别对应 $Y_{Fa}=2.45$ 和 Y_{Fa} $=2.40$,采用线性插值法,可求出 $z_1=37$ 时的齿形系数 Y_{Fa1}。 $$Y_{Fa1}=2.40+\frac{40-37}{40-35}\times(2.45-2.40)=2.43$$ 同理可求得 $Y_{Sa1}=1.658$,$Y_{Fa2}=2.146$,$Y_{Sa2}=1.824$。 　　②啮合宽度计算。 $$b=\phi_d d_1=1.0\times92.5 \text{ mm}=92.5 \text{ mm}$$ 弯曲强度比较 $$\frac{Y_{Fa1}Y_{Sa1}}{[\sigma_{F1}]}=\frac{2.43\times1.658}{356}=0.01132<\frac{Y_{Fa2}Y_{Sa2}}{[\sigma_{F2}]}$$ $$=\frac{2.146\times1.824}{248}=0.01578$$ 　　因此,大齿轮的弯曲强度弱于小齿轮的弯曲强度,应按大齿轮进行弯曲疲劳强度校核。 　　弯曲强度校核 $$\sigma_{F2}=\frac{2\times1.5\times124280.8\times2.146\times1.824}{92.5\times92.5\times2.5} \text{ MPa}$$ $$=68.2 \text{ MPa}\leqslant[\sigma_{F2}]=248 \text{ MPa}$$ 故弯曲疲劳强度满足要求	

续表

设计计算项目	设计计算内容	设计计算结果
（5）精度验算	按表 9-3,根据分度圆圆周速度验算精度选择是否合适。齿轮分度圆圆周速度为 $$v=\frac{\pi d_1 n_1}{60\times1000}=\frac{\pi\times92.5\times730}{60\times1000}=3.5\ \text{m/s}\leqslant6\ \text{m/s}$$ 因此,采用 8 级精度是适宜的	
（6）计算与确定齿宽	大齿轮齿宽 $B_2=\lceil\phi_d d_1\rceil=\lceil1.0\times92.5\rceil\ \text{mm}=93\ \text{mm}$ 小齿轮齿宽 $B_1=B_2+(5\sim10)\ \text{mm}$,取 $B_1=100\ \text{mm}$	$B_1=100\ \text{mm}$ $B_2=93\ \text{mm}$
（7）齿轮结构设计	参考 9.6 节(略)	

9.4　标准斜齿圆柱齿轮传动设计计算

9.4.1　受力分析

图 9-13 所示为一对以标准中心距安装的标准斜齿圆柱齿轮传动受力图,C 为齿宽中间平面上的节点。同理将实际载荷简化为作用点为 C、沿齿廓法向的集中力 F_n。由于存在螺旋角,F_n 可分解为三个方向的分力:圆周力 F_t、径向力 F_r 和轴向力 F_a,如图 9-13 所示。各力计算公式为

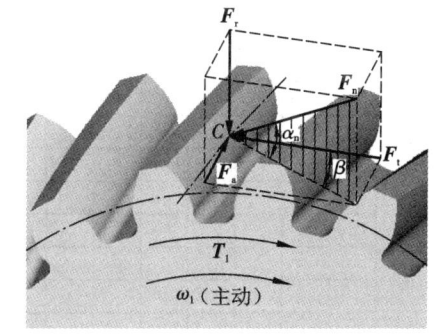

$$F_t=F_{t1}=F_{t2}=\frac{2T_1}{d_1} \tag{9-14a}$$

$$F_r=F_{r1}=F_{r2}=\frac{F_t\tan\alpha_n}{\cos\beta} \tag{9-14b}$$

$$F_a=F_{a1}=F_{a2}=F_t\tan\beta \tag{9-14c}$$

$$F_n=F_{n1}=F_{n2}=\frac{F_t}{\cos\alpha_n\cos\beta} \tag{9-14d}$$

图 9-13　斜齿圆柱齿轮传动作用力

式中:β——节圆上的螺旋角,对于标准齿轮,也即分度圆上的螺旋角;

　　　α_n——节圆上的法面压力角,对于标准齿轮,$\alpha_n=20°$。

9.4.2　强度计算及参数选择

1. 斜齿圆柱齿轮传动的强度计算

斜齿圆柱齿轮传动的强度计算是按照轮齿的法面进行的,即等效于对其法面的当量直齿圆柱齿轮进行计算。由于斜齿圆柱齿轮传动重合度较大,同时啮合的齿对数较多,当量齿轮的分度圆直径也较大,且斜齿轮是逐渐啮入和退出的。因此,斜齿轮的工作应力小于同等尺寸直齿轮的工作应力。

根据斜齿轮法面当量直齿圆柱齿轮的相关参数,以直齿圆柱齿轮传动相同的原理,可推导出相应的齿面接触疲劳强度与轮齿弯曲疲劳强度计算公式,如式(9-15)至式(9-18)所示。

$$\sigma_H = Z_E Z_H Z_\beta \sqrt{\frac{2KT_1}{bd_1^2}} \sqrt{\frac{u \pm 1}{u}} \leqslant [\sigma_H] \tag{9-15}$$

$$d_1 \geqslant \sqrt[3]{\frac{2KT_1}{\phi_d} \frac{u \pm 1}{u} \left(\frac{Z_E Z_H Z_\beta}{[\sigma_H]}\right)^2} \quad (\text{mm}) \tag{9-16}$$

$$\sigma_F = \frac{2KT_1 Y_{Fa} Y_{Sa}}{bd_1 m_n} \leqslant [\sigma_F] \tag{9-17}$$

$$m_n \geqslant \sqrt[3]{\frac{2KT_1 Y_{Fa} Y_{Sa}}{\phi_d z_1^2 [\sigma_F]} \cos^2 \beta} \quad (\text{mm}) \tag{9-18}$$

式(9-15)至式(9-18)中:

Z_H——区域系数,按图9-14查取;

Z_β——螺旋角系数,$Z_\beta = \sqrt{\cos\beta}$;

$[\sigma_H]$——许用接触应力,其取值与直齿圆柱齿轮传动不同,应取为$[\sigma_H] = \min\{([\sigma_{H1}] + [\sigma_{H2}])/2, 1.23[\sigma_{H2}]\}$,其中假设$[\sigma_{H2}]$为较软齿面齿轮的许用接触应力;

m_n——法向模数,应取为标准模数,对于传递动力的齿轮来说,应保证$m_n \geqslant 1.5$ mm;

Y_{Fa}、Y_{Sa}——齿形系数、应力校正系数,按当量齿数z_v ($z_v = z/\cos^3\beta$)查表9-7取值;

其余符号意义及取值方法同前。

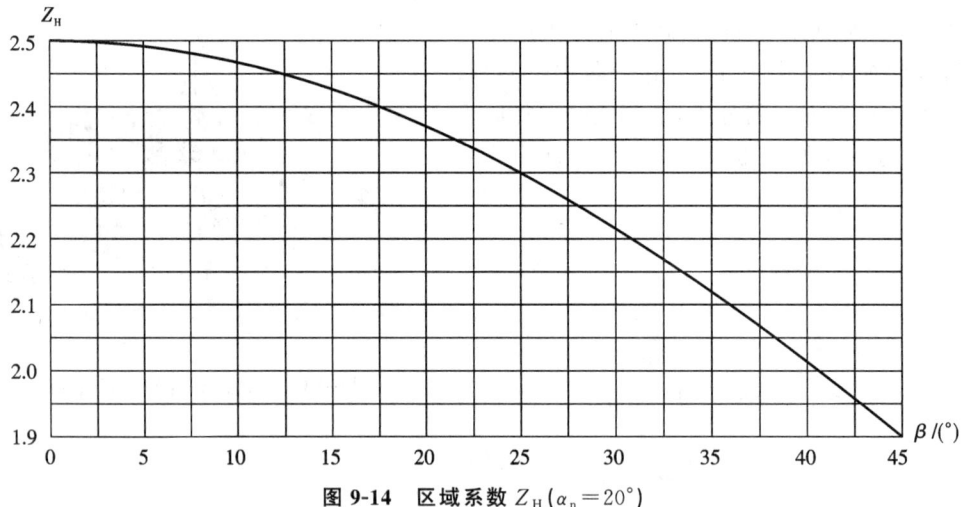

图9-14　区域系数 Z_H ($\alpha_n = 20°$)

2. 参数选择

在进行斜齿圆柱齿轮传动设计时,同样需要合理选取精度、齿数和齿宽系数等齿轮参数,选择方法与直齿圆柱齿轮传动的基本相同。齿数选择时,由于存在螺旋角,因此最小根切齿数小于17。

除上述参数外,还需要合理选择分度圆螺旋角。螺旋角越大,齿轮的承载能力越高,传动平稳性越好;然而,另一方面,由式(9-14c)可知,齿轮间的轴向力 F_a 也越大,将使其支承轴及轴承负荷加大。为此,工程中一般选取 $\beta = 8° \sim 20°$ 为宜。

9.4.3　设计案例

例 9-2　设计某带式运输机用单级减速器中的标准斜齿圆柱齿轮传动。工况与参数与例 9-1 完全相同。

解　设计步骤如表 9-9 所示。

表 9-9　标准斜齿圆柱齿轮传动设计步骤

设计计算项目	设计计算内容	设计计算结果
（1）材料选择及确定许用应力	采用与例 9-1 中完全相同的材料及热处理方式：小齿轮材料选用 45 钢，调质处理；大齿轮材料选用 45 钢，正火处理。 各疲劳极限及许用应力也与例 9-1 中取完全相同的值	
（2）按齿面接触疲劳强度设计计算	因属闭式软齿面齿轮传动，根据设计准则，按齿面接触疲劳强度进行设计计算，即采用式（9-16）。式中各参数求取如下。 ①参考表 9-3，选择 8 级精度齿轮；参考表 9-5，取载荷系数 $K=1.5$。 ②小齿轮上的转矩。 $$T_1 = 9.55 \times 10^6 \frac{P}{n_1} = 9.55 \times 10^6 \times \frac{9.5}{730} \text{ N} \cdot \text{mm}$$ $$= 124280.8 \text{ N} \cdot \text{mm}$$ ③齿宽系数选取。 齿轮为对称布置，参考表 9-4，取 $\phi_d = 1.0$。 ④齿数比。 因属于减速传动，齿数比与传动比相等，即 $u=3.8$。 ⑤弹性（影响）系数。 两齿轮均为锻钢，查表 9-6 得 $Z_E = 189.8$。 ⑥初选螺旋角，计算螺旋角系数。 取分度圆螺旋角 $\beta = 15°$，则螺旋角系数为 $Z_\beta = \sqrt{\cos 15°} = 0.983$。 ⑦区域系数。 查图 9-14 得 $Z_H = 2.425$。 ⑧许用应力 $[\sigma_H]$。 $$[\sigma_H] = \min\{(585+375)/2, 1.23 \times 375\} = 461.25 \text{ MPa}$$ 将各参数代入式（9-16）可得 $$d_1 \geqslant \sqrt[3]{\frac{2 \times 1.5 \times 124280.8}{1.0} \times \frac{3.8+1}{3.8} \times \left(\frac{189.8 \times 2.425 \times 0.983}{461.25}\right)^2} \text{ mm}$$ $$= 76.81 \text{ mm}$$	$[\sigma_{H1}] = 585$ MPa $[\sigma_{F1}] = 356$ MPa $[\sigma_{H2}] = 375$ MPa $[\sigma_{F2}] = 248$ MPa

设计计算项目	设计计算内容	设计计算结果
（3）几何参数的选择与调整	通过接触疲劳强度计算确定小齿轮分度圆直径下限后,可以此为基础,选择、计算、调整、确定齿轮传动的其他几何参数。 ①齿数选择。 因属闭式软齿面齿轮传动,故初选 $z_1 = 32$,因此,$z_2 = uz_1 = 3.8 \times 32 = 121.6$,取整为 $z_2 = 121$。 ②确定模数。 $$m_n = d_1 \cos\beta / z_1 = 76.81 \times \cos 15° / 32 \text{ mm} = 2.319 \text{ mm}$$ 取标准模数 $m_n = 2.5 \text{ mm}$。 ③计算中心距。 标准中心距为 $$a = \frac{m_n(z_1 + z_2)}{2\cos\beta} = \frac{2.5 \times (32 + 121)}{2 \times \cos 15°} \text{ mm} = 198 \text{ mm}$$ ④调整参数。 齿轮中心距通常需要取整数,对于斜齿轮,可通过微调螺旋角来实现。将中心距取为 $a = 198 \text{ mm}$,则调整后的螺旋角应为 $$\beta = \arccos \frac{2.5 \times (32 + 121)}{2 \times 198} = 15.004°$$ 此时,两齿轮的分度圆直径分别为 $d_1 = m_n z_1 / \cos\beta = 2.5 \times 32 / \cos 15.004° \text{ mm} = 82.82 \text{ mm}$ $d_2 = m_n z_2 / \cos\beta = 2.5 \times 121 / \cos 15.004° \text{ mm} = 313.18 \text{ mm}$	$z_1 = 32$ $z_2 = 121$ $m_n = 2.5 \text{ mm}$ $\beta = 15.004°$ $d_1 = 82.82 \text{ mm}$ $d_2 = 313.18 \text{ mm}$ $a = 198 \text{ mm}$
（4）校核轮齿弯曲疲劳强度	基于上述参数,按式(9-17)进行弯曲疲劳强度校核。 ①齿形系数与应力校正系数查取。 $$z_{v1} = z_1 / \cos^3\beta = 35.5$$ $$z_{v2} = z_2 / \cos^3\beta = 134.3$$ 查表 9-7 并采用线性插值法,可得 $Y_{Fa1} = 2.445$, $Y_{Sa1} = 1.652$, $Y_{Fa2} = 2.163$, $Y_{Sa2} = 1.807$ ②啮合宽度计算。 $$b = \varphi_d d_1 = 1.0 \times 82.82 \text{ mm} = 82.82 \text{ mm}$$ ③弯曲强度比较。 $$\frac{Y_{Fa1} Y_{Sa1}}{[\sigma_{F1}]} = \frac{2.445 \times 1.652}{356} = 0.01135$$ $$\frac{Y_{Fa2} Y_{Sa2}}{[\sigma_{F2}]} = \frac{2.163 \times 1.807}{248} = 0.01576$$ 由于 $0.01135 < 0.01576$,因此,大齿轮的弯曲强度弱于小齿轮的弯曲强度,应按大齿轮进行弯曲疲劳强度校核。 ④弯曲疲劳强度校核。 $$\sigma_{F2} = \frac{2 \times 1.5 \times 124280.8 \times 2.163 \times 1.807}{82.82 \times 82.82 \times 2.5} \text{ MPa}$$ $$= 85 \text{ MPa} \leqslant [\sigma_{F2}] = 248 \text{ MPa}$$ 弯曲疲劳强度满足要求	

续表

设计计算项目	设计计算内容	设计计算结果
（5）精度验算	按表 9-3,根据分度圆圆周速度验算精度选择是否合适。齿轮分度圆圆周速度为 $$v=\frac{\pi d_1 n_1}{60\times1000}=\frac{\pi\times82.82\times730}{60\times1000}=3.17 \text{ m/s}\leqslant10 \text{ m/s}$$ 因此,采用 8 级精度是适宜的	
（6）计算与确定齿宽	大齿轮齿宽 $B_2=\lceil\varphi_d d_1\rceil=\lceil1.0\times82.82\rceil$ mm$=83$ mm 小齿轮齿宽 $B_1=B_2+(5\sim10)$ mm$=90$ mm	$B_1=90$ mm $B_2=83$ mm
（7）齿轮结构设计	参考 9.6 节(略)	

9.5　直齿圆锥齿轮传动设计计算

9.5.1　受力分析

图 9-15 所示为直齿圆锥齿轮传动简化后的受力图。法向力 F_n 可分解为三个方向的分力:圆周力 F_t、径向力 F_r 和轴向力 F_a。各力计算公式为

$$F_t=F_{t1}=F_{t2}=\frac{2T_1}{d_{m1}} \tag{9-19a}$$

$$F_{r1}=F_t\tan\alpha\cos\delta_1=F_{a2} \tag{9-19b}$$

$$F_{a1}=F_t\tan\alpha\sin\delta_1=F_{r2} \tag{9-19c}$$

$$F_n=F_{n1}=F_{n2}=\frac{F_t}{\cos\alpha} \tag{9-19d}$$

式中:d_{m1}——主动锥齿轮 1 的平均分度圆直径;

　　α——齿宽中点的分度圆压力角;

　　δ_1、δ_2——两锥齿轮的分度圆锥角。

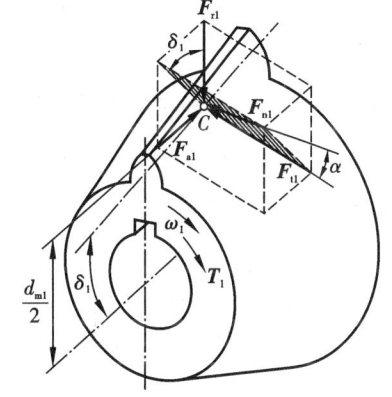

图 9-15　直齿圆锥齿轮传动作用力

与圆柱齿轮传动不同的是,由于一对相互啮合的直齿圆锥齿轮传动两轴通常成 90°交角,因此其中一齿轮的径向力与另一齿轮的轴向力互为作用力与反作用力;轴向力则总是指向轮齿大端。

9.5.2　强度计算

直齿圆锥齿轮传动强度计算通常是按照齿宽中点处的当量直齿圆柱齿轮传动进行的。将齿宽中点当量直齿圆柱齿轮的各相关参数代入直齿圆柱齿轮传动的强度计算公式中,简化后可得其齿面接触疲劳强度与轮齿弯曲疲劳强度计算公式,即式(9-20)至式(9-23):

$$\sigma_H=Z_E Z_H\sqrt{\frac{4KT_1}{\phi_R u(1-0.5\phi_R)^2 d_1^3}}\leqslant[\sigma_H] \tag{9-20}$$

$$d_1 \geqslant \sqrt[3]{\frac{4KT_1}{\phi_R u(1-0.5\phi_R)^2}\left(\frac{Z_E Z_H}{[\sigma_H]}\right)^2} \quad (\text{mm}) \tag{9-21}$$

$$\sigma_F = \frac{KF_t Y_{Fa} Y_{Sa}}{bm(1-0.5\phi_R)} \leqslant [\sigma_F] \tag{9-22}$$

$$m_n \geqslant \sqrt[3]{\frac{4KT_1 Y_{Fa} Y_{Sa}}{\phi_R z_1^2 (1-0.5\phi_R)^2 \sqrt{1+u^2}[\sigma_F]}} \quad (\text{mm}) \tag{9-23}$$

式中:Z_H——区域系数,$Z_H = 2.5$;

d_1——圆锥齿轮小齿轮的大端分度圆直径;

m——大端模数,应取为圆锥齿轮的标准模数;

ϕ_R——锥齿轮传动的齿宽系数,定义为 $\phi_R = b/R_e$(b 为齿宽,R_e 为外锥距),通常取 $\phi_R = 0.25 \sim 0.35$;

Y_{Fa} 和 Y_{Sa} 按当量齿数 $z_v (z_v = z/\cos\delta)$ 查表 9-7;

其余符号意义及取值方法同前。

9.6　齿轮的结构形式及选择

通过齿轮的承载能力计算,可以确定齿轮传动的主要性能参数,如齿数、模数、螺旋角等基本参数及分度圆直径、中心距、齿宽等参数,而轮缘、腹板(或轮辐)和轮毂的结构形状及结构尺寸则需要通过齿轮的结构设计来确定。作为通用零件,齿轮的结构设计一般包括两方面内容:结构形式的选择及结构尺寸的计算。

9.6.1　齿轮常用结构形式

齿轮的结构形式通常包括四种:齿轮轴、实心式齿轮、腹板式(或孔板式)齿轮和轮辐式齿轮,如图 9-16 至图 9-20 所示。

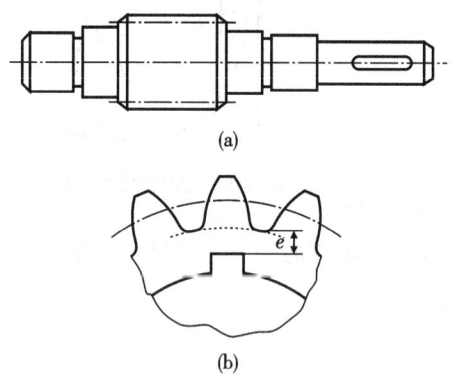

图 9-16　齿轮轴结构图

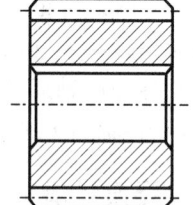

图 9-17　实心式齿轮结构图

9.6.2　齿轮结构形式的选择

齿轮的结构形式主要根据齿轮直径选择,结构形式选定后,再根据相应经验公式计算,即可得相应结构尺寸。

对于直径很小(与轴直径较接近)的钢制齿轮,当为圆柱齿轮时,若齿根与键槽底部的距离

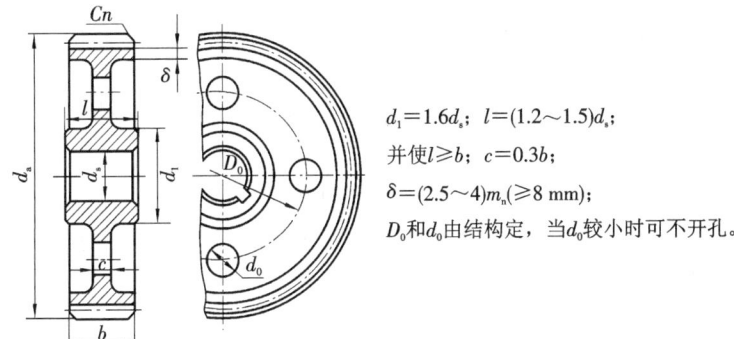

$d_1 = 1.6d_s$;　$l = (1.2 \sim 1.5)d_s$;

并使$l \geqslant b$;　$c = 0.3b$;

$\delta = (2.5 \sim 4)m_n (\geqslant 8 \text{ mm})$;

D_0和d_0由结构定，当d_0较小时可不开孔。

图 9-18　腹板式圆柱齿轮结构图

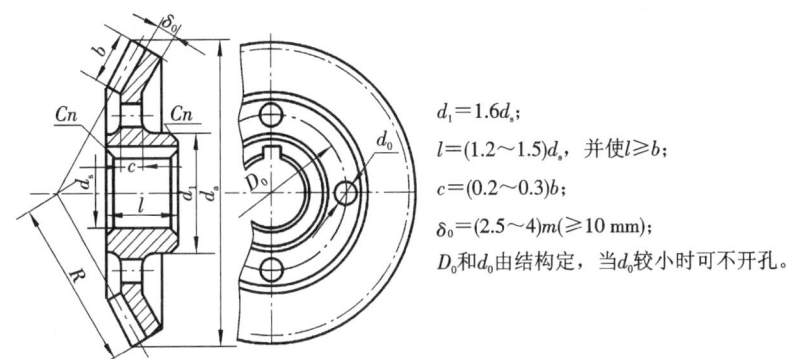

$d_1 = 1.6d_s$;

$l = (1.2 \sim 1.5)d_s$, 并使$l \geqslant b$;

$c = (0.2 \sim 0.3)b$;

$\delta_0 = (2.5 \sim 4)m (\geqslant 10 \text{ mm})$;

D_0和d_0由结构定，当d_0较小时可不开孔。

图 9-19　腹板式圆锥齿轮结构图

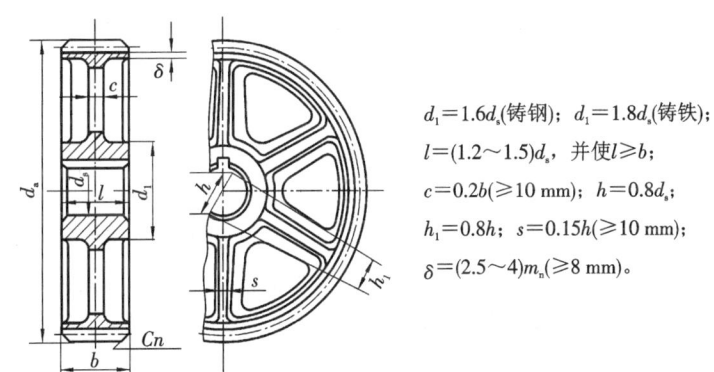

$d_1 = 1.6d_s$(铸钢)；　$d_1 = 1.8d_s$(铸铁)；

$l = (1.2 \sim 1.5)d_s$, 并使$l \geqslant b$;

$c = 0.2b (\geqslant 10 \text{ mm})$;　$h = 0.8d_s$;

$h_1 = 0.8h$;　$s = 0.15h (\geqslant 10 \text{ mm})$;

$\delta = (2.5 \sim 4)m_n (\geqslant 8 \text{ mm})$。

图 9-20　轮辐式圆柱齿轮结构图

$e \leqslant 2.5m_t$（m_t为端面模数），应做成齿轮轴结构，如图 9-16 所示；当为锥齿轮时，若按齿轮小端尺寸计算而得的齿根与键槽底部的距离 $e \leqslant 1.6m$（m为模数），应做成齿轮轴结构。若 e 值超过上述尺寸，则齿轮与轴以分开制造较为合理。

当齿轮顶圆直径 $d_a \leqslant 160$ mm 时，可做成实心结构的齿轮，如图 9-17 所示。当齿轮顶圆直径 160 mm$< d_a <$500 mm 时，可做成腹板结构的齿轮，如图 9-18 和图 9-19 所示，腹板上开孔的数目按结构尺寸大小及需要而定。当齿轮顶圆直径 400 mm$< d_a <$1000 mm 时，可做成轮辐截面为"十"字形的轮辐式结构齿轮，如图 9-20 所示。

此外,为了节约贵重金属,对于尺寸较大的圆柱齿轮,可做成组装齿圈式的结构。其齿圈用钢制成,而轮芯则用铸铁或铸钢制成。

9.7　齿轮传动的效率及润滑

齿轮传动是目前传动效率最高的一种机械传动类型。然而,由于齿面间的相对滑动及摩擦等因素,功率损失(包括摩擦、磨损)仍不可避免。为提高齿轮传动性能及使用寿命,必须对齿轮传动的润滑进行合理设计。

9.7.1　齿轮传动的效率

闭式齿轮传动的功率损失主要包括三个方面:啮合过程中的摩擦损失、润滑油的油阻损失和支承轴承的摩擦损失。分别记其对应效率为 η_1、η_2 和 η_3,则闭式齿轮传动总效率可表示为

$$\eta = \eta_1 \eta_2 \eta_3$$

当采用滚动轴承支承时,常用齿轮传动的平均效率可参考表 9-10。

表 9-10　常用齿轮传动的平均效率

传动类型	精度等级及传动形式			
	6、7 级精度闭式传动	8 级精度闭式传动	9 级精度闭式传动	开式传动
圆柱齿轮传动	0.98	0.97	0.96	0.94～0.96
锥齿轮传动	0.97	0.96	—	0.92～0.95

9.7.2　齿轮传动的润滑

齿轮传动的润滑包括两方面问题:润滑方式的选择和润滑剂的选择。

1. 齿轮传动的润滑方式

开式齿轮传动通常采用人工定期添加润滑剂的方式润滑。

闭式齿轮传动的润滑方式通常依据齿轮节圆圆周速度 v 进行选择。当 $v \leqslant 12$ m/s 时,一般采用油池润滑,如图 9-21 所示。

对圆柱齿轮,大齿轮浸入油池深度通常不宜超过一个齿高,但一般不应小于 10 mm;对锥齿轮,应该浸入全齿宽,至少应浸入齿宽一半。在多级齿轮传动中,若大齿轮直径相差较大,为保证较小大齿轮足够的浸油深度且较大大齿轮不至于浸油过深,通常附加一带油惰轮与较小大齿轮啮合,以间接将润滑油带至啮合区,如图 9-22 所示。

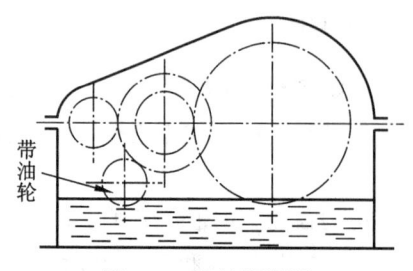

图 9-21　油池润滑图

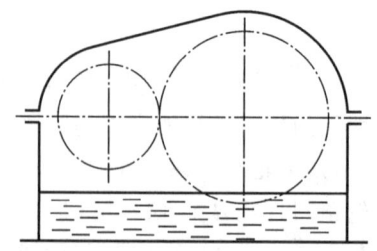

图 9-22　采用带油惰轮的油池润滑

当 $v > 12$ m/s 时,不宜采用油池润滑方式,其主要原因是:①圆周速度过大,齿轮上的润

滑油容易在离心力作用下甩出去而不能进入啮合区；②速度过大则搅油激烈，油阻力损失大，影响效率，且油温升高快，从而降低润滑油性能；③激烈的搅油容易搅起箱底沉淀的杂质，从而造成齿轮的加速磨损。为此，在 $v > 12$ m/s 时多采用喷油润滑的方式，即将润滑油通过油泵加压后由喷嘴直接喷至啮合区，如图 9-23 所示。

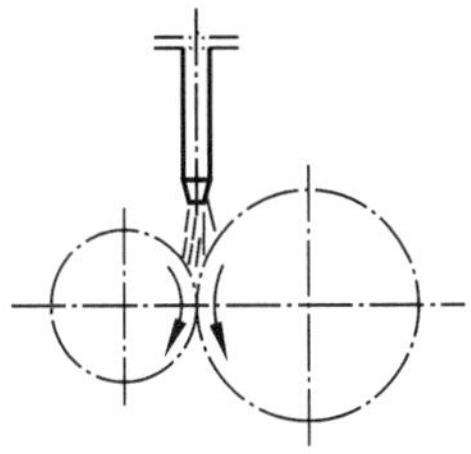

图 9-23 采用喷油润滑

2. 齿轮传动润滑剂的选择

齿轮传动的润滑剂通常为润滑油或润滑脂。可根据齿轮材料、屈服强度及节圆圆周速度，由表 9-11 选择润滑油的运动黏度，再根据黏度及工况参考表 9-12 选择相应的润滑剂牌号。

表 9-11 齿轮传动润滑剂运动黏度的推荐值

齿轮材料	屈服强度 σ_b /MPa	圆周速度 v/(m/s)						
		<0.5	0.5~1	1~2.5	2.5~5	5~12.5	12.5~25	25
		运动黏度 ν/cSt(50 ℃)						
塑料、铸铁、青铜	—	177	118	81.5	59	44	32.4	—
铜	450~1000	2266	177	118	81.5	59	44	32.4
	1000~1250	2266	66	177	118	81.5	59	44
渗碳或表面淬火钢	1205~1580	4444	266	266	177	118	81.5	59

注：①多级齿轮传动时，根据各级传动圆周速度的平均值来选择润滑油黏度；
②对于 $\sigma_b > 800$ MPa 的镍铬钢制齿轮（不渗透），润滑油黏度应取高一档的数值。

表 9-12 齿轮传动常用润滑剂

名　　称	牌　号	运动黏度 ν/cSt(40 ℃)	应　用
重载荷工业齿轮油（GB 5903—2011）	L-CKD 100 L-CKD 150 L-CKD 220 L-CKD 320 L-CKD 460	90~110 135~165 198~242 288~352 414~506	齿面接触应力 $\sigma_m \geqslant 1100$ MPa，适用于工业设备齿轮的润滑
中载荷工业齿轮油（GB 5903—2011）	L-CKD 68 L-CKD 100 L-CKD 150 L-CKD 220 L-CKD 320 L-CKD 460	61.2~74.8 90~110 135~165 198~242 288~352 414~506	齿面接触应力 500 MPa $\leqslant \sigma_H \leqslant 1100$ MPa，适用于煤炭、水泥和冶金等工业部门的大型闭式齿轮传动装置的润滑

续表

名 称	牌 号	运动黏度 $\nu/cSt(40\ ℃)$	应 用
Pinnacle 极压齿轮油	150 220 320 460 680	150 216 316 451 652	齿轮接触应力 $\sigma_H > 1100$ MPa。用于润滑采用极压润滑剂的各种车用及工业用设备的齿轮
钙钠基润滑脂 (SH/T 0368—1992)	1 号 2 号	—	适用于温度为 80～100 ℃,有水分或较潮湿的环境中工作的齿轮,但不适用于低温工况

注:①表中所列仅为部分齿轮油,需要时可参考相关资料;

②1 cSt=1×10^{-6} m²/s。

9.8 蜗杆传动的特点和类型

9.8.1 蜗杆传动的特点

蜗杆传动是在空间交错的两轴间传递运动和动力的一种传动机构(见图 9-24),两轴线交错的夹角可取任意值,常用的为 90°。通常将蜗杆设为主动件,将蜗轮设为从动件。这种传动由于具有下述特点,故广泛应用于各种机器和仪器中。

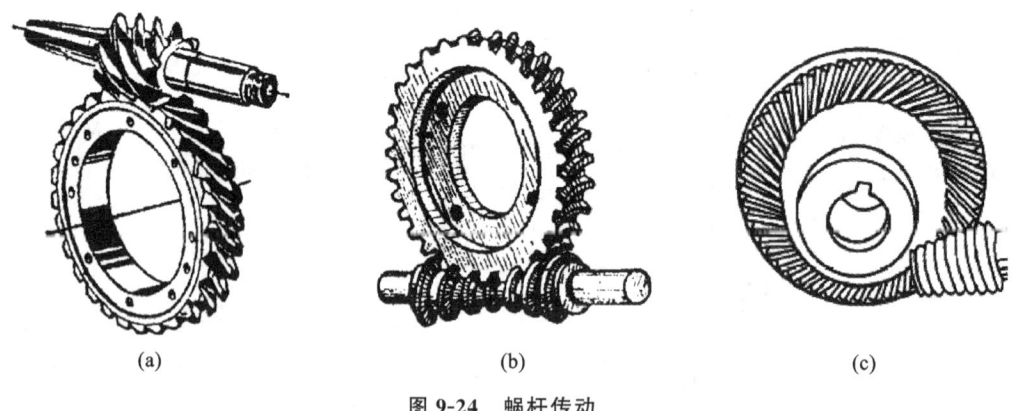

| (a) | (b) | (c) |

图 9-24 蜗杆传动

(1)当使用单头蜗杆(相当于单线螺纹)时,蜗杆每旋转一周,蜗轮只转过一个齿距,从而实现较大的传动比。在动力传动中,一般传动比 $i=5\sim80$;在分度机构或手动机构中,传动比可达 300;若只传递运动,传动比可达 1000。由于传动比大,零件数目又少,因而结构很紧凑。

（2）在蜗杆传动中，由于蜗杆的螺旋齿是连续的，它和蜗轮齿的啮合是逐渐进入并逐渐退出的，同时啮合的齿对又较多，故冲击载荷小，传动平稳，噪声低。

（3）当蜗杆的螺旋线升角小于啮合面的当量摩擦角时，蜗杆传动便具有自锁性。具有自锁性的蜗杆传动，只能由蜗杆带动蜗轮，而不能由蜗轮带动蜗杆。具有自锁性的蜗轮蜗杆传动装置常常用于起重机械中，以增加机械的安全性。

（4）蜗杆传动与螺旋齿轮传动相似，在啮合处存在相对滑动。当滑动速度很大或工作条件不够良好时，会产生较严重的摩擦与磨损，从而引起过分发热，使润滑情况恶化。因此，蜗杆传动的摩擦损失较大，效率低，当传动具有自锁性时，效率仅为 0.4 左右。同时由于摩擦与磨损严重，常需耗用有色金属制造蜗轮（或轮圈），以便与钢制蜗杆配对组成减摩性良好的滑动摩擦副。

9.8.2　蜗杆传动的类型

蜗杆的类型有很多，按形状不同，蜗杆可分为圆柱蜗杆（见图 9-24（a））、环面蜗杆（见图 9-24（b））和锥蜗杆（见图 9-24（c））。圆柱蜗杆按其齿廓曲线的形状不同可以分为阿基米德蜗杆和渐开线蜗杆等。其中又以阿基米德蜗杆工艺性能较好，应用最为广泛。

蜗杆有左旋和右旋之分，通常用右旋蜗杆。根据其上螺旋线的多少，蜗杆又分为单头蜗杆和多头蜗杆。蜗杆上只有一条螺旋线，即在其端面上只有一个轮齿时，称为单头蜗杆；有两条螺旋线者则称为双头蜗杆，以此类推。蜗杆的头数即为蜗杆的齿数 z_1，通常 $z_1 = 1 \sim 4$；蜗轮的齿数为 z_2。一般采用单头蜗杆传动。

车削阿基米德蜗杆与车削梯形螺纹相似，是用梯形车刀在车床上加工的。两切削刃的夹角 $2\alpha = 40°$，加工时将车刀的切削刃放于水平位置，并与蜗杆轴线在同一水平面内，如图 9-25 所示。这样加工出来的蜗杆，在轴剖面 I—I 内的齿形为直线；在法向剖面 n—n 内的齿形为曲线；在垂直轴线的端面上，其齿形为阿基米德螺线，故称为阿基米德蜗杆。

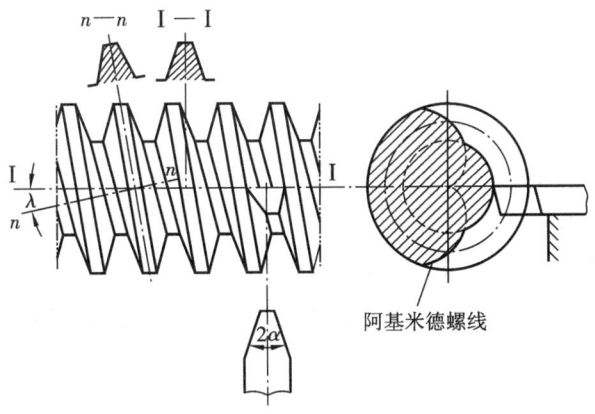

图 9-25　蜗杆加工示意图

对于一般动力传动，蜗杆传动常用的精度等级是 7 级精度（适用于蜗杆圆周速度 $v_1 < 7.5$ m/s）、8 级精度（$v_1 < 3$ m/s）和 9 级精度（$v_1 < 1.5$ m/s）制造。

9.9 蜗杆传动的主要参数与几何尺寸计算

9.9.1 普通圆柱蜗杆传动的主要参数

1. 模数 m 和压力角 α

图 9-26 所示为阿基米德蜗杆与蜗轮啮合的情况。通过蜗杆轴线并垂直于蜗轮轴线的平面,称为蜗杆传动的中间平面。在此中间平面内(蜗杆的齿形为直线,蜗轮的齿形为渐开线),蜗轮与蜗杆的啮合就相当于齿轮与齿条的啮合。因此蜗轮与蜗杆正确啮合的条件为:中间平面内蜗杆与蜗轮的模数和压力角相等。蜗轮的端面模数 m_{t2} 应等于蜗杆轴面的模数 m_{a1},且为标准值;蜗轮的端面压力角 α_{t2} 应等于蜗杆轴面的压力角 α_{a1},且为标准值,即

$$m_{a1} = m_{t2} = m \tag{9-24}$$

$$\alpha_{a1} = \alpha_{t2} = \alpha \tag{9-25}$$

由于蜗轮蜗杆两轴交错,其两轴夹角为 90°,蜗杆分度圆柱上的导程角 γ 应等于蜗轮分度圆柱上的螺旋角 β,即 $\gamma = \beta$,而且蜗轮与蜗杆螺旋线方向必须相同。

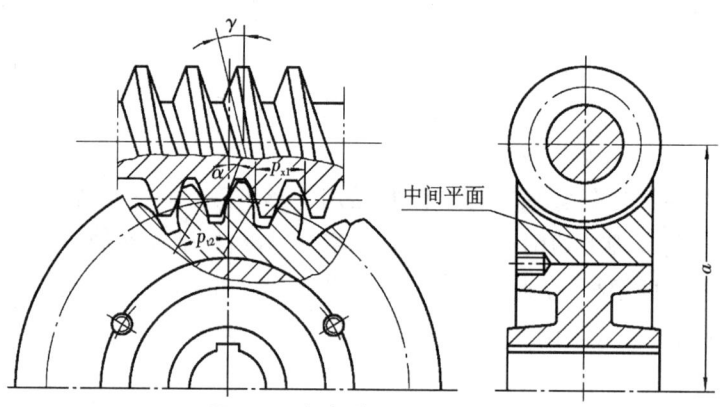

图 9-26 蜗杆传动的几何参数

蜗杆的齿厚与齿槽宽相等的圆柱称为蜗杆分度圆柱(或称为中圆柱)。由于在加工蜗轮时是用相当于蜗杆的滚刀来切制的,所以为了限制蜗轮滚刀的数量,对于同一模数的蜗杆,其直径应加以限制。为此,将蜗杆分度圆(中圆)直径 d_1 规定为标准值。蜗杆传动的模数和分度圆直径如表 9-13 所示。

2. 传动比 i、蜗杆齿数 z_1 和蜗轮齿数 z_2

设蜗杆齿数(即螺旋线数目)为 z_1,蜗轮齿数为 z_2,当蜗杆转一周时,蜗轮将转过 z_1 个齿(z_1/z_2 周)。因此传动比为

$$i = \frac{n_1}{n_2} = \frac{z_2}{z_1} \tag{9-26}$$

式中:n_1——蜗杆的转速(r/min);

n_2——蜗轮的转速(r/min)。

表 9-13 蜗杆传动的模数和分度圆直径

模数 m/mm	分度圆直径 d_1/mm	蜗杆头数 z_1	直径系数 q	$m^2 d_1$	模数 m/mm	分度圆直径 d_1/mm	蜗杆头数 z_1	直径系数 q	$m^2 d_1$
1	18	1	18.000	18	6.3	(80)	1,2,4	12.698	3175
1.25	20	1	16.000	31		112	1	17.778	4445
	22.4	1	17.920	35	8	(63)	1,2,4	7.875	4032
1.6	20	1,2,4	12.500	51		80	1,2,4,6	10.000	5120
	28	1	17.500	72		(100)	1,2,4	12.500	6400
2	(18)	1,2,4	9.000	72		140	1	17.500	8960
	22.4	1,2,4,6	11.200	90	10	(71)	1,2,4	7.100	7100
	(28)	1,2,4	14.000	112		90	1,2,4,6	9.000	9000
	35.5	1	17.750	142		(112)	1,2,4	11.200	11200
2.5	(22.4)	1,2,4	8.960	140		160	1	16.000	16000
	28	1,2,4,6	11.200	175	12.5	(90)	1,2,4	7.200	14063
	(35.5)	1,2,4	14.200	222		112	1,2,4	8.960	17500
	45	1	18.000	281		(140)	1,2,4	11.200	21875
3.15	(28)	1,2,4	8.889	278		200	1	16.000	31250
	35.5	1,2,4,6	11.270	352	16	(112)	1,2,4	7.000	28672
	(45)	1,2,4	14.286	447		140	1,2,4	8.750	35840
	56	1	17.778	556		(180)	1,2,4	11.250	46080
4	(31.5)	1,2,4	7.875	504		250	1	15.625	64000
	40	1,2,4,6	10.000	640	20	(140)	1,2,4	7.000	56000
	(50)	1,2,4	12.500	800		160	1,2,4	8.000	64000
	71	1	17.750	1136		(224)	1,2,4	11.200	89600
5	(40)	1,2,4	8.000	1000		315	1	15.750	126000
	50	1,2,4,6	10.000	1250	25	(180)	1,2,4	7.200	112500
	(63)	1,2,4	12.600	1575		200	1,2,4	8.000	112500
	90	1	18.000	2250		(280)	1,2,4	11.200	175000
6.3	(50)	1,2,4	7.936	1985		400	1	16.000	250000
	63	1,2,4,6	10.000	2500					

注:①本表摘录于 GB/T 10085—2018,所列 d_1 值为国标规定的优先使用值;

②括号中的数字尽可能不采用;

③表中同一模数有两个 d_1 值(加括号的值除外),较大的 d_1 值对应的蜗杆导程角 $\gamma < 3°30'$,这样的蜗杆有较好的自锁性能。

通常蜗杆 $z_1 = 1$、2、4,若要得到大传动比,可取 $z_1 = 1$,但这种情况下传动效率较低;传递功率较大时,为提高效率可采用多头蜗杆,取 $z_1 = 2$ 或 4。

为了避免蜗轮轮齿发生根切,z_2 不应小于 26,但也不宜大于 80。若 z_2 过大,会使蜗轮结构尺寸太大,蜗杆长度也随之增加,致使蜗杆刚度下降、啮合精度降低。z_1、z_2 的推荐值如表 9-14 所示。

表 9-14　蜗杆头数 z_1 和蜗轮齿数 z_2 的推荐值

传动比 i	7~13	14~27	28~40	>40
蜗杆头数 z_1	4	2	2、1	1
蜗轮齿数 z_2	28~52	28~54	28~80	>40

3. 蜗杆直径系数 q 和导程角 γ

切制蜗轮的滚刀,其直径和齿形参数(如模数 m、螺旋线数 z_1 和导程角 γ 等)必须与配对的蜗杆一致。为了减少刀具数量并便于标准化,国家标准制定了蜗杆分度圆直径的标准系列。在 GB/T 10085—2018 中,每一个模数只与一个或几个分度圆直径的标准值相对应。如图 9-27 所示,蜗杆螺旋面与分度圆柱的交线是螺旋线。设 γ 为蜗杆分度圆柱上的螺旋线导程角,p_{x1} 为轴向齿距,则有

$$\tan\gamma = \frac{z_1 p_{x1}}{\pi d_1} = \frac{z_1 m}{d_1} = \frac{z_1}{q} \tag{9-27}$$

式中:q——蜗杆直径系数,蜗杆分度圆直径与模数的比值,$q = \dfrac{d_1}{m}$。

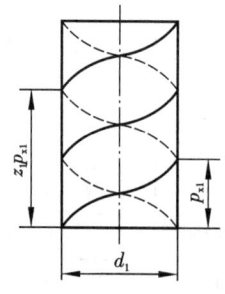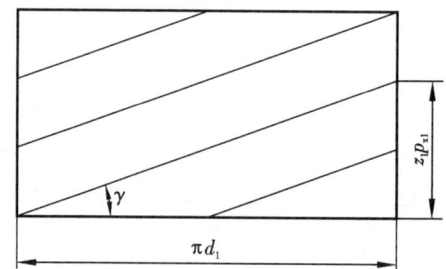

图 9-27　蜗杆导程角

由式(9-27)可知,d_1 越小(或 q 越小),导程角 γ 越大,传动效率也越高,但蜗杆的刚度和强度越小。通常,转速高的蜗杆可取较小的 q 值,蜗轮齿数 z_2 较多时可取较大的 q 值。

4. 齿面间滑动速度 v_s

蜗杆与蜗轮在节点 C 啮合时,齿面间存在较大的相对滑动,滑动速度 v_s 沿蜗杆螺旋线方向。设蜗杆圆周速度为 v_1、蜗轮圆周速度为 v_2,且 $v_s = \dfrac{v_1}{\cos\gamma}$,滑动速度的大小对齿面的润滑情况、齿面失效形式、发热以及传动效率等都有很大影响,需在设计时校核。

5. 中心距 a

当蜗杆节圆与分度圆重合时(标准传动),其中心距为

$$a = \frac{1}{2}(d_1 + d_2) = \frac{1}{2}(q + z_2)m \tag{9-28}$$

9.9.2　圆柱蜗杆传动的几何尺寸计算

设计蜗杆传动时,一般是先根据传动的功用和传动比的要求,选择蜗杆头数 z_1 和蜗轮齿数 z_2,然后再按强度计算确定模数 m 和蜗杆分度圆直径 d_1(或 q)。上述参数确定后,即可根据表 9-15 计算出蜗杆、蜗轮的几何尺寸(两轴交错角为 90°、标准传动)。

表 9-15　圆柱蜗杆传动的几何尺寸计算

名　称	计　算　公　式	
	蜗　杆	蜗　轮
分度圆直径	$d_1 = mq$	$d_2 = mz_2$
齿顶高	$h_a = m$	$h_a = m$
齿根高	$h_f = 1.2m$	$h_f = 1.2m$
顶圆直径	$d_{a1} = m(q+2)$	$d_{a1} = m(z_2+2)$
根圆直径	$d_{f1} = m(q-2.4)$	$d_{f1} = m(z_2-2.4)$
径向间隙	$c = 0.2m$	
中心距	$a = 0.5m(q+z_2)$	
蜗杆轴向齿距,蜗轮端面齿距	$p_{a1} = p_{t2} = \pi m$	

注:蜗杆传动中心距标准系列为 40、50、63、80、100、125、160、(180)、200、(225)、250、(280)、315、(355)、400、(450)、500。

例 9-3　在带传动和蜗杆传动组成的传动系统中,初步计算后取模数 $m = 4$ mm、蜗杆头数 $z_1 = 2$,分度圆直径 $d_1 = 40$ mm,蜗轮齿数 $z_2 = 40$。试计算蜗杆直径系数 q、导程角 γ 和蜗杆传动中心距 a。

解　(1)计算蜗杆直径系数。

$$q = \frac{d_1}{m} = \frac{40}{4} = 10$$

(2)计算导程角 γ。

$$\tan\gamma = \frac{z_1}{q} = \frac{2}{10} = 0.2$$

$$\gamma = 11.3099°(即 \gamma = 11°18'36'')$$

(3)计算蜗杆传动中心距 a。

$$a = 0.5m(q+z_2) = 0.5 \times 4 \times (10+40) \text{ mm} = 100 \text{ mm}$$

9.10　蜗杆传动的失效形式、材料和结构

9.10.1　蜗杆传动的失效形式及材料选择

蜗杆传动的主要失效形式有胶合、点蚀和磨损等。由于蜗杆传动在齿面间有较大的相对滑动,产生热量,使润滑油因温度升高而变稀,润滑条件变差,从而增大了胶合的可能性。在闭式传动中,如果散热不及时,胶合会显著降低传动的承载能力;在开式传动或润滑密封不良的闭式传动中,蜗轮轮齿的磨损就显得突出。

由于蜗杆传动的特点,蜗杆蜗轮副的材料组合不仅要求有足够的强度,而更重要的是要有良好的减摩性、耐磨性和抗胶合能力。因此常采用钢制蜗杆与青铜蜗轮齿圈配对。

蜗杆一般采用碳素钢或合金钢制造,要求齿面光滑并具有较高的硬度。一般情况下,蜗杆可采用 40、45 等碳素钢调质处理(硬度为 220～250 HBW)。但在高速重载情况下,蜗杆常用 20Cr、20CrMnTi(渗碳淬火到 58～63 HRC);或 40Cr、42SiMn、45 钢(表面淬火到 45～55 HRC)等,并需磨削加工。在低速或人力传动中,蜗杆可不经热处理,甚至可采用铸铁。

在重要的高速蜗杆传动中,蜗轮常用锡青铜(ZCuSn10P1)制造,其抗胶合性、减摩性都很好,允许滑动速度 $v_s \leqslant 25$ m/s,而且便于切削加工,其缺点是成本较高。在滑动速度 $v_s < 12$ m/s 的蜗杆传动中,可采用含锡量低的锡锌铅青铜(ZCuSn5Pb5Zn5)。铝铁青铜(ZCuAl10Fe3)强度较高、铸造性能好、耐冲击、价廉,但切削性能差,减摩性和抗胶合性都不如含锡青铜,一般用于 $v_s \leqslant 6$ m/s 的传动中。在速度较低(如 $v_s < 2$ m/s)的传动中,可用球墨铸铁或灰铸铁。在一些特殊情况下,蜗轮也可用尼龙或增强尼龙材料制成。

9.10.2　蜗杆和蜗轮的结构

蜗杆通常与轴做成一体,称为蜗杆轴,如图 9-28 所示。

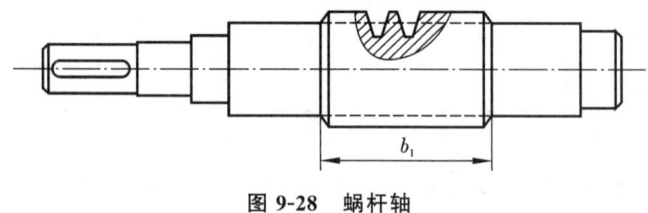

图 9-28　蜗杆轴

蜗轮的结构有整体式和组合式两类。图 9-29(a)所示为齿圈式蜗轮,图 9-29(b)为螺栓连接式蜗轮,图 9-29(c)为整体浇铸式蜗轮,图 9-29(d)为拼铸式蜗轮。

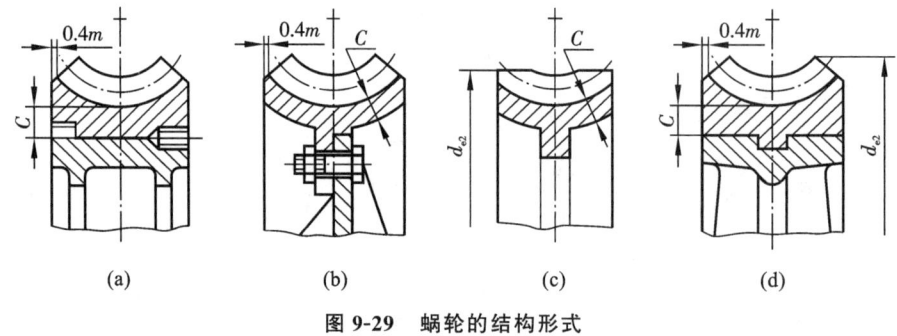

图 9-29　蜗轮的结构形式

9.11　蜗杆传动的受力分析

蜗杆传动的受力分析与斜齿圆柱齿轮的受力分析相似,齿面上的法向力 $\boldsymbol{F}_n$ 分解为二个相互垂直的分力,即圆周力 $\boldsymbol{F}_t$、轴向力 $\boldsymbol{F}_a$、径向力 $\boldsymbol{F}_r$,如图 9-30 所示。

蜗杆受力方向:轴向力 $\boldsymbol{F}_{a1}$ 的方向由左、右手定则确定,图 9-30 所示为右旋蜗杆,则用右手握住蜗杆,四指所指方向为蜗杆转向,拇指所指方向为轴向力 $\boldsymbol{F}_{a1}$ 的方向;圆周力 $\boldsymbol{F}_{t1}$ 的方向与主动蜗杆的转向相反;径向力 $\boldsymbol{F}_{r1}$ 指向蜗杆中心。

蜗轮受力方向:因为 $\boldsymbol{F}_{a1}$ 与 $\boldsymbol{F}_{t2}$、$\boldsymbol{F}_{t1}$ 与 $\boldsymbol{F}_{a2}$、$\boldsymbol{F}_{r1}$ 与 $\boldsymbol{F}_{r2}$ 互为作用力与反作用力,所以蜗轮上的三个分力方向如图 9-30 所示。$\boldsymbol{F}_{a1}$ 的反作用力 $\boldsymbol{F}_{t2}$ 是驱使蜗轮转动的力,所以通过对蜗轮、蜗杆的受力分析也可判断它们的转向。径向力 $\boldsymbol{F}_{r2}$ 指向轮心,圆周力 $\boldsymbol{F}_{t2}$ 驱使蜗轮转动,轴向力 $\boldsymbol{F}_{a2}$ 与轮轴平行。

力的大小可按下式计算:

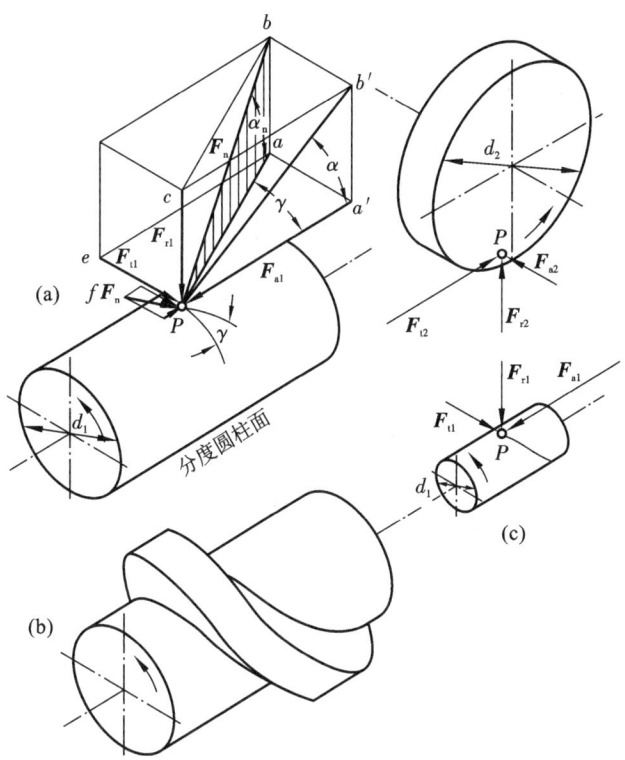

图 9-30　蜗杆传动的受力分析

$$\begin{cases} F_{t1} = F_{a2} = \dfrac{2T_1}{d_1} \\[2mm] F_{a1} = F_{t2} = \dfrac{2T_2}{d_2} \\[2mm] F_{r1} = F_{r2} = F_{t2}\tan\alpha \end{cases} \tag{9-29}$$

式中：T_1、T_2——作用在蜗杆和蜗轮上的转矩，且 $T_2 = T_1 i \eta$，η 为蜗杆传动的效率。

9.12　蜗杆传动的设计

9.12.1　蜗杆传动的强度计算

在中间平面内，蜗杆与蜗轮的啮合相当于齿条与斜齿轮的啮合，因此蜗杆传动的强度计算方法与齿轮传动相似。

1. 蜗轮齿根弯曲疲劳强度计算

蜗杆传动的强度计算实为蜗轮轮齿的强度计算。因蜗轮的齿形比较复杂，精确计算比较困难，故常把蜗轮近似地看成斜齿圆柱齿轮计算，其齿根弯曲疲劳强度计算公式为

$$\sigma_F = \frac{1.53K_A T_2}{d_1 d_2 m \cos\gamma} Y_{Fa2} \leqslant [\sigma_F] \tag{9-30}$$

设计公式为

$$m^2 d_1 \geqslant \frac{1.53K_A T_2}{z_2 \cos\gamma [\sigma_F]} Y_{Fa2} \tag{9-31}$$

式中:T_2——蜗轮的转矩;

K_A——使用系数,$K_A=1.1\sim1.4$;

Y_{Fa2}——蜗轮齿形系数;

$[\sigma_F]$——蜗轮许用弯曲应力(MPa),查表 9-16;

γ——蜗杆导程角。

由求得的 m^2d_1 值查表 9-13 可确定蜗轮的主要尺寸。

表 9-16 锡青铜蜗轮的许用弯曲应力$[\sigma_F]$ 单位:MPa

蜗轮材料	ZCuSn10P1		ZCuSn5Pb5Zn5		ZCuAl10Fe3		HT150	HT200
铸造方法	砂模	金属模	砂模	金属模	砂模	金属模	砂模	金属模
单侧工作	50	70	32	40	80	90	40	47
双侧工作	30	40	24	28	63	80	25	30

2. 蜗轮齿面接触疲劳强度计算

蜗轮齿面接触强度计算也和斜齿圆柱齿轮相似,其公式为

$$\sigma_H=Z_EZ_\rho\sqrt{K_AT_2/a^3}\leqslant[\sigma_H] \tag{9-32}$$

$$a\geqslant\sqrt[3]{K_AT_2\left(\frac{Z_EZ_\rho}{[\sigma_H]}\right)^2} \tag{9-33}$$

式中:a——中心距(mm);

Z_E——材料弹性系数,钢与铸锡青铜配对时取 $Z_E=150$,钢与铝青铜或灰铸铁配对时取 $Z_E=160$;

Z_ρ——接触系数,用以考虑当量曲率半径对接触强度的影响,其值由 d_1/a 确定;

$[\sigma_H]$——蜗轮许用接触应力,查表 9-17、表 9-18。

表 9-17 锡青铜蜗轮的许用接触应力$[\sigma_H]$ 单位:MPa

蜗轮材料	铸造方法	适用的滑动速度 $v_s/(m/s)$	蜗杆齿面硬度	
			$\leqslant$350 HBW	$>$45 HRC
ZCuSn10P1	砂型	$\leqslant$12	180	200
	金属型	$\leqslant$25	200	220
ZCuSn5Zn5Pb3	砂型	$\leqslant$10	110	125
	金属型	$\leqslant$12	135	150

表 9-18 铝铁青铜及铸铁蜗轮的许用接触应力$[\sigma_H]$ 单位:MPa

蜗轮材料	蜗杆材料	滑动速度 $v_s/(m/s)$						
		0.5	1	2	3	4	6	8
ZCuAl10Fe3	淬火钢	250	230	210	180	160	120	90
HT150 HT200	渗碳钢	130	115	90	—	—	—	—
HT150	调质钢	110	90	70	—	—	—	—

注:蜗杆未经淬火时,需将表中许用应力值降低 20%。

9.12.2　蜗杆传动的效率

闭式蜗杆传动的功率损失包括啮合摩擦损失、轴承摩擦损失和润滑油被搅动的搅油损失。因此总效率为啮合效率 η_1、轴承效率 η_2、搅油效率 η_3 的乘积,其中 η_1 可根据螺旋传动的效率公式求得,$\eta_2 \eta_3 = 0.95 \sim 0.97$。蜗杆主动时,蜗杆传动的总效率为

$$\eta = (0.95 \sim 0.97) \times \frac{\tan\gamma}{\tan(\gamma + \rho_v)} \tag{9-34}$$

式中:γ——普通圆柱蜗杆分度圆上的导程角;

　　　ρ_v——当量摩擦角,$\rho_v = \arctan f_v$,可按蜗杆传动的材料及滑动速度查表 9-19 得出。

表 9-19　当量摩擦系数 f_v 及当量摩擦角 ρ_v

蜗轮材料	锡 青 铜				无锡青铜	
蜗杆齿面硬度	>45 HRC		≤350 HBW		>45 HRC	
滑动速度 v_s/(m/s)	f_v	ρ_v	f_v	ρ_v	f_v	ρ_v
1.00	0.045	2°35′	0.055	3°09′	0.07	4°00′
2.00	0.035	2°00′	0.045	2°35′	0.055	3°09′
3.00	0.028	1°36′	0.035	2°00′	0.045	2°35′
4.00	0.024	1°22′	0.031	1°47′	0.04	2°17′
5.00	0.022	1°16′	0.029	1°40′	0.035	2°00′
8.00	0.018	1°02′	0.026	1°29′	0.03	1°43′

注:①蜗杆齿面粗糙度 $Ra = 0.8 \sim 0.2 \ \mu m$;

　　②蜗轮材料为灰铸铁时,f_v、ρ_v 可按无锡青铜的数值选取。

9.12.3　蜗杆传动的热平衡计算

由于蜗杆传动的效率低,运行时发热量大,在闭式传动中,如果不及时散热,将使润滑油温度升高、黏度降低,导致齿面磨损加剧,甚至引发胶合失效。因此,对连续工作的闭式蜗杆传动要进行热平衡计算,以便在油的工作温度超过许可值时,采取有效的散热方法进行散热。

在闭式传动中,热量通过箱壳散逸至环境,要求箱体内的油温 t(℃)和周围空气温度 t_0(℃)之差不超过允许值,即

$$\Delta t = \frac{1000(1-\eta)P_1}{\alpha_t A} \leqslant [\Delta t] \tag{9-35}$$

式中:Δt——温差,$\Delta t = t - t_0$;

　　　P_1——蜗杆传递的功率(kW);

　　　α_t——箱体表面传热系数,根据箱体周围的通风条件,一般取 $\alpha_t = 10 \sim 17 \ W/(m^2 \cdot ℃)$,通风条件好时取大值;

　　　η——传动效率;

　　　A——散热面积(m^2),指箱体外壁与空气接触而内壁被油飞溅到箱壳上的面积,箱体上散热片的散热面积按 50% 计算;

　　　$[\Delta t]$——许用温升,一般为 $60 \sim 70$ ℃,并应使油温 $t(= t_0 + \Delta t)$ 小于 90 ℃。

9.12.4　蜗杆传动的散热

蜗杆传动机构散热的目的是保证油的温度在安全范围内,以提高传动能力。常用下面几种散热措施:

(1) 在箱体外壁加散热片以增大散热面积。

(2) 在蜗杆轴上装置风扇(见图9-31(a))。

(3) 采用上述方法后,如散热能力还不够,可在箱体油池内铺设冷却水管,用循环水冷却(见图9-31(b))。

(4) 采用压力喷油循环润滑。油泵将高温的润滑油抽到箱体外,经过滤器、冷却器冷却后,喷射到传动的啮合部位(见图9-31(c))。

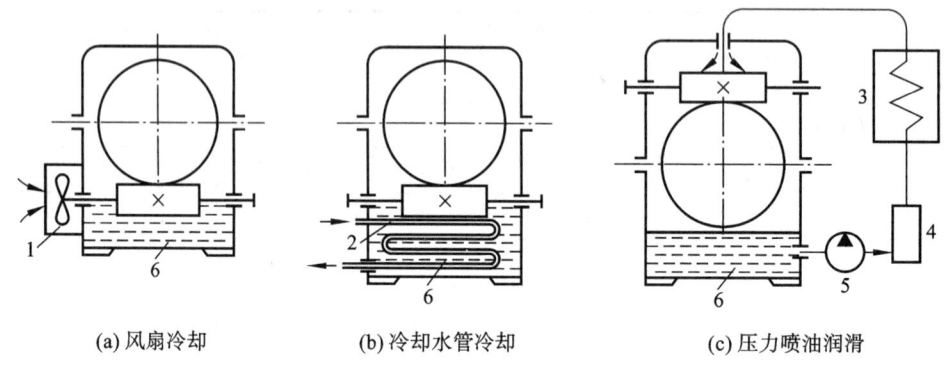

　　(a) 风扇冷却　　　　　　　(b) 冷却水管冷却　　　　　　(c) 压力喷油润滑

图 9-31　蜗杆传动的散热方法

1—风扇;2—冷却水管;3—冷却器;4—过滤器;5—油泵;6—油

课程思政拓展阅读材料

材料一　安提基特拉机械

安提基特拉机械以其小型化设计,以及部分传动组件所展现的精密制造工艺而闻名,这些组件精密程度堪比19世纪机械钟表。它有超过30个齿轮,英国著名机械工程师迈克尔·莱特(Michael Wright)推测其可能包含多达72个带正三角形齿的齿轮。通过曲柄(现缺失)输入日期后,该机械可计算出太阳、月球及行星等天体的位置。因其运行原理基于地心学说,故所有计算均以地球表面观测者的天球坐标系为基准。

该机械有三个转盘,前方面板一个,后方面板两个。前转盘有两组同心刻度:外圈为基于索提克周期(Sothic cycle)的365天古埃及历法,内圈为标有角度刻度的古希腊黄道带符号。历法转盘可拆卸,通过每四年将后转盘逆时针回拨一天,来修正回归年多出的约0.2422日(1回归年=365.2422日)。首部引入闰年系统的儒略历于公元前45年推行,而该机械的制造时间早于儒略历约一个世纪。

推测前转盘至少配备三个指针:主指针指示日期,另两指针分别指向太阳和月球位置。月球指针通过偏心齿轮装置模拟月球轨道速度变化,据此推测太阳指针也应具备类似功能,但相关调节齿轮(若存在)已遗失。前转盘还包含一个月球相位球体,用于显示月相变化。

残局部件上刻有金星与火星的铭文,表明其制造者掌握了通过齿轮系统模拟行星运行轨迹的技术。学界推测它可能完整呈现古希腊已知的五颗行星(水星、金星、火星、木星、土星),但目前仅存一颗行星齿轮,其余部件尚未发现。

安提基特拉机械

前方面板的节气星历被认为是现代天文年历的雏形,可通过活动标记块设定特定恒星的升落时间,每颗恒星对应一个希腊字母标识。

后方面板上方的螺旋转盘分为 47 格,代表 19 年(即 235 个朔望月)的默冬周期,用于历法校准;下方螺旋转盘分为 223 格,对应 18 年 11 日 8 小时的沙罗周期,辅以小转盘标记三倍沙罗周期。

参考资料:https://www. qiuwenbaike. cn/wiki/％E5％AE％89％E6％8F％90％E5％9F％BA％E7％89％B9％E6％8B％89％E6％9C％BA％E6％A2％B0。

思考 1:安提基特拉机械通过齿轮系统实现了对复杂天文周期的精确计算,其设计理念与古希腊地心说宇宙观密切相关。这种将哲学认知与技术创新相结合的方式,对现代科学仪器的发展有何启示?

思考 2:该机械的闰年补偿机制早于儒略历一个世纪,却因历史断层未能直接推动历法改革。这一案例反映出古代技术传播存在哪些局限? 对当代技术成果转化有何警示?

材料二　齿轮传动与现代社会

苏格兰工程师威廉・默多克发明的太阳-行星齿轮系统是环形啮合传动装置,中心轴上的太阳轮通过特定齿比设计驱动行星轮,将活塞的直线往复运动转化为行星轮的圆周运动。这套精密齿轮装置在 1784 年伯明翰工业博览会上引发轰动——当蒸汽驱动活塞时,行星轮如天体般稳定公转,带动轮轴持续输出动力;为消除转速波动,默多克创新性加装铸铁惯性飞轮,利用旋转动能实现扭矩平滑化。

这项改进使蒸汽机真正成为工业动力核心。1785 年,曼彻斯特阿尔伯特纺纱厂应用该系统的蒸汽动力装置使纱锭转速达到传统水车驱动的 4 倍;1804 年 2 月,特里维西克基于此传动原理制造的蒸汽机车完成世界首次铁路载运。由于默多克作为瓦特公司雇员,1784 年专利申请文件仅署名詹姆斯・瓦特。

历史迷雾终被拨开。20 世纪工程史学家通过专利图纸比对与制造工坊生产档案考证,确

蒸汽机模型

认默多克的原创贡献。其齿轮系统不仅奠定现代动力传动的理论框架,更直接推动了工业文明的技术跃迁。那些在钢铁机械中精密啮合的齿轮,至今仍在铭刻这位未被充分认知的机械先驱的智慧。

参考资料:https://baike.baidu.com/item/％E5％A8％81％E5％BB％89％C2％B7％E9％BB％98％E5％A4％9A％E5％85％8B/19407140。

思考1:默多克的太阳-行星齿轮系统使蒸汽机从矿山水泵转变为工业革命的核心动力,这种基础技术的突破如何通过改变生产力结构,间接重塑了19世纪国际军事力量的对比格局?

思考2:默多克在创新中不仅解决了运动转化难题,更通过飞轮设计实现机械性能的优化。作为工程师,你认为在技术研发中应如何平衡突破性创新与渐进式改进的关系?

讨　　论

9-1　如何描述齿轮传动在工业革命中的关键作用? 它是如何推动机械工程的发展,从而改变了工业生产方式的?

9-2　在设计高效能齿轮传动系统时,工程师面临哪些主要挑战? 如何平衡传动效率、噪声和系统寿命之间的关系?

9-3　数字化和智能化技术的发展如何影响齿轮传动系统的设计和制造? 在未来,你认为这些技术将如何改变齿轮传动系统的性能和应用领域?

9-4　在追求可持续发展的时代,齿轮传动系统的设计如何影响能源效率和环境保护? 有哪些创新技术可以使齿轮传动更加环保和可持续?

9-5　齿轮传动系统在飞机和航天器中扮演着关键角色,在未来,齿轮传动系统对航空航天技术的发展可能产生哪些潜在影响?

习　题

9-1　齿轮传动的失效形式主要有哪些？开式齿轮传动和闭式齿轮传动的失效形式有什么不同？

9-2　在进行软齿面齿轮传动设计时，两相互啮合的齿轮材料和热处理方式可否均相同？为什么？应如何选择为宜？

9-3　为使得载荷沿齿向分布尽量均匀些，对于非对称布置的齿轮来说，动力的输入（或输出）端应该取为远离齿轮端还是接近齿轮端？为什么？

9-4　在一对相互啮合的齿轮中，若材料及热处理方式不尽相同，大、小齿轮的工作接触应力是否相等？许用接触应力是否相等？

9-5　在一对相互啮合的齿轮中，若材料及热处理方式不尽相同，两齿轮的齿数不同，大、小齿轮的工作弯曲应力是否相等？许用弯曲应力是否相等？

9-6　若一个二级齿轮传动系统中包括一级直齿圆柱齿轮和一级斜齿圆柱齿轮，则斜齿圆柱齿轮传动应该布置在高速级还是低速级，为什么？

9-7　进行齿轮传动设计时，若接触强度不足而弯曲强度满足，应如何调整齿轮几何参数？若接触强度满足而弯曲强度不足，应如何调整齿轮几何参数？

9-8　题 9-8 图所示为二级斜齿圆柱齿轮减速器，已知主动轴的转速和斜齿轮"4"的螺旋线方向（图示）。为使得 Ⅱ 轴所受的轴向力较小，试分析确定：

（1）其余斜齿轮的合理螺旋线方向；

（2）各齿轮在啮合点处所受各分力的方向。

9-9　一直齿圆锥齿轮-斜齿圆柱齿轮传动系统如题 9-9 图所示。已知主动轴的转速，为使得 Ⅱ 轴所受的轴向力较小，试分析确定：

（1）斜齿轮的合理螺旋线方向；

（2）各齿轮在啮合点处所受各分力的方向。

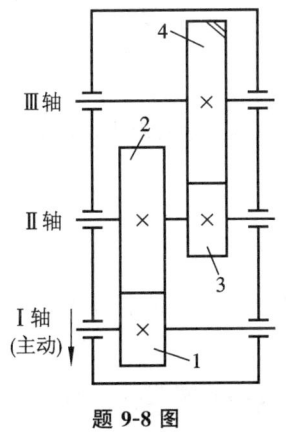

题 9-8 图

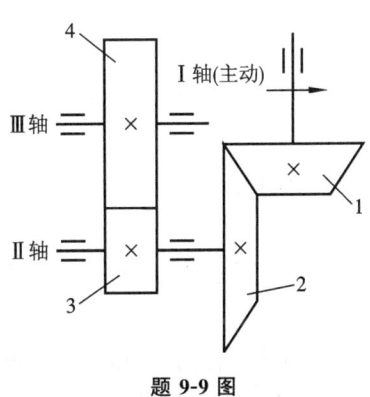

题 9-9 图

9-10　设计一卷扬机用闭式两级开式直齿圆柱齿轮减速器中的高速级齿轮传动。

已知:传动功率 $P_1 = 7.5$ kW,小齿轮转速 $n_1 = 960$ r/min,高速级传动比为 $i = 3.5$,要求使用寿命 10 年,每年按 300 工作日计,每日工作 8 h。卷扬机工作时有轻微冲击。

9-11 设计一用于带式运输机上的单级齿轮减速器中的斜齿圆柱齿轮传动。

已知:传动功率 $P_1 = 10$ kW,转速 $n_1 = 1450$ r/min,$n_2 = 340$ r/min,允许转速误差为 $\pm 3\%$,电动机驱动,单向旋转,载荷存在中等冲击。要求使用寿命 10 年,每年按 300 工作日计,每日工作 8 h。

9-12 设计一机床进给系统中的直齿圆锥齿轮传动。已知:传动功率 $P_1 = 0.75$ kW,转速 $n_1 = 320$ r/min,小齿轮悬臂布置;使用寿命为 12000 h;已选定齿数为 $z_1 = 20, z_2 = 45$。

9-13 计算例 9-3 中蜗杆和蜗轮的几何尺寸。

9-14 如题 9-14 图所示,蜗杆主动,$T_1 = 20$ N·m,$m = 4$ mm,$z_1 = 2$,$d_1 = 50$ mm,蜗轮齿数 $z_2 = 50$,传动的效率 $\eta = 0.75$。试确定:

(1) 蜗轮的转向;

(2) 蜗杆与蜗轮上作用力的大小和方向。

9-15 题 9-15 图所示为由电动机驱动的普通蜗杆传动。已知模数 $m = 8$ mm,$d_1 = 80$ mm,$z_1 = 1$,$z_2 = 40$,蜗轮输出转矩 $T_2 = 1.61 \times 106$ N·mm,$n_1 = 960$ r/min,蜗杆材料为 45 钢,表面淬火 50 HRC,蜗轮材料为 ZCuSn10P1,金属模铸造,传动润滑良好,每日双班制工作,一对轴承的效率为 0.99,搅油损耗的效率为 0.99,当量摩擦角 $\rho_v = 1°30'$。

(1) 在图上标出蜗杆的转向、蜗轮轮齿的旋向及作用于蜗杆、蜗轮上各作用力的方向;

(2) 计算各作用力的大小;

(3) 计算该传动的啮合效率及总效率。

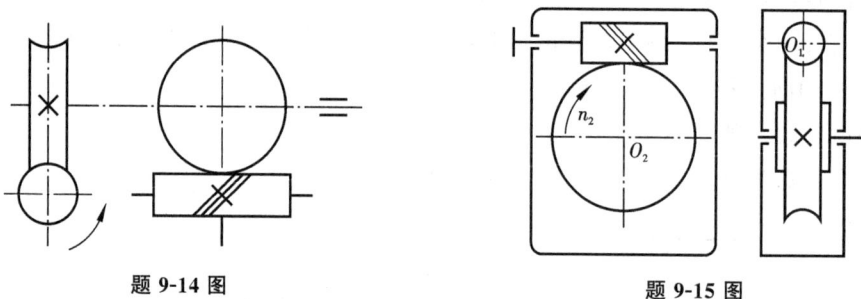

题 9-14 图   题 9-15 图

9-16 题 9-16 图所示为某手动简单起重设备,按图示方向转动蜗杆,提升重物 G。试确定:

(1) 蜗杆与蜗轮螺旋线方向;

(2) 蜗杆与蜗轮上作用力的方向。

9-17 题 9-17 图所示为蜗杆传动和锥齿轮传动的组合,已知输出轴上的锥齿轮 4 的转向。

(1) 欲使 II 轴所受轴向力互相抵消一部分,试确定蜗杆传动的螺旋线方向和蜗杆的转向;

(2) 试确定各轮啮合点处所受作用力的方向。

9-18 一单级蜗杆减速器输入功率 $P_1 = 3$ kW,$z_1 = 2$,箱体散热面积约为 1 m²,室内通风条件良好,室温 20 ℃,计算油温是否满足使用要求。

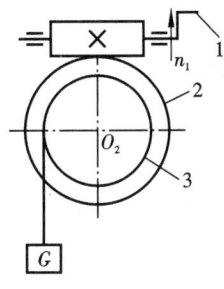

题 9-16 图

1—手柄;2—蜗轮;3—卷筒

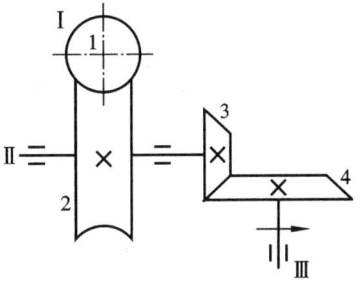

题 9-17 图

第 10 章 带传动和链传动

带传动和链传动都是通过中间挠性件(带或链)传递运动和动力的,适用于两轴中心距较大的场合。与应用广泛的齿轮传动相比,带传动和链传动具有结构简单、成本低廉等优点,因此,它们也是常用的机械传动。

10.1 带传动的类型及应用

10.1.1 带传动的类型与计算

1. 带传动的类型

根据传动原理的不同,带传动可分为摩擦型和啮合型两大类。

摩擦型带传动是由主动轮 1、从动轮 2 和张紧在两轮上的传动带 3 组成,靠带和带轮之间的摩擦来传递运动和动力,如图 10-1 所示。这种摩擦型带传动根据带的截面形状分为平带、V 带、圆形带和特殊截面带(如多楔带)等,如图 10-2 所示。

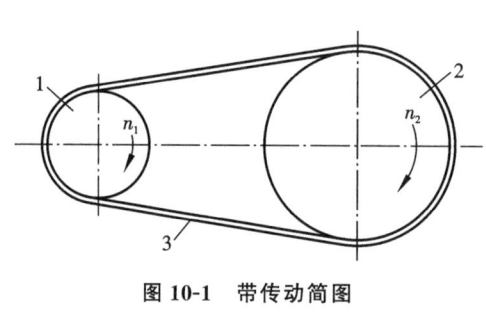

图 10-1 带传动简图

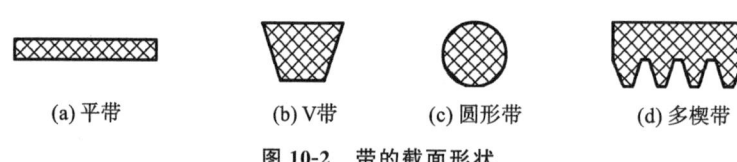

| (a) 平带 | (b) V带 | (c) 圆形带 | (d) 多楔带 |

图 10-2 带的截面形状

平带截面形状为扁平状,内表面为工作面。工作时靠带的环形内表面与带轮外表面压紧产生摩擦力来传递运动和动力,其最常用的传动形式为两轴平行、转向相同的开口传动。平带传动结构简单,带的挠性好,带轮容易制造,大多用于传动中心距较大的场合。

V 带截面形状为梯形,两侧面为工作面,靠带的两侧面与轮槽侧面压紧产生摩擦力。与平带传动比较,当带对带轮的压力相同时,V 带传动的摩擦力大,故能传递较大功率,或者说,在传递相同的功率情况下,V 带传动的结构更为紧凑,且 V 带无接头,传动较平稳,因此 V 带传动应用最广,其传动形式只有开口传动。

圆带截面形状为圆形,靠带与轮槽压紧产生摩擦力来传递运动和动力。它用于低速小功率传动,如缝纫机、磁带盘的传动等。

多楔带(又称复合 V 带)是在平带基体上加若干根 V 带组成的传动带,靠带和带轮楔面之间产生的摩擦力工作。多楔带兼有平带和 V 带的优点,适用于要求结构紧凑且传递功率较大的场合,特别适用于要求 V 带根数较多或轮轴线垂直于地面的传动。

啮合型带传动仅有同步带传动一种,它是具有中间挠性体的啮合传动,靠带内侧的齿与齿形带轮啮合来传递运动和动力,如图 10-3 所示。它适用于传动比要求准确的中小功率传动,如磨床、纺织及烟草机械等的传动系统中。

2. 开口传动的几何尺寸计算

开口传动主要用于两轴平行而且回转方向相同的场合。如图 10-4 所示,当带的张紧力为规定值时,两带轮轴线间的距离 a 称为中心距。带与带轮接触弧所对应的中心角 α 称为包角。

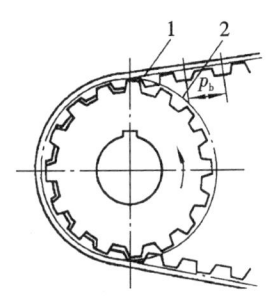

图 10-3　同步带
1—节线;2—节圆

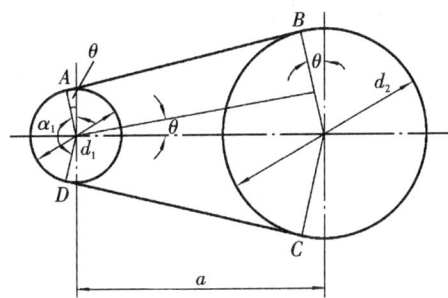

图 10-4　开口传动的几何参数

(1) 包角的计算。包角是带传动的一个重要参数。设 d_1、d_2 分别为小轮、大轮的直径,L 为带长,则带轮的包角为

$$\alpha = \pi \pm 2\theta$$

因 θ 角较小,故以 $\theta \approx \sin\theta = \dfrac{d_2 - d_1}{2a}$ 代入上式得

$$\alpha = \pi \pm \frac{d_2 - d_1}{a}(\text{rad})$$

或
$$\alpha = 180° \pm \frac{d_2 - d_1}{a} \times 57.3° \tag{10-1}$$

(2) 带长和中心距的计算。带长 L 的计算公式为

$$L = 2\overline{AB} + \overparen{BC} + \overparen{AD}$$
$$= 2a\cos\theta + \frac{\pi}{2}(d_1 + d_2) + \theta(d_2 - d_1) \tag{10-2a}$$

以 $\cos\theta \approx 1 - \dfrac{1}{2}\theta^2$ 及 $\theta \approx \dfrac{d_2 - d_1}{2a}$ 代入式(10-2a),得

$$L \approx 2a + \frac{\pi}{2}(d_1 + d_2) + \frac{(d_2 - d_1)^2}{4a} \tag{10-2b}$$

已知带长时,由式(10-2b)可得中心距

$$a \approx \frac{1}{8}\{2L - \pi(d_2 + d_1) + \sqrt{[2L - \pi(d_1 + d_2)]^2 - 8(d_2 - d_1)^2}\} \tag{10-3}$$

10.1.2 带传动的优缺点

摩擦型带传动的优点是：①适用于中心距较大的传动；②带具有良好的挠性，可缓和冲击、吸收振动；③过载时带与带轮间会出现打滑，打滑虽使传动失效，但可防止其他零件损坏；④结构简单、成本低廉。其缺点是：①传动的外廓尺寸较大；②需要张紧装置；③由于带的滑动，不能保证固定不变的传动比；④带的寿命较短；⑤传动效率较低。

啮合型的同步带传动的优点是：①带与带轮间没有相对滑动，传动效率高，传动比恒定；②传动平稳，噪声小；③传动比和圆周速度的最大值均高于摩擦带传动。其主要缺点是：同步带加工和安装精度要求较高，成本较高。

本章主要讨论机械中应用最广泛的 V 带传动。

10.2 带传动的工作情况分析

10.2.1 带传动的受力分析

为保证带正常工作，传动带必须以一定的预紧力张紧在两带轮上，这时带与带轮之间产生正压力。静止时，带两边的拉力称为初拉力 F_0，初压力两边相等，如图 10-5(a)所示。工作时，由于带与带轮之间摩擦力的作用，绕入主动轮一边的带被拉紧，称为紧边，其拉力由 F_0 增大到 F_1；绕入从动轮一边的带则相应被放松，称为松边，其拉力由 F_0 减小到 F_2，如图 10-5(b)所示。紧边拉力 F_1 与松边拉力 F_2 之差称为有效拉力 F_f，也就是带所传递的圆周力，它等于带和带轮整个接触面上的摩擦力的总和，即

$$F_f = F_1 - F_2 \tag{10-4}$$

假设带的总长不变，紧边拉力的增加量应等于松边拉力的减少量，即

$$F_1 - F_0 = F_0 - F_2$$

所以
$$F_0 = \frac{1}{2}(F_1 + F_2) \tag{10-5}$$

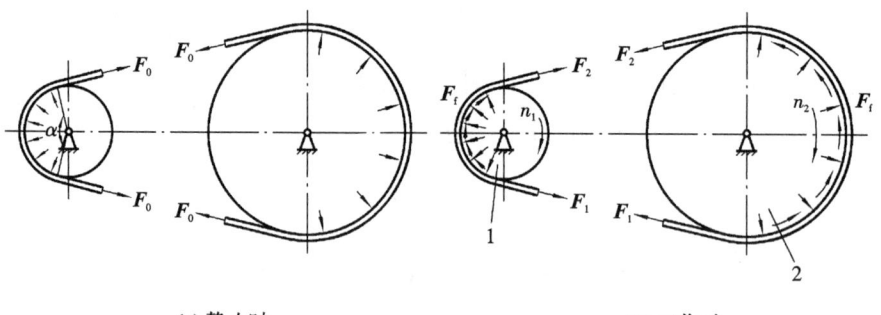

(a) 静止时   (b) 工作时

图 10-5 带传动的受力情况

1—主动轮；2—从动轮

带传动的功率 $P(\text{kW})$ 可表示为

$$P = \frac{Fv}{1000}(\text{kW}) \tag{10-6}$$

式中:F——有效拉力(N);

　　v——带速(m/s)。

由式(10-6)可知,当传递的功率增大时,有效拉力 F 也要相应地增大,即要求带和带轮接触面上有更大的摩擦力来维持传动。但是,当其他条件不变且预紧力 F_0 一定时,带传动的摩擦力存在一极限值,就是带所传递的最大有效拉力 F_{max}。当带所传递的圆周力超过这个极限时,带与带轮将发生显著的相对滑动,这个现象称为打滑。打滑将造成带的严重磨损并使小带轮转速急剧降低,致使传动失效。

以平带传动为例分析带在即将打滑时紧边拉力和松边拉力之间的关系。如图 10-6 所示,在平带上截取一微弧段 dl,其对应的包角为 $d\alpha$,设其两端的拉力分别为 F 和 $F+dF$,受到带轮给予的正压力为 dF_N,带与轮面间的极限摩擦力为 fdF_N。若不考虑带的离心力,由法向和切向各力的平衡得

$$dF_N = F\sin\frac{d\alpha}{2} + (F+dF)\sin\frac{d\alpha}{2}$$

$$fdF_N = (F+dF)\cos\frac{d\alpha}{2} - F\cos\frac{d\alpha}{2}$$

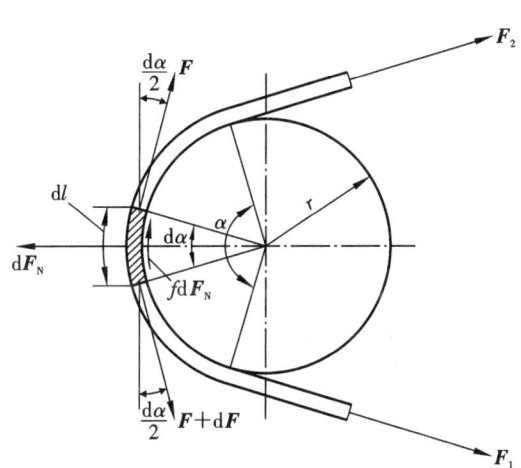

图 10-6　带的受力分析

因 $d\alpha$ 很小,可取 $\sin\dfrac{d\alpha}{2} \approx \dfrac{d\alpha}{2}$,$\cos\dfrac{d\alpha}{2}=1$,并略去二阶微量 $dF\dfrac{d\alpha}{2}$,将以上两式化简得

$$dF_N = F\,d\alpha$$

$$fdF_N = dF$$

由以上两式得

$$\frac{dF}{F} = f\,d\alpha$$

$$\int_{F_2}^{F_1} \frac{dF}{F} = \int_0^{\alpha} f\,d\alpha$$

$$\ln\frac{F_1}{F_2} = f\alpha$$

故紧边拉力 F_1 与松边拉力 F_2 有如下关系:

$$\frac{F_1}{F_2} = e^{f\alpha} \tag{10-7}$$

式中:f——带与带轮接触面间的摩擦系数;

　　α——带轮的包角(rad)。

式(10-7)是挠性体摩擦的基本公式。

联立 $F = F_1 - F_2$ 及式(10-7)可得

$$
\begin{cases}
F_1 = F\dfrac{e^{f\alpha}}{e^{f\alpha}-1} \\[2mm]
F_2 = F\dfrac{1}{e^{f\alpha}-1} \\[2mm]
F = F_1 - F_2 = F_1\left(1-\dfrac{1}{e^{f\alpha}}\right)
\end{cases}
\tag{10-8}
$$

引用当量摩擦系数的概念,以 f' 代替 f,即可将式(10-7)和式(10-8)用于 V 带传动的分析。其中,f' 为当量摩擦系数,$f' = f/\sin\dfrac{\phi}{2}$,$\phi$ 为 V 带轮的槽角。

10.2.2　带传动的应力分析

带工作时,带中应力由以下三部分组成。

1. 由紧边和松边拉力产生的拉应力

紧边拉应力　　　　　　　　　　　$\sigma_1 = \dfrac{F_1}{A}$

松边拉应力　　　　　　　　　　　$\sigma_2 = \dfrac{F_2}{A}$

式中:A——带的横截面积。

2. 由离心力产生的离心拉应力

当带在带轮上做圆周运动时,将产生离心力。虽然离心力只发生在带做圆周运动的部分,但由此引起的拉力却作用在带的全长上。离心拉力使带压在带轮上的力减小,降低了带传动的工作能力。

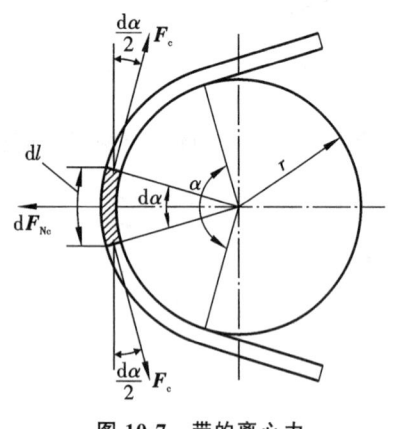

图 10-7　带的离心力

如图 10-7 所示,当带绕过带轮时,在微弧段 $\mathrm{d}l$ 上产生的离心力为

$$
\mathrm{d}F_{\mathrm{Nc}} = (r\,\mathrm{d}\alpha)q\dfrac{v^2}{r} = qv^2\,\mathrm{d}\alpha\,(\mathrm{N})
$$

式中:q——带单位长度质量(kg/m),见第 10.3 节的表 10-1;

　　v——带速(m/s)。

设离心拉力为 F_c,由微弧段各力的平衡得

$$
2F_c\sin\dfrac{\mathrm{d}\alpha}{2} = qv^2\,\mathrm{d}\alpha
$$

取 $\sin\dfrac{\mathrm{d}\alpha}{2}\approx\dfrac{\mathrm{d}\alpha}{2}$,则

$$
F_c = qv^2\,(\mathrm{N})
$$

故离心力拉应力为

$$
\sigma_c = \dfrac{F_c}{A} = \dfrac{qv^2}{A}\,(\mathrm{MPa})
$$

3. 弯曲应力

带绕过带轮时将产生弯曲,从而产生弯曲应力。弯曲应力只产生在带绕过带轮的部分,假设带是弹性体,由材料力学可得到弯曲应力为

$$\sigma_b = \frac{2yE}{d}$$

式中：y——带的节面(中性层)到最外层的距离；

E——带的弹性模量；

d——带轮直径(对 V 带轮,d 为基准直径)。

显然,带轮直径不相等时,带在两轮上的弯曲应力也不相等,带在小轮上的弯曲应力大。

把上述应力叠加,即得到带在传动过程中处于各个位置时的应力情况,各截面应力的大小用自该处引出的径向线(或垂线)的长短来表示,如图 10-8 所示。由图可知,带的最大应力发生在紧边开始绕进小带轮处,其值为

$$\sigma_{max} = \sigma_1 + \sigma_c + \sigma_{b1}$$

由图 10-8 还可知,带在运动的过程中受到交变应力的作用,这将引起带的疲劳破坏。

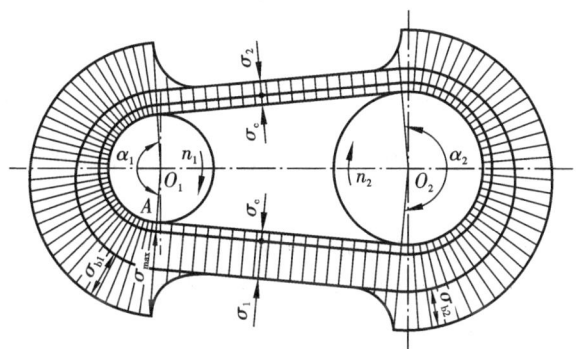

图 10-8　带传动的应力分析

10.2.3　带的弹性滑动和传动比

由于带是弹性体,受力不同时,带的变形量也不相同。如图 10-9 所示,带绕过主动轮时,将逐渐缩短并沿轮面滑动,而使带的速度落后于主动轮的圆周速度。而带绕过从动轮时,带将逐渐伸长,也要沿轮面滑动,此时带速超前于从动轮的圆周速度。这种由带的弹性变形而引起的带与带轮之间的滑动,称为弹性滑动。

弹性滑动将使从动轮的圆周速度低于主动轮的圆周速度,降低了传动效率,引起了带的磨损。

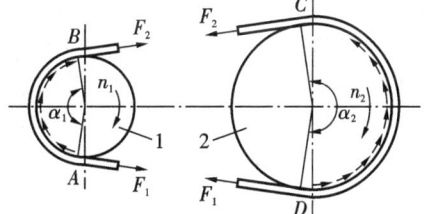

图 10-9　带的弹性滑动
1—主动轮;2—从动轮

带的弹性滑动和打滑是两个截然不同的概念,打滑是因为过载引起的,应当避免,也可以避免。而弹性滑动是由于带的弹性和拉力差引起的,是带传动中不可避免的。

设 d_1、d_2 分别表示主、从动轮的直径,n_1、n_2 分别表示主、从动轮的转速,则两轮的圆周速度分别为

$$v_1 = \frac{\pi d_1 n_1}{60 \times 1000} (\text{m/s}), \quad v_2 = \frac{\pi d_2 n_2}{60 \times 1000} (\text{m/s})$$

由于弹性滑动是不可避免的,所以总有 $v_2 < v_1$。由弹性滑动引起从动轮圆周速度的相对降低率称为滑动率,用 ε 表示,即

$$\varepsilon = \frac{v_1 - v_2}{v_1} = \frac{d_1 n_1 - d_2 n_2}{d_1 n_1}$$

由此得到传动比

$$i = \frac{n_1}{n_2} = \frac{d_2}{d_1 (1 - \varepsilon)} \tag{10-9}$$

或从动轮的转速

$$n_2 = \frac{d_1 n_1 (1 - \varepsilon)}{d_2} \tag{10-10}$$

V 带传动的滑动率通常为 0.01~0.02,一般可以忽略不计。

10.3　V 带和 V 带轮

10.3.1　V 带的结构和规格

V 带分为普通 V 带、窄 V 带、大楔角 V 带、汽车 V 带等多种类型,其中普通 V 带应用最广,本节主要介绍普通 V 带。

V 带的结构如图 10-10 所示,中间的抗拉体是承载拉力的主体,顶胶和底胶分别承受弯曲时的拉伸和压缩,最外层的包布由橡胶帆布制成,起保护作用。抗拉体的材料可采用化学纤维或棉织物,前者的承载能力较强。

如图 10-11 所示,当 V 带纵向弯曲时,在带中保持原长度不变的任意一条周线称为节线,由全部节线构成的面称为节面。带的节面宽度称为节宽(b_p),节宽在带纵向弯曲时保持不变。

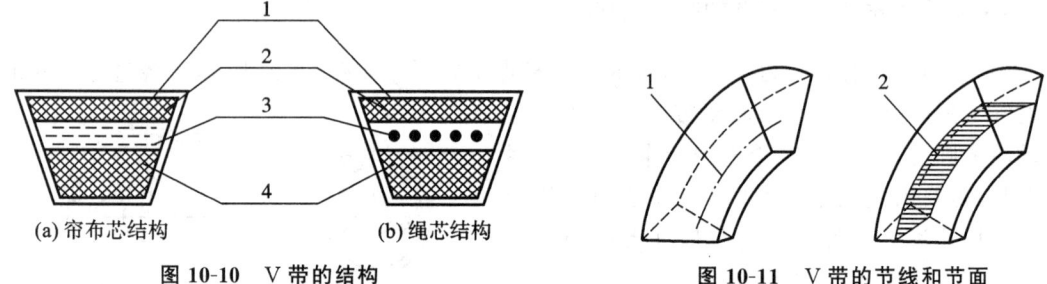

图 10-10　V 带的结构
1—包布;2—顶胶;3—抗拉体;4—底胶

图 10-11　V 带的节线和节面
1—节线;2—节面

楔角 φ 为 $40°$、相对高度 $\frac{h}{b_p}$ 约为 0.7 的 V 带称为普通 V 带。普通 V 带已标准化,按截面尺寸的不同,有 Y、Z、A、B、C、D、E 七种型号,各型号的截面尺寸如表 10-1 所示。

在 V 带轮上,与所配用的 V 带节宽 b_p 相对应的带轮直径称为基准直径 d(简称为带轮直径)。V 带的节线长度称为基准长度 L_d,其长度系列如表 10-2 所示。通常将带的型号及基准长度印制在带的外表面。

表 10-1　普通 V 带截面尺寸(GB/T 11544—2012)

截型	Y	Z	A	B	C	D	E
节宽 b_p/mm	5.3	8.5	11.0	14.0	19.0	27.0	32.0
顶宽 b/mm	6.0	10.0	13.0	17.0	22.0	32.0	38.0
高度 h/mm	4.0	6.0	8.0	11.0	14.0	19.0	23.0
楔角 α /(°)	40						
单位长度质量 q/(kg/m)	0.02	0.06	0.10	0.17	0.30	0.62	0.90

表 10-2　普通 V 带的基准长度(L_d)和长度修正系数(K_L)(GB/T 13575.1—2022)

Y		Z		A		B		C		D		E	
L_d	K_L	L_d	K_L	L_d	K_L	L_d	K_L	L_d	K_L	L_d	K_L	L_d	K_L
200	0.81	405	0.87	630	0.81	930	0.83	1 565	0.82	2 740	0.82	4 660	0.91
224	0.82	475	0.90	700	0.83	1 000	0.84	1 760	0.85	3 100	0.86	5 040	0.92
250	0.84	530	0.93	790	0.85	1 100	0.86	1 950	0.87	3 330	0.87	5 420	0.94
280	0.87	625	0.96	890	0.87	1 210	0.87	2 195	0.90	3 730	0.90	6 100	0.96
315	0.89	700	0.99	990	0.89	1 370	0.90	2 420	0.92	4 080	0.91	6 850	0.99
355	0.92	780	1.00	1 100	0.91	1 560	0.92	2 715	0.94	4 620	0.94	7 650	1.01
400	0.96	920	1.04	1 250	0.93	1 760	0.94	2 880	0.95	5 400	0.97	9 150	1.05
450	1.00	1 080	1.07	1 430	0.96	1 950	0.97	3 080	0.97	6 100	0.99	12 230	1.11
500	1.02	1 330	1.13	1 550	0.98	2 180	0.99	3 520	0.99	6 840	1.02	13 750	1.15
		1 420	1.14	1 640	0.99	2 300	1.01	4 060	1.02	7 620	1.05	15 280	1.17
		1 540	1.54	1 750	1.00	2 500	1.03	4 600	1.05	9 740	1.08	16 800	1.19
				1 940	1.02	2 700	1.04	5 380	1.08	10 700	1.13		
				2 050	1.04	2 870	1.05	6 100	1.11	12 200	1.16		
				2 200	1.06	3 200	1.07	6 815	1.14	13 700	1.19		
				2 300	1.07	3 600	1.09	7 600	1.17	15 200	1.21		
				2 480	1.09	4 060	1.13	9 100	1.21				
				2 700	1.10	4 430	1.15	10 700	1.24				
						4 820	1.17						
						5 370	1.20						
						6 070	1.24						

注:①L_d 为基准长度,K_L 为带长修正系数,且 K_L 的量纲为 1;

②同种规格的带长有不同的公差,使用时应按配组公差选购,可查机械设计手册。

带的长度与其节宽之比约为 0.9 的 V 带称为窄 V 带。与普通 V 带相比,当顶宽相同时,窄 V 带的高度较大,摩擦面较大,且用合成纤维或钢丝绳做抗拉体,故承载能力提高了,适用于传递动力大而又要求传动装置紧凑的场合。

10.3.2　带轮

带轮常用铸铁制造,有的情况下也采用钢或非金属材料(如塑料、木材等)。带速 $v \leqslant 30$ m/s 的传动带,其带轮一般用铸铁 HT150 制造,重要的场合也可用 HT200,高速时宜使用钢制带轮,钢制带轮承载速度可达 45 m/s;小功率带轮可用铸铝或塑料。带轮按结构不同分为实心式、腹板式和轮辐式。带轮直径较小时,常用实心式结构,如图 10-12(a)所示;中等直径的带轮可采用腹板式结构,如图 10-12(b)所示;直径大于 350 mm 时可采用轮辐式结构,如图 10-12(c)所示。V 带轮其他各部尺寸可查阅机械设计手册。

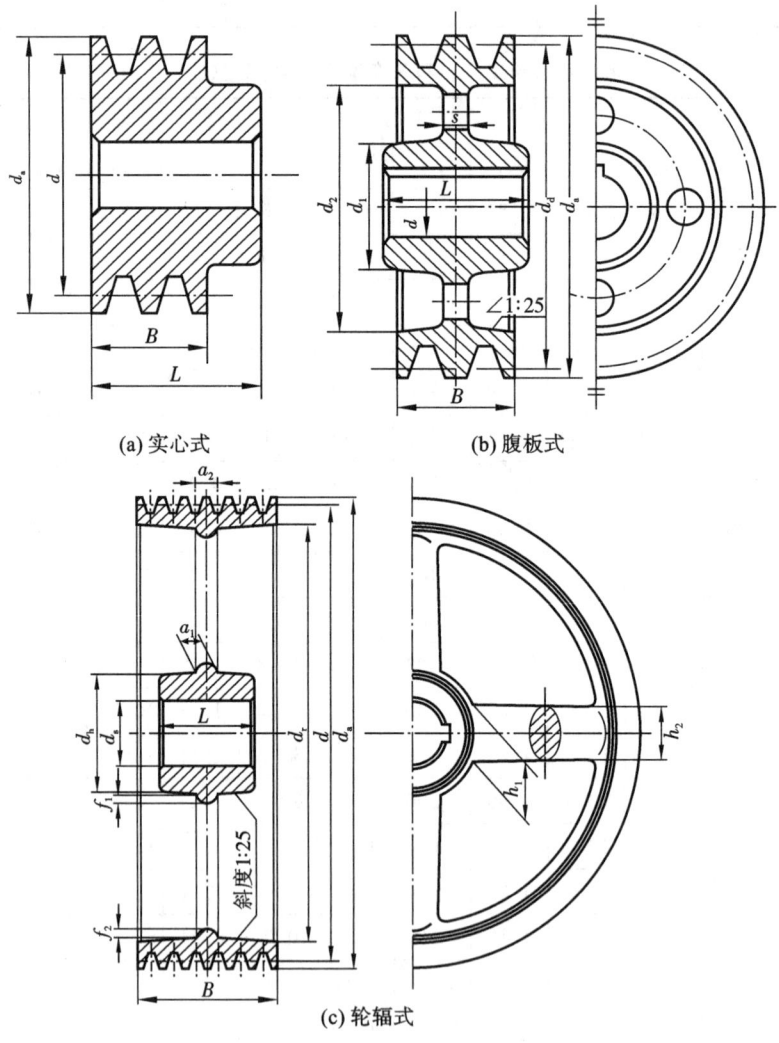

(a) 实心式　　　　　　　(b) 腹板式

(c) 轮辐式

图 10-12　V 带轮的各部结构尺寸

普通 V 带的楔角 φ 为 40°,但在带绕过带轮时,由于产生横向变形,其实际楔角会减小。为确保带轮的轮槽工作面和 V 带两侧面良好接触,带轮槽角 φ 取 32°、34°、36°、38°,带轮直径越小,其槽角取值越小。普通 V 带轮轮缘的截面如图 10-13 所示,普通 V 带轮的轮槽尺寸如表 10-3 所示。

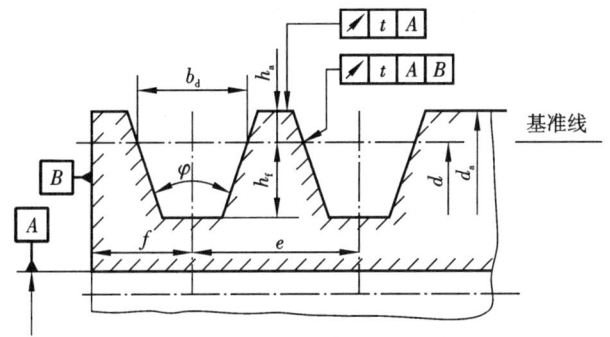

图 10-13　普通 V 带轮的轮槽

表 10-3　普通 V 带轮的轮槽尺寸

槽　型	b_d	h_{amin}	h_{fmin}	e	f_{min}	d 与 d 相对应的 φ			
						$\varphi=32°$	$\varphi=34°$	$\varphi=36°$	$\varphi=38°$
Y	5.3	1.60	4.7	8±0.3	6	≤60	—	>60	—
Z	8.5	2.00	7.0	12±0.3	7	—	≤80	—	>80
A	11.0	2.75	8.7	15±0.3	9	—	≤118	—	>118
B	14.0	3.50	10.8	19±0.4	11.5	—	≤190	—	>190
C	19.0	4.80	14.3	25.5±0.5	16	—	≤315	—	>315
D	27.0	8.10	19.9	37±0.6	23	—	—	≤475	>475
E	32.0	9.60	23.4	44.5±0.7	28	—	—	≤600	>600

10.4　V 带传动的设计计算

　　带传动的失效形式是打滑和带的疲劳破坏(如脱层、撕裂或拉断等)。因此带传动的设计准则是在保证不打滑的条件下,具有一定的疲劳寿命,即满足以下强度条件:

$$\sigma_{max}=\sigma_1+\sigma_c+\sigma_{b1}\leqslant[\sigma]$$

或
$$\sigma_1\leqslant[\sigma]-\sigma_c-\sigma_{b1} \tag{10-11}$$

式中:$[\sigma]$——带的许用应力。

　　为了保证带传动不打滑,以 f' 代替 f,由式(10-6)和式(10-8)得到单根普通 V 带能量传递的功率

$$P_0=F_1\left(1-\frac{1}{e^{f'\alpha}}\right)\frac{v}{1000}=\sigma_1A\left(1-\frac{1}{e^{f'\alpha}}\right)\frac{v}{1000} \tag{10-12}$$

式中:A——单根普通 V 带的横截面积。

　　将式(10-11)代入式(10-12),便可得到带既不打滑又具有足够疲劳强度时所能传递的功率

$$P_0=([\sigma]-\sigma_c-\sigma_{b1})\left(1-\frac{1}{e^{f'\alpha}}\right)\frac{Av}{1000} \tag{10-13}$$

在载荷平稳、包角 $\alpha_1 = \alpha_2 = 180°(i=1)$ 以及特定带长的条件下,由式(10-13)求得单根普通 V 带所能传递的功率 P_0。P_0 称为单根 V 带的基本额定功率,其数值如表 10-4 所示。

表 10-4　单根 V 带的基本额定功率 P_0

($\alpha_1 = \alpha_2 = 180°$、特定带长、载荷平稳时)　　　　　　　　单位:kW

型号	小带轮的基准直径 d_1/mm	小带轮转速 $n_1/(\text{r/min})$											
		200	400	800	950	1 200	1 460	1 600	1 800	2 000	2 400	2 800	3 200
Z	50	0.04	0.06	0.10	0.12	0.14	0.16	0.17	0.19	0.22	0.22	0.26	0.28
	56	0.04	0.06	0.12	0.14	0.17	0.19	0.20	0.23	0.30	0.30	0.33	0.35
	63	0.05	0.08	0.15	0.18	0.22	0.25	0.27	0.30	0.37	0.37	0.41	0.45
	71	0.06	0.09	0.20	0.23	0.27	0.30	0.33	0.36	0.46	0.46	0.50	0.54
	80	0.10	0.14	0.22	0.26	0.30	0.35	0.39	0.42	0.50	0.50	0.56	0.61
	90	0.10	0.14	0.24	0.28	0.33	0.36	0.40	0.44	0.54	0.54	0.60	0.64
A	75	0.15	0.26	0.45	0.51	0.60	0.68	0.73	0.79	0.84	0.92	1.00	1.04
	90	0.22	0.39	0.68	0.77	0.93	1.07	1.15	1.25	1.34	1.50	1.64	1.75
	100	0.26	0.47	0.83	0.95	1.14	1.32	1.42	1.58	1.66	1.87	2.05	2.19
	112	0.31	0.56	1.00	1.15	1.39	1.61	1.74	1.89	2.04	2.30	2.51	2.68
	125	0.37	0.67	1.19	1.37	1.66	1.92	2.07	2.26	2.44	2.74	2.98	3.15
	140	0.43	0.78	1.41	1.62	1.96	2.28	2.45	2.66	2.87	3.22	3.48	3.65
B	125	0.48	0.84	1.44	1.64	1.93	2.19	2.33	2.50	2.64	2.85	2.96	2.94
	140	0.59	1.05	1.82	2.08	2.47	2.82	3.00	3.23	3.42	3.70	3.85	3.83
	160	0.74	1.32	2.32	2.66	3.17	3.62	3.86	4.15	4.40	4.75	4.89	4.80
	180	0.88	1.59	2.81	3.22	3.85	4.39	4.68	5.02	5.30	5.67	5.76	5.52
	200	1.02	1.85	3.30	3.77	4.50	5.13	5.46	5.83	6.13	6.47	6.43	5.95
	224	1.19	2.17	3.86	4.42	5.26	5.97	6.33	6.73	7.02	7.25	6.95	6.05
C	200	1.39	2.41	4.07	4.58	5.29	5.84	6.07	6.28	6.34	6.02	5.01	3.23
	224	1.70	2.99	5.12	5.78	6.71	7.45	7.75	8.00	8.06	7.57	6.08	3.57
	250	2.03	3.62	6.23	7.04	8.21	9.04	9.38	9.63	9.62	8.75	6.56	2.93
	280	2.42	4.32	7.52	8.49	9.81	10.72	11.06	11.22	11.04	9.50	6.13	—
	315	2.84	5.14	8.92	10.05	11.53	12.46	12.72	12.67	12.14	9.43	4.16	—
	355	3.36	6.05	10.46	11.73	13.31	14.12	14.19	13.73	12.59	7.98	—	—

实际工作条件与上述特定条件不同时,应对 P_0 值加以修正。修正后即得单根 V 带所能传递的功率,称为许用功率 $[P_0]$,有

$$[P_0] = (P_0 + \Delta P_0)K_a K_L$$

式中:ΔP_0——功率增量,考虑传动比 $i \neq 1$ 时,带在大轮上的弯曲应力较小,故在寿命相同的条件下,可增大传递的功率,ΔP_0 值如表 10-5 所示;

K_α——包角修正系数,考虑 $\alpha \neq 180°$ 时对传动能力的影响,查表 10-6;

K_L——带长修正系数,考虑带长不为特定长度时对传动性能的影响,查表 10-2。

表 10-5　单根普通 V 带额定功率的增量 ΔP_0(GB/T 13575.1—2022)　　　　　单位:kW

带型	传动比 i	小带轮转速 n_1/(r/min)									
		400	700	800	950	1200	1450	1600	2000	2400	2800
Z	1.00~1.01	0.00	0.00	0.00	0.00	0.00	0.00	0.00	0.00	0.00	0.00
	1.02~1.04	0.00	0.00	0.00	0.00	0.00	0.00	0.01	0.01	0.01	0.01
	1.05~1.08	0.00	0.00	0.00	0.00	0.01	0.01	0.01	0.01	0.02	0.02
	1.09~1.12	0.00	0.00	0.00	0.01	0.01	0.01	0.01	0.02	0.02	0.03
	1.13~1.18	0.00	0.00	0.01	0.01	0.01	0.01	0.02	0.02	0.03	0.03
	1.19~1.24	0.00	0.00	0.01	0.01	0.01	0.02	0.02	0.02	0.03	0.03
	1.25~1.34	0.00	0.01	0.01	0.01	0.02	0.02	0.02	0.02	0.03	0.03
	1.35~1.50	0.00	0.01	0.01	0.02	0.02	0.02	0.02	0.03	0.03	0.04
	1.51~1.99	0.01	0.01	0.02	0.02	0.02	0.02	0.03	0.03	0.04	0.04
	≥2.00	0.01	0.02	0.02	0.02	0.03	0.03	0.03	0.04	0.04	0.04
A	1.00~1.01	0.00	0.00	0.00	0.00	0.00	0.00	0.00	0.00	0.00	0.00
	1.02~1.04	0.01	0.01	0.01	0.01	0.02	0.02	0.02	0.03	0.03	0.04
	1.05~1.08	0.01	0.02	0.02	0.03	0.03	0.04	0.04	0.06	0.07	0.08
	1.09~1.12	0.02	0.03	0.03	0.04	0.05	0.06	0.06	0.08	0.10	0.11
	1.13~1.18	0.02	0.04	0.04	0.05	0.07	0.08	0.09	0.11	0.13	0.15
	1.19~1.24	0.03	0.05	0.05	0.06	0.08	0.09	0.11	0.13	0.16	0.19
	1.25~1.34	0.03	0.06	0.06	0.07	0.10	0.11	0.13	0.16	0.19	0.23
	1.35~1.50	0.04	0.07	0.08	0.08	0.11	0.13	0.15	0.19	0.23	0.26
	1.51~1.99	0.04	0.08	0.09	0.10	0.13	0.15	0.17	0.22	0.26	0.30
	≥2.00	0.05	0.09	0.10	0.11	0.15	0.17	0.19	0.24	0.29	0.34
B	1.00~1.01	0.00	0.00	0.00	0.00	0.00	0.00	0.00	0.00	0.00	0.00
	1.02~1.04	0.01	0.02	0.03	0.03	0.04	0.05	0.06	0.07	0.08	0.10
	1.05~1.08	0.03	0.05	0.06	0.07	0.08	0.10	0.11	0.14	0.17	0.20
	1.09~1.12	0.04	0.07	0.08	0.10	0.13	0.15	0.17	0.21	0.25	0.29
	1.13~1.18	0.06	0.10	0.11	0.13	0.17	0.20	0.23	0.28	0.34	0.39
	1.19~1.24	0.07	0.12	0.14	0.17	0.21	0.25	0.28	0.35	0.42	0.49
	1.25~1.34	0.08	0.15	0.17	0.20	0.25	0.31	0.34	0.42	0.51	0.59
	1.35~1.50	0.10	0.17	0.20	0.23	0.30	0.36	0.39	0.49	0.59	0.69
	1.51~1.99	0.11	0.20	0.23	0.26	0.34	0.40	0.45	0.56	0.68	0.79
	≥2.00	0.13	0.22	0.25	0.30	0.38	0.46	0.51	0.63	0.76	0.89

带型	传动比 i	小带轮转速 n_1/(r/min)									
		400	700	800	950	1200	1450	1600	2000	2400	2800
C	1.00～1.01	0.00	0.00	0.00	0.00	0.00	0.00	0.00	0.00	0.00	0.00
	1.02～1.04	0.04	0.07	0.08	0.09	0.12	0.14	0.16	0.20	0.23	0.27
	1.05～1.08	0.08	0.14	0.16	0.19	0.24	0.28	0.31	0.39	0.47	0.55
	1.09～1.12	0.12	0.21	0.23	0.27	0.35	0.42	0.40	0.59	0.70	0.82
	1.13～1.18	0.16	0.27	0.31	0.37	0.47	0.58	0.63	0.78	0.94	1.10
	1.19～1.24	0.20	0.34	0.39	0.47	0.59	0.71	0.78	0.98	1.18	1.37
	1.25～1.34	0.23	0.41	0.47	0.56	0.70	0.85	0.94	1.17	1.41	1.64
	1.35～1.50	0.27	0.48	0.55	0.65	0.82	0.99	1.10	1.37	1.65	1.92
	1.51～1.99	0.31	0.55	0.63	0.74	0.94	1.14	1.25	1.57	1.88	2.19
	≥2.00	0.35	0.62	0.71	0.83	1.06	1.27	1.41	1.76	2.12	2.47
D	1.00～1.01	0.00	0.00	0.00	0.00	0.00	0.00	0.00	—	—	—
	1.02～1.04	0.14	0.24	0.28	0.33	0.42	0.51	0.56	—	—	—
	1.05～1.08	0.28	0.49	0.56	0.66	0.84	1.01	1.11	—	—	—
	1.09～1.12	0.42	0.73	0.83	0.99	1.25	1.51	1.67	—	—	—
	1.13～1.18	0.56	0.97	1.11	1.32	1.67	2.02	2.23	—	—	—
	1.19～1.24	0.70	1.22	1.39	1.60	2.09	2.52	2.78	—	—	—
	1.25～1.34	0.83	1.46	1.67	1.92	2.50	3.02	3.33	—	—	—
	1.35～1.50	0.97	1.70	1.95	2.31	2.92	3.52	3.89	—	—	—
	1.51～1.99	1.11	1.95	2.22	2.64	3.34	4.03	4.45	—	—	—
	≥2.00	1.25	2.19	2.50	2.97	3.75	4.53	5.00	—	—	—

表 10-6　包角修正系数 K_α

小轮包角 α_1	180°	174°	169°	163°	157°	151°	145°	139°	133°	127°	120°	113°	106°	99°	91°	83°
K_α	1	0.99	0.97	0.96	0.94	0.93	0.91	0.89	0.87	0.85	0.82	0.80	0.77	0.73	0.70	0.65

V 带传动设计计算的一般步骤如下。

1. 确定设计功率 P_c，初选带型号

根据传递的名义功率，考虑载荷性质和每天运行时间等因素来确定。

$$P_c = K_A P \tag{10-14}$$

式中：K_A——工况系数，查表 10-7；

P——V 带传递的名义功率(kW)。

根据设计功率和小带轮转速，由图 10-14 初选带的型号。在两种型号交线附近时，可以对两种型号同时进行计算，择优而定。

表 10-7 工况系数 K_A

载荷性质	工 作 机	工况系数(K_A)					
		空、轻载启动			重载启动		
		每天工作时间/h					
		<10	10~16	>16	<10	10~16	>16
载荷变动很小	液体搅拌机、通风机和鼓风机（≤7.5 kW）、离心式水泵和压缩机、轻载荷输送机	1.0	1.1	1.2	1.1	1.2	1.3
载荷变动小	带式输送机(不均匀载荷)、通风机(>7.5 kW)、旋转式水泵和压缩机(非离心式)、发电机、金属切削机床、印刷机、旋转筛、锯木机和木工机械	1.1	1.2	1.3	1.2	1.3	1.4
载荷变动较大	制砖机、斗式提升机、往复式水泵和压缩机、起重机、磨粉机、冲剪机床、橡胶机械、振动筛、纺织机械、重载输送机	1.2	1.3	1.4	1.4	1.5	1.6
载荷变动很大	破碎机(旋转式、颚式等)、磨碎(球磨、棒磨、管磨等)机	1.3	1.4	1.4	1.5	1.6	1.8

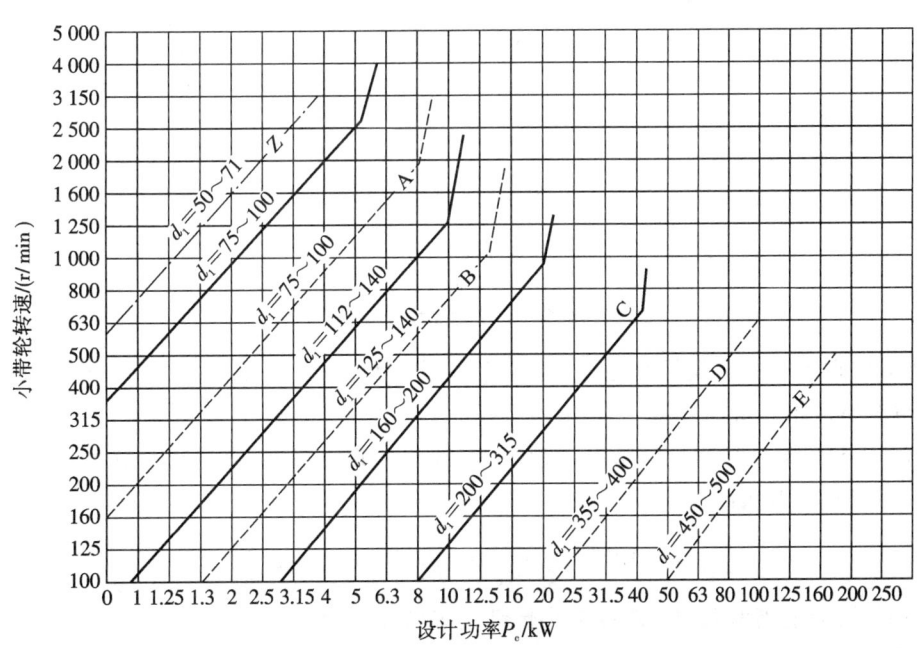

图 10-14 普通 V 带选型图

2. 确定带轮的基准直径 d_1 和 d_2、验算带速 v

（1）选择带轮的基准直径　d_1 小，则带传动外轮廓空间小，但 d_1 过小，带的弯曲应力过大，将导致带的寿命降低。为了减小弯曲应力，延长带的寿命和实现标准化，规定了带轮的最小直径值和带轮标准直径，其系列值如表 10-8 所示。而大带轮直径可由传动比计算得到，并取标准直径系列值。然后应计算实际传动比与工作要求是否符合，其相对误差是否在允许范围之内。

表 10-8　普通 V 带带轮最小直径和直径系列

V 带型号	Y	Z	A	B	C	D	E
最小基准直径/mm	20	50	75	125	200	355	500
带轮直径系列	20,22.4,25,28,31.5,35.5,40,45,50,56,63,67,71,75,80,85,90,95,100,106,112,118,125,132,140,150,170,180,200,212,224,236,250,265,280,300,315,355,375,400,425,450,475,500,530,560,600,630,670,710,750,800,900,1 000 等						

（2）验算带速　若带速过高则离心力过大，从而降低带与带轮间的摩擦力，摩擦力降低导致传动能力降低、易打滑；而且离心应力大，使带疲劳寿命降低；带速太低，当功率一定时，传递的圆周力增大，带的根数增多。所以带速一般在 5～25 m/s 之内为宜，否则应调整小带轮的直径或转速。其计算公式为

$$v = \frac{\pi d_1 n_1}{60 \times 1000} \tag{10-15}$$

3. 确定中心距和 V 带的基准长度 L

（1）初定中心距　带传动的中心距不宜过大，否则将由于载荷变化引起带的抖动，使工作不稳定而且结构不紧凑；中心距过小，在一定带速下，单位时间内带绕过带轮的次数增多，带的应力循环次数增加，会加速带的疲劳损坏；而且中心距过小则包角小，使传动能力降低。一般根据传动需要，初定中心距如下：

$$0.7(d_1 + d_2) \leqslant a_0 \leqslant 2(d_1 + d_2) \tag{10-16}$$

（2）确定带长　由初选的中心距及大、小带轮基准直径 d_1、d_2，可根据带传动的几何关系，近似计算带长 L_{d0} 如下：

$$L_{d0} \approx 2a_0 + \frac{\pi}{2}(d_1 + d_2) + \frac{(d_2 - d_1)^2}{4a_0} \tag{10-17}$$

（3）确定中心距 a　实际中心距 a 可近似计算为

$$a \approx a_0 + \frac{L_d - L_{d0}}{2} \tag{10-18}$$

考虑安装调整和补偿预紧力的需要，其变动范围为 $(a - 0.015L_d) \sim (a + 0.03L_d)$。

4. 验算小带轮包角 α_1

由式（10-5）可知，包角越小，摩擦力越小，有效拉力相应降低，容易打滑。所以，通常要求小带轮的包角 $\alpha_1 \geqslant 120°$，即

$$\alpha_1 = 180° - \left(\frac{d_2 - d_1}{a}\right) \times 57.3° \geqslant 120° \tag{10-19}$$

若不满足，应适当增大中心距或减小传动比来增加小轮包角 α_1。

5. 确定 V 带的根数 z

V 带根数可按下式计算

$$z \geqslant \frac{P_c}{[P_0]} = \frac{K_A P}{(P_0 + \Delta P_0) K_a K_L} \tag{10-20}$$

为使各根带受力均匀，带的根数不宜过多，通常 $z < 10$；否则应改选带的型号或增大小带轮直径，然后重新计算。

6. 确定初拉力 F_0

初拉力的大小是保证带传动正常工作的重要因素。初拉力过小，摩擦力小，容易发生打滑；初拉力过大，带工作应力大，使带的寿命降低，且轴和轴承受力大。单根 V 带初拉力可由下式计算，式中符号的意义同前。

$$F_0 = \frac{500 P_c}{v z}\left(\frac{2.5}{K_a} - 1\right) + q v^2 (\text{N}) \tag{10-21}$$

7. 计算带作用在轴上的压力 F_Q

为设计轴和轴承，应计算出带作用在轴上的压力 F_Q。通常近似地按两边初拉力 F_0 的合力来计算，如图 10-15 所示，即

$$F_Q = 2 z F_0 \sin\frac{\alpha_1}{2} \tag{10-22}$$

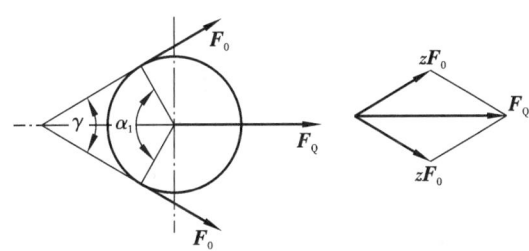

图 10-15　作用在带轮轴上的压力

8. 对带轮的要求

对带轮要求是：质量轻且分布均匀。轮槽工作表面应精加工，以减少带的磨损。带轮材料一般为灰铸铁、铸钢或钢板等，带轮结构可参考有关手册。

例 10-1　设计一起重机上使用的带传动。采用三相异步交流电动机驱动，已知传递功率为 9 kW，电动机转速 $n = 1450$ r/min，传动比 $i = 2.7$，单班制工作。

解　（1）选择带型号。

由原动机及工作情况，查表 10-7，取 $K_A = 1.2$，则设计功率为
$$P_c = K_A P = 1.2 \times 9 \text{ kW} = 10.8 \text{ kW}$$

再由 $n_1 = 1450$ r/min 查图 10-14，得出此坐标点位于 A 型与 B 型交界处，现暂按 A 型计算。读者可按 B 型计算，并对两个方案的计算结果进行比较。

（2）选带轮直径 d_1、d_2。

由表 10-8，按 A 型 V 带选带轮直径 $d_1 = 112$ mm，则 $d_2 = i d_1 = 2.7 \times 112$ mm $= 302.4$ mm，参照带轮直径系列选 $d_2 = 300$ mm。取 $\varepsilon = 0.02$，则实际传动比
$$i = \frac{n_1}{n_2} = \frac{d_2}{d_1(1-\varepsilon)} = \frac{300}{112 \times (1 - 0.02)} = 2.73$$

传动比误差小于 5%，满足要求。

(3) 验算带速 v。

$$v = \frac{\pi d_1 n_1}{60 \times 1000} = \frac{\pi \times 112 \times 1450}{60 \times 1000} \text{ m/s} = 8.5 \text{ m/s}$$

v 在 5～25 m/s 范围之内。

(4) 计算中心距 a 和带长 L_d。

初取 $0.7(d_1 + d_2) \leqslant a_0 \leqslant 2(d_1 + d_2)$，取 $a_0 = 600$ mm，则带长 L_{d0} 为

$$L_{d0} \approx 2a_0 + \frac{\pi}{2}(d_1 + d_2) + \frac{(d_2 - d_1)^2}{4a_0}$$

$$= \left[2 \times 600 + \frac{\pi}{2} \times (112 + 300) + \frac{(300 - 112)^2}{4 \times 600} \right] \text{ mm} = 1861.89 \text{ mm}$$

由表 10-2 选用基准长度 $L_d = 1\,940$ mm 的 A 型 V 带。实际中心距

$$a \approx a_0 + \frac{L_d - L_{d0}}{2} = \left(600 + \frac{1940 - 1861.89}{2} \right) \text{ mm} = 639 \text{ mm}$$

(5) 验算小带轮包角 α_1。

$$\alpha_1 = 180° - \frac{d_2 - d_1}{a} \times 57.3° = 180° - \frac{300 - 112}{639} \times \frac{180°}{\pi} = 163.1° > 120°$$

(6) 确定 V 带根数 z。

由 V 带型号及 d_1、n_1、i 值，查表 10-4、表 10-5 得 $P_0 = 1.61$ kW，$\Delta P_0 = 0.17$。由包角 $\alpha_1 = 161.1°$，查表 10-6 得 $K_a = 0.95$。由 $L_d = 1940$ mm，查表 10-2 得 $K_L = 1.02$，则

$$z = \frac{K_A P}{(P_0 + \Delta P_0) K_a K_L} = \frac{10.8}{(1.61 + 0.17) \times 0.95 \times 1.02} = 6.26$$

(7) 计算单根 V 带的预拉力 F_0。

由表 10-1，查得 A 型 V 带 $q = 0.10$ kg/m，则

$$F_0 = \frac{500 P_c}{vz} \left(\frac{2.5 - K_a}{K_a} \right) + qv^2$$

$$= \left[\frac{500 \times 10.8}{8.5 \times 7} \left(\frac{2.5 - 0.95}{0.95} \right) + 0.1 \times 8.5^2 \right] \text{ N} = 155.3 \text{ N}$$

(8) 计算对轴的压力 F_Q。

$$F_Q = 2z F_0 \sin \frac{\alpha}{2} = 2 \times 7 \times 155.3 \times \sin \frac{163.1°}{2} \text{ N} = 2150.6 \text{ N}$$

(9) 带轮材料及结构(略)。

10.5　V 带传动的张紧

由于传动带的材料不是完全的弹性体，因此带在工作一段时间后会发生松弛，使传动性能降低。因此，带传动应设置张紧装置。常用的张紧装置有以下三种。

1. 定期张紧装置

通过调节中心距使带重新张紧。如图 10-16(a)所示，将装在带轮的电动机安装在滑轨 1上，需调节带的拉力时，松开螺母 2，用调节螺钉 3 使滑轨 1 移动，改变电动机的位置，然后固定。这种装置适合两轴处于水平或倾斜不大的传动。如图 10-16(b)所示的张紧装置适用于两轴处于垂直或接近垂直状态的传动。

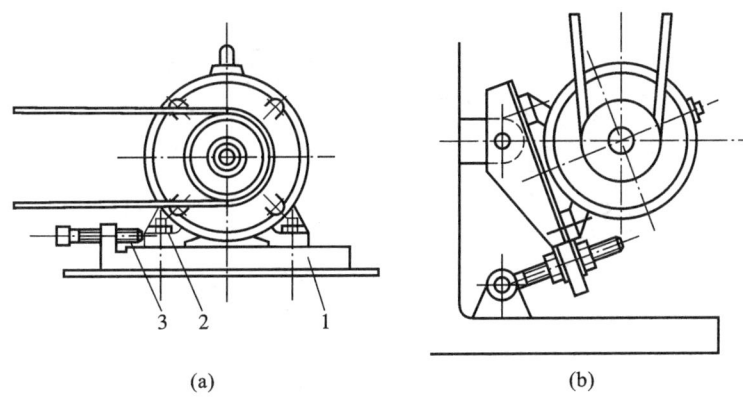

图 10-16　带的定期张紧装置

1—滑轨；2—螺母；3—调节螺钉

2. 自动张紧装置

自动张紧装置常用于中小功率的传动。如图 10-17 所示，将装在带轮的电动机安装在可自由转动的摆架上，利用电动机和摆架的重量自动保持张紧力。

3. 使用张紧轮的张紧装置

当中心距不能调节时，可采用具有张紧轮的传动装置，如图 10-18 所示。

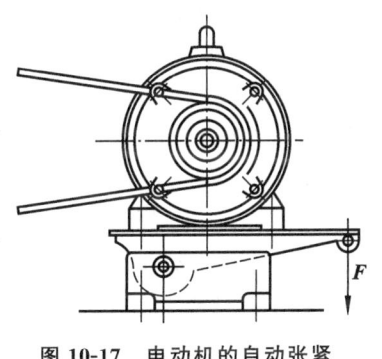

图 10-17　电动机的自动张紧

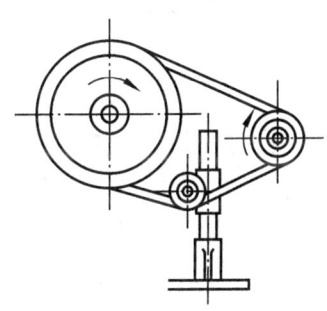

图 10-18　张紧轮装置

10.6　链　传　动

10.6.1　概述

链传动以链条作为中间挠性件并依靠链与链轮轮齿的啮合来传递运动和动力，由装在平行轴上的主、从动链轮和绕在链轮上的环形链条组成。传递动力用的链条主要有滚子链和齿形链。本章主要介绍滚子链传动，如图 10-19 所示。

链传动的优点是：与带传动类似，适用于两轴间距离较大的传动；链传动没有弹性滑动，平均传动比恒定；链传动传力大，效率高，传动可靠，成本较低，而且可在潮湿、高温、多尘等恶劣条件下工作，作用在轴上的载荷也比带传动小。链传动的缺点是：由于链节是刚性的，链条是以折线形式绕在链轮上的，所以瞬时传动比不稳定，在传动中有冲击和噪声，对安装精度和维护的要求也较高。

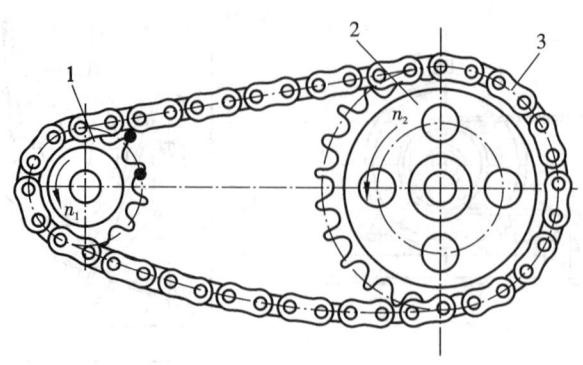

图 10-19 链传动

1—主动轮；2—从动轮；3—环形链条

10.6.2 滚子链的结构

滚子链（见图 10-20）是由内链板 1、外链板 2、销轴 3、套筒 4 和滚子 5 组成。链条中的内链

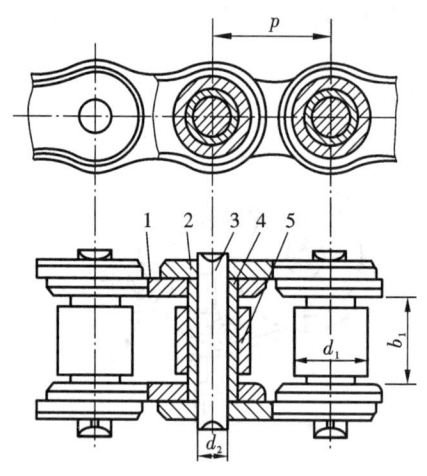

图 10-20 滚子链

1—内链板；2—外链板；3—销轴；4—套筒；5—滚子

板与套筒、外链板与轴销之间为过盈配合，轴销与套筒、套筒与滚子之间为间隙配合，可以自由转动。链条就是由这样一些内、外链节依次铰接而成的。相邻的内、外链节可以相对转动，滚子在套筒上也可以自由转动。这样，当链条与链轮啮合时，滚子与轮齿之间为滚动摩擦，减少了链条和轮齿之间的磨损。链板一般按等强度的条件制成"8"字形，可以减轻重量。

链条的各零件由碳素钢或合金钢制造，为提高其强度和耐磨性，还要进行热处理。

链传动的主要参数是链节距 p，它是链条相邻两销轴中心的距离。链节距越大，链的尺寸越大，承载能力也越高。当需要传递较大功率时，可以用多排链。但排数越多，对链的制造和安装精度要求也越高。

滚子链是标准件，分为 A、B 两个系列，常用的是 A 系列。表 10-9 列出了 A 系列的几种滚子链的主要参数。

表 10-9 滚子链主要尺寸（摘自 GB/T 1243—2024）

链号	节距 p/mm	排距 p_1/mm	滚子直径 d_1（max）/mm	销轴直径 d_2（max）/mm	内节内宽 b_1（min）/mm
25	6.35	6.40	3.30	2.31	3.10
35	9.525	10.13	5.08	3.60	4.68
05B	8.00	5.64	5.00	2.31	3.00
06B	9.525	10.24	6.35	3.28	5.72
40	12.70	14.38	7.92	3.98	7.85

续表

链号	节距 p/mm	排距 p_1/mm	滚子直径 d_1 (max)/mm	销轴直径 d_2 (max)/mm	内节内宽 b_1 (min)/mm
08B	12.70	13.92	8.51	4.45	7.75
50	15.875	18.11	10.16	5.09	9.40
10B	15.875	16.59	10.16	5.08	9.65
80	25.40	29.29	15.88	7.94	15.75
16B	25.40	31.88	15.88	8.28	17.02

　　链条长度以链节数来表示。滚子链使用时为封闭形,当链节数为偶数时,链条一端的外链板正好与另一端的内链板相连,销轴穿过内、外链板,再用开口销或弹簧夹锁紧,如图 10-21 (a)、(b)所示。若链节数为奇数,则需采用过渡链节连接,如图 10-21(c)所示。链条受拉时,过渡链节的弯曲链板承受附加的弯矩作用,所以,设计时链节数应尽量避免取奇数。

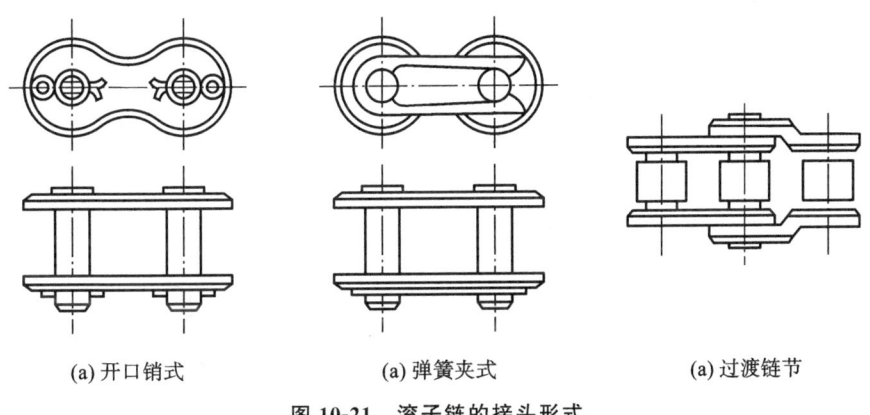

(a) 开口销式　　　　　　(a) 弹簧夹式　　　　　　(a) 过渡链节

图 10-21　滚子链的接头形式

10.6.3　链轮

　　国家标准仅规定了滚子链链轮齿槽的齿面圆弧半径 r_e、齿沟圆弧半径 r_i 和齿沟角 α(见图 10-22)的最大和最小值。各种链轮的实际端面齿形均应在最大和最小齿槽形状之间。这样处理使链轮齿廓曲线设计有很大的灵活性。但齿形应保证链节能平稳地进入和退出啮合,并便于加工。符合上述要求的端面齿形曲线有多种,最常用的是三圆弧($\overparen{aa}$、$\overparen{ab}$、$\overparen{cd}$)一直线($\overline{bc}$)齿形(见图 10-22(b))。这种三圆弧一直线齿形基本符合上述齿槽形态范围,且具有较好的啮合性能,并便于加工。

　　链轮的基本参数是相配链条的节距 p、滚子的最大外径、排距及齿数 z。链轮的轴向齿廓两侧制成圆弧形,便于链条进入和退出链轮,轴向齿廓(见图 10-23)应符合有关国家标准的规定。其主要尺寸及计算公式可参考有关设计手册。

　　链轮齿应有足够的强度和耐磨性,故齿面多需热处理。链轮常用材料有碳钢、灰铸铁等,重要的链轮可采用合金钢。小链轮的啮合次数比大链轮多,故其材料应优于大链轮。

　　链轮的结构如图 10-24 所示。小直径链轮可制成实心式,中等直径的链轮可制成孔板式,直径较大的链轮可设计成组合式。链轮的轮毂部分的尺寸可参考带轮。

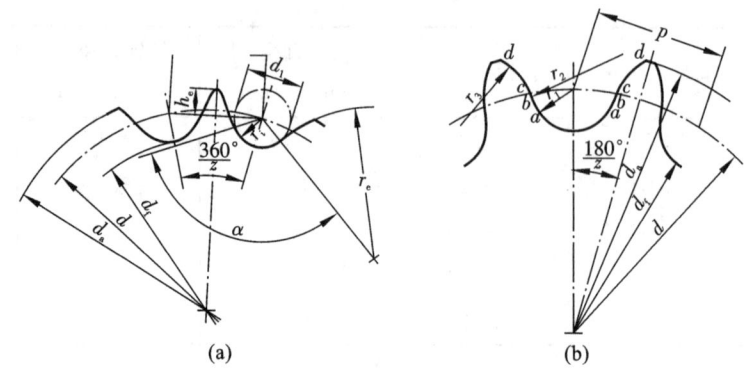

图 10-22　滚子链链轮端面齿形

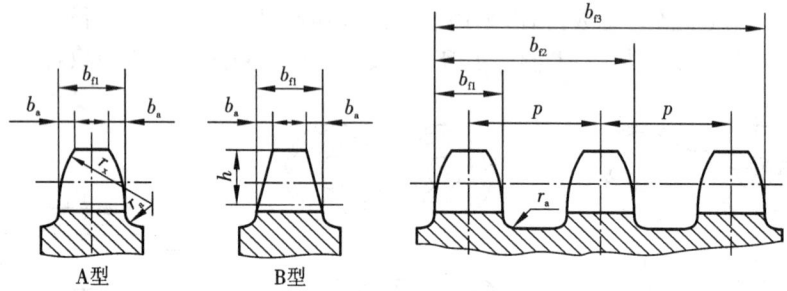

图 10-23　链轮的轴向齿轮廓图

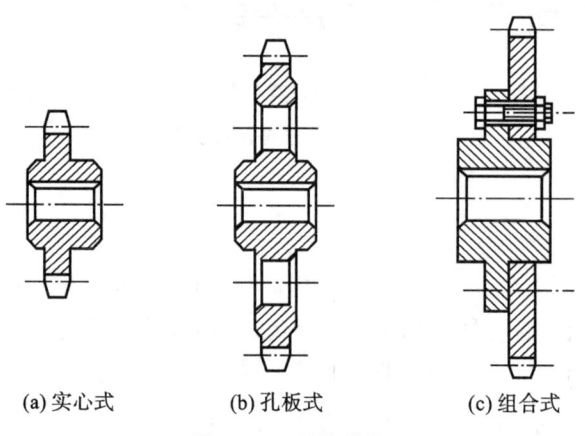

(a)实心式　　　　　(b)孔板式　　　　(c)组合式

图 10-24　链轮结构

10.6.4　链传动的运动特性

与带传动不同,由于链是由刚性链节通过销轴铰接而成的,当链条与链轮啮合时,链条便呈一多边形分布在链轮上,多边形的边长等于链节距。设 z_1、z_2 和 n_1、n_2 分别为小轮、大轮的齿数和转速(r/min),p 为链条节距(mm),则链条的平均速度为

$$v = \frac{z_1 n_1 p}{60 \times 1000} = \frac{z_2 n_2 p}{60 \times 1000} \tag{10-23}$$

链传动的平均传动比

$$i = \frac{n_1}{n_2} = \frac{z_2}{z_1} \tag{10-24}$$

虽然链传动的平均速度和平均传动比不变,但它们的瞬时值却是周期性变化的。为便于分析,设链的紧边(主动边)在传动时总处于水平位置(见图 10-25(a)),铰链已进入啮合。主动轮以角速度 ω_1 回转,其圆周速度 $v_1 = r_1\omega_1$,将圆周速度分解为沿链条前进方向的分速度 v 和垂直方向的分速度 v',则

$$v = v_1 \cos\beta_1 = r_1\omega_1\cos\beta_1$$
$$v' = v_1 \sin\beta_1 = r_1\omega_1\sin\beta_1$$

式中:β_1——主动轮上铰链 A 的圆周速度方向与链条前进方向的夹角。

当链节依次进入啮合时,β 角在 $\pm 180°/z_1$ 范围内变动,从而引起链速 v 相应作周期性变化。当 $\beta_1 = \pm 180°/z_1$ 时(见图 10-25(b)、(d))链速小,$v_{min} = r_1\omega_1\cos(180°/z_1)$;当 $\beta_1 = 0°$ 时(见图 10-25(c))链速最大,$v_{max} = r_1\omega_1$。故即使 ω_1 为常数,链轮每送走一个链节,其链速 v 也经历"最小—最大—最小"的周期性变化。同理,链条在垂直方向的速度 v' 也作周期性变化,使链条上下抖动(见图 10-25(b)、(c)、(d))。

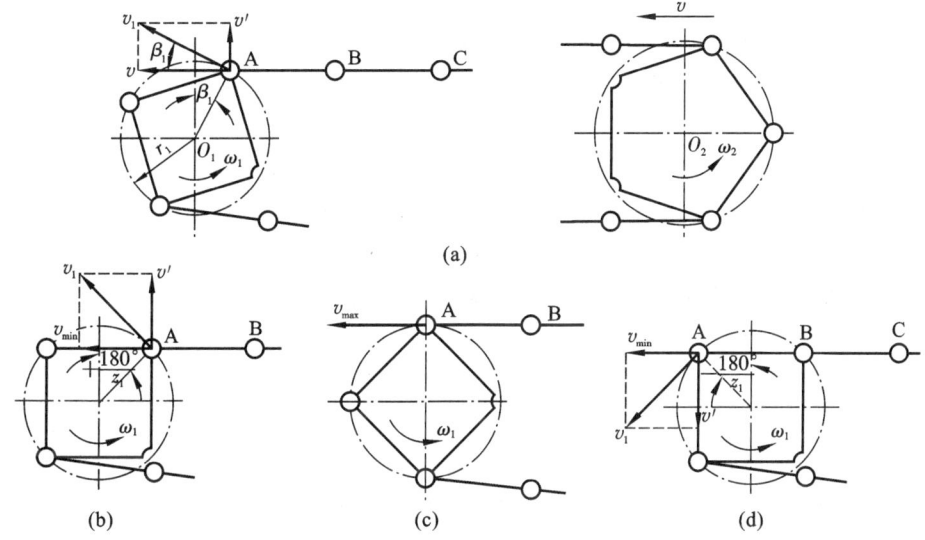

图 10-25 链传动运动分析

用同样的方法对从动轮进行分析可知,从动轮角速度 ω_2 也是变化的,故链传动的瞬时传动比($i_{12} = \omega_1/\omega_2$)也是变化的。

链速和传动比的变化使链传动产生加速度,从而产生附加动载荷、引起冲击振动,故链传动不适合高速传动。为减小动载荷和运动的不均匀性,链传动应尽量选取较多的齿数 z_1 和较小的节距 p(这样可使 β_1 减小),并使链速在允许的范围内变化。

10.6.5 链传动的主要失效形式

链传动主要由链条和链轮组成,其薄弱环节在链条。链条是由多个零件组成的部件,传动的失效常常是由于链条中最弱链节或链节中最弱零件所造成的。链轮轮齿在工作中也可能产生塑性变形或磨损,但使用经验证明,链轮寿命通常是链条寿命的 $2\sim3$ 倍以上。常见的链条失效形式有以下几种。

　　(1)链条的疲劳破坏　链条在松边和紧边的交变应力作用下经过一定的循环次数,链板可能出现疲劳断裂,滚子和套筒可能出现疲劳点蚀和裂纹。通常,这是决定链传动工作能力的主要因素。

　　(2)铰链的磨损　链条铰链常因存在相对滑动而磨损,从而对传动产生影响。铰链的磨损使链节距增大,产生跳齿和脱链现象,也降低链传动的使用寿命。

　　(3)多次冲击破坏　链节与链轮啮合时,滚子与链轮间产生冲击,在高速时,由于冲击载荷较大,使套筒或滚子的表面发生冲击疲劳破坏。

　　(4)胶合　在高速和润滑不良时,铰链处的销轴套筒的工作表面由于摩擦产生高温,容易导致销轴与套筒工作表面产生胶合。为了避免胶合,必须限定链传动的极限转速。

　　(5)过载拉断　在低速重载的条件下,链条的载荷超过链静强度时,链条会被拉断。

　　链传动的设计计算等可参考相关设计资料。

课程思政拓展阅读材料

材料一　济南天齐:以匠心传承与创新担当诠释带传动行业的责任使命

　　济南天齐特种平带有限公司(以下简称天齐平带)作为国内平带领域的领军企业,其发展历程深刻诠释了技术创新与社会责任的辩证统一。公司董事长王兰喜带领团队深耕行业多年,通过持续的技术突破与品质坚守,将看似寻常的平带产品打造成推动工业进步的"隐形功臣"。

　　面对纺织、印刷包装等领域对高效传动的需求,天齐平带以"节能、高速、稳定"为目标,研发出新型聚酯平带。该产品采用特种丁腈橡胶与高模低缩聚酯织物,传动效率提高10%～20%,使用寿命显著延长。企业投入4000万美元引进欧洲先进设备,建立省级技术中心,组建国际化研发团队,攻克材料与工艺难题。这种精益求精的科研态度,正是新时代工匠精神的生动体现——以专业能力突破技术壁垒,以创新驱动引领行业升级。

　　在"能耗双控"政策背景下,天齐平带敏锐捕捉市场需求,围绕"节电、环保"理念开发多款新产品,助力客户实现节能减排。同时,企业自身推进"退城进园"项目,优化生产流程,将环保要求融入全产业链,既保障产品质量,又降低能耗污染。这种将企业发展与国家战略紧密结合的实践,彰显了民营企业的责任担当:以绿色转型回应时代命题,以可持续发展回馈社会信任。

　　天齐平带凭借过硬品质,产品远销欧美、亚洲的16个国家,并注册国际商标"NYCO",成为全球平带市场的知名品牌。企业通过建立海外服务网点、参与国际展会等方式,推动"中国智造"走向世界。这一过程不仅提升了国际竞争力,更传递了中国企业"以质取胜、以诚待人"的价值观,为构建双循环新发展格局注入活力。

　　从传统纺织厂的平带维护到现代化智能生产线的高效传动,天齐平带始终坚持"客户至上"的服务理念。疫情期间,企业年产值逆势增长30%,订单供不应求,正是凭借对客户需求的精准响应与对产品质量的极致追求。这种将个人奋斗融入企业发展、将企业命运与行业进步绑定的精神,正是中国实体经济蓬勃发展的动力源泉。

　　参考资料:牛方.济南天齐:深耕平带市场 用品质赢得尊重[J].中国纺织,2022(1):58-59。

　　思考1:天齐平带研发的新型聚酯平带通过材料创新(如特种丁腈橡胶与高模低缩聚酯织物)实现了传动效率提升10%～20%,同时强调"节电、绿色"理念。请结合带传动原理,分析材料技术进步如何推动工业节能,并思考在全球碳中和目标下,传动技术企业应如何通过技术创新承担环保责任。

思考 2:天齐平带通过"退城进园"优化生产布局,既扩大产能又降低污染。结合带传动行业特点,探讨传统制造业升级中如何平衡"技术改造"与"可持续发展",并举例说明带传动技术在绿色智能制造中的应用潜力。

材料二　链条的多样知识与广泛应用

链条,这一由众多链节通过铰链副连接的挠性构件,具有悠久历史与广泛应用的双重特性。早在 3000 多年前,我国商代马匹的衔具就应用了青铜链条,至东汉时期,链条开始被用于传递运动和动力,这在当时发明的翻车(又称龙骨水车)上得到典型应用。作为世界上最早出现的农用水车,翻车的传动机构可视为链传动的早期雏形。北宋苏颂《新仪象法要》中记载的驱动浑天仪的"天梯",实为铁制链条装置,其传动原理与近代链传动系统基本原理相似。

欧洲文艺复兴时期,列奥纳多·达·芬奇(Leonardo da Vinci)绘制的链条设计草图对后世产生了深远影响。1832 年,法国工程师安德烈·伽尔(André Galle)发明了销轴链。这一设计虽然结构简单,但首次实现了链条作为机械传动元件的实用化应用,被视为现代链传动技术的雏形。1864 年,英国工程师詹姆斯·斯莱泰(James Slater)在索尔福德(Salford)的工厂中研发出一种新型传动链条,该设计通过优化链节结构,显著提高了传动效率,可视为现代滚子链的前身。1880 年,瑞士工程师汉斯·雷诺(Hans Renold)通过创新性地引入套筒结构,研发出具有划时代意义的套筒滚子链。1885 年,雷诺进一步发明了齿形链,奠定了现代链条传动的技术基础。

20 世纪 40 年代末,美国 Morse Chain Company 将齿形链的铰链结构从滑动摩擦副改进为滚动摩擦副(滚销式),显著提升传动效率。

随着技术进步,链条逐渐衍生出传动链、输送链、特种链等多样化产品体系。

我国链条产业起步较晚,但通过系统性发展取得显著成就:20 世纪 50 年代沈阳链条厂、杭州链条总厂、上海中国链条厂等骨干企业相继建立;70 年代中后期成立专业研究机构,完善行业协会组织,制定国家标准体系,逐步形成了完整的产业链。

参考资料:https://baijiahao.baidu.com/s? id＝1825614862649461104&wfr＝spider&for＝pc。

思考 1:链条从古代简单的连接构件发展到如今结构多样、应用广泛的传动部件,经历了漫长的创新历程。请思考在带传动领域,如何借鉴链条在结构创新和应用拓展方面的经验,推动带传动技术不断进步,以适应现代工业多样化的需求?

思考 2:我国链条产业从起步晚到形成完善体系,但在齿形链制造方面仍与国外存在差距。结合带传动行业现状,分析我国带传动产业在发展过程中可能面临哪些类似的挑战,以及可以采取哪些措施提升我国带传动产品的国际竞争力?

讨　　论

10-1　带传动和链传动在不同的机械系统中有着广泛的应用。讨论它们在特定应用场景(例如自行车、工业生产线等)中的优势和劣势,以及选择传动方式时需要考虑的因素。

10-2　分析带传动和链传动在长期运行中的维护性及寿命表现。讨论在不同环境条件下,哪种传动系统更易于维护,以及哪种更适合长时间连续运转的应用。

10-3　探讨带传动和链传动在不同载荷和速度条件下的传动效率。讨论在选择传动方式时,如何在传动效率与其他性能指标之间取得平衡,以满足特定应用要求。

10-4　针对带传动和链传动,讨论当前的创新设计和技术趋势,分析未来可能的发展方向,包括新材料应用、数字化技术整合以及对智能传动系统需求的增长。

习　　题

10-1　带传动中的弹性滑动与打滑有何区别?打滑对传动有何影响?引起打滑的因素有哪些?如何避免打滑?

10-2　V 带传动为什么比平带传动承载能力大?

10-3　传动带工作时有哪些应力?这些应力是如何分布的?最大应力点在何处?

10-4　带和带轮的摩擦系数、包角及带速与有效拉力有何关系?

10-5　一开口平带传动,已知两带轮直径分别为 150 mm 和 400 mm,中心距为 1 000 mm,小带轮的转速为 1460 r/min。试求:小轮包角,带的几何长度,不考虑带传动的弹性滑动时大带轮的转速,滑动率 $\varepsilon = 0.01$ 时大带轮的实际转速。

10-6　试设计某仪器的 V 带传动。选用三相异步电动机,额定功率 $P = 2.2$ kW,转速 $n = 1\,460$ r/min;$n = 350$ r/min,三班制工作,工作载荷稳定。

10-7　试设计一带式输送机的传动装置,该传动装置由普通 V 带传动和齿轮传动组成。齿轮传动采用标准齿轮减速器。原动机为电动机,额定功率 $P = 11$ kW,转速 $n = 1460$ r/min,减速器输入轴转速为 400 r/min,允许传动比误差为 $\pm 5\%$,该输送机每天工作 16 h,试设计此普通 V 带传动,并选定带轮结构形式与材料。

10-8　带传动、链传动各有哪些特点?各适用于哪些场合?

第 11 章　轴

11.1　轴的类型和应用

轴是机器中主要支承零件之一,其主要功能包括:①支承轴上的零件(如齿轮、带轮等);②传递运动和动力。轴的应用示例如图 11-1 所示。

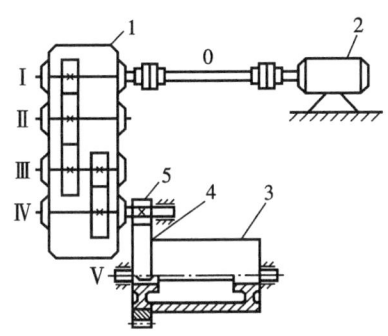

图 11-1　轴的应用

1—减速器;2—电动机;3—卷筒;4—大齿轮;5—小齿轮

11.1.1　轴的分类

1. 按受载性质分类

(1)心轴　心轴只承受弯矩而不传递转矩(见图 11-1 中 Ⅱ、Ⅴ 轴)。按轴在工作中是否转动,心轴又分为转动心轴(如火车车轮轴,见图 11-2)和固定心轴(如自行车前轮轴,见图 11-3)。

(2)传动轴　传动轴只传递转矩而不承受弯矩或弯矩很小(如图 11-1 中 0 轴)。

(3)转轴　转轴既传递转矩又承受弯矩(如图 11-1 中 Ⅰ、Ⅲ、Ⅳ 轴)。

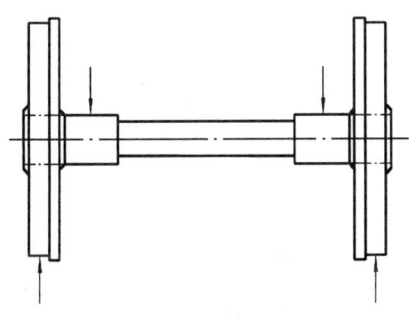

图 11-2　转动心轴

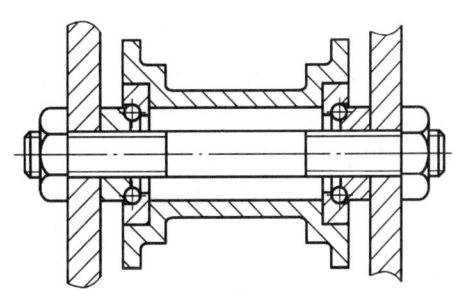

图 11-3　固定心轴

2. 按轴线形状分类

(1)直轴　如图 11-1 至图 11-3 所示。

（2）曲轴　如图 11-4 所示。

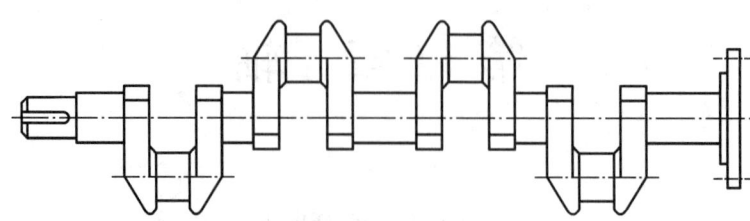

图 11-4　曲轴

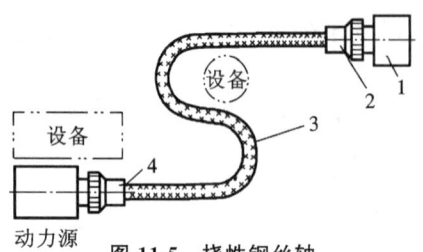

图 11-5　挠性钢丝轴

1—被驱动装置；2,4—接头；

3—钢丝软轴(外层为护套)

（3）挠性钢丝轴　如图 11-5 所示，挠性钢丝轴由几层紧贴在一起的钢丝层构成，可将运动和转矩灵活地传到所要求的位置。本章只讨论直轴。

3. 按轴的外形分类

（1）阶梯轴　阶梯轴各段直径不同，有利于轴上零件的定位和装拆。

（2）光轴　光轴整根轴直径相同。

11.1.2　轴的材料

轴的常用材料是碳素钢和合金钢。其中以经过轧制或锻造的 45 钢最为常用。

1. 碳素钢

碳素钢成本低廉且对应力集中的敏感度较低。常用的有 35、45、50 等优质中碳钢。为改善其力学性能，通常要进行调质或正火处理。非重要或受力较小的轴，可采用 Q235、Q275 等碳素结构钢。

2. 合金钢

合金钢具有较高的力学性能和热处理性能，但成本较高且对应力集中敏感，多用于对强度和耐磨性能要求高或有其他特殊要求的轴。轴颈的耐磨性要求高时，常用 20Cr、20CrMnTi 等低碳合金钢并进行渗碳淬火；若对高温力学性能要求高时，常用 40CrNi、38CrMoAl 等中碳合金钢。值得注意的是：合金钢在常温下的弹性模量和碳素钢相近，故当其他条件相同时，用合金钢代替碳素钢并不能提高轴的刚度。由于合金钢对应力集中敏感，在轴结构设计中应尽可能减少应力集中和降低表面粗糙度。

对结构形状复杂的轴，如曲轴、凸轮轴等，还可采用球墨铸铁及高强度铸铁。

轴的毛坯一般用轧制的圆钢或锻钢。锻钢的内部组织较均匀，强度较好，重要的、大尺寸的轴，常采用锻造毛坯。

表 11-1 所示为轴的常用材料及其主要力学性能与应用。

表 11-1　轴的常用材料及其主要力学性能与应用

材料	热处理	毛坯直径 /mm	硬度 (HBS)	抗拉强度 σ_b/MPa	屈服强度 σ_s/MPa	弯曲疲劳极限 σ_{-1}/MPa	应　　用
Q235	—	—	—	400	240	170	不重要或载荷不大的轴

材料	热处理	毛坯直径/mm	硬度（HBS）	抗拉强度 σ_b/MPa	屈服强度 σ_s/MPa	弯曲疲劳极限 σ_{-1}/MPa	应　　用
35	正火	≤100	149～187	520	270	250	一般的曲轴、转轴等
45	正火	≤100	170～217	600	300	275	用于较重要的轴,应用最广泛
	调质	≤200	217～255	650	360	300	
40Cr	调质	25	—	1000	800	500	用于载荷较大且无很大冲击的重要轴
		≤100	241～286	750	550	350	
		>100～300	241～266	700	550	340	
40MnB	调质	25	—	1000	800	485	性能接近 40Cr,用于重要的轴
		≤200	241～286	750	500	335	
35CrMo	调质	≤100	207～269	750	550	390	用于承受重载的轴
20Cr	渗碳淬火回火	15	表面 56～62 HRC	850	550	375	用于要求强度、韧度、耐磨性均较高的轴
		≤60		650	400	280	

11.2　轴的结构设计

轴的结构设计就是确定轴各部分的合理外形和全部结构尺寸。其主要要求包括：①轴应便于加工,轴上零件要易于装拆和调整；②轴和轴上零件要有准确的工作定位；③各零件需实现牢固可靠的相对固定；④能够改善受力状况、降低应力集中并提高疲劳强度。

以下以图 11-6 所示的某减速器轴为例,讨论轴结构设计的主要要求。

11.2.1　制造安装要求

为了便于轴上零件的定位和装拆,常将轴做成阶梯形。在剖分式箱体中,轴的直径应自中间向两端递减,如图 11-6 所示。

轴上零件的装配方案是轴结构设计的基础,不同的装配方案可以得出不同的轴结构形式。图 11-6 中轴的装配方案是：齿轮、套筒、左端滚动轴承、轴承盖和带轮依次从轴的左端装拆,右端滚动轴承和轴承盖从轴右端装拆。

为了便于零件装配,轴端和各轴段的端部都应加工倒角。

在满足使用要求的情况下,为了便于加工,轴的形状和尺寸应尽量简单。

磨削的轴段应有砂轮越程槽（如图 11-6 中的⑥⑦交界处）；车削螺纹轴段应有退刀槽。

同一轴上有多个键槽时,应使各键槽轴线共线。如图 11-6 中轴段①和轴段④上的键槽。

11.2.2　轴上零件的定位和固定

为保证轴上零件的正常工作,安装在轴上的零件,必须有准确的定位和可靠的固定。

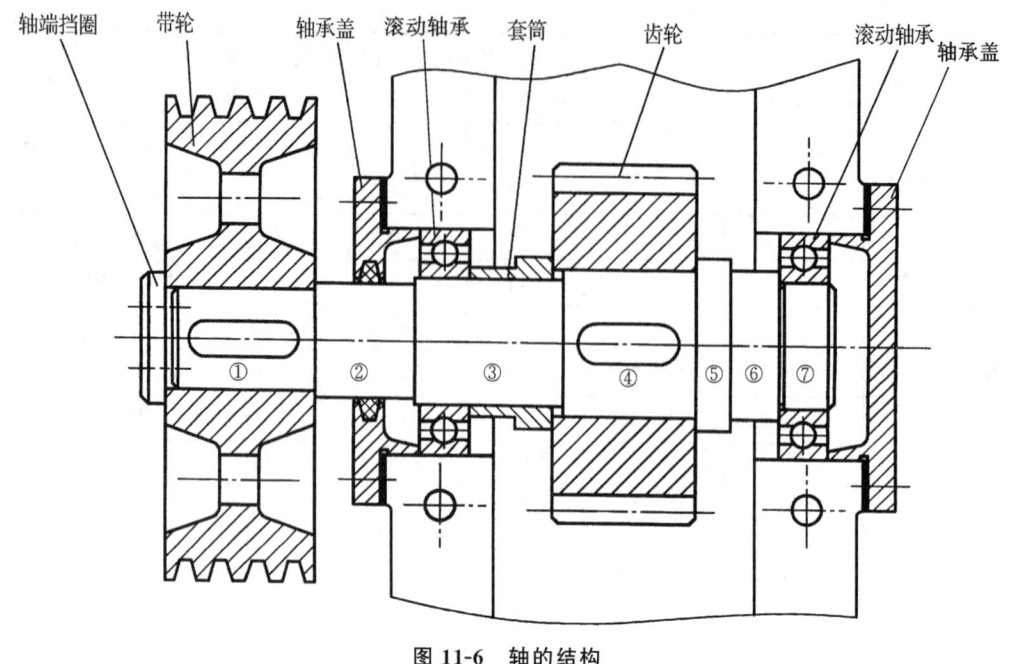

图 11-6   轴的结构

1. 定位

定位是指零件安装时,保证准确到位的措施。如定位轴肩,在图 11-6 中,①②间的轴肩对带轮起轴向定位作用,④⑤间的轴肩对齿轮起轴向定位作用,⑥⑦间的轴肩对右端滚动轴承起轴向定位作用。有些零件依靠套筒定位,如图 11-6 中左端滚动轴承的内圈定位。

2. 固定

固定是指保证零件相对于轴固定不动的措施,分为轴向固定和周向固定。

1)轴向固定

零件在轴上能承受轴向力而不产生轴向位移,需准确、可靠地保证轴向固定。常用的轴向定位和固定方法及特点和应用如表 11-2 所示。

2)周向固定

为传递运动和扭矩,防止轴上零件与轴做相对转动,轴上零件的周向固定必须可靠。常用的周向固定方法有键、花键、销、紧定螺钉或过盈连接等。

表 11-2   常用的轴向定位和固定方法及特点和应用

定位与固定方法	简　　图	特点和应用
轴肩、轴环	(a)轴肩　　　　(b)轴环 $h=(0.07\sim0.1)d$；　$b\geq1.4h$	结构简单、定位可靠,可承受较大的轴向力,应用广泛。 为保证轴上零件紧靠轴肩定位面,轴肩圆角半径 r、轴上零件孔端部倒角 C 或圆角半径 R,轴肩高度 h 应满足 $r<C(R)<h$

续表

定位与固定方法	简　　图	特点和应用
套筒		结构简单,定位可靠,一般用于零件间距较小的场合,不宜用于高速场合
圆螺母	(a)双圆螺母　　　(b)圆螺母与止动垫圈	固定可靠,能受较大的轴向力。常用于轴上两零件间距较大处,也可用于轴端。为了防松,需加止动垫圈或使用双螺母
轴端挡圈		工作可靠,能承受较大的轴向力。适用于固定在轴端的零件。为了防止轴端挡圈转动造成螺钉松脱,可采用止动垫片防松
弹性挡圈		结构简单、紧凑,承载能力较小,不宜用在高速场合。常用于光轴上零件的固定与定位
紧定螺钉		结构简单,受力较小,不宜用在高速场合。常用于光轴上零件的固定与定位

11.2.3　各轴段直径和长度的确定

1. 确定各轴段直径的原则

零件在轴上的装配方案确定后,可根据轴所传递的转矩初步估算出轴的最小直径(见11.3.1节),再按轴上零件的装配、定位和固定等要求逐段确定轴径。需要注意以下几点。

(1) 与零件有配合关系的轴段(如图11-6中轴①段和④段)应尽量采用标准直径。

(2) 与标准件(如滚动轴承、联轴器等)相配合的轴段(如图11-6中③段和⑦段)直径,应采用标准配合尺寸。

(3) 用于定位的轴肩高度 h 按表11-2选取。对没有定位要求的轴肩,为了加工和装配方便,一般可取 $h=1\sim2$ mm。

(4) 滚动轴承定位轴肩的高度必须满足轴承拆卸的要求,参见滚动轴承的安装尺寸。

2. 各轴段长度的确定

(1) 阶梯轴各轴段的长度,应根据轴上各零件的轴向尺寸和有关零件间的相对位置要求确定。

(2) 为了保证轴上零件轴向定位可靠,与齿轮、带轮、联轴器等轴上零件相配合部分的轴段一般应比轮毂宽度小 $2\sim3$ mm。

11.2.4　改善轴的受力状况,减小应力集中

1. 改进轴上零件结构,减轻轴的载荷

图11-7所示为起重机卷筒的两种布置方案,在图11-7(a)所示结构中,大齿轮与卷筒做成一体,转矩经大齿轮直接传给卷筒,故卷筒轴只受弯矩而不传递转矩;在同样的起重量下,图11-7(a)中起重机所需轴的直径较小。而图11-7(b)所示结构中,大齿轮与卷筒分离,转矩通过轴传到卷筒,因而卷筒轴既受弯矩又受扭矩。

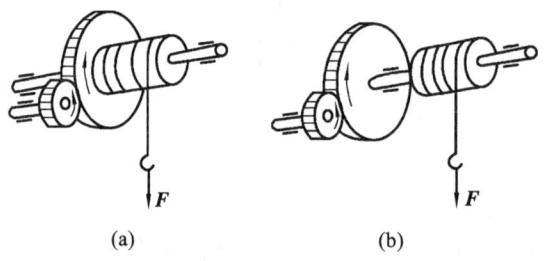

$$(a)\qquad\qquad\qquad(b)$$

图 11-7　起重机卷筒的两种结构方案

2. 合理布置轴上零件,改善轴的受力状况

如图11-8所示,轴上装有三个传动轮,为了减小轴上转矩,应将输入轮布置在两输出轮之间(见图11-8(a)),这时轴的最大转矩为 T_1;若将输入轮布置在轴的一端(见图11-8(b)),轴的最大转矩为 T_1+T_2。

3. 减小应力集中,提高轴的疲劳强度

合金钢对应力集中较为敏感,需要特别注意。零件截面发生突然变化的地方,都会产生应力集中现象。因此对阶梯轴来说,在截面尺寸变化处应采用圆角过渡,圆角半径不宜过小,并尽量避免在轴上(特别是应力大的部位)开横孔、切口或凹槽。在重要的结构中,可采用卸载槽(见图11-9(a))、过渡肩环(见图11-9(b))或凹切圆角(见图11-9(c))增大轴肩圆角半径,以减小局部应力。在轮毂上开卸载槽(见图11-9(d)),也能减少过盈配合处的局部应力。

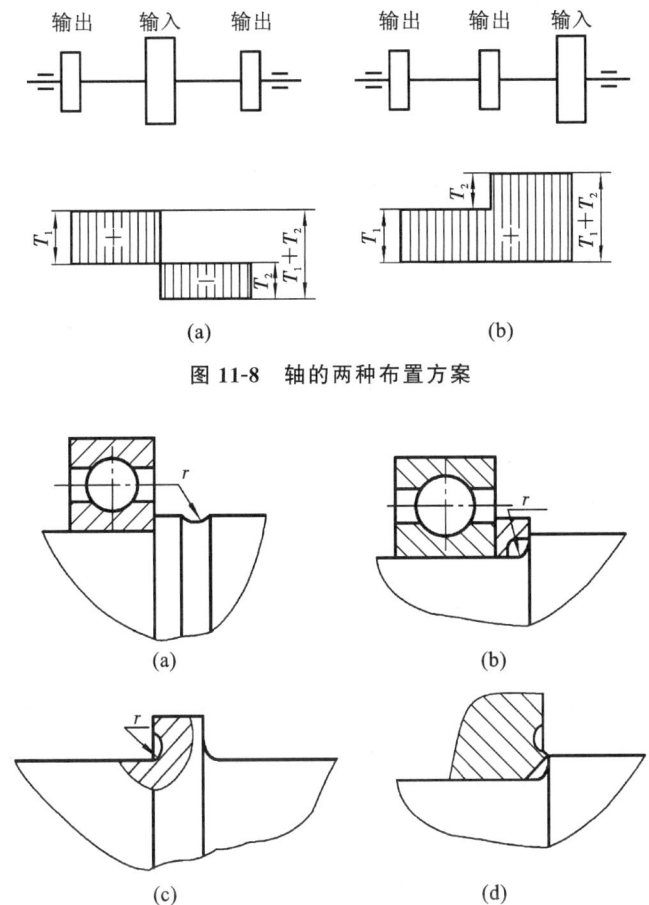

图 11-8 轴的两种布置方案

图 11-9 减小应力集中措施

11.3 轴的强度设计

轴强度计算应根据载荷类型选择对应方法：心轴仅校核弯曲强度；传动轴仅校核扭转强度；转轴在完成初估直径与结构设计后，需进行弯扭合成强度校核。

11.3.1 按扭转强度计算

按扭转强度计算适用范围：①纯扭矩传动轴；②转轴初步设计估算。

对只受转矩的圆截面轴，其扭转强度条件为

$$\tau = \frac{T}{W_T} = \frac{9.55 \times 10^6 P}{0.2 d^3 n} \leqslant [\tau] \tag{11-1}$$

式中：τ——轴的转矩切应力（MPa）；

T——转矩（N·mm）；

W_T——抗扭截面系数（mm³），对圆截面轴 $W_T = \dfrac{\pi d^3}{16} \approx 0.2 d^3$；

P——轴传递的功率（kW）；

n——轴的转速(r/min);

d——轴的直径(mm);

$[\tau]$——许用扭转切应力(MPa)。

式(11-1)改写成设计公式

$$d \geqslant \sqrt[3]{\frac{9.55 \times 10^6}{0.2[\tau]}} \sqrt[3]{\frac{P}{n}} = C\sqrt[3]{\frac{P}{n}} \tag{11-2}$$

式中:C——与轴的材料和承载情况有关的常数(见表 11-3)。

表 11-3　常用材料的[τ]值和 C 值

轴 的 材 料	Q235、20	35	45	40Cr、35SiMn
$[\tau]$/MPa	12～20	20～30	30～40	40～52
C	160～135	135～118	118～107	107～98

式(11-2)也可作为转轴的最小直径估算用,考虑到轴上键槽会削弱轴的强度。因此,如轴的横截面上有一个键槽,轴径应增大 4% 左右,有两个键槽,轴径应增大 7% 左右,然后取标准直径。

11.3.2　按弯扭合成强度计算

对于同时受弯矩和转矩作用的转轴,通常按弯扭合成强度进行校核计算。

对于一般钢制的轴,根据第三强度理论(即最大切应力理论)求出危险截面的当量应力 σ_e,其强度条件为

$$\sigma_e = \sqrt{\sigma_b^2 + 4\tau^2} \leqslant [\sigma_b] \tag{11-3}$$

式中:σ_b——危险截面上弯矩 M 产生的弯曲应力(MPa);

τ——转矩 T 产生的扭转切应力。

对于直径为 d 的实心圆轴,式(11-3)变为

$$\sigma_e = \sqrt{\left(\frac{M}{W}\right)^2 + 4\left(\frac{T}{W_T}\right)^2} = \sqrt{\left(\frac{M}{W}\right)^2 + 4\left(\frac{T}{2W}\right)^2} = \frac{1}{W}\sqrt{M^2 + T^2} \leqslant [\sigma_b] \tag{11-4}$$

式中:W——轴的抗弯截面系数,$W = \dfrac{\pi d^3}{32} \approx 0.1d^3$;

W_T——轴的抗扭截面系数,$W_T \approx 2W$。

对于一般的转轴,即使载荷大小与方向不变,其弯曲应力 σ_b 常为对称循环变应力,而 τ 则常常不一定是对称循环变应力。为了考虑两者循环特性不同的影响,引入折合系数 α,则

$$\sigma_e = \frac{1}{W}\sqrt{M^2 + (\alpha T)^2} = \frac{M_e}{0.1d^3} \leqslant [\sigma_{-1b}] \tag{11-5}$$

式中:M_e——当量弯矩,$M_e = \sqrt{M^2 + (\alpha T)^2}$;

d——轴危险截面的直径(mm);

$[\sigma_{-1b}]$——对称循环状态下的许用弯曲应力(MPa);

α——考虑扭转切应力与弯曲应力的应力性质不同引入的折合系数。扭转切应力为对称循环时,$\alpha = 1$;扭转切应力为脉动循环时,$\alpha = 0.6$;扭转切应力为静应力时,$\alpha = 0.3$;轴频繁地正反转时,其扭转切应力可看作对称循环;若扭转切应力的性质不清楚,一般按照脉动循环处理。

对称循环、脉动循环及静应力状态下的许用弯曲应力$[\sigma_{-1b}]$、$[\sigma_{0b}]$、$[\sigma_{+1b}]$如表 11-4 所示。

表 11-4　轴的许用弯曲应力　　　　　　　　　　　　　　　　单位:MPa

材　　　料	σ_b	$[\sigma_{+1b}]$	$[\sigma_{0b}]$	$[\sigma_{-1b}]$
碳素钢	400	130	70	40
	500	170	75	45
	600	200	95	55
	700	230	110	65
合金钢	800	270	130	75
	900	300	140	80
	1000	330	150	90
铸钢	400	100	50	30
	500	120	70	40

由式(11-5)可得轴所需直径为

$$d \geqslant \sqrt[3]{\frac{M_e}{0.1[\sigma_{-1b}]}} \tag{11-6}$$

综上所述,弯扭合成强度校核计算轴的一般步骤如下:

(1) 对轴进行受力分析,作出其计算简图,将外载荷分解到水平面和垂直面内,计算水平面支反力 F_H 和垂直面支反力 F_V;

(2) 计算水平面弯矩 M_H 和垂直面弯矩 M_V,并分别作出水平面和垂直面弯矩图;

(3) 作出合成弯矩图,$M = \sqrt{M_H^2 + M_V^2}$;

(4) 作出扭矩 T 图;

(5) 弯扭合成,作当量弯矩 M_e 图,$M_e = \sqrt{M^2 + (\alpha T)^2}$;

(6) 找出轴的危险截面,由式(11-5)校核轴危险截面的强度。

对于有键槽的截面,应将计算出的轴径加大 4% 左右。若计算出的轴径大于结构设计初步估算的轴径,则表明结构图中轴的强度不够,必须修改结构设计;若计算出的轴径小于结构设计的估算轴径,且相差不是很大,一般就以结构设计的轴径为准。

对于一般用途的轴,按上述方法设计计算即可。对于重要的轴,尚需作进一步的强度校核,其计算方法可查阅有关参考书。

11.4　轴的刚度计算

轴受弯矩作用时会产生弯曲变形(见图 11-10(a)),受转矩作用时会产生扭转变形(见图 11-10(b))。

如变形过大会影响轴上零件的正常工作:装有齿轮的轴,变形过大会使啮合状态恶化;机床主轴的刚度不够,将影响加工精度。为了使轴不致因刚度不足而失效,设计时必须根据轴的工作条件限制其变形量,即

$$\begin{cases} 挠度\ y \leqslant [y] \\ 转角\ \theta \leqslant [\theta] \\ 扭角\ \varphi \leqslant [\varphi] \end{cases} \tag{11-7}$$

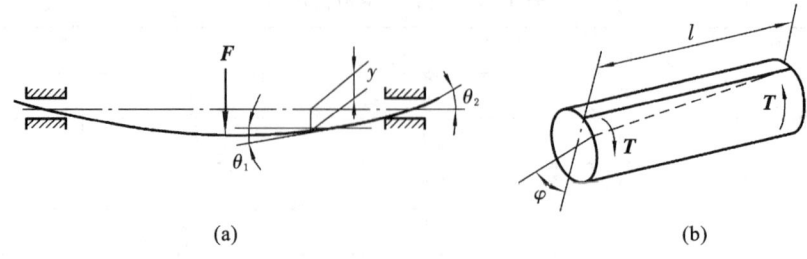

图 11-10　轴的弯曲和扭转变形

式中：$[y]$——许用应力(mm)；

　　　$[\theta]$——许用转角(rad)；

　　　$[\varphi]$——许用扭角(°/m)。

　　y、θ、φ 按材料力学中的公式计算，其许用值根据各类机器的要求，查相关设计手册确定。

11.5　轴的振动及临界转速的概念

　　轴系因材料各向异性、制造公差累积或轴系对中不良，旋转时产生离心力引发周期性受迫振动。

　　当轴所受的外力频率与轴的自振频率重合时，便会发生显著的振动，这种现象称为轴的共振。产生共振时轴的转速称为临界转速，记为 n_c。

　　如果轴的转速停滞在临界转速附近，轴的变形将迅速增大，以至达到使轴及整个机器破坏的程度。因此对重要的，尤其是高速的轴必须计算其临界转速，使轴的工作转速 n 避开临界转速 n_c，满足该条件轴就具有了振动稳定性。

　　轴的临界转速可以有多个，最低的一个称为一阶临界转速，其余为二阶临界转速、三阶临界转速，等等。

　　工作转速低于一阶临界转速的轴称为刚性轴；超过一阶临界转速的轴称为挠性轴；对于刚性轴，应使 $n<(0.75\sim0.8)n_{c1}$；对于挠性轴，应使 $1.4n_{c1}\leqslant n\leqslant0.7n_{c2}$（式中，$n_{c1}$、$n_{c2}$ 分别为一阶临界转速、二阶临界转速）。

11.6　轴的设计计算与实例分析

　　轴的设计主要包括：选择轴的材料、轴的结构设计和轴的承载能力计算，轴的承载能力计算指的是轴的强度、刚度和振动稳定性等方面的验算。机器中的一般工作轴应满足强度和结构的要求；对刚度要求高的轴(如机床主轴等)应满足刚度的要求；对一些高速机械的轴(如高速磨床主轴、汽轮机主轴等)，要进行振动稳定性方面的验算。

　　在转轴设计中，其特点是先按扭转强度或经验公式估算轴径，然后进行轴的结构设计，最后进行轴的强度计算。

　　设计轴的一般步骤：

　　(1) 选材；

　　(2) 按扭转强度估算轴的最小直径；

　　(3) 进行轴的结构设计，绘制轴的结构草图；

（4）按弯扭合成强度进行校核：一般选 1～3 个危险截面进行校核，若危险截面处的强度不够，则必须重新修改轴的结构。

例 11-1 图 11-11 所示为某传动装置示意图，已知减速器输出轴上的功率 $P=11$ kW，转速 $n=210$ r/min，单向旋转。大齿轮受力：圆周力 $F_t=2619$ N，径向力 $F_r=982$ N，轴向力 $F_a=653$ N，大齿轮分度圆直径 $d_2=382$ mm，轮毂宽度 $B=80$ mm，试设计该输出轴。

解 以输出轴为研究对象，该轴既承受弯矩又传递转矩，属转轴，按常规转轴设计流程进行设计：

（1）选择轴的材料，确定许用应力。

该轴无特殊要求，选用 45 钢，调质处理，由表 11-1 查得 $\sigma_b=650$ MPa，查表 11-4，由插值法得 $[\sigma_{-1b}]=60$ MPa。

（2）轴的结构设计。

根据轴上零件的安装、定位以及轴的制造工艺等方面的要求，合理地确定轴的结构形式和尺寸。

①初估最小直径。按扭转强度估算输出轴最小直径。查表 11-3，取 $C=110$，由式（11-2）可得

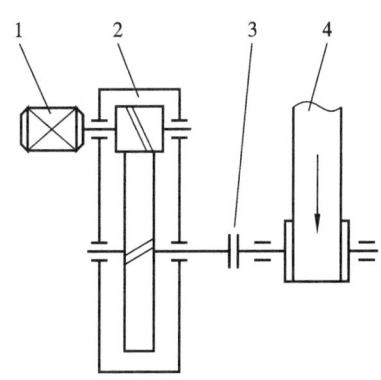

图 11-11 例 11-1 中的传动装置
1—电动机；2—减速器；3—联轴器；4—输送机

$$d \geqslant C\sqrt[3]{\frac{P}{n}}=110\times\sqrt[3]{\frac{11}{210}}\ \text{mm}=41.2\ \text{mm}$$

考虑轴上开有键槽，故将轴的直径增大 4%，则

$$d=41.2\times(1+4\%)\ \text{mm}=42.8\ \text{mm}$$

此段轴的直径和长度应与联轴器相符，选用 LT7 型弹性套柱销联轴器，其轴孔直径为 45 mm，与轴配合部分长度为 84 mm，故得轴输出端直径 $d_①=45$ mm。

②确定轴上零件安装方式。单级减速器，齿轮布置在箱体的中央，两轴承对称布置，轴的外伸端安装联轴器。轴做成阶梯状，齿轮、套筒、右端轴承及轴承盖和联轴器均从轴右端装入，而左端轴承和轴承盖从左端装入。

③确定轴各段直径。如图 11-12 所示，外伸端直径 $d_①=45$ mm；考虑右端联轴器的定位需要，轴段②直径 $d_②=d_①+(5\sim10)$ mm，取 $d_②=52$ mm；轴段③、⑦均与轴承配合，此两处轴承选用 6311 型，则 $d_③=d_⑦=55$ mm；考虑齿轮的装拆，$d_④=d_③+(1\sim3)$ mm，取 $d_④=58$

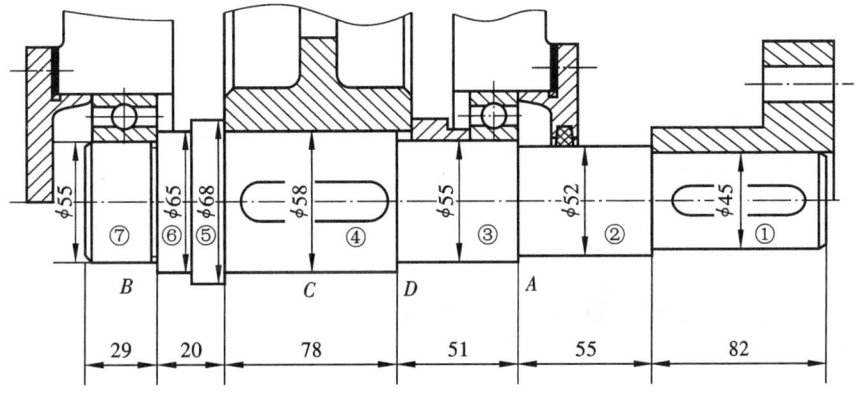

图 11-12 输出轴的结构

mm;由齿轮的定位要求,$d_⑤=d_④+(5\sim10)$ mm,取 $d_⑤=68$ mm;轴段⑥、⑦间的轴肩做左滚动轴承的定位之用,由滚动轴承 6311 查得 $d_⑥=65$ mm。

④确定轴各段长度。齿轮轮毂宽度 $B=80$ mm,为保证齿轮轴向固定可靠,则取轴段④的长度 $L_④=(80-2)$ mm$=78$ mm;查得轴承 6311 的宽度为 29 mm,故 $L_⑦=29$ mm;考虑齿轮两端面、轴承端面应与箱体内壁保持一定距离,故取 $L_⑤=10$ mm、$L_⑥=10$ mm,套筒长度为 20 mm,则 $L_③=(2+20+29)$ mm$=51$ mm。根据箱体结构要求和联轴器距箱体外壁要有一定距离的要求,取 $L_②=55$ mm;与联轴器配合的轴段长 $L_①=(84-2)$ mm$=82$ mm。

依据以上的结构设计,得出轴的结构设计草图如图 11-12 所示;并得出轴的两支点跨度 $L=149$ mm,右支点到联轴器之距离 $K=111$ mm(见图 11-13)。

(3) 按弯扭合成强度校核轴。

①绘出轴的受力简图(见图 11-13(a))。

②作垂直面上轴的受力简图,求支反力,作垂直面弯矩图(见图 11-13(b))。

$$F_{BV}=\frac{F_r\times\dfrac{L}{2}-F_a\times\dfrac{d_2}{2}}{L}=\frac{982\times\dfrac{149}{2}-653\times\dfrac{382}{2}}{149}\ \text{N}=-346\ \text{N}$$

(与假设方向相反)

$$F_{AV}=F_r-F_{BV}=(982+346)\ \text{N}=1328\ \text{N}$$

$$M_{C'V}\times\frac{L}{2}=\left(346\times\frac{149}{2}\right)\ \text{N·mm}=25777\ \text{N·mm}$$

$$M_{CV}=F_{AV}\times\frac{L}{2}=1328\times\frac{149}{2}\ \text{N·mm}=98936\ \text{N·mm}$$

③作水平面上轴的受力简图,求支反力,作水平面弯矩图(见图 11-13(c))。

$$F_{BH}=F_{AH}=\frac{F_t}{2}=\frac{2619}{2}\ \text{N}=1309\ \text{N}$$

$$M_{CH}=F_{BH}\times\frac{L}{2}=\left(1309\times\frac{149}{2}\right)\ \text{N·mm}=97520\ \text{N·mm}$$

④求合成弯矩图(见图 11-13(d)),由 $M=\sqrt{M_H^2+M_V^2}$ 得

$$M_{C'}=\sqrt{M_{CH}^2+M_{C'V}^2}=\sqrt{97520^2+25777^2}\ \text{N·mm}=100869\ \text{N·mm}$$

$$M_C=\sqrt{M_{CH}^2+M_{CV}^2}=\sqrt{97520^2+98936^2}\ \text{N·mm}=138919\ \text{N·mm}$$

⑤求轴的扭矩图(见图 11-13(e))。

$$T=F_t\times\frac{d_2}{2}=\left(2619\times\frac{382}{2}\right)\ \text{N·mm}=500229\ \text{N·mm}$$

⑥画当量弯矩图(见图 11-13(f)),确定危险截面。由当量弯矩图和轴的结构图可知,C 截面和 D 截面(③④轴段阶梯处)都有可能是危险截面,其当量弯矩为

$$M_e=\sqrt{M^2+(\alpha T)^2}$$

取轴的扭转切应力为脉动循环,取 $\alpha=0.6$,代入上式得

C 截面:

$$M_{Ce}=\sqrt{M_C^2+(\alpha T)^2}=\sqrt{138919^2+(0.6\times500229)^2}\ \text{N·mm}=330728\ \text{N·mm}$$

D 截面:

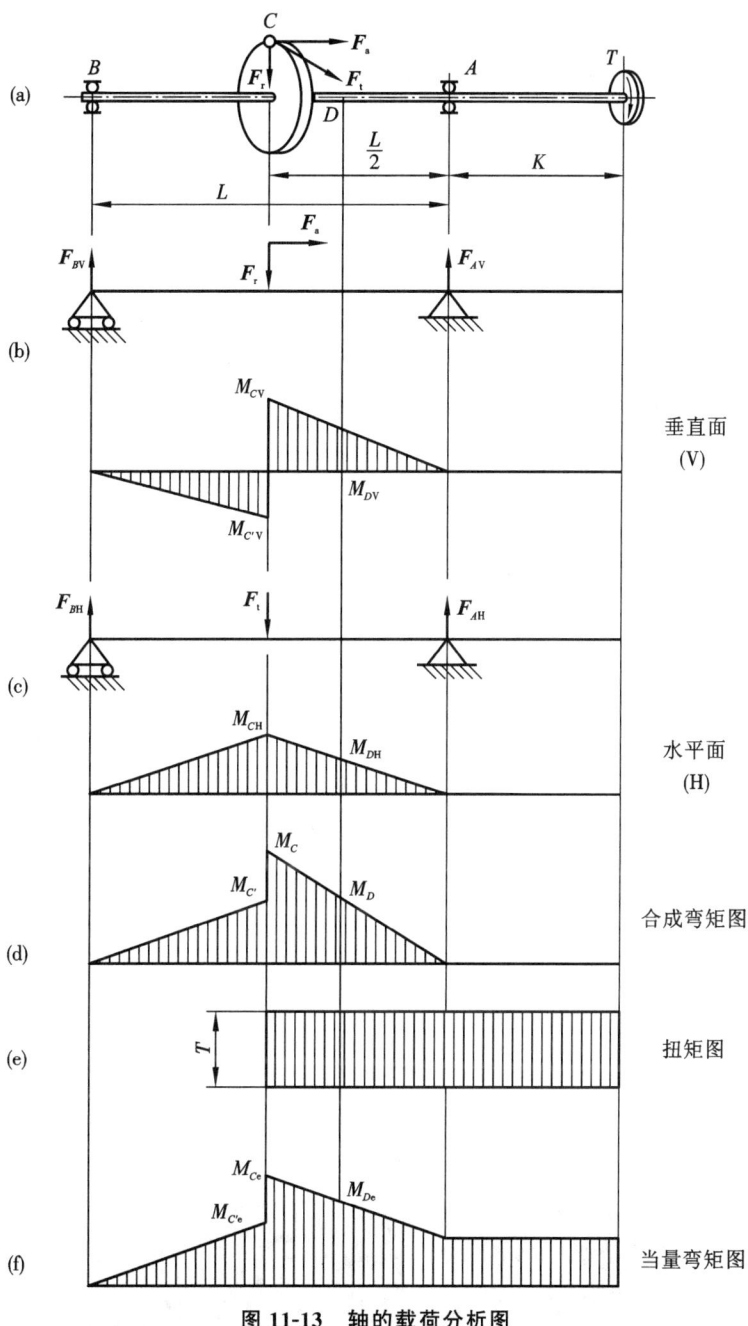

图 11-13 轴的载荷分析图

$$M_{DV} = F_{AV} \times \left(51 - \frac{29}{2}\right) \text{ mm} = (1328 \times 36.5) \text{ N} \cdot \text{mm} = 48472 \text{ N} \cdot \text{mm}$$

$$M_{DH} = F_{AH} \times \left(51 - \frac{29}{2}\right) \text{ mm} = (1309 \times 36.5) \text{ N} \cdot \text{mm} = 47779 \text{ N} \cdot \text{mm}$$

$$M_D = \sqrt{M_{DV}^2 + M_{DH}^2} = \sqrt{48472^2 + 47779^2} \text{ N} \cdot \text{mm} = 68061 \text{ N} \cdot \text{mm}$$

$$M_{De} = \sqrt{M_D^2 + (\alpha T)^2} = \sqrt{68061^2 + (0.6 \times 500229)^2} \text{ N} \cdot \text{mm} = 307758 \text{ N} \cdot \text{mm}$$

⑦校核危险截面的强度。

C 截面：

$$\sigma_{Ce} = \frac{M_{Ce}}{0.1d_C^3} = \frac{330728}{0.1 \times 58^3} \text{ MPa} = 16.95 \text{ MPa} < [\sigma_{-1b}]$$

D 截面：

$$\sigma_{De} = \frac{M_{De}}{0.1d_D^3} = \frac{307758}{0.1 \times 55^3} \text{ MPa} = 18.5 \text{ MPa} < [\sigma_{-1b}]$$

故轴设计合格,满足强度要求。

课程思政拓展阅读材料

材料一　飞机发动机中的轴设计与空中引擎奇迹

在航空发动机的复杂系统中,轴作为动力传递的核心构件,承担着将高温、高压燃气能量转化为机械能的关键任务。其设计需兼顾轻量化、高强度、耐高温、抗变形等多重挑战。例如,三轴式发动机通过高压、中压、低压轴的独立协同工作,实现了压气机与涡轮的高效匹配,减少转子与机匣间的变形摩擦,显著提升性能稳定性。然而,高速旋转(如涡轴发动机转速可达数万转/分钟)带来的振动、热应力以及密封难题,始终是轴设计的"技术天花板"。

针对燃油转化率问题,当前,三轴发动机采用单元体化结构,允许单独更换高压、中压或低压系统模块。例如,英国罗尔斯-罗伊斯公司通过升级 RB211-524 发动机的单元体,将燃油效率提升 9%。这种设计不仅延长了寿命,还降低了维护成本,成为轴系统灵活性的典范。

针对滑油泄漏与异物侵入问题,双层蒙皮机匣和唇形密封圈的创新应用成为关键。如某新型轴端密封结构通过静密封件与动密封跑道的配合,形成两级密封腔,结合氟橡胶材料与螺旋形辅助密封面,显著提升封严性能。此外,空心轴设计中增设的挡油齿和防尘圈,可进一步优化抗污染能力。

针对轻量化要求和振动问题,对置轴设计将燃气发生器与动力涡轮轴分置两端,简化机械结构并降低振动风险,同时适应涡桨与涡轴的多场景需求;同心轴设计以更紧凑的布局满足直升机对轻量化的严苛要求。

作为完全自主知识产权的 1000 kW 级涡轴发动机,我国自主设计研发的 AES100 发动机采用先进健康管理系统,在高温、高载荷环境下仍能保持低油耗与长寿命。其轴系统通过优化材料与冷却技术,实现了高功率与可靠性的双重飞跃,成为国产航空动力的里程碑。

AES 100 发动机

参考资料：https://www.docin.com/p-1029180040.html。

思考1：精密机械设计在航空领域对提升飞机性能和降低燃油消耗具有重要作用。请分析轴设计在航空工程中的贡献，并探讨工程设计如何直接影响飞机的安全性与效能。

思考2：在强度设计中，轴必须在高速飞行中既承受巨载又实现轻量化。探讨如何通过轴强度设计在这两方面取得平衡，以及这种平衡对飞机性能的具体影响。

材料二　医疗影像设备中的高精度轴的奇迹

在医学影像领域，高精度轴的设计应用使得医疗设备如CT扫描机、核磁共振等取得了重大进展。轴的类型和应用直接决定了医疗设备的成像精度和速度。

高精度轴通过限位组件和滑动连接设计，有效防止目标物体在成像过程中偏移，减少影像失真和模糊风险。例如，在CT、MRI等设备中，传动轴的微小误差可能导致影像伪影，而高精度轴可将径向圆跳动控制在 $0.001\sim0.005$ mm 范围内，显著提升检查精度。

通过优化材料和热处理工艺，高精度轴具备更高的耐磨性和抗疲劳强度，能够适应医学设备长时间、高载荷运转的需求。此外，其精确的几何精度降低了机械故障风险。

在动态成像或术中导航场景中，高精度轴通过独特的限位机制（如转动连接的竖板和限位板），确保设备在振动或温度变化下仍能稳定工作，从而提高早期疾病筛查效率和手术导航准确性。

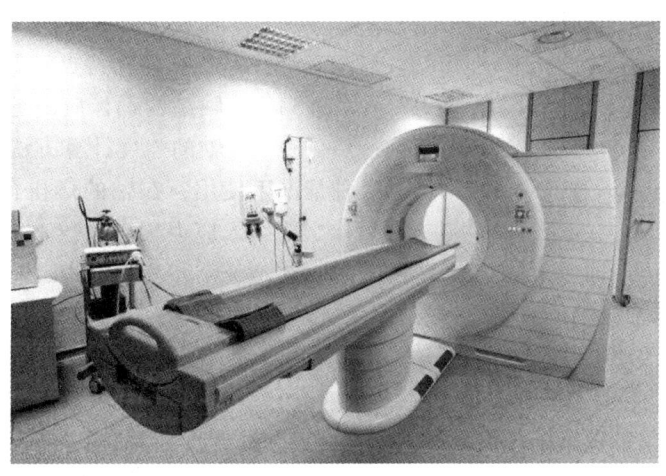

影像科医疗设备

参考资料：https://www.sohu.com/a/678489938_617205。

思考1：在医疗影像设备中，高精度轴的设计对成像精度和速度有着直接的影响。请分析不同类型的轴在医疗设备中的应用及其对成像质量的贡献，同时探讨如何通过优化设计确保医疗操作过程中的稳定性与高精度。

思考2：强度设计与刚度计算在医疗影像设备中至关重要。请探讨在高精度轴设计中，如何平衡这两者的要求，以确保设备在各种操作条件下均能稳定运行并提供高质量医学影像。

讨　论

11-1　人们在使用各种旋转机械装置时，能否观察到与轴振动及临界转速相关的现象？这些现象对设备的寿命和性能有何影响？在选购和使用这些设备时，应考虑哪些因素？

11-2　除精密机械领域外,我们在日常生活中也常见到轴设计的应用。例如,汽车发动机中的曲轴、家用电器中的转动轴等,这些应用中的轴设计有哪些共性? 针对特定应用场景,需采用哪些设计策略?

11-3　在精密机械系统中,轴的刚度直接影响性能和稳定性。现代计算方法和仿真技术如何应用于轴刚度的计算? 在实际工程中,如何解决轴刚度计算中的复杂几何形状及多种载荷条件等问题?

11-4　以飞机发动机为例,详细阐述其复杂轴系在确保发动机高效运行中的关键作用,包括结构设计、强度、刚度以及振动控制。

习　　题

11-1　按承受载荷的性质不同,轴可以分为哪几种?

11-2　轴的常用材料有哪些? 如果采用优质碳素钢制成的轴的刚度不足,是否可以采用合金钢来替代?

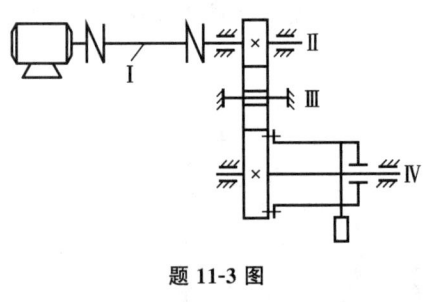

题 11-3 图

11-3　分析题 11-3 图中轴Ⅰ、Ⅱ、Ⅲ、Ⅳ分别是心轴、转轴,还是传动轴?

11-4　轴上零件的周向及轴向固定的常用方法有哪些? 各有什么特点?

11-5　轴结构设计应满足哪些基本要求?

11-6　轴的强度计算方法有哪几种? 各在何种情况下使用? 在轴的弯扭合成强度计算中,为什么要引入应力校正系数 α,其大小如何确定?

11-7　已知一传动轴传递的功率 $P=37$ kW,转速 $n=960$ r/min,如果轴的许用扭转切应力 $[\tau]=40$ MPa,试求该轴的直径。

11-8　已知一传动轴直径 $d=32$ mm,转速 $n=1725$ r/min,如果轴上的扭切应力不允许超过 50 MPa,问此轴能传递多大功率?

11-9　已知一单级直齿圆柱齿轮减速器,用电动机直接拖动,电动机功率 $P=22$ kW,转速 $n_1=1470$ r/min,齿轮的模数 $m=4$ mm,齿数 $z_1=18,z_2=82$,若支承间跨距 $l=180$ mm(齿轮位于跨距中央),轴的材料用 45 钢调质,试计算输出轴危险截面处的直径 d。

11-10　题 11-10 图所示为两级斜齿圆柱齿轮减速器。已知中间轴Ⅱ传递的功率 $P=40$ kW,$n_2=200$ r/min,齿轮 2 的分度圆直径 $d_2=688$ mm,螺旋角 $\beta_2=12°50'$,齿轮 3 的分度圆直径 $d_3=170$ mm,螺旋角 $\beta_3=10°29'$,轴的材料用 45 钢调质,试按弯扭合成强度计算方法求轴Ⅱ的直径。

11-11　指出题 11-11 图中轴的结构设计错误(不考虑轴承的润滑及轴的圆角过渡等问题),加以改正并绘制出正确的结构草图。

11-12　指出题 11-12 图所示轴系结构上的主要错误并予以改正(齿轮用油润滑、轴承用脂润滑)。

11-13　一钢制等直径直轴,只传递转矩,许用切应力 $[\tau]=50$ MPa,长度为 1800 mm,要求轴每米长的扭角 φ 不超过 0.5°,试求该轴的直径。

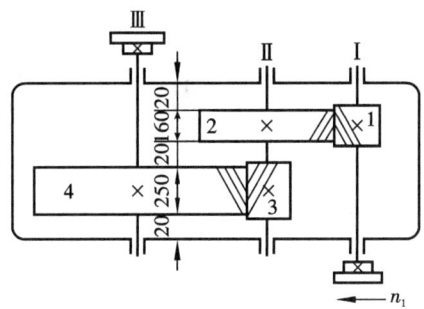

题 11-10 图

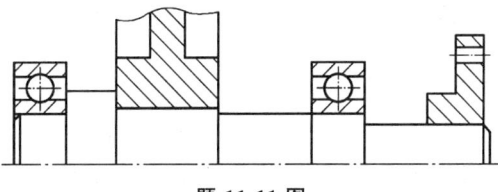

题 11-11 图

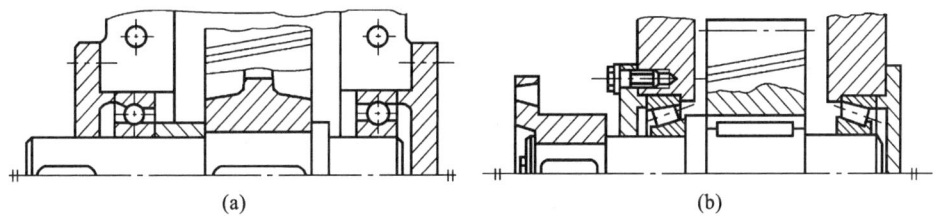

(a)　　　　　　　　　　　　　　　　(b)

题 11-12 图

第 12 章 轴 承

轴承是支承轴的部件,它的功能包括:支承轴及轴上零件,并保持轴的旋转精度;减少转轴与支承之间的摩擦和磨损。

轴承按其工作时的摩擦性质可分为滚动轴承和滑动轴承。

12.1 滚动轴承的结构、类型及代号

滚动轴承是机器上一种重要的通用部件。它依靠主要元件间的滚动接触来支承转动零件,具有摩擦阻力小、启动容易、效率高等优点,因而在各种机械中得到了广泛的应用。它的缺点是抗冲击能力较差,高速时易出现噪声,工作寿命也不及液体摩擦的滑动轴承。

滚动轴承是由轴承厂依据国家标准批量生产的标准件。设计人员的任务主要是熟悉标准,正确选用。

12.1.1 滚动轴承的结构

滚动轴承的结构由内圈 1、外圈 2、滚动体 3 和保持架 4 组成,如图 12-1 所示。

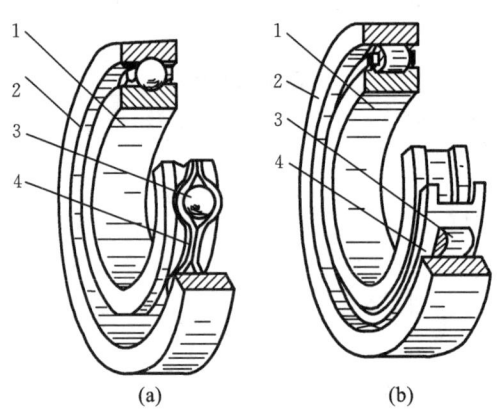

图 12-1 滚动轴承的基本结构
1—内圈;2—外圈;3—滚动体;4—保持架

一般内圈装在轴颈上,与轴一起回转,外圈装在机座或零件的轴承座孔内,当内圈相对外圈转动时,滚动体在内、外圈滚道间滚动并传递载荷。保持架的作用是将滚动体均匀地隔开。

滚动体与内、外圈的材料应具有较高的硬度和接触疲劳强度、良好的耐磨性和冲击韧度,一般用含铬合金钢制造,经热处理后硬度可达 61～65 HRC,工作表面须经磨削和抛光。保持架一般用低碳钢板冲压制成,高速轴承的保持架多采用有色金属或塑料制成。

12.1.2 滚动轴承的主要类型

滚动轴承通常按其承受载荷的方向和滚动体的形状分类。

　　滚动体与外圈接触处的法线与垂直于轴承轴心线的平面之间的夹角称为公称接触角,简称接触角。接触角越大,轴承承受轴向载荷的能力也越大。接触角是滚动轴承的一个主要参数,滚动轴承的分类及受力分析都与接触角有关。

　　按照承受载荷的方向或接触角的不同,滚动轴承可分为:①向心轴承,主要用于承受径向载荷,其接触角 α 为 $0°\sim45°$;②推力轴承,主要用于承受轴向载荷,其接触角 α 为 $45°\sim90°$(见表 12-1)。

表 12-1　各类轴承的公称接触角

轴 承 种 类	向 心 轴 承		推 力 轴 承	
	径向接触	角接触	角接触	轴向接触
公称接触角 α	$\alpha=0°$	$0°<\alpha\leqslant45°$	$45°<\alpha<90°$	$\alpha=90°$
图例 (以球轴承为例)				

　　按照滚动体形状,可分为球(见图 12-2(a))轴承和滚子轴承。滚子轴承又分为圆柱滚子(见图 12-2(b))、圆锥滚子(见图 12-2(c))、球面滚子(见图 12-2(d))和滚针(见图 12-2(e))等类型的轴承。

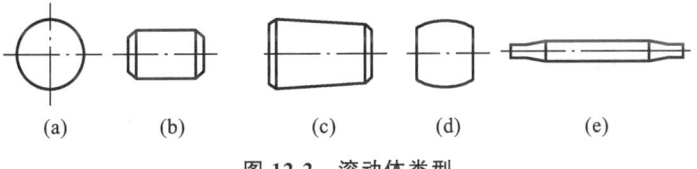

(a)　　　　(b)　　　　(c)　　　　(d)　　　　(e)

图 12-2　滚动体类型

　　我国常用滚动轴承的类型和性能特点如表 12-2 所示。

表 12-2　常用滚动轴承的类型和性能特点

名称	类型代号	结构简图及承载方向	极限转速	允许角位移	性能特点与应用场合
调心球轴承	1		中	$2°\sim3°$	其结构特点为双列球,外圈滚道是以轴承中心为中心的球面。能自动调心,适用于多支点和弯曲刚度不足的轴
调心滚子轴承	2		中	$1.5°\sim2.5°$	其结构特点是滚动体为双列鼓形滚子,外圈滚道是以轴承中心为中心的球面。能自动调心,能承受很大的径向载荷和少量的轴向载荷,抗振动、冲击

续表

名称	类型代号	结构简图及承载方向	极限转速	允许角位移	性能特点与应用场合
圆锥滚子轴承	3	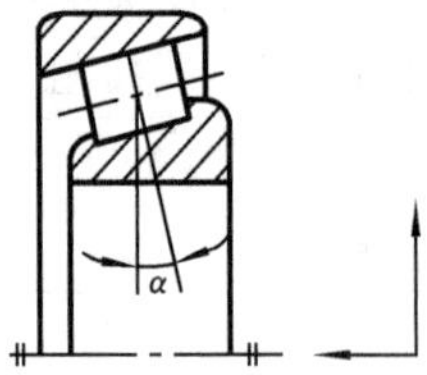	中	2°	能同时承受较大的径向载荷和轴向载荷。公称接触角有 $\alpha=10°\sim18°$ 和 $\alpha=27°\sim30°$ 两种，外圈可分离，游隙可调，装拆方便，适用于刚性较大的轴，一般成对使用，对称安装
推力球轴承	5	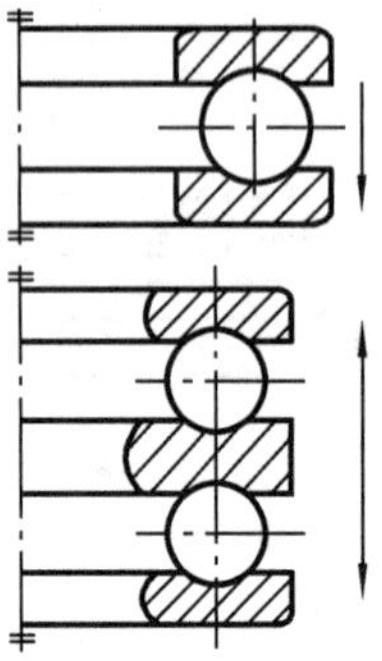	低	不允许	只能承受轴向载荷，且载荷作用线必须与轴线重合。 推力轴承的套圈包括轴圈与座圈。轴圈与轴过盈配合并一起旋转，座圈的内径与轴保持一定间隙，置于机座中。 因滚动体离心力大，滚动体与保持架摩擦发热严重，故用于轴向载荷大但转速不高的场合。 单列球轴承仅承受单向轴向载荷；双列球轴承可承受双向轴向载荷
深沟球轴承	6	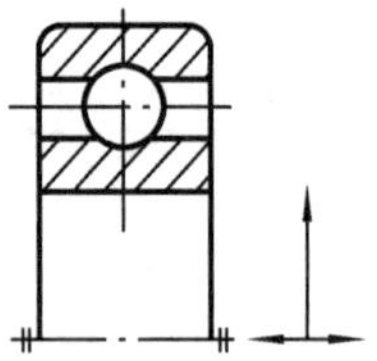	高	8°~16°	主要承受径向载荷，同时也可承受一定量的轴向载荷。当转速很高而轴向载荷不太大时，可代替推力球轴承承受纯轴向载荷。当承受纯径向载荷时，$\alpha=0°$
角接触球轴承	7	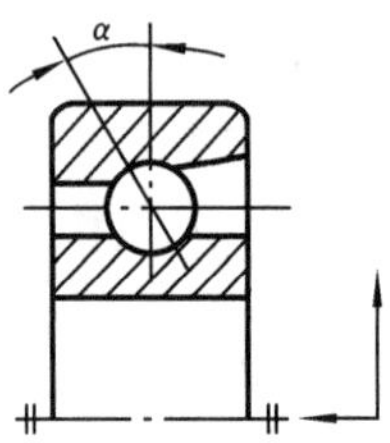	高	2°~10°	能同时承受径向、轴向联合载荷，公称接触角越大，轴向载荷能力也越大。公称接触角 α 有 15°、25°、40°三种。通常成对使用，对称安装
圆柱滚子轴承	N	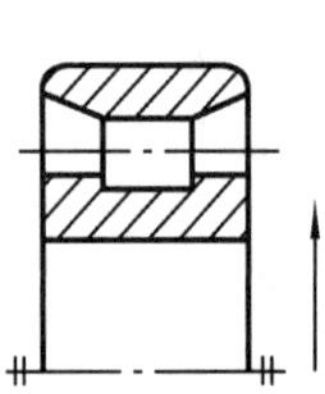	高	2°~4°	能承受较大的径向载荷，不能承受轴向载荷。因滚动体与内外圈为线接触，内外圈只允许有极小的相对偏转。 除图示外圈无挡边(N)结构外，还有内圈无挡边(NU)、外圈单挡边(NF)等结构类型

名称	类型代号	结构简图及承载方向	极限转速	允许角位移	性能特点与应用场合
滚针轴承	NA		低	不允许	只能承受径向载荷,承载能力大,径向尺寸特小,带内圈或不带内圈。一般无保持架,因而滚针间有摩擦,轴承极限转速低。这类轴承不允许有角偏差

12.1.3 滚动轴承的代号

滚动轴承类型很多,而各类轴承又有不同的结构、尺寸、公差等级和技术要求,为了便于组织生产和选用,国家标准(GB/T 272—2017)规定了滚动轴承的代号。滚动轴承的代号由前置代号、基本代号、后置代号构成,其排列顺序如表 12-3 所示。

表 12-3 常用滚动轴承的类型和性能特点

前置代号(□)	基本代号				后置代号(□或加×)								
轴承分部件代号	(□)×	×	×	× ×	内部结构代号	密封与防尘和外部形状代号	保持架及其材料代号	轴承零件材料代号	公差等级代号	游隙代号	配置代号	振动及噪声代号	其他代号
	类型代号	尺寸系列代号		内径代号									
		宽(高)度系列代号	直径系列代号										

注:□—字母;×—数字。

(1)前置代号 用字母表示成套轴承的分部件。前置代号及其含义可参阅机械设计手册。

(2)基本代号 表示轴承的基本类型、结构和尺寸,是轴承代号的基础。它由轴承类型代号、尺寸系列代号、内径代号构成。

基本代号左起第一位为类型代号,用数字或字母表示,见表 12-2 第二列。

基本代号左起第二、三位为尺寸系列代号,它由轴承的宽(高)度系列代号和直径系列代号组合而成。宽(高)度系列代号表示结构、内径和直径系列都相同的轴承,在宽(高)度方面的变化系列;直径系列代号表示结构相同、内径相同的轴承在外径和宽度方面的变化系列。向心轴承、推力轴承的常用尺寸系列代号如表 12-4 所示。

表 12-4 尺寸系列代号

代号	7	8	9	0	1	2	3	4	5	6
宽度系列	—	特窄	—	窄	正常	宽	特宽			
直径系列	超特轻	超轻		特轻		轻	中	重	—	

注:①宽度系列代号为零时可略去(但 2、3 类轴承除外),有时宽度代号为 1、2 也被省略;
②特轻、轻、中、重以及窄、正常、宽等称呼为旧标准中的相应称呼。

基本代号左起第四、五位为内径代号,表示轴承的公称内径尺寸,如表 12-5 所示。

表 12-5　轴承的内径尺寸系列代号

内径尺寸系列代号	00	01	02	03	04～99
轴承的内径尺寸/mm	10	12	15	17	数字×5

注:内径小于 10 和大于 495 的轴承的内径尺寸系列代号另有规定。

(3) 后置代号　用字母(或加数字)表示,置于基本代号右边,并与基本代号空半个汉字距离或用符号"-""/"分隔。后置代号排列顺序如表 12-3 所示。

内部结构代号用字母表示。如 C、AC 和 B 分别代表接触角 $\alpha = 15°、25°、40°$;E 代表增大承载能力进行了结构改进的加强型等。

公差等级代号,有/PN、/P6、/P6X、/P5、/P4、/P2、/SP 和/UP 等 8 个代号,分别表示标准规定的普通、6、6X、5、4、2 等级的公差等级,以及尺寸精度 5 级与旋转精度 4 级、尺寸精度 4 级与旋转精度 4 级。

游隙代号,有 C2、/CN、/C3、/C4、/C5、/CA、/CM、/CN、/C9 等 9 个代号。

例 12-1　试说明轴承代号 62203、7312AC/P6 的含义。

解　(1) 6—深沟球轴承(见表 12-2),22—轻宽系列(见表 12-4),03—内径 $d = 17$ mm(见表 12-5)。

(2) 7—角接触球轴承(见表 12-2),(0)3—中窄系列(见表 12-4),12—内径 $d = 60$ mm(见表 12-5),AC—接触角 $\alpha = 25°$,/P6—6 级公差。

12.2　滚动轴承类型的选择

选择滚动轴承的类型时,应根据轴承所受工作载荷的大小、方向和性质,转速高低,空间位置,调心性能以及其他要求,选定合适的轴承类型。具体选择时可参考如下原则。

(1) 球轴承承载能力较低,抗冲击能力较差,但旋转精度较好、极限转速较大,适用于轻载、高速和要求精确旋转的场合。

(2) 滚子轴承承载能力和抗冲击能力较强,但旋转精度较差、极限转速较小,多用于重载或有冲击载荷的场合。

(3) 同时承受径向及轴向载荷的轴承,应区别不同情况选取轴承类型。以径向载荷为主的可选深沟球轴承;轴向载荷和径向载荷都较大的可选用角接触球轴承或圆锥滚子轴承;轴向载荷比径向载荷大很多或要求变形较小的可选圆柱滚子轴承(或深沟球轴承)和推力轴承联合使用。

(4) 如一根轴的两个轴承孔的同心度难以保证,或轴受载后发生较大的挠曲变形,应选用调心球轴承或调心滚子轴承。

(5) 选择轴承类型时要考虑经济性。一般说来,球轴承比滚子轴承价格便宜,深沟球轴承最便宜。精度越高的轴承价格越高,根据需要选用。

12.3 滚动轴承的失效形式和承载能力计算

12.3.1 失效形式和设计准则

滚动轴承承受纯轴向载荷时,各滚动体载荷近似均布;承受纯径向载荷 F_r 时(见图 12-3),假设内、外圈刚性不变形,内圈沿 F_r 方向位移 δ,上半圈滚动体不承载,下半圈滚动体承载,且 F_r 作用线处的滚动体载荷最大,向两侧递减。

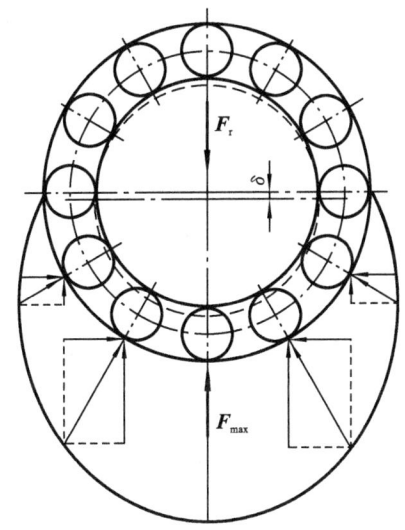

图 12-3 径向载荷的分布

1. 滚动轴承的主要失效形式

滚动轴承工作时内、外圈间有相对运动,滚动体既有自转又围绕轴承中心公转,滚动体和内、外圈分别受到周期性变化的接触应力。

1)疲劳点蚀

滚动轴承受载后,各滚动体的载荷分布不均,对于回转的轴承,滚动体与内外圈间产生变化的接触应力,工作若干时间后,各元件接触表面上都可能发生接触疲劳磨损,出现点蚀现象。有时由于安装不当,轴承局部受载荷较大,更促使点蚀提早发生。

2)塑性变形

在一定的静载荷或冲击载荷作用下,轴承滚道和滚动体接触处的局部应力超过材料的屈服强度,以致轴承出现表面塑性变形而不能正常工作。

此外,由于使用维护保养不当或密封润滑不良等因素,也能引起轴承早期磨损、胶合、内外圈和保持架破损等不正常失效现象发生。

2. 设计准则

针对轴承可能产生的失效,设计时采用的措施为:对于一般转速的轴承,为防止疲劳点蚀发生,主要进行寿命计算;对于不转动、摆动或转速低的轴承,要求控制塑性变形,应作静强度计算;对于以磨损、胶合为主要失效的轴承,由于影响因素复杂,目前还没有相应的计算方法,只能采取适当的预防措施。

12.3.2 滚动轴承的寿命计算

1. 基本概念

(1)轴承寿命指轴承中的任一元件(如滚动体,内、外圈等)首次出现疲劳剥落前的总转数(以 10^6 r 为单位)或等效工作时长。

(2)滚动轴承的可靠度 R 指一组在相同条件下运转,近于相同的滚动轴承期望达到或超过规定寿命的百分率。单个滚动轴承的可靠度为该轴承达到或超过规定寿命的概率。

(3)基本额定寿命 $L_{10}(L_h)$ 指一批相同轴承在相同条件下运转,其中 90% 的轴承不发生疲劳点蚀破坏时的总转数或工作时长。

相同类型和同一公称尺寸的一批轴承,在相同的工作条件下,由于材料、热处理、加工、装配等不可能完全一样,故其中各轴承的寿命并不相同,有时相差很多。所以实际选择轴承时,常以基本额定寿命作为计算标准。

(4) 基本额定动载荷 C 指一批滚动轴承理论上所能承受的载荷,在该载荷作用下,轴承的基本额定寿命为一百万转($L=10^6$ r)。

2. 滚动轴承寿命计算的基本公式

图 12-4 是在大量试验基础上得出轴承的载荷-寿命曲线(P-L 曲线),它和一般疲劳强度的 σ-N 曲线相似,也可称为轴承的疲劳曲线。P-L 曲线的计算式为

$$P^{\varepsilon}L = 常数 \tag{12-1}$$

式中:P——当量动载荷(N);

L——基本额定寿命(10^6 r);

ε——寿命指数,球轴承 $\varepsilon=3$,滚子轴承 $\varepsilon=10/3$。

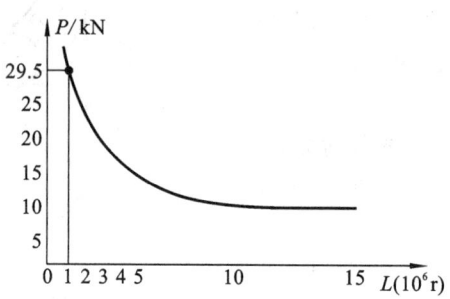

图 12-4　轴承的载荷-寿命曲线

根据标准,公式(12-1)可写成 $P^{\varepsilon}L = C^{\varepsilon} \times 10^6$,故得

$$L = \left(\frac{C}{P}\right)^{\varepsilon} 10^6 \ (\text{r}) \tag{12-2}$$

此式即滚动轴承寿命计算的基本公式。

实际计算时,用给定转速下工作的小时数表示轴承的基本额定寿命较方便,则式(12-2)可写成

$$L_{\text{h}} = \frac{10^6}{60n}\left(\frac{C}{P}\right)^{\varepsilon} \ (\text{h}) \tag{12-3}$$

式中:n——轴承的工作转速(r/min);

L_{h}——按小时计算的轴承基本额定寿命(h);

C——基本额定动载荷(N)。

基本额定动载荷是衡量轴承承载能力的主要指标。其值越大,轴承抗点蚀破坏的能力越强。基本额定动载荷分为两类:对主要承受径向载荷的向心轴承(如深沟球轴承、角接触球轴承、圆锥滚子轴承等)为径向额定动载荷,以 C_{r} 表示;对主要承受轴向载荷的推力轴承,为轴向额定动载荷,以 C_{a} 表示。各种轴承在正常工作温度(≤120 ℃)时的额定动载荷 C 值可查阅相关手册。

当轴承工作温度大于 120 ℃时,由于轴承元件材料组织的变化及硬度的降低,因此需引入温度系数 f_{t} 来修正 C 值,f_{t} 可查表 12-6。考虑到工作中的冲击和振动会使轴承寿命降低,又引进载荷系数 f_{p},f_{p} 可查表 12-7。

表 12-6 温度系数 f_t

轴承工作温度/℃	100	125	150	200	250	300
f_t	1	0.95	0.90	0.80	0.70	0.60

表 12-7 载荷系数 f_p

载荷性质	无冲击或轻微冲击	中 等 冲 击	强 烈 冲 击
f_p	1.0～1.2	1.2～1.8	1.8～3.0

做了上述修正后寿命公式可写为

$$L_h = \frac{10^6}{60n}\left(\frac{f_t C}{f_p P}\right)^\varepsilon \tag{12-4a}$$

或

$$C = \frac{f_p P}{f_t}\left(\frac{60n}{10^6}L_h\right)^{1/\varepsilon} \tag{12-4b}$$

以上两式是设计计算时常用的轴承寿命计算式,由此可确定轴承的寿命或型号。

3. 滚动轴承的当量动载荷

滚动轴承可能同时承受径向和轴向复合载荷,为了计算轴承寿命时与基本额定动载荷在相同条件下比较,需要将实际工作载荷转化为等效的径向当量动载荷,简称当量动载荷,用符号 P 表示。在当量动载荷作用下,轴承寿命应与实际复合载荷下的寿命相同。

对于向心轴承和角接触轴承,在恒定的径向和轴向载荷作用下,其径向当量动载荷为

$$P = XF_r + YF_a \tag{12-5}$$

式中:F_r、F_a——轴承的径向载荷和轴向载荷(N);

X、Y——径向动载荷系数和轴向动载荷系数。

当 $F_a/F_r > e$ 时,可由表 12-8 查出 X 和 Y 的数值;当 $F_a/F_r \le e$ 时,轴向力的影响可以忽略不计(这时表中 $Y=0$,$X=1$)。e 为轴向载荷影响系数,其值与轴承类型和 F_a/C_{0r} 值有关(C_{0r} 是轴承的径向额定静载荷,它体现了轴承静强度的大小)。

表 12-8 向心轴承当量动载荷的 X、Y 值

轴承类型	F_a/C_{0r}	e	$F_a/F_r > e$		$F_a/F_r \le e$	
			X	Y	X	Y
深沟球轴承	0.014	0.19		2.30		
	0.028	0.22		1.99		
	0.056	0.26		1.71		
	0.084	0.28		1.55		
	0.11	0.30	0.56	1.45	1	0
	0.17	0.34		1.31		
	0.28	0.38		1.15		
	0.42	0.42		1.04		
	0.56	0.44		1.00		

轴承类型		F_a/C_{0r}	e	$F_a/F_r > e$		$F_a/F_r \leqslant e$	
				X	Y	X	Y
角接触球轴承 (单列)	$\alpha = 15°$	0.015	0.38	0.44	1.47	1	0
		0.029	0.40		1.40		
		0.056	0.43		1.30		
		0.087	0.46		1.23		
		0.12	0.47		1.19		
		0.17	0.50		1.12		
		0.29	0.55		1.02		
		0.44	0.56		1.00		
		0.58	0.56		1.00		
	$\alpha = 25°$	—	0.68	0.41	0.87	1	0
	$\alpha = 40°$	—	1.14	0.35	0.57	1	0
圆锥滚子轴承 (单列)		—	$1.5\tan\alpha$	0.4	$0.4\cos\alpha$	1	0
调心球轴承 (双列)		—	$1.5\tan\alpha$	0.65	$0.65\cos\alpha$	1	$0.42\tan\alpha$

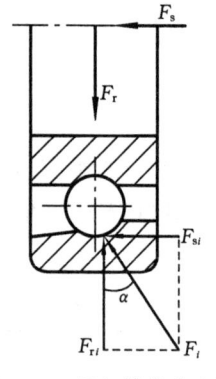

图 12-5 径向载荷产生的轴向分量

向心轴承只承受径向载荷时

$$P = F_r \tag{12-6}$$

推力轴承($\alpha = 90°$)只能承受轴向载荷

$$P = F_a \tag{12-7}$$

4. 角接触球轴承及圆锥滚子轴承轴向载荷 F_a 的计算

这两类轴承的结构特点是在滚动体和滚道接触处存在接触角 α。当承受径向载荷 F_r 时,作用在承载区内第 i 个滚动体上的法向力 F_i 可分解为径向分力 F_{ri} 和轴向分力 F_{ai}(见图 12-5)。各滚动体上所受轴向分力的和即为轴承的内部轴向力 F_s。

F_s 的近似值可按照表 12-9 中的公式计算求得。F_s 的方向与轴承的安装方式有关,但总是与滚动体相对外圈分离的方向一致。

表 12-9 角接触向心轴承内部轴向力 F_s

轴承类型	角接触向心球轴承			圆锥滚子轴承
	$\alpha = 15°$	$\alpha = 25°$	$\alpha = 40°$	$F_r/(2Y)$ (Y 是 $F_a/F_r > e$ 时的轴向系数)
F_s	eF_r	$0.68F_r$	$1.14F_r$	

通常这种轴承都要成对使用,对称安装。安装方式有两种:正装,图 12-6 所示为两外圈窄边相对(DF);反装,图 12-7 所示为两外圈宽边相对(DB)。

图 12-6 和图 12-7 中 F_A 为轴向外载荷,计算轴承的轴向载荷 F_a 时还应考虑由径向载荷

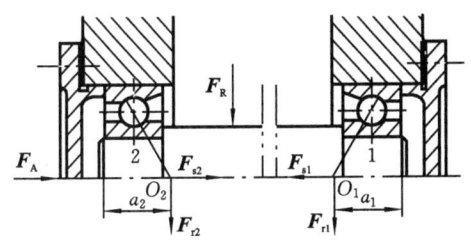

图 12-6 外圈窄边相对安装（正装）

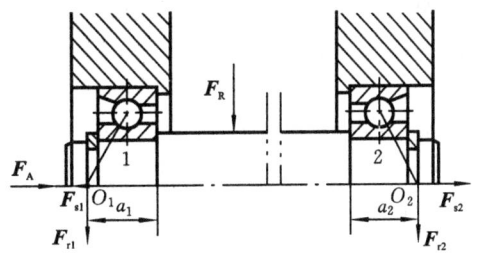

图 12-7 外圈宽边相对安装（反装）

F_r 产生的内部轴向力 F_s，为了简化计算，通常可认为支反力作用在轴承宽度的中点。

在图 12-6 中，有两种受力情况：

（1）若 $F_A + F_{s2} > F_{s1}$，由于轴承 1 的右端已固定，轴不能向右移动，即轴承 1 被压紧，轴承 2 放松，由力平衡条件得：

轴承 1（压紧端）承受的轴向载荷

$$F_{a1} = F_A + F_{s2}$$

轴承 2（放松端）承受的轴向载荷

$$F_{a2} = F_{s2} \tag{12-8}$$

（2）若 $F_A + F_{s2} < F_{s1}$，即 $F_{s1} - F_A > F_{s2}$，则轴承 2 被压紧，轴承 1 放松，由力平衡条件得：

轴承 1（放松端）承受的轴向载荷

$$F_{a1} = F_{s1} \tag{12-9a}$$

轴承 2（压紧端）承受的轴向载荷

$$F_{a2} = F_{s1} - F_A \tag{12-9b}$$

显然，放松端轴承的轴向载荷等于它本身的内部轴向力，压紧端轴承的轴向载荷等于除本身内部轴向力外其余轴向力的代数和。当轴向外载荷 F_A 与图 12-6 所示方向相反时，F_A 应取负值。

为了对图 12-7 所示反装结构能同样使用式（12-8）和式（12-9）来计算轴承的轴向载荷，只需将图中左边轴承（即轴向外载荷 F_A 与内部轴向力 F_s 的方向相反的轴承）定为轴承 1，右边轴承定为轴承 2。

例 12-2 试求 NF207 圆柱滚子轴承允许的最大径向载荷。已知工作转速 $n = 200$ r/min，工作温度 $t < 100$ ℃，寿命 $L_h = 10000$ h，载荷平稳。

解 对向心轴承，由式（12-4b）知径向基本额定动载荷

$$C = \frac{f_p P}{f_t} \left(\frac{60n}{10^6} L_h \right)^{1/\varepsilon}$$

查机械设计手册得，NF207 圆柱滚子轴承的径向基本额定动载荷 $C_r = 28500$ N，由表 12-7 查得 $f_p = 1$，由表 12-6 查得 $f_t = 1$，对滚子轴承取 $\varepsilon = 10/3$。将以上有关数据代入上式，得

$$28500 = \frac{1 \times P}{1} \left(\frac{60 \times 200}{10^6} \times 10^4 \right)^{3/10}$$

$$P = \frac{28500}{120^{3/10}} \text{ N} = 6778 \text{ N}$$

$$P = F_r = 6778 \text{ N}$$

故在本题规定的条件下，NF207 轴承可承受的最大径向载荷为 6778 N。

例 12-3　一水泵轴选用深沟球轴承支承。已知轴颈 $d=35$ mm,转速 $n=2900$ r/min,轴承所受径向载荷 $F_r=2300$ N,轴向载荷 $F_a=540$ N,要求使用寿命 $L_h=5000$ h,试选择轴承型号。

解　(1)先求出当量动载荷 P。

因该向心轴承受 F_r 和 F_a 的作用,必须求出当量动载荷 P。计算时用到的径向系数 X、轴向系数 Y 要根据 F_a/C_{0r} 值查取,而 C_{0r} 是轴承的径向额定静载荷,在轴承型号未选出前暂不知道,故用试算法。据表 12-8,暂取 $F_a/C_{0r}=0.028$,则 $e=0.22$。

因 $\dfrac{F_a}{F_r}=\dfrac{540}{2300}=0.235>e$,由表 12-8 查得 $X=0.56,Y=1.99$。

由式(12-5)得:

$$P=XF_r+YF_a=(0.56\times2300+1.99\times540)\ \text{N}=2362\ \text{N}$$

即轴承在 $F_r=2300$ N 和 $F_a=540$ N 作用下的使用寿命,相当于在纯径向载荷为 2360 N 作用下的使用寿命。

(2)计算所需的径向基本额定动载荷值。

根据式(12-4b),查表 12-7 取 $f_p=1.1$,查表 12-6 得 $f_t=1$(工作温度不高)。所以

$$C=\frac{1.1\times2362}{1}\times\left(\frac{60\times2900}{10^6}\times5000\right)^{\frac{1}{3}}\ \text{N}=24802\ \text{N}$$

(3)选择轴承型号。

查手册,选 6207 轴承,其 $C=25500$ N,$C_{0r}=15200$ N,故 6207 轴承的 $F_a/C_{0r}=540/15200=0.0355$,与原估计值接近,轴承 6207 适用。

例 12-4　某工程机械传动装置采用一对角接触球轴承支承(见图 12-8),并选定轴承型号为 7208AC。已知轴承载荷 $F_{r1}=1000$ N,$F_{r2}=2060$ N,$F_A=880$ N,转速 $n=5000$ r/min,运转中受中等冲击,预期寿命 $L_h=2000$ h,试问所选轴承型号是否适用。(注:AC 表示 $\alpha=25°$)

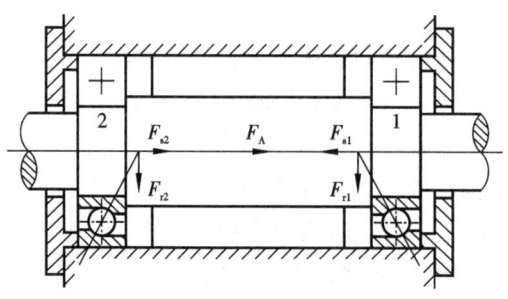

图 12-8　例 12-4 的轴承装置

解　(1)先计算轴承 1、2 的轴向力 F_{a1}、F_{a2},由表 12-9 得轴承的内部轴向力为

$$F_{s1}=0.68F_{r1}=0.68\times1000\ \text{N}=680\ \text{N}(\text{方向见图 12-8})$$

$$F_{s2}=0.68F_{r2}=0.68\times2060\ \text{N}=1400.8\ \text{N}(\text{方向见图 12-8})$$

因　　　　　　　　$F_{s2}+F_A=(1400.8+880)\ \text{N}=2280\ \text{N}>F_{s1}$

所以轴承 1 为压紧端,且　　　$F_{a1}=F_{s2}+F_A=2280$ N

而轴承 2 为放松端,且　　　　$F_{a2}=F_{s2}=1400$ N

(2)计算轴承 1、2 的当量动载荷。

由表 12-8 查得 $e=0.68$,而

$$\frac{F_{a1}}{F_{r1}} = \frac{2280}{1000} = 2.28 > 0.68$$

$$\frac{F_{a2}}{F_{r2}} = \frac{1400.8}{2060} = 0.68 = e$$

查表 12-8 可得 $X_1 = 0.41, Y_1 = 0.87, X_2 = 1, Y_2 = 0$，故当量动载荷为

$$P_1 = X_1 F_{r1} + Y_1 F_{a1} = (0.41 \times 1000 + 0.87 \times 2280)\ \text{N} = 2394\ \text{N}$$

$$P_2 = X_2 F_{r2} + Y_2 F_{a2} = (1 \times 2060 + 0 \times 1400.8)\ \text{N} = 2060\ \text{N}$$

（3）计算所需的径向基本额定动载荷 C_r。

因轴的结构要求两端选择同样尺寸的轴承，由于 $P_1 > P_2$，故应以轴承 1 的径向当量动载荷 P_1 为计算依据。因受中等冲击载荷，查表 12-7 得 $f_p = 1.5$；工作温度正常，查表 12-6 得 $f_t = 1$，故

$$C_{r1} = \frac{f_p P_1}{f_t}\left(\frac{60n}{10^6}L_h\right)^{\frac{1}{3}} = \frac{1.5 \times 2394}{1} \times \left(\frac{60 \times 5000}{10^6} \times 2000\right)^{\frac{1}{3}}\ \text{N} = 30220\ \text{N}$$

（4）由手册查得轴承的径向基本额定动载荷 $C_r = 35200\ \text{N}$。因为 $C_{r1} < C_r$，故所选 7208AC 轴承适用。

12.4　滚动轴承的组合设计

为保证轴承在机器中正常工作，除合理选择轴承类型、尺寸外，还应正确进行轴承的组合设计，处理好轴承与其周围零件之间的关系。也就是要解决轴承的轴向位置固定、轴承与其他零件的配合、间隙调整、装拆和润滑密封等一系列问题。

12.4.1　滚动轴承的轴向固定

机器中轴的位置是靠轴承来定位的，当轴工作时，既要防止轴向窜动，又要保证滚动体不至于因轴受热膨胀而卡住。轴承的轴向固定形式有两种。

1. 两端固定

如图 12-9(a)所示，使轴的两个支点中每一个支点都能限制轴的单向移动，两个支点合起来就可限制轴的双向移动，这种固定方式称为两端固定，它适用于工作温度变化不大的短轴。考虑到轴因受热而伸长，在轴承端盖与外圈端面之间应留出热补偿间隙 c，$c = 0.2 \sim 0.3$ mm（见图 12-9(b)）。

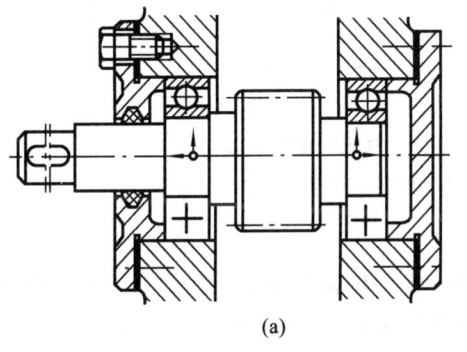
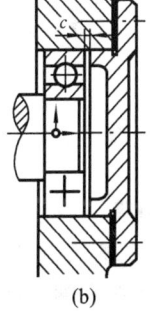

(a)　　　　　　　　　　　　　　　(b)

图 12-9　两端固定支承

2. 一端固定、一端游动

这种固定方式是在两个支点中使一个支点双向固定以承受轴向力,另一个支点则可做轴向游动(见图 12-10)。可做轴向游动的支点称为游动支点,显然它不能承受轴向载荷。

选用深沟球轴承作为游动支点时,应在轴承外圈与端盖间留适当间隙(见图 12-10(a));选用圆柱滚子轴承时,则轴承外圈应作双向固定(如图 12-10(b)所示),以免内、外圈同时移动,造成过大错位。这种固定方式适用于温度变化较大的长轴。

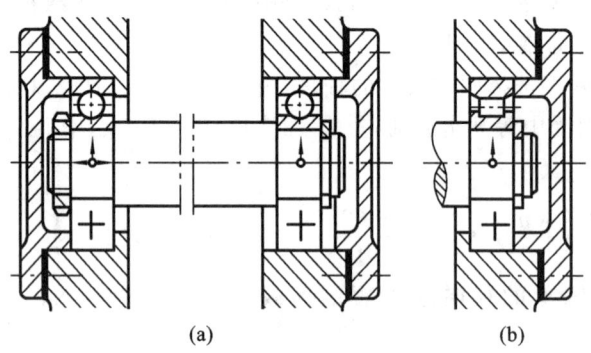

(a)   (b)

图 12-10　一端固定、一端游动支承

12.4.2　滚动轴承装置的调整

1. 轴承间隙的调整

轴承在装配时,一般要留有适当间隙,以利于轴承的正常运转,常用的调整方法有两种。

(1)加调整垫片　通过增减轴承盖与机座间垫片厚度进行调整(见图 12-11(a))。

(2)加调节螺钉　利用螺钉 2 通过轴承外圈压盖 1 移动外圈位置进行调整(见图 12-11(b)),调整之后,用螺母 3 锁紧防松。

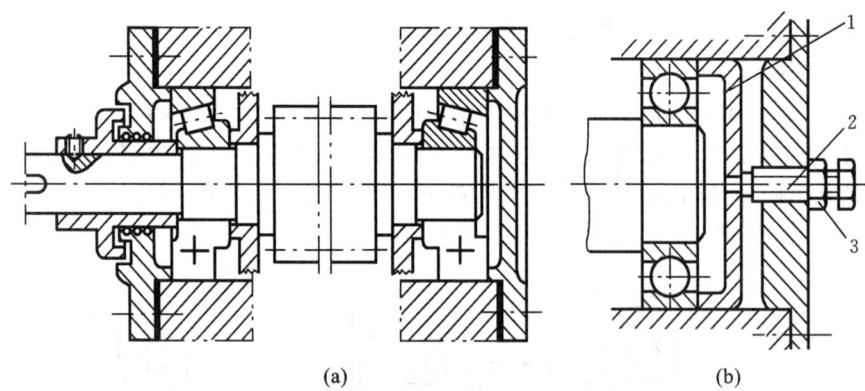

(a)   (b)

图 12-11　轴承间隙的调整

1—轴承外圈压盖;2—螺钉;3—螺母

2. 轴承的预紧

对可调游隙式轴承,在安装时施加一定的轴向压紧力(预紧力),使其内、外圈产生相对位移而消除游隙,并在套圈和滚动体接触处产生弹性预变形,从而提高轴的旋转精度和刚度,这种方法称为轴承的预紧。预紧力可以利用金属垫片(见图 12-12(a))或磨窄套圈(见图 12-12(b))等方法获得。

3. 轴承组合位置的调整

调整轴承组合位置的目的,是使轴上的零件(如齿轮、带轮等)具有准确的工作位置。例如:锥齿轮传动,要求两个节锥顶点相重合,方能保证正确啮合;蜗杆传动,则要求蜗轮中间平面通过蜗杆的轴线等。如图 12-13 所示为锥齿轮轴承组合位置的调整,套杯与机座间的垫片 1 用来调整锥齿轮轴的轴向位置,而垫片 2 则用来调整轴承游隙。

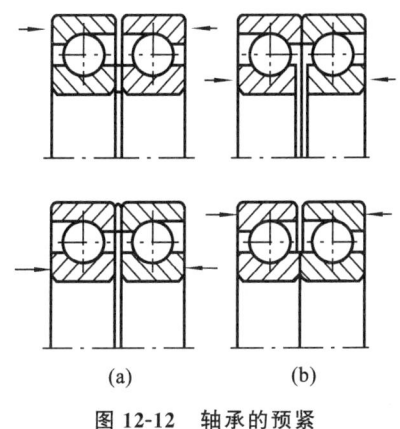

图 12-12 轴承的预紧

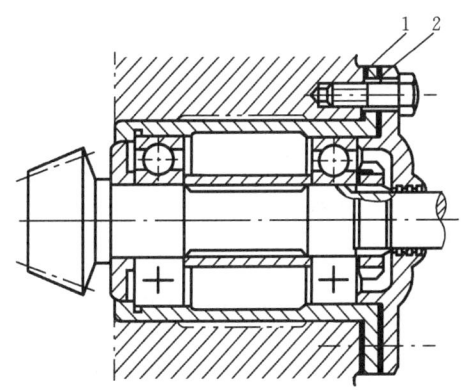

图 12-13 轴承组合位置的调整

1,2—垫片

12.4.3 滚动轴承的配合及装拆

1. 滚动轴承的配合

由于滚动轴承是标准件,为了便于互换及适应大量生产,轴承内圈孔与轴的配合采用基孔制,轴承外圈与轴承座孔的配合则采用基轴制。

选择配合时,应考虑载荷的方向、大小、性质,以及轴承类型、转速和使用条件等因素。当外载荷方向不变时,转动套圈(通常为内圈)应比固定套圈的配合紧一些。一般情况下,内圈随轴一起转动,外圈固定,故内圈与轴常用过盈的过渡配合,如轴的公差采用 K6、M6;外圈与座孔常用较松的过渡配合,如座孔的公差采用 H7、J7 或 JS7。当轴承为游动支承时,外圈与座孔应采用间隙配合,如座孔公差采用 G7。

2. 滚动轴承的装拆

设计轴承组合时,应考虑有利于轴承装拆,以便在装拆过程中不致损坏轴承和其他零件。

如图 12-14 所示,若轴肩高度大于轴承内圈外径,就难以放置拆卸工具的钩头。

对外圈拆卸的要求也是如此,应留出拆卸高度 h_0(见图 12-15(a)、(b))或在壳体上做出能放置拆卸螺钉的螺孔(见图 12-15(c))。

12.4.4 滚动轴承的润滑和密封

润滑和密封对提高滚动轴承的使用寿命具有重要意义。润滑的主要目的是减小摩擦与减轻磨损。滚动接触部位形成油膜后,可吸收振动、降低工作温度和噪声。密封的目的是防止灰尘、水分等进入轴承,并避免润滑剂的泄漏。

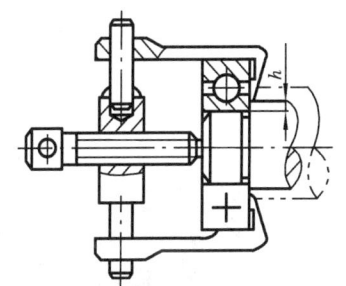

图 12-14 用钩爪器拆卸轴承

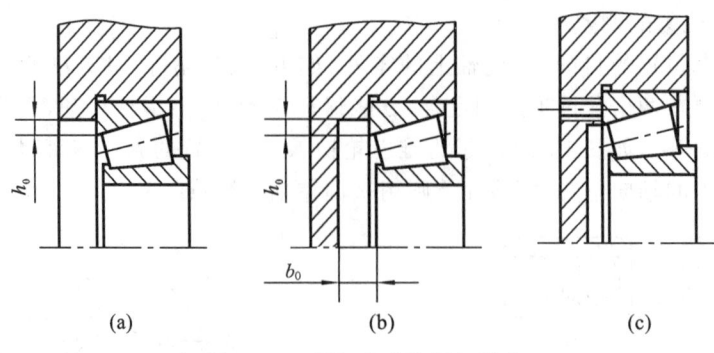

图 12-15　拆卸高度和拆卸螺孔

1. 滚动轴承的润滑

滚动轴承的润滑剂可以是润滑脂、润滑油或固体润滑剂。一般情况下,滚动轴承采用润滑脂润滑,但在轴承附近已经具有润滑油源(如变速箱内本来就有润滑齿轮的油)时,也可采用润滑油润滑。具体选择可按速度因数 dn 值来定。d 代表轴承内径(mm),n 代表轴承套圈的转速(r/min),dn 值间接地反映了轴颈的圆周速度。当 $dn<(1.5\sim2)\times10^5$ mm·r/min 时,一般滚动轴承可采用润滑脂润滑,超过这一范围宜采用润滑油润滑。

脂润滑因润滑脂不易流失,故便于密封和维护,且一次充填后可长时间运转。油润滑的优点是摩擦阻力小,并能散热,主要用于高速或工作温度较高的轴承。

采用润滑油润滑时,油量不宜过多。如果采用浸油润滑,则油面高度应不超过最低滚动体的中心,以免产生过大的搅油损耗和热量。高速轴承通常采用喷油或喷雾方法润滑。

2. 滚动轴承的密封

滚动轴承密封方法的选择与润滑类型、工作环境、温度、密封表面的圆周速度等因素有关。密封方法可分两大类:接触式密封和非接触式密封。其密封形式、使用场合和说明可参阅表 12-10。

表 12-10　常用的滚动轴承密封形式

密封方式	图　例	使用场合	说　明
接触式密封	毛毡圈密封	脂润滑。要求环境清洁,轴颈圆周速度 $v<4$ m/s,工作温度不超过 90 ℃	矩形断面的毛毡圈 1 被安装在梯形槽内,它对轴产生一定的压力而起到密封作用
	(a)　　(b) 密封圈密封	脂或油润滑。轴颈圆周速度 $v<7$ m/s,工作温度范围 $-40\sim100$ ℃	密封圈用皮革、塑料或耐油橡胶制成,有的具有金属骨架,有的没有骨架,密封圈是标准件。图(a)中的唇式密封圈朝里,目的是防止漏油;图(b)中的唇式密封圈朝外,主要目的是防止灰尘、杂质进入

密封方式	图 例	使用场合	说 明
非接触式密封	 间隙密封	脂润滑。干燥清洁环境	靠轴与盖间的细小环形间隙密封,间隙尺寸越小、长度越长,密封效果越好,间隙 δ =0.1~0.3 mm
	 (a) (b) 迷宫式密封	脂润滑或油润滑。工作温度不高于密封用脂的滴点。这种密封效果可靠	将旋转件与静止件之间的间隙做成"迷宫"(曲路)形式,并在间隙中填充润滑油或润滑脂以加强密封效果。分径向、轴向两种:图(a)所示为径向曲路,径向间隙 δ =0.1~0.2 mm;图(b)所示为轴向曲路,因考虑到轴受热后会伸长,间隙应取大些,δ =1.5~2 mm
组合密封	 毛毡加迷宫密封	适用于脂润滑或油润滑	这是组合密封的一种形式,毛毡加"迷宫",可充分发挥各自优点,提高密封效果。组合方式很多,不一一列举

12.5 滑动轴承的结构、类型

虽然滚动轴承具有一系列优点,在一般机器中获得了广泛应用,但是在高速、高精度、重载或结构上要求剖分等场合下,滑动轴承就显示出更优异性能,因此汽轮机、离心式压缩机、内燃机等设备多采用滑动轴承。此外,在低速而带有冲击的机器中,如水泥搅拌机、滚筒清砂机、破碎机等也常采用滑动轴承。

12.5.1 按工作表面的摩擦状态分类

1. 液体摩擦滑动轴承

在液体摩擦滑动轴承中,轴颈和轴承的工作表面被一层润滑油膜隔开。由于两零件表面没有直接接触,轴承的阻力仅来自润滑油分子间的内摩擦,摩擦系数很小,一般仅为 0.001~

0.008。这种轴承的寿命长、效率高,但对制造精度要求也高,且需在一定条件下才能实现液体摩擦。

2. 非液体摩擦滑动轴承

非液体摩擦滑动轴承的轴颈与轴承工作表面之间虽有润滑油存在,但在表面局部凸起部分仍发生直接接触,因此,摩擦系数较大,一般为 0.1～0.3,容易磨损,但结构简单,对制造精度和工作条件要求不高,故在机械中的应用仍然较广泛。

12.5.2　按承受的载荷方向分类

1. 向心滑动轴承

向心滑动轴承又称径向滑动轴承,主要承受径向载荷。

图 12-16 所示为一种普通的剖分式轴承。它是由轴承盖 1、轴承座 4、剖分轴瓦 3 和连接螺栓 2 等组成。轴承中直接支承轴颈的零件是轴瓦。为了安装时容易对心,在轴承盖与轴承座的中分面上做出阶梯形的榫口。轴承盖应当适度压紧轴瓦,使轴瓦不能在轴承孔中转动。轴承盖上制有螺纹孔,以便安装油杯或油管。

向心滑动轴承的类型很多,例如还有轴承间隙可调节的滑动轴承、轴瓦外表面为球面的自位轴承和整体式轴承等,可参阅有关手册。

轴瓦是滑动轴承中的重要零件。如图 12-17 所示,向心滑动轴承的轴瓦内孔为圆柱形。若载荷 **F** 方向向下,则下轴瓦为承载区,上轴瓦为非承载区。润滑油应由非承载区引入,所以在顶部开进油孔。在轴瓦内表面,以进油口为中心沿纵向、斜向或横向开有油沟,以利于润滑油均匀分布在整个轴颈上。油沟的形式很多,如图 12-18 所示。一般油沟与轴瓦端面保持一定距离,以防止漏油。

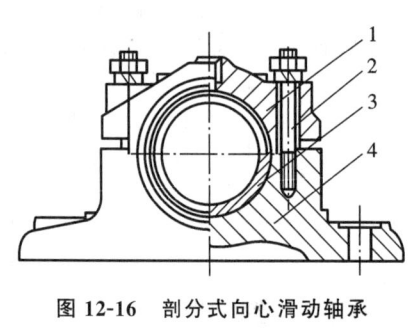

图 12-16　剖分式向心滑动轴承

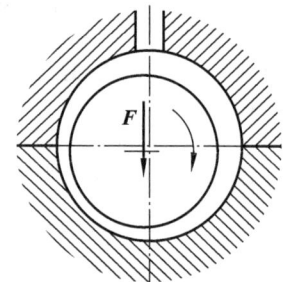

图 12-17　进油口开在非承载区

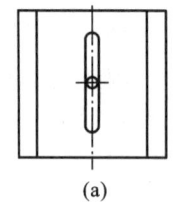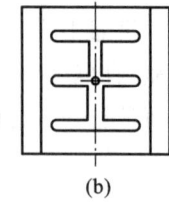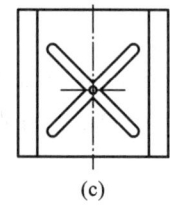

(a)　　　　　　　(b)　　　　　　　(c)

图 12-18　油沟形式

轴瓦宽度与轴颈直径之比 B/d 称为宽径比,它是向心滑动轴承中的重要参数之一。对于液体摩擦的滑动轴承,常取 $B/d = 0.5～1$;对于非液体摩擦的滑动轴承,常取 $B/d = 0.8～1.5$,有时可以更大些。

2. 推力滑动轴承

轴所受的轴向力应采用推力轴承来承受。止推面可以利用轴的端面,也可在轴的中段做出凸肩或装上推力圆盘。两平行平面之间是不能形成动压油膜的,因此须沿轴承止推面按若干块扇形面积开出楔形。图 12-19(a)所示为固定式推力轴承,其楔形的倾斜角固定不变,在楔形顶部留出平台,用来承受停车后的轴向载荷。图 12-19(b)所示为可倾式推力轴承,其扇形块的倾斜角能随载荷、转速的改变而自行调整,因此性能更优。

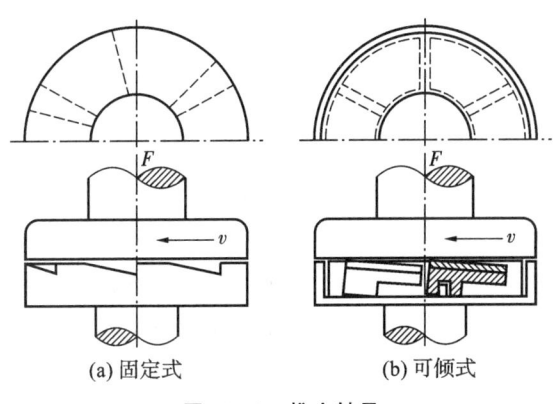

(a) 固定式　　　　(b) 可倾式

图 12-19　推力轴承

12.6　滑动轴承的材料

12.6.1　轴承盖和轴承座的材料

轴承盖和轴承座一般不与轴颈直接接触,主要起支承轴瓦的作用,常用灰铸铁(如 HT150)制造。当载荷较大及存在冲击载荷时,宜采用铸钢制造。

12.6.2　轴瓦材料

根据轴承的工作情况,要求轴瓦材料具备下述性能:①摩擦系数小;②导热性好,热膨胀系数小;③耐磨、耐蚀、抗胶合能力强;④有足够的机械强度和塑性。

能同时满足上述要求的材料是难找的,但应根据具体情况满足主要使用要求。较常见的是用两层不同金属做成的轴瓦,两种金属在性能上取长补短。在工艺上可以用浇铸或压合的方法,将薄层材料黏附在轴瓦基体上。黏附上去的薄层材料通常称为轴承衬。

常用的轴瓦和轴承衬材料有下列几种。

1. 轴承合金

轴承合金(又称白合金、巴氏合金)有锡锑轴承合金和铅锑轴承合金两大类。

锡锑轴承合金的摩擦系数小,抗胶合性能良好,对油的吸附性强,耐蚀性好,易跑合,是优良的轴承材料,常用于高速、重载的轴承。但它的价格较高且机械强度较差,因此只能作为轴承衬浇铸在钢、铸铁(见图 12-20(a)、(b))或青铜轴瓦上(见图 12-20(c))。用青铜作为轴瓦基体是取其导热性良好。这种轴承合金在 110 ℃开始软化,为了安全,在设计、运行中常将温度控制在 110 ℃以下。

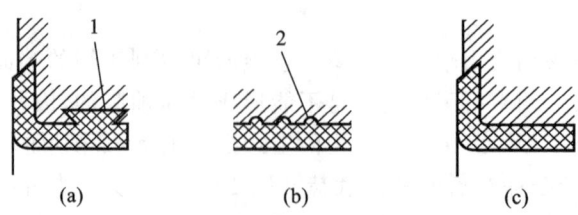

图 12-20　浇铸轴承合金的轴瓦
1—燕尾槽；2—螺旋槽

铅锑轴承合金的各方面性能与锡锑轴承合金相近,但这种材料较脆,不宜承受较大的冲击载荷。它一般用于中速、中载的轴承。

2. 青铜

青铜的强度高,承载能力大,耐磨性与导热性都优于轴承合金。它可以在较高的温度(250℃)下工作。但它的可塑性差,不易跑合,与之相配的轴颈必须经淬火处理以提高硬度。

青铜可以单独做成轴瓦。为了节省有色金属,也可将青铜浇铸在钢或铸铁轴瓦内壁上。用作轴瓦材料的青铜,主要有锡青铜、铅青铜和铝青铜。在一般情况下,它们分别用于中速重载、中速中载和低速重载的轴承上。

3. 具有特殊性能的轴承材料

用粉末冶金法(经制粉、成形、烧结等工艺)做成的轴承,其有多孔性组织,孔隙内可以储存润滑油,常称为含油轴承。运转时,轴瓦温度升高,由于油的膨胀系数比金属大,因而自动进入摩擦表面起到润滑作用。含油轴承加一次油可以使用较长时间,常用于加油不方便的场合。

在不重要或低速轻载的轴承中,也常采用灰铸铁或耐磨铸铁作为轴瓦材料。

橡胶轴承具有较大的弹性,能减轻振动、使运转平稳,可以用水润滑,常用于潜水泵、砂石清洗机、钻机等有泥沙的场合。

塑料轴承具有摩擦系数低,可塑性、跑合性良好,耐磨、耐蚀,可以用水、油及化学溶液润滑等优点。但它的导热性差,膨胀系数较大,容易变形。为改善此缺陷,可将薄层塑料作为轴承衬材料黏附在金属轴瓦上使用。

表 12-11 中给出常用轴瓦及轴承衬材料的$[p]$、$[pv]$、$[v]$等参数的数据。

表 12-11　常用轴瓦及轴承衬材料的性能

材料及其牌号	$[p]$/MPa		$[pv]$/$[MPa \cdot (m/s)]$	$[v]$/(m/s)	HBS		最高工作温度/℃	轴颈硬度
					金属型	砂型		
铸锡锑轴承合金 ZSnSb11Cu6	平稳	25	20	80	27		150	≥150 HBS
	冲击	20	15	60			—	—
铸铅梯轴承合金 ZPbSb16Sn16Cu2	15		10	12	30		150	≥150 HBS
铸锡青铜 ZCuSn10Pb1	15		15	10	90	80	280	≥45 HRC
铸锡青铜 ZCuSn5Pb5Zn5	8		15	3	65	60	280	≥45 HRC

续表

材料及其牌号	$[p]$/MPa	$[pv]$/[MPa·(m/s)]	$[v]$/(m/s)	HBS 金属型	HBS 砂型	最高工作温度/℃	轴颈硬度
铸铝青铜 ZCuAl10Fe3	15	12	4	110	100	280	45 HRC

注:$[pv]$值为非液体摩擦下的许用值。

12.7　滑动轴承的润滑

滑动轴承润滑的目的主要是降低摩擦和减少磨损,提高轴承的效率,同时还能起到冷却、吸振、防锈等作用。

12.7.1　润滑剂

轴承能否正常工作,和选用润滑剂正确与否有很大关系。

润滑剂分为:①液体润滑剂——润滑油;②半固体润滑剂——润滑脂;③固体润滑剂等。

在润滑性能上润滑油一般比润滑脂好,应用最广。润滑脂具有不易流失等优点,应用较为广泛。固体润滑剂除在特殊场合下使用外,目前正在逐步扩大使用范围。下面分别予以简单介绍。

1. 润滑油

目前使用的润滑油大部分为石油系润滑油(矿物油)。在轴承润滑中,润滑油最重要的物理性能是黏度,它也是选择润滑油的主要依据。黏度表征液体流动的内摩擦性能。我国石油产品是用运动黏度(单位为 mm^2/s)标定的,如表 12-12 所示。

表 12-12　常用润滑油的主要性质

名　　称	代　　号	40 ℃时的黏度 ν/(mm^2/s)	凝点 ≤/℃	闪点(开式) ≥/℃	主 要 用 途
全损耗系统用油 (GB 443—1989)	L-AN7	6.12～7.48	−10	110	用于高速低载机械、精密机床、纺织纱锭的润滑和冷却
	L-AN10	9.0～11.0		130	
	L-AN15	13.5～16.5	−15	150	普通机床的液压油,用于一般滑动轴承、齿轮、蜗轮的润滑
	L-AN22	19.8～24.2	−15	150	
	L-AN32	28.8～35.2	−15	150	
	L-AN46	41.4～50.6	−10	160	
	L-AN68	61.2～74.8	−10	160	用于重型机床导轨、矿山机械的润滑
	L-AN100	90.0～110	0	180	
汽轮机油 (GB 11120—2011)	L-TSA32	28.8～35.2	−7	186	用于汽轮机、发电机等高速重载轴承和各种小型液体润滑轴承
	L-TSA46	41.4～50.6			

润滑油的黏度并不是不变的,它随着温度的升高而降低,这对于运行着的轴承来说,必须加以注意。

润滑油的黏度还随着压力的升高而增大,但压力不太高(如<10 MPa)时,变化极微,可忽略不计。

选用润滑油时,要考虑速度、载荷和工作情况。对于载荷大、温度高的轴承宜选黏度大的油;对于载荷小、速度高的轴承宜选黏度较小的油。

2. 润滑脂

润滑脂是由润滑油和各种稠化剂(如钙、钠、铝、锂等金属皂)混合稠化而成。润滑脂密封简单,不需经常加添,不易流失,所以在垂直的摩擦表面上也可以应用。润滑脂对载荷和速度的变化有较大的适应范围,受温度的影响不大,但摩擦损耗较大,机械效率较低,故不宜用于高速机器中。且润滑脂易变质,不如润滑油稳定。总的来说,一般参数的机器,特别是低速或带有冲击的机器,都可以使用润滑脂润滑。

目前使用最多的是钙基润滑脂,它具有耐水性,常用于 60 ℃ 以下的各种机械设备中轴承的润滑。钠基润滑脂可用于 115~145 ℃ 以下,但不耐水。锂基润滑脂性能优良,耐水,且在 −20~150 ℃ 范围内广泛适用,可以代替钙基、钠基润滑脂。

3. 固体润滑剂

固体润滑剂有石墨、二硫化钼(MoS_2)、聚氟乙烯树脂等多种。一般在超出润滑油使用范围才考虑使用,例如在高温介质中,或在低速重载条件下。目前其应用已逐渐广泛,例如可将固体润滑剂调和在润滑油中使用,也可以涂覆、烧结在摩擦表面形成覆盖膜,或者用固结成形的固体润滑剂嵌装在轴承中使用,或者混入金属或塑料粉末中烧结成形。

石墨性能稳定,在 350 ℃ 以上才开始氧化,并可在水中工作。聚氟乙烯树脂摩擦系数低,只有石墨的一半。二硫化钼与金属表面吸附性强,摩擦系数低,使用温度范围也广(−60~300 ℃),但遇水则性能下降。

12.7.2　润滑装置

滑动轴承的给油方法多种多样。图 12-21(a)所示为针阀油杯,平放手柄时,针杆借弹簧的推压而堵住底部油孔。直立手柄时,针杆被提起,油孔敞开,于是润滑油自动滴到轴颈上。在针阀油杯的上端面开有小孔,供补充润滑油用,平时由簧片遮盖。下部有观察孔,螺母可调节针杆下端油口大小,以控制供油量。图 12-21(b)所示为油芯油杯,铝管中装有毛线或棉纱绳,依靠毛线或棉纱的毛细管作用,将油杯中的润滑油滴入轴承。虽然这种油杯给油是自动且连续的,但不能调节给油量,油杯中油面高时给油多,油面低时给油少,停车时仍在继续给油,直到滴完为止。图 12-21(c)所示为油环润滑,在轴颈上套一油环,摩擦力带动油环旋转,把油引入轴承。油环浸在油池内的深度约为其直径的四分之一时,给油量已足以维持液体润滑状态的需要。它常用于大型电动机的滑动轴承中。

图 12-22(a)所示为压配式注油杯;图 12-22(b)所示为润滑脂用的油杯,油杯中填满润滑脂,定期旋转杯盖,使空腔体积减小而将润滑脂注入轴承内。这些油杯只可用于小型、低速或间歇运动的轴承润滑。

最完善的给油方法是利用油泵循环给油,给油量充足,给油压力只需 0.05 MPa,在油的循环系统中常配置过滤器、冷却器。还可以设置油压控制开关,当管路内油压下降时发出报警,或启动辅助油泵,或指令主机停车。所以这种给油方法安全可靠,但设备费用较高,常用于高速且精密的重要机器中。

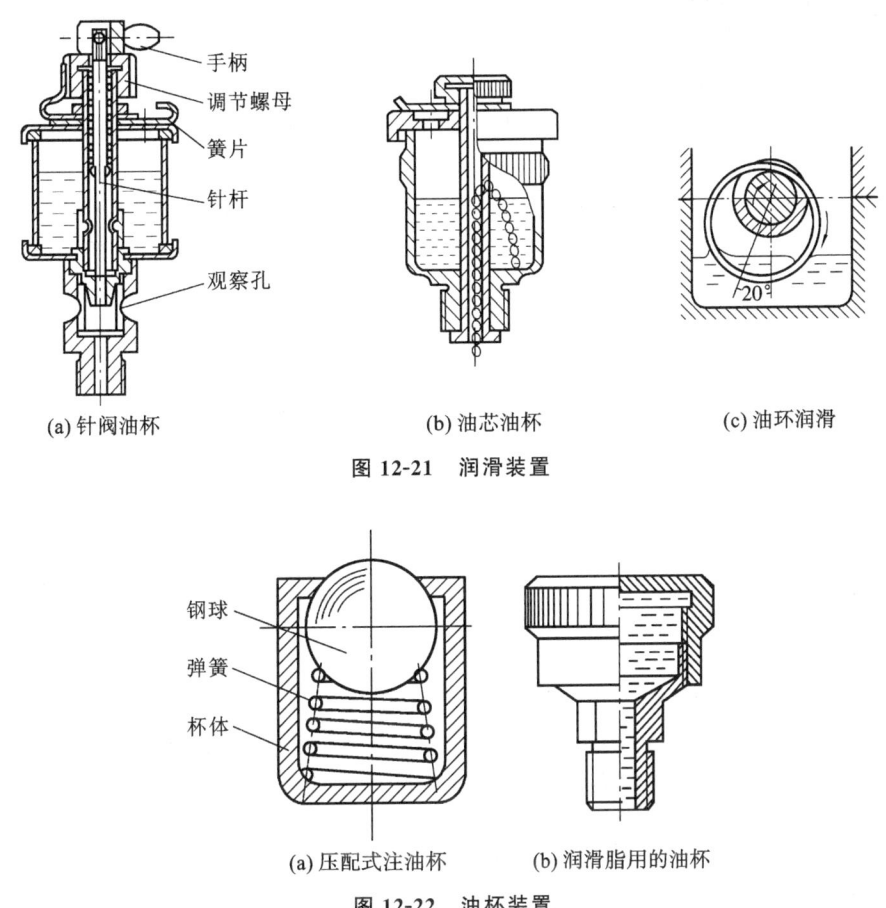

图 12-21 润滑装置

(a) 针阀油杯   (b) 油芯油杯   (c) 油环润滑

图 12-22 油杯装置

(a) 压配式注油杯   (b) 润滑脂用的油杯

12.8 非液体摩擦滑动轴承设计

12.8.1 主要失效形式

1. 磨损

非液体摩擦滑动轴承的工作表面,在工作时存在局部接触,会产生不同程度的摩擦和磨损,从而导致轴承配合间隙的增大,影响轴的旋转精度,甚至使轴承不能正常工作。

2. 胶合

当轴在高速、重载情况下工作,且润滑不良时,摩擦加剧,发热过多,使轴承上较软的金属粘焊在轴颈表面而出现胶合。严重时,甚至出现轴承与轴颈焊死在一起,发生所谓"抱轴"事故。

12.8.2 设计计算

由于非液体摩擦滑动轴承的承载能力受多种复杂因素影响,所以目前所采用的计算方法仍限于简化的条件性计算。

1. 向心轴承设计计算

设计时,一般已知轴颈直径 d、转速 n 和轴承承受的径向载荷 F,然后按下述步骤进行。

1) 确定轴承的结构形式

根据工作条件和使用要求,确定轴承的结构形式,并按表 12-11 选定轴瓦材料。

2) 确定轴承的宽度 B

一般按宽径比 B/d 及 d 值来确定 B。B/d 越大,轴承的承载能力越大,但油不易从两端流失,散热性差,油温升高;B/d 越小,则端泄流量大、摩擦功耗小、轴承温升低,但承载能力也低。通常 $B/d=0.5\sim1.5$。当要求 B/d 必须为 $1.5\sim1.75$ 时,应改善润滑条件,并采用自位滑动轴承。

3) 验算轴承的工作能力

(1) 轴承的压强 p 限制轴承压强 p,以保证润滑油不被过大的压力挤出,从而避免轴瓦产生过度的磨损,即

$$p = \frac{F}{Bd} \leqslant [p] \tag{12-10}$$

式中:F——轴承径向载荷(N);

　　B——轴瓦宽度(mm);

　　d——轴颈直径(mm);

　　$[p]$——轴瓦材料的许用压强(MPa)(见表 12-11)。

(2) 轴承的 pv 值 pv 值与摩擦功率损耗成正比,它简略地表征轴承的发热因素。pv 值越高,轴承温升越高,容易引起边界油膜的破裂。pv 值的验算式为

$$pv = \frac{F}{Bd} \cdot \frac{\pi dn}{60 \times 1000} \leqslant [pv] \tag{12-11}$$

式中:n——轴的转速(r/min);

　　$[pv]$——轴瓦材料的许用值(MPa·(m/s))(见表 12-11)。

(3) 轴承的速度 v 为防止轴承因 v 过大而出现早期磨损,有时需校核 v,使

$$v \leqslant [v] \tag{12-12}$$

式中:$[v]$——轴瓦材料许用线速度(m/s)(见表 12-11)。

(4) 选择轴承的配合   在非液体摩擦滑动轴承中,根据不同的使用要求,为了保证一定的旋转精度,必须合理地选择轴承配合,以保证一定的间隙。

2. 推力轴承设计计算

推力轴承的设计计算步骤与向心轴承相同。

由图 12-23 可知,推力轴承应满足

$$p = \frac{F}{\frac{\pi}{4}(d_2^2 - d_1^2)z} \leqslant [p] \tag{12-13}$$

$$pv_m \leqslant [pv] \tag{12-14}$$

式中:z——推力环数量。

　　v_m——轴环的平均速度,$v_m = \dfrac{\pi d_m n}{60 \times 1000}$,平均直径 $d_m = \dfrac{d_1 + d_2}{2}$。

推力轴承的 $[p]$ 和 $[pv]$ 值由表 12-11 查取。对于多环推力轴承(见图 12-23(b)),由于制造和装配误差使各支承面上所受的载荷不相等,$[p]$ 和 $[pv]$ 值应减小 $20\%\sim40\%$。

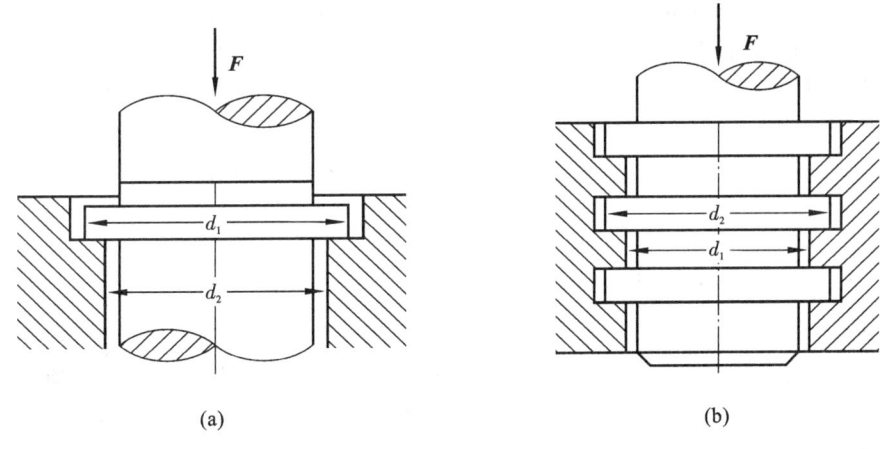

图 12-23　推力轴承

12.9　液体摩擦滑动轴承简介

轴颈与轴承之间的理想摩擦状态是液体摩擦,根据油膜形成的方法,液体摩擦滑动轴承分为动压轴承和静压轴承。

12.9.1　液体动压轴承

液体动压轴承是利用轴颈和轴瓦的相对运动将润滑油带入楔形间隙,形成动压油膜,靠液体的动压平衡外载荷。轴颈和轴承孔之间有一定的间隙。

静止时,图 12-24(a)表示停车状态,轴颈沉在轴承底部,轴颈与轴承孔表面构成了楔形间隙,满足了形成动压油膜的首要条件。

开始启动时轴颈沿轴承孔内壁向上爬,如图 12-24(b)所示。

当转速继续增加时,楔形间隙内形成的油膜压力将轴颈抬起而与轴承脱离接触,如图 12-24(c)所示。但此情况不能持久,因油膜内各点压力的合力有向左推动轴颈的分力存在,因而轴颈继续向左移动。

当达到机器的工作转速时,轴颈则处于图 12-24(d)所示的位置。此时油膜内各点的压力,其垂直方向的合力与载荷 F 平衡,其水平方向的压力左右自行抵消。于是轴颈就稳定在此平衡位置上旋转。从图中可以明显看出,轴颈中心 O_1 与轴承孔中心 O_2 不重合,偏心距 $e = O_2O_1$。其他条件相同时,工作转速越高,e 值越小,即轴颈中心越接近轴承孔中心。

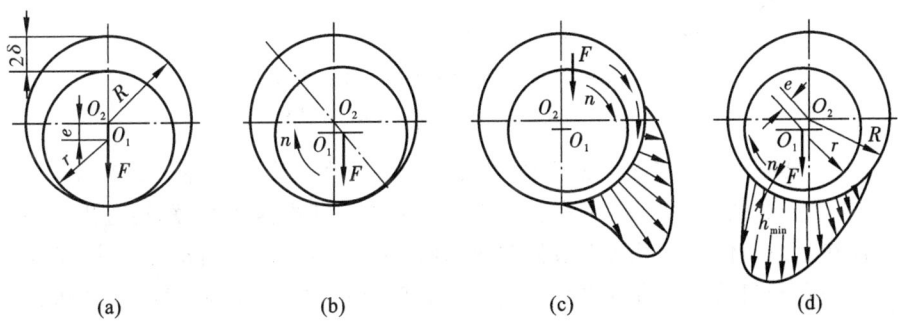

图 12-24　向心轴承动压油膜形成过程

根据以上分析可知,形成动压油膜的必要条件是:①两工作表面间必须有楔形间隙;②两工作表面间必须连续充满润滑油或其他黏性流体;③两工作表面间必须有相对滑动,其运动方向必须保证润滑油从大截面流进、从小截面流出。④对于一定的载荷 F,必须使速度 v、黏度 η 及间隙等匹配恰当。

对一些高速运转的重要轴承,为了保证能得到这种液体摩擦状况,需要进行专门的设计和计算。

12.9.2　液体静压轴承

静压轴承是依靠一套给油装置,将高压油压入轴承的油腔中,强制形成油膜,保证轴承在液体摩擦状态下工作。油膜的形成与相对滑动速度无关,承载能力主要取决于油泵的给油压力,因此静压轴承在高速、低速、轻载、重载下都能正常工作。在启动、停止和正常运转时期间,轴与轴承之间均无直接接触,理论上轴瓦没有磨损,轴承寿命长,可以长时期保持精度。由于任何工况下轴承间隙中均有一层压力油膜,故对轴和轴瓦的制造精度可适当降低,对轴瓦的材料要求也较低。如果设计良好,静压轴承可以达到很高的旋转精度。但静压轴承需要附加一套可靠的给油装置。所以其应用不如动压轴承广泛,一般用于低速、重载或要求高精度的机械装备中,如精密机床、重型设备等。

静压轴承在轴瓦内表面上开有几个(通常是四个)对称的油腔,各油腔的尺寸一般是相同的。每个油腔四周都有适当宽度的封油面,称为油台,而油腔之间用回油槽隔开,如图 12-25 所示。为了使油腔具有压力补偿作用,在外油路中必须为各油腔配置一个节流器。工作时,若无外载荷(不计轴的自重)作用,轴颈浮在轴承的中心位置,各油腔内压力相等。当轴颈受载荷 F 后,轴颈向下产生位移 e,此时下油腔 1 四周封油面与轴颈之间的间隙减小,流出的油量亦随之减少,下油腔的油压升高,而上油腔与轴的间隙增大,使流出油量增加,因而油压降低,上、下油腔产生的压力差与外载荷平衡。所以,节流器 2 能随外载荷的变化而自动调节各油腔内的压力。节流器是静压轴承中的关键元件。

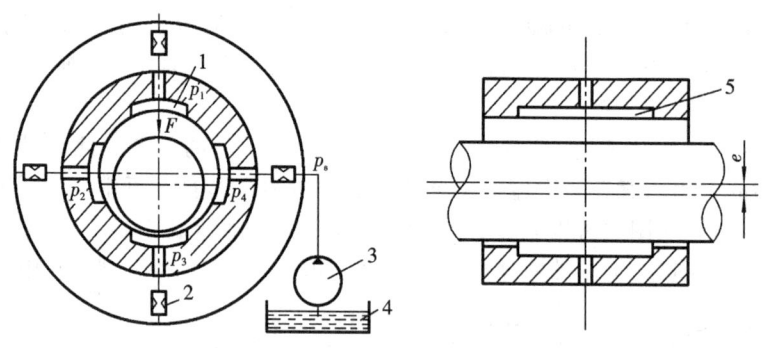

图 12-25　静压轴承的工作原理

1,5—油腔;2—节流器;3—油泵;4—油箱

常用的节流器有小孔节流器(见图 12-26(a))和毛细管节流器(见图 12-26(b))等。

液体静压轴承的主要优点是:可在转速极低的条件下获得液体摩擦;通过提高油压增强承载能力,因而在重载条件下也可获得液体摩擦润滑;摩擦力矩很小,启动力矩小,效率高等。其缺点是:需要一套专门的复杂供油系统,设备费用高,维护困难。因此只有在动压轴承难以完成任务时才采用静压轴承。

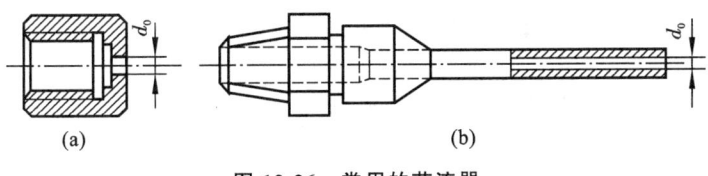

图 12-26 常用的节流器

12.10 滚动轴承与滑动轴承的比较

在设计机器的轴承部件时,首先需要确定是采用滚动轴承还是滑动轴承。因此,全面地比较滚动轴承与滑动轴承的性能,有助于正确选择轴承类型。滚动轴承与滑动轴承的性能比较如表 12-13 所示。

表 12-13 滚动轴承与滑动轴承性能比较

性　　质	滚动轴承	不完全液体润滑轴承	完全液体润滑轴承	
			动压滑动轴承	静压滑动轴承
承载能力与转速的关系	一般无关;在特高速时,滚动体的离心力会降低承载能力	随转速升高而降低	随转速升高而增大	与转速无关
受冲击载荷的能力	不高	不高	油层有承受较大冲击的能力	良好
高速性能	一般,受限于滚动体的离心力及轴承的温升	不高,受限于轴承的发热和磨损	高,受限于油膜振荡及润滑油的温升	高,用空气作润滑剂时极高
启动阻力	低	高	高	低
功率损失	一般不大,但如润滑或安装不当时将剧增	较大	较低	轴承本身的损失不大,加上油泵功率损失可能超过液体动压轴承
寿命	有限,受限于材料的点蚀	有限,受限于材料的磨损	长,载荷稳定时理论上寿命无限,实际上受限于轴瓦的疲劳	理论上无限
噪声	较大	不大	工作不稳定时是有噪声,稳定时基本无噪声	轴承噪声不大,但油泵有不小的噪声

课程思政拓展阅读材料

材料一　风力涡轮机的轴承创新与可再生能源

随着全球对可再生能源需求的不断增长,风力涡轮机成为一种重要的可再生能源发电设备。

在风力涡轮机中,轴承承担着叶片、主轴、齿轮箱等旋转部件的重量及动态载荷。主轴轴承需承受高达数十吨的径向和轴向载荷,并将风轮产生的扭矩传递至发电机。偏航轴承和变桨轴承则分别负责调整机舱迎风方向及优化叶片角度,确保风能高效转化为电能。

风电轴承需在极端环境(如风沙、盐雾、温差)中长期稳定运行。其设计需兼顾耐磨性、抗疲劳性和耐蚀性,以降低故障率并延长机组寿命。例如,调心滚子轴承因具备自动调心功能,可补偿轴弯曲或安装误差,因此成为主轴轴承的主流选择。

由于风力发电机安装位置高且维修成本高昂,轴承的可靠性直接影响运维经济性。优质轴承可有效减少停机时间,降低全生命周期成本。

风电轴承的主轴轴承多采用调心滚子轴承,双列球面滚子设计可应对复杂载荷和不对中问题。偏航/变桨轴承通常为四点接触球轴承或交叉滚子轴承,需具备高刚性和精确角度调节能力。齿轮箱轴承以圆柱滚子轴承或圆锥滚子轴承为主,以适应高速旋转和冲击载荷。

3 MW 海上风力发电机偏航轴承

参考资料:https://baijiahao. baidu. com/s? id = 1713952155091906487&wfr = spider&for = pc。

思考1:风力涡轮机的设计中,滚动轴承在主轴承载中发挥着关键作用。请详细探讨选择适当类型的轴承、实现有效润滑和组合设计对风力涡轮机性能和可靠性的具体影响,以及在特殊工作环境和高负荷条件下轴承材料的要求。

思考2:轴承技术的创新对风力涡轮机的可再生能源发电起到关键作用。结合所学内容,请分析轴承技术创新在提高风力涡轮机性能的同时如何促进可再生能源的可持续发展。它又如何对应对特殊工作环境和高负荷条件的要求,以确保风力涡轮机的长期稳定运行?

材料二　磁浮轴承技术:现代列车的科技奇迹

随着城市化进程的不断加快,人们对列车性能的要求日益提高,而磁浮轴承技术的应用为列车运行带来了前所未有的科技突破。

磁悬浮轴承通过电磁力实现转子的无接触悬浮,其核心由定子、转子、传感器和控制系统构成。这项技术彻底摒弃了传统滚动轴承或滑动轴承的机械接触模式,从根本上消除了摩擦损耗和磨损问题,使转子可在真空、超洁净或高速环境中稳定运行。

磁悬浮轴承在高速列车中消除了轮轨摩擦,使列车时速突破 500 km,远超传统轮轨系统的极限(约 360 km)。

因无需润滑且能耗低,磁悬浮列车可减少约 20% 的能源消耗,碳排放量显著下降。例如,上海磁浮示范线每公里能耗仅为传统高铁的 70%。

通过高精度电磁力调控,磁悬浮轴承可实时监测列车运行状态,预测并规避脱轨风险,同时有效减少车厢的摇摆和噪声。乘客体验从"颠簸感"转变为"静音悬浮",舒适性大幅提升。

磁悬浮列车

参考资料:https://weibo.com/ttarticle/p/show? id=2309404546803243548687。

思考 1:磁浮轴承技术相较于传统滚动轴承具有无接触悬浮、摩擦损失小、能耗低等优势。请详细探讨磁浮轴承技术在提升列车平稳性、降低噪声和振动水平等方面的作用,并分析这些改进如何影响了城市列车的运行体验。

思考 2:磁浮轴承技术与其他先进技术的结合推动了列车设计的创新。请讨论磁浮轴承与其他技术的组合设计如何促进列车设计的创新,以及这些创新对城市交通系统的可持续发展和效率提升有何重要意义。

讨 论

12-1 提出一种针对高速旋转机械的新型滚动轴承设计方案,结合先进材料和润滑技术,以提升轴承性能和延长使用寿命。

12-2 从家用电器的角度,分析滚动轴承在电动工具中的应用,并探讨其在提高设备耐久性和运行效率方面的优势。

12-3 展望未来滚动轴承技术的发展,讨论数字化制造和智能监测如何影响滚动轴承的设计、生产和维护。

12-4 以汽车轮毂轴承为例,描述其在车辆运行中的关键作用和工作原理,涵盖承载能力的计算方法和材料选用。

12-5 在滚动轴承与滑动轴承的对比中，探讨在不同应用场景下选择合适轴承类型的关键因素，包括性能、维护需求及成本等方面。

习　题

12-1 说明下列型号轴承的类型、尺寸系列、结构特点、公差等级及其适用场合：6005，N209/P6，7207C，30209/P5。

12-2 一深沟球轴承 6304 承受的径向力 $F_r = 4$ kN，载荷平稳，转速 $n = 960$ r/min，在室温下工作，试求该轴承的基本额定寿命，并说明其能达到或超过此寿命的概率。若载荷改为 $F_r = 2$ kN，轴承的基本额定寿命是多少？

12-3 根据工作条件，某机械传动装置中轴的两端各采用一个深沟球轴承支承，轴颈 $d = 35$ mm，转速 $n = 2000$ r/min，每个轴承承受径向载荷 $F_r = 2000$ N，在常温下工作，载荷平稳，预期寿命 $L_h = 8000$ h，试选择轴承。

12-4 一矿山机械的转轴，两端用 6313 深沟球轴承支承，每个轴承承受的径向载荷 $F_r = 5400$ N，轴的轴向载荷 $F_a = 2650$ N，有轻微冲击，轴的转速 $n = 1250$ r/min，预期寿命 $L_h = 5000$ h，问是否适用。

12-5 某机械的转轴两端各用一个向心轴承支承。已知轴颈 $d = 40$ mm，转速 $n = 2000$ r/min，每个轴承的径向载荷 $F_r = 5880$ N，载荷平稳，工作温度 125 ℃，预期寿命 $L_h = 5000$ h，试分别按球轴承和滚子轴承选择型号，并对比分析。

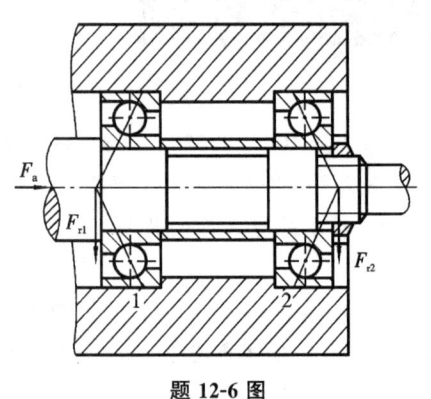

题 12-6 图

12-6 根据工作条件，决定在某传动轴上安装一对角接触球轴承，如题 12-6 图所示。已知两个轴承的载荷分别为 $F_{r1} = 1470$ N，$F_{r2} = 2650$ N，外加轴向力 $F_a = 1000$ N，轴颈 $d = 40$ mm，转速 $n = 5000$ r/min，常温下运转，有中等冲击，预期寿命 $L_h = 2000$ h，试选择轴承型号。

12-7 根据工作要求，选用内径 $d = 50$ mm 的圆柱滚子轴承。轴承的径向载荷 $F_r = 39200$ N，轴的转速 $n = 85$ r/min，运转条件正常，预期寿命 $L_h = 1250$ h，试选择轴承型号。

12-8 一齿轮轴由一对 30206 轴承支承(见图 12-11(a))，支点间的跨距为 200 mm，齿轮位于两支点的中间。已知齿轮模数 $m_n = 2.5$，齿数 $z_1 = 17$，螺旋角 $\beta = 16.5°$，传递功率 $P = 2.6$ kW，齿轮轴的转速 $n = 384$ r/min，试求轴承的基本额定寿命。

12-9 滑动轴承的摩擦状态有哪几种？各有什么特点？

12-10 校核铸件清理滚筒上的一对滑动轴承。已知装载量加自重为 18000 N，转速为 40 r/min，两端轴颈的直径为 120 mm，轴瓦宽径比为 1∶2，材料为 ZCuSn5Pb5Zn5，润滑脂润滑。

12-11 有一非液体摩擦向心滑动轴承，已知轴颈直径为 100 mm，轴瓦宽度为 100 mm，轴的转速为 1200 r/min，轴承材料为 ZCuSn10P1，试问它允许承受多大的径向载荷？

12-12 试设计某轻纺机械一转轴上的非液体摩擦向心滑动轴承。已知轴颈直径为 55 mm，轴瓦宽度为 44 mm，轴颈的径向载荷为 24200 N，轴的转速为 300 r/min。

第 13 章　联轴器和离合器

13.1　联轴器的类型及选型

联轴器主要用于轴与轴的连接,实现两轴同步回转并传递转矩。联轴器连接的两轴需在停机拆卸后方可分离。联轴器分为刚性联轴器与弹性联轴器两大类。

刚性联轴器由刚性传力件组成,又分为固定式和可移式两类。固定式刚性联轴器不能补偿两轴的相对位移,可移式刚性联轴器能补偿两轴的相对位移。弹性联轴器包含弹性元件,能补偿两轴的相对位移,并具有吸收振动缓和冲击的能力。

联轴器的结构形式和尺寸大都已标准化。一般可先依据机器的工作条件选定合适的类型,然后按照计算转矩、轴的转速和轴端直径从标准中选择所需的型号和尺寸。必要时还应对其中某些零件进行验算。

计算转矩 T_C 时需将机器启动时的惯性力和工作中的过载等因素考虑在内。联轴器转矩的计算公式为

$$T_C = K_A T \tag{13-1}$$

式中:T——名义转矩;

K_A——工况系数,其值可根据表 13-1 选取。

表 13-1　工况系数 K_A 数值表

工　作　机	原动机为电动机时
转矩变化很小的机械,如发电机、小型通风机、小型离心泵等	1.3
转矩变化较小的机械,如透平压缩机、木工机械输送机等	1.5
转矩变化中等的机械,如搅拌机增压机、有飞轮的压缩机等	1.7
转矩变化和冲击载荷中等的机械,如织布机、水泥搅拌机、拖拉机等	1.9
转矩变化和冲击载荷大的机械,如挖掘机、起重机、碎石机、造纸机械等	2.3

联轴器种类繁多,新型结构层出不穷,本章仅介绍几种最具有代表性的典型结构。

13.1.1　刚性联轴器

1. 固定式刚性联轴器

固定式刚性联轴器中应用最广的是凸缘联轴器。如图 13-1 所示,它通过螺栓连接两个半联轴器的凸缘,以实现两轴连接。螺栓可以用普通螺栓,也可以用铰制孔螺栓。这种联轴器有两种主要的结构形式:图 13-1(a)所示为普通的凸缘联轴器,通常靠铰制孔用螺栓来实现两轴对中。图 13-1(b)所示为有对中榫的凸缘联轴器,靠对中榫的凸肩和凹槽来实现两轴对中。

半联轴器的材料通常为铸铁,当受重载或圆周速度 $v \geqslant 30$ m/s 时,可采用铸钢或锻钢材料。制造凸缘联轴器时,应准确保持半联轴器的凸缘端面与孔的轴线垂直,安装时应使两轴精确对中。

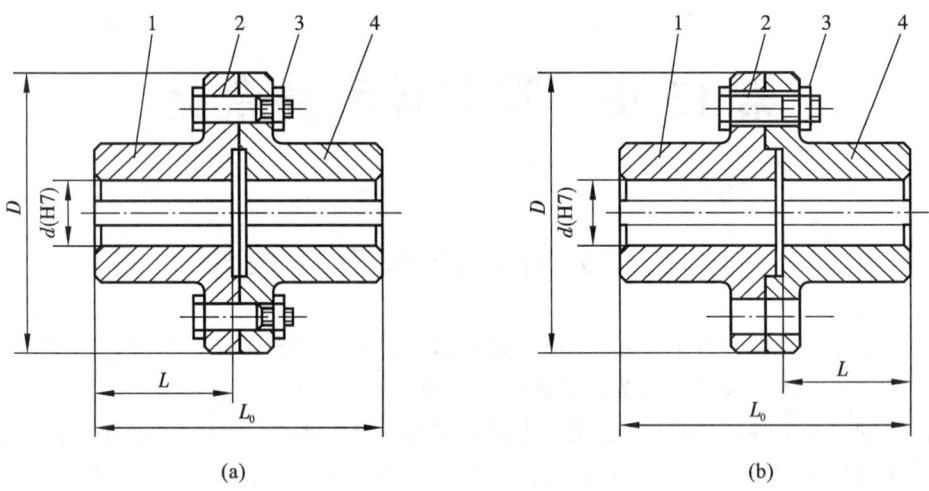

图 13-1　凸缘联轴器

1,4—半联轴器;2—螺栓;3—螺母

凸缘联轴器的结构简单、使用方便、可传递的转矩较大,但不能缓冲减振。常用于载荷较平稳的两轴连接。

2. 可移式刚性联轴器

由于制造、安装误差或工作时零件的变形等原因,被连接的两轴不一定都能精确对中,因此就会出现两轴间的轴向位移 x、径向位移 y 和角位移 α,分别如图 13-2(a)、(b)和(c)所示。实际上造成轴的对中误差的原因,往往是这些位移组合而成的综合位移。如果联轴器没有适应这种相对位移的能力,就会在联轴器、轴和轴承中产生附加载荷,甚至引起剧烈振动。

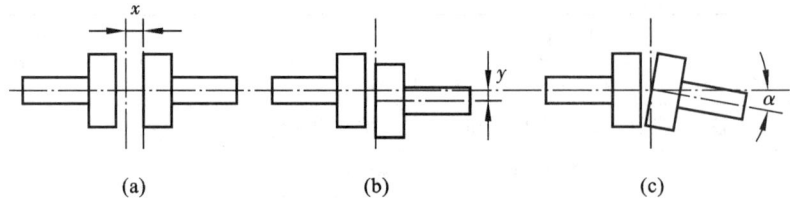

图 13-2　轴线的相对位移

可移式刚性联轴器的组成零件间构成的动连接,具有某一方向或几个方向的自由度,因此能补偿两轴的相对位移。常用的可移式刚性联轴器主要有齿式联轴器、滑块联轴器和万向联轴器几种,分别介绍如下。

1) 齿式联轴器

齿式联轴器是由两个有内齿的外壳 2、4 和两个有外齿的套筒 1、5 所组成,如图 13-3 所示。套筒与轴通过键相连,两个外壳用螺栓 6 固定,外壳与套筒之间设有密封圈。内齿轮与外齿轮齿数相等。轮齿通常采用压力角为 20°的渐开线齿廓。工作时靠啮合的轮齿传递转矩。由于轮齿间留有较大的间隙,同时由于外齿轮的齿顶为球形(见图 13-3(b)),所以能补偿两轴的对中误差和轴线偏斜。为了减小轮齿的磨损和相对移动时产生的摩擦阻力,必须在联轴器外壳内储存润滑油。

齿式联轴器允许角位移在 30′ 以下,若将外齿轮做成鼓形齿,如图 13-3(b)所示,则允许角位移可达 3°。

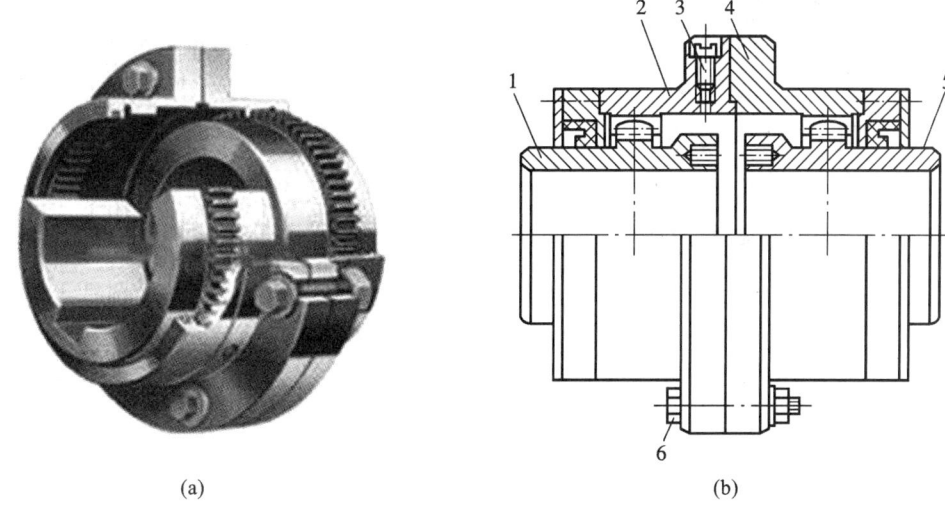

图 13-3　齿式联轴器

1,5—套筒;2,4—外壳;3—螺钉;6—螺栓

齿式联轴器的优点是能传递很大的转矩,并能补偿适量的综合位移,因此常用于重型机械传动。但是,当传递大转矩时,齿间压力也随之增大,使联轴器的灵活性降低,并导致其结构笨重,造价高昂。

2）滑块联轴器

滑块联轴器以滑块构成动连接来实现轴的刚性可移的要求。如图 13-4 所示为十字滑块联轴器,由两个端面开有径向凹槽的半联轴器 1、3 和两端各具凸榫的中间滑块 2 组成。中间滑块两端面上的凸榫相互垂直,分别嵌装在两个半联轴器的凹槽中,构成移动副。如果两轴线不对中或偏斜,运转时滑块将在凹槽内滑动,所以凹槽和滑块的工作面间要加润滑剂。若两轴不对中,当转速较高时,由于滑块的偏心将会产生较大的离心力和磨损,并给轴和轴承带来附加动载荷,因此它只适用于低速轴连接,轴的转速一般不超过 300 r/min。

十字滑块联轴器允许的径向位移（即偏心距）为 $y \leqslant 0.04d$,其中 d 为轴的直径。允许的最大的角位移 $\alpha \leqslant 30'$。

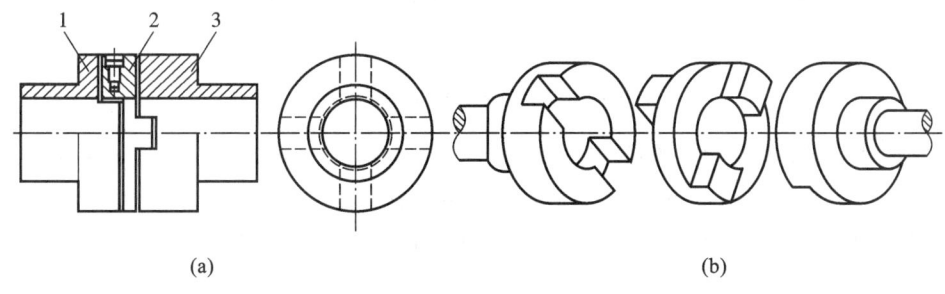

图 13-4　十字滑块联轴器

1,3—半联轴器;2—中间滑块

3）万向联轴器

图 13-5 所示为以十字轴为中间件的万向联轴器。十字轴的四端用铰链分别与轴 1、轴 2 上的叉形接头相连。因此,当一轴的位置固定后,另一轴可以在任意方向偏斜 α 角,角位移 α 可

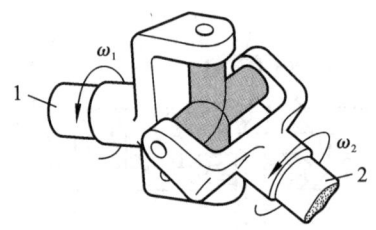

图 13-5　万向联轴器结构示意
1—主动轴;2—从动轴

达 35°~45°。为了增加其灵活性,可在铰链处安装滚针轴承。单个万向联轴器两轴的瞬时角速度并不是时时相等,当主动轴 1 以等角速度 ω_1 回转时,从动轴 2 做变角速度转动,从而在轴上引起动载荷,对其使用性能造成不利影响。

　　轴 2 的角速度 ω_2 变化情况可以用下述两个极端位置进行分析。如图 13-6(a)所示,轴 1 的叉面旋转到图纸平面上,而轴 2 的叉面垂直于图纸平面。设轴 1 的角速度为 ω_1,轴 2 在此位置时的角速度为 ω_2'。取十字轴上端点 A 进行分析,若将十字轴看作与轴 1 一起转动,则点 A 的速度可表示为

$$v_{A1}=\omega_1 r \tag{13-2}$$

　　而将十字轴看作与轴 2 一起转动,则点 A 的速度应为

$$v_{A2}=\omega_2' r\cos\alpha \tag{13-3}$$

因为同一点 A 上的速度应该相等,即 $v_{A1}=v_{A2}$,所以有

$$\omega_1 r=\omega_2' r\cos\alpha \tag{13-4}$$

　　则

$$\omega_2'=\frac{\omega_1}{\cos\alpha} \tag{13-5}$$

　　将两轴转过 90°,如图 13-6(b)所示,此时轴 1 的叉面垂直于图纸平面,而轴 2 的叉面转到图纸平面上。设轴 2 在此位置时的角速度为 ω_2''。取十字轴上点 B 进行分析,同理可得

$$\omega_2''=\omega_1 r\cos\alpha \tag{13-6}$$

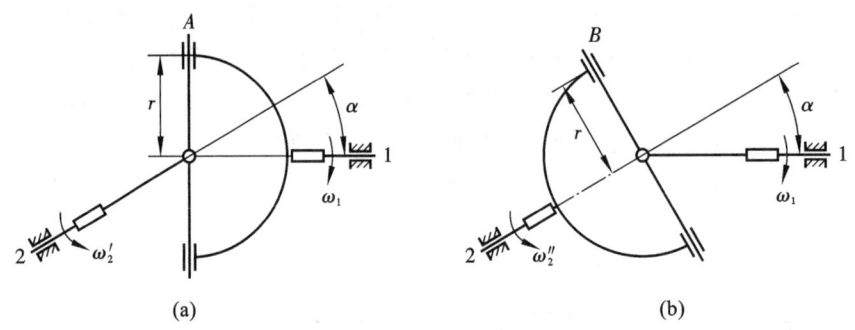

(a)　　　　　　　　　　　(b)

图 13-6　万向联轴器角速度分析

　　如果再继续转过 90°,则两轴的叉面又将与图 13-6(a)所示的图形一致。同理可知,两轴叉面每转过 90°,就将交替出现图 13-6(a)和图 13-6(b)中所示的叉面图形。因此,当轴 1 以等角速度 ω_1 回转时,轴 2 的角速度 ω_2 将在 $\omega_2'\sim\omega_2''$ 范围内做周期性变化,即

$$\omega_1\cos\alpha\leqslant\omega_2\leqslant\frac{\omega_1}{\cos\alpha} \tag{13-7}$$

　　可见角速度 ω_2 变化的幅度与两轴的夹角 α 有关,α 越大,则 ω_2 变动的幅度就越大。

　　为了克服单个万向联轴器的上述缺点,机器中常将万向联轴器成对使用,如图 13-7 所示。这种由两个万向联轴器组成的装置称为双万向联轴器。

　　对于连接相交或平行两轴的双万向联轴器,欲使主、从动轴的角速度相等,必须满足以下

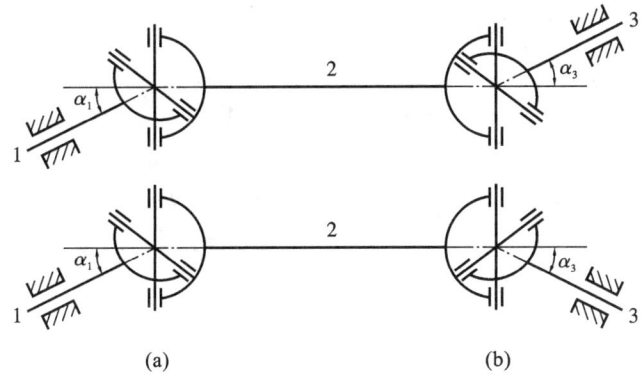

图 13-7　双万向联轴器结构示意图

两个条件：

（1）主动轴、从动轴与中间件 C 的夹角必须相等，即 $\alpha_1 = \alpha_3$；

（2）中间件两端的叉面必须位于同一平面内。

显然中间件的转速是不均匀的，但由于它惯性较小，因而产生的动载荷、振动等通常可控。小型双万向联轴器的实际结构如图 13-8 所示，通常由合金钢制造。

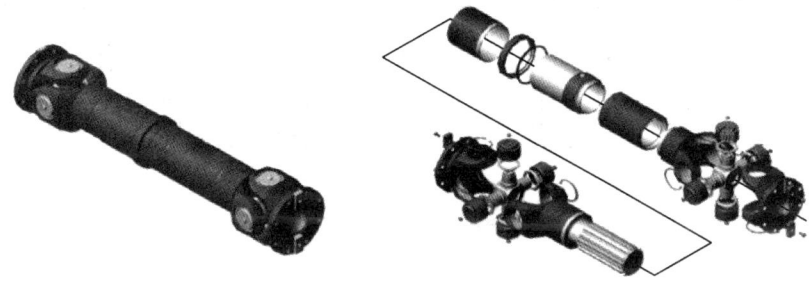

图 13-8　双万向联轴器的实际结构

13.1.2　弹性联轴器

弹性联轴器通过弹性元件将动力从主动轴传递至从动轴，能够缓和冲击、吸收振动，适用于正反转频繁、高速启动的工况，最大转速可达 8000 r/min，适用温度范围为 $-20 \sim 60\ ℃$。其通过弹性元件变形可补偿较大的轴向位移，并允许一定径向位移和角位移。但若径向或角位移过大，将导致弹性元件快速磨损，因此需精确安装。

1. 弹性套柱销联轴器

弹性套柱销联轴器结构与凸缘联轴器类似，但两个半联轴器通过带橡胶弹性套的柱销连接，而非螺栓（见图 13-9）。更换橡胶套时，无需拆卸联轴器，但设计需预留操作空间 A；为补偿轴向位移，安装时应保留间隙 s。此类联轴器在高速轴中应用十分广泛。

2. 弹性柱销联轴器

如图 13-10 所示，弹性柱销联轴器通过若干非金属柱销（通常为尼龙）连接两半联轴器的凸缘孔。尼龙材料具有一定弹性，结构简单且更换方便。为防止柱销滑脱，两端需安装挡板，装配时保留适当间隙。

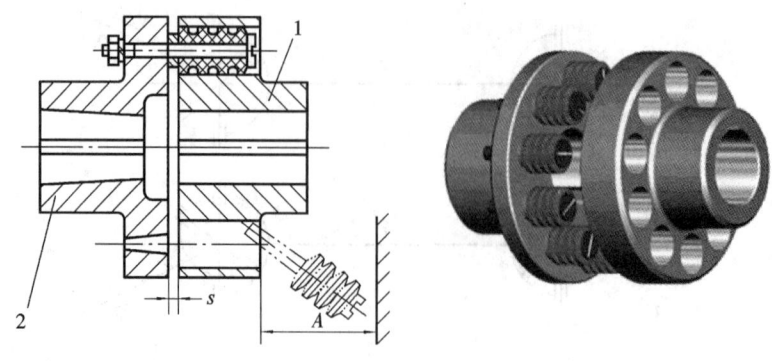

图 13-9　弹性套柱销联轴器

1—Y 型轴孔；2—Z 型轴孔

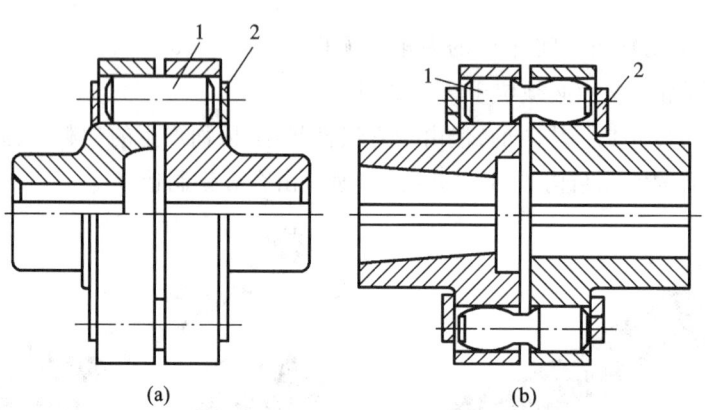

(a)　　　　　　　　　　　　　　　(b)

图 13-10　弹性柱销联轴器

1—柱销；2—挡板

3. 轮胎式联轴器

轮胎式联轴器的结构如图 13-11 所示,中间为用橡胶制成的轮胎环,通过止退垫板与半联轴器连接。它的结构简单可靠,易于变形,因此它允许的相对位移较大,角位移可达 $5°\sim12°$,轴向位移可达 $0.02D$,径向位移可达 $0.01D$,其中 D 为联轴器外径。轮胎式联轴器适用于启动频繁、正反向运转、有冲击振动、两轴间有较大相对位移量以及潮湿多尘的工作环境。轮胎式联轴器径向尺寸庞大,但轴向尺寸较小,有利于缩短串联机组的总长度。其最大转速可达 5000 r/min。

例 13-1　电动机经减速器驱动水泥搅拌机工作。已知电动机的功率 $P=11$ kW,转速 $n=970$ r/min,电动机轴的直径和减速器输入轴的直径均为 42 mm。试选择电动机与减速器之间的联轴器。

解　(1)选择类型。

为了缓和冲击和减轻振动,选用弹性套柱销联轴器。

(2)计算转矩。

转矩
$$T=9550\frac{P}{n}=9550\times\frac{11}{970}\ \text{N}\cdot\text{m}=108\ \text{N}\cdot\text{m}$$

查表 13-1 得工作机为水泥搅拌机时,工况系数 $K_A=1.9$,故计算转矩
$$T_C=K_A T=1.9\times108\ \text{N}\cdot\text{m}=205\ \text{N}\cdot\text{m}$$

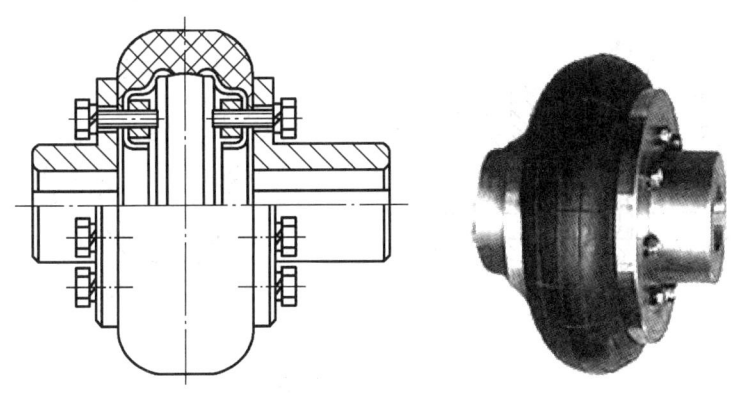

图 13-11　轮胎式联轴器

（3）确定型号。

由设计手册选取弹性套柱销联轴器 LT6，其公称扭矩（即许用转矩）为 250 N·m。半联轴器材料为钢时，许用转速为 3800 r/min，允许的轴孔直径为 32～42 mm。以上数据均能满足本题的要求，故确定选用弹性套柱销联轴器 LT6，轴径为 42 mm。

13.2　离合器的类型及选型

离合器是机械中常用的部件，其功能是将两轴连接在一起回转并传递动力，有时也可用作安全装置。用离合器连接的两根轴，可以根据工作需要随时接合或分离。离合器是通用部件，且大多已标准化和系列化。

离合器的类型很多。按照工作原理不同，离合器可分为啮合式和摩擦式两类。啮合式离合器通过主动元件、从动元件上齿之间的嵌合力来传递回转运动和动力，工作比较可靠，能保证两轴同步运转，传递的转矩较大，但接合时有冲击，运转中接合困难，因此，只能在停车或低速时接合；摩擦式离合器是通过主动元件、从动元件间的摩擦力来传递回转运动和动力的，可以在任何转速下离合，并具有过载保护功能（过载时打滑），但不能保证两轴完全同步运转，传递转矩较小，适用于高速、低转矩的工况。

传递运动和动力时，离合器可通过各种操纵方式实现在同一轴线上的主、从动轴的接合或分离。根据操纵方式不同，离合器可分为操纵式离合器和自控式离合器。能够自动进行接合和分离，不需人来操纵的称为自控式离合器。操纵式离合器分为机械操纵式、电磁操纵式、液压操纵式和气动操纵式。自控式离合器分为离心离合器、安全离合器、定向离合器等。

13.2.1　牙嵌离合器

牙嵌离合器由两个端面带牙的套筒组成，其结构如图 13-12 所示，其中套筒 1 紧配在轴上，而套筒 2 可以沿导向平键 4 在另一根轴上移动。通过操纵杆移动滑环 3，可使两个套筒接合或分离。为避免滑环的过量磨损，可动套筒应装在从动轴上。为便于两轴对中，在套筒 1 中装有对中环 5，从动轴端则可在对中环中自由转动。

牙嵌离合器的常用牙型有三角形、梯形和锯齿形几种，如图 13-13 所示。其中，三角形牙型用于传递中、小转矩，牙数一般为 15～60。梯形、锯齿形牙型可传递较大的转矩，牙数一般

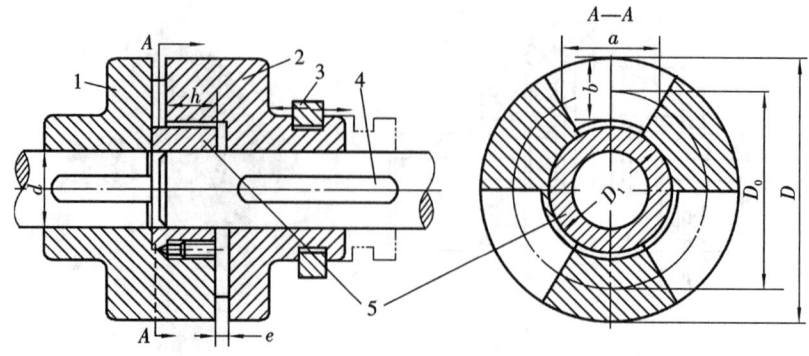

图 13-12　牙嵌离合器

1,2—套筒;3—滑环;4—导向平键;5—对中环

为 3~15。梯形牙型可以补偿磨损后的牙侧间隙。锯齿形牙型只能单向传动,反转时由于有较大轴向分力,会迫使离合器自行分离。各牙应精确等分,以使载荷均布。

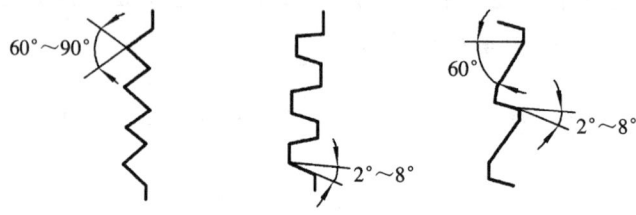

图 13-13　牙嵌离合器

　　牙嵌离合器的承载能力主要取决于牙根处的弯曲强度。对于操作频繁的离合器,尚需验算牙面强度,具体设计计算可参考机械设计手册。

　　牙嵌离合器的特点是结构简单,外廓尺寸小,能传递较大转矩,故应用较多。但牙嵌离合器只宜在两轴不回转或转速差很小时进行接合,否则牙齿可能会因受到较大冲击而折断。

　　牙嵌离合器可以借助电磁线圈的吸力来操纵,称为电磁牙嵌离合器。电磁牙嵌离合器通常采用嵌入方便的三角形细牙。电磁牙嵌离合器根据电磁线圈的开关指令而动作,便于远距离遥控离合器或对离合器开合进行复杂的程序控制。

13.2.2　圆盘摩擦离合器

1. 单片式圆盘摩擦离合器

　　图 13-14 所示为单片式摩擦离合器结构简图。其中圆盘 1 紧配在主动轴上,圆盘 2 可以沿导向平键在从动轴上移动。移动滑环 3 可使两圆盘接合或分离。工作时轴向压力 F_a 使两圆盘的工作表面产生摩擦力。设摩擦力的合力作用在摩擦半径 R_f 的圆周上,则可传递的最大转矩为

$$T_{\max} = f F_a R_f \tag{13-8}$$

式中:f——圆盘间摩擦系数。

　　与牙嵌离合器比较,摩擦离合器具有下列优点:

　　(1) 在任何不同转速条件下两轴都可以进行接合;

　　(2) 过载时摩擦面间将发生打滑,可以防止损坏其他零件;

（3）离合器接合较平稳，冲击和振动都较小。

在正常的接合过程中，摩擦离合器从动轴转速从零逐渐加速到主动轴的转速，因而两摩擦面间不可避免地会发生相对滑动。这种相对滑动要消耗一部分能量，并引起摩擦片的磨损和发热。单片式摩擦离合器多用于转矩在 2000 N·m 以下的轻型机械，比如包装机械和纺织机械等。

2. 多片式圆盘摩擦离合器

图 13-15（a）所示为多片式摩擦离合器。图中主动轴 1 与外壳 2 相连接，从动轴 9 与套筒 10 相连接。外壳内装有一组摩擦片 4，如图 13-15（b）所示，它的外缘凸齿插入外壳 2 的纵向凹槽内，因而随外壳 2 一起回转，它的内孔不与任何零件接触。套筒 10 上

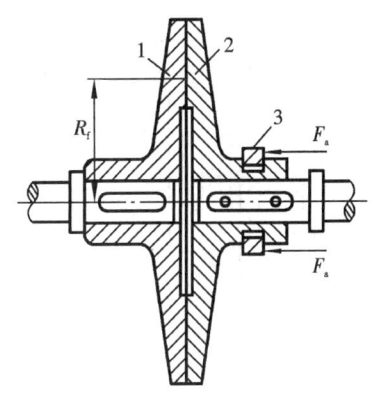

图 13-14　单片式圆盘摩擦离合器
1,2—圆盘；3—滑环

装有另一组摩擦片 5，如图 13-15（c）所示，它的外缘不与任何零件接触，而内孔凸齿与套筒 10 上的纵向凹槽相连接，因而带动套筒 10 一起回转。这样就有两组形状不同的摩擦片相间叠合，如图 13-15（a）所示。图中位置表示杠杆 7 通过压板 3 将摩擦片压紧，离合器处于接合状态。若滑环 8 向右移动，杠杆 7 逆时针方向摆动，压板 3 松开，离合器即分离。另外，调节螺母 6 用来调整摩擦片间的压力。摩擦片材料常用淬火钢片或压制石棉片。摩擦片数目多，可以增大所传递的转矩。但片数过多，将使各层间压力分布不均匀，所以一般不超过 12～15 片。

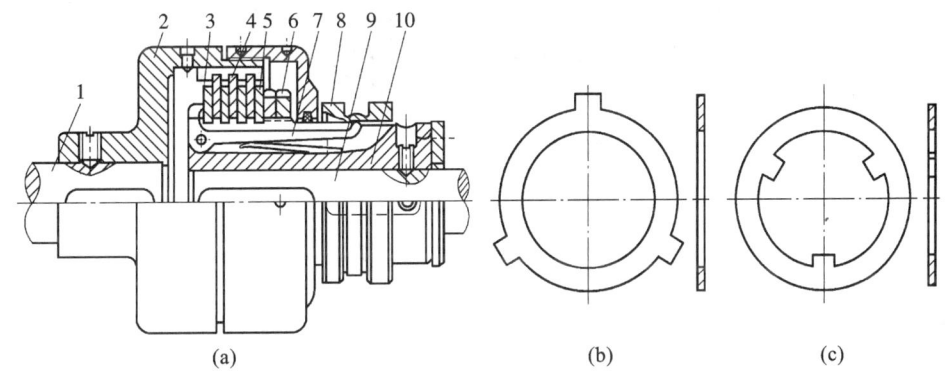

(a)　　　　　　　　　(b)　　　　　　　(c)

图 13-15　多片式圆盘摩擦离合器
1—主动轴；2—外壳；3—压板；4,5—摩擦片；6—调节螺母；7—杠杆；8—滑环；9—从动轴；10—套筒

同样，摩擦离合器也可用电磁力来操纵。如图 13-16 所示，在电磁摩擦离合器中，当直流电经接触环 5 导入电磁线圈 6 后，产生磁力吸引衔铁 2，于是衔铁 2 将两组摩擦片 3 相互压紧，离合器处于接合状态。当电流切断时，磁力消失，衔铁 2 松开，使两组摩擦片松开，离合器则处于分离状态。在电磁离合器中，电磁摩擦离合器是应用最广泛的一种。另外，电磁摩擦离合器在电路上还可进一步实现各种特殊要求，如快速励磁电路可以实现快速接合，提高离合器的灵敏度。相反，缓冲励磁电路可抑制励磁电流的增大，使启动缓慢，从而避免启动冲击。

13.2.3　磁粉离合器

磁粉离合器的工作原理如图 13-17 所示。图中安置励磁线圈 1 的磁轭 2 为离合器的固定

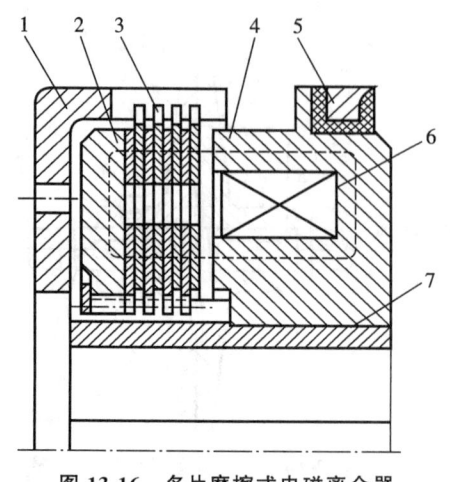

图 13-16　多片摩擦式电磁离合器

1—外连接;2—衔铁;3—摩擦片组;4—磁轭;
5—接触环;6—线圈;7—传动轴套

部分。若将外壳 3 与左、右轮毂 7、8 组成离合器的主动部分,则转子 6 与从动轴(图中未画出)组成离合器的从动部分。在外壳 3 的中间嵌装着隔磁环 4,轮毂 7 或 8 上可连接输入件(图中未画出),在转子 6 与外壳 3 之间有 0.5～2 mm 的间隙,其中充填磁粉 5。图 13-17(a)表示断电时磁粉被离心力甩在外壳的内壁上,疏松并且散开,此时离合器处于分离状态。图 13-17(b)所示为通电后励磁线圈产生磁场,磁力线跨越空隙穿过外壳到达转子形成回路,此时磁粉受到磁场的影响而被磁化。磁化了的磁粉彼此吸引串成磁粉链而在外壳与转子间聚合,依靠磁粉的结合力,以及磁粉与主、从动件工作面间的摩擦力来传递转矩。

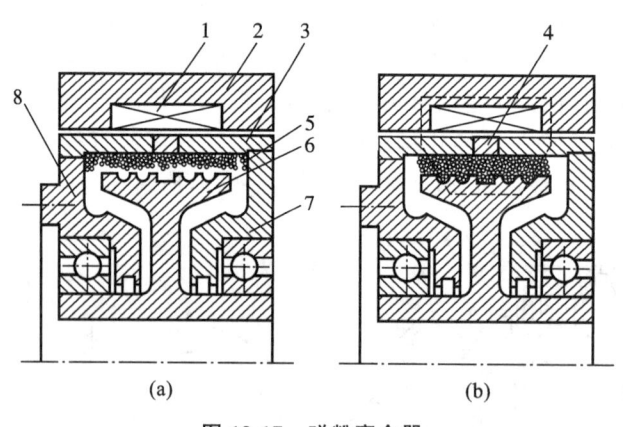

(a)　　　　　　　　　　(b)

图 13-17　磁粉离合器

1—线圈;2—磁轭;3—外壳;4—隔磁环;5—磁粉;6—转子;7,8—轮毂

　　磁粉的性能是决定离合器性能的重要因素。磁粉应具有导磁率高、剩磁小、流动性良好、耐磨、耐热、不烧结等性能,一般常用铁钴镍、铁钴钒等合金粉,并加入适量的粉状二硫化钼。磁粉的形状以球形或椭球形为好,颗粒大小宜为 20～70 μm。为了提高充填率,可采用不同粒度的磁粉混合使用。

　　磁粉离合器具有下列优良性能:

　　(1) 励磁电流 I 与转矩 T 间呈线性关系,转矩调节简单而且精确,调节范围宽;

　　(2) 可用于恒张力控制,这对造纸机、纺织机、印刷机、绕线机等是十分可贵的。例如当卷绕机的卷径不断增加时,通过传感器控制励磁电流变化,从而转矩亦随之相应地变化,以保证获得恒定的张力;

　　(3) 若将磁粉离合器的主动件固定,则可作制动器使用;

　　(4) 操作方便、离合平稳、工作可靠,但重量较大。

13.2.4　定向离合器

图 13-18 所示为滚柱式定向离合器,图中行星轮 1 和外环 2 分别装在主动件和从动件上,
行星轮和外环间的楔形空腔内装有滚柱 3,滚柱数目一般为 3~8 个。每个滚柱都被弹簧推杆 4 以不大的推力向前推进而处于半楔紧状态。行星轮和外环均可作为主动件,现以外环为主动件来分析。当外环逆时针方向回转时,以摩擦力带动滚柱向前滚动,进一步楔紧内、外接触面,从而驱动行星轮一起转动,离合器处于接合状态;反之,当外环顺时针回转时,则带动滚柱克服弹簧力而滚到楔形空腔的宽敞部分,离合器处于分离状态。正是由于这样的工作原理,所以把这类离合器称为定向离合器。当行星轮与外环均按顺时针方向作同向回转时,根据相对运动原理,若外环转速小于行星轮转速,则离合器处于接合状态;反之,如外环转速大于行星轮转速,则离合器处于分离状态,因此又称为超越离合器。定向离合器常用于汽车、机床等的传动装置。

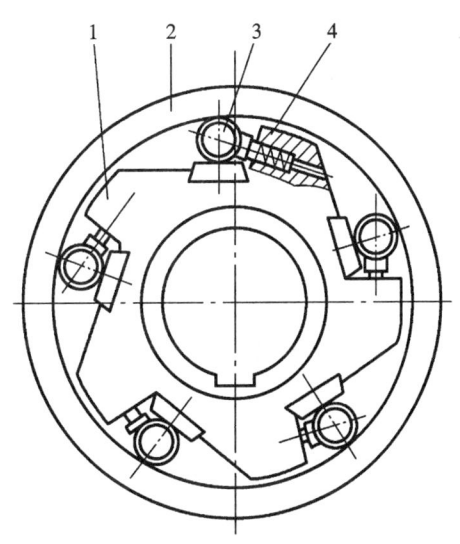

图 13-18　滚柱式定向离合器
1—行星轮;2—外轮;3—滚柱;4—弹簧推杆

图 13-19 所示为楔块式定向离合器。这种离合器以楔块代替滚柱,楔块的形状如图 13-19
所示。内、外环工作面都为圆形。整圈的拉簧压着楔块始终和内环接触,并使楔块绕自身做逆时针方向偏摆。当外环顺时针方向旋转或内环逆时针方向旋转时,楔块克服弹簧力而做顺时针方向偏摆,从而在内外环间越楔越紧,离合器处于接合状态。反向时,楔块松开而成分离状态。由于楔块的曲率半径大于前述滚柱的半径,而且装入量也远比滚柱式的多,因此相同尺寸时,楔块式定向离合器可以传递更大的转矩。其缺点是高速运转时有较大的磨损,寿命较短。

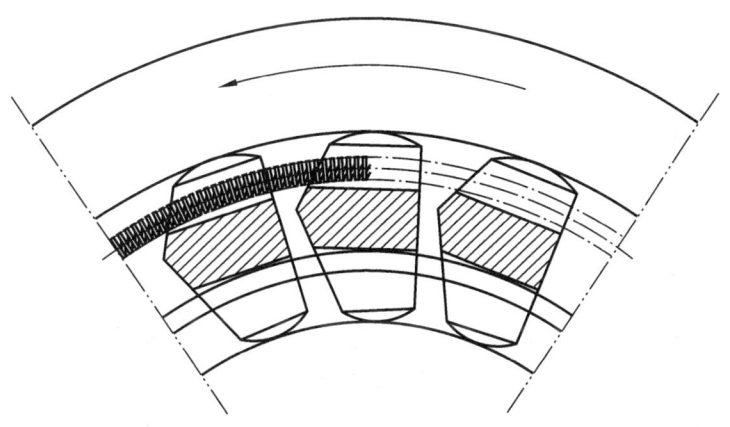

图 13-19　楔块式定向离合器

课程思政拓展阅读材料

材料一　七〇三所"弹性连杆联轴器"研制取得新突破

2024 年 8 月,由中国船舶七〇三所研制的高性能弹性连杆联轴器的关键技术指标通过试验验证,标志着该产品成功实现国产化替代。

弹性连杆联轴器采用预压橡胶复合材料,可提供额外强度并延长使用寿命。该联轴器能够补偿各类安装偏差。轮毂材质为高强度铝合金,既轻巧又防腐蚀。其中橡胶成分主要用于减振,使动力传输流畅、安静,从而保护驱动系统及被驱动设备。

弹性连杆联轴器主要应用于风力发电和船舶传动轴系统领域,具有广阔的应用前景。这种传动元件具有轴向补偿能力强、可传递扭矩大、结构紧凑以及减振降噪效果优等特点。目前,该领域市场中 80% 以上的份额仍由国外产品占据。

弹性连杆联轴器

在研制过程中,七〇三所传动事业部突破了弹性连杆组件中橡胶关节的理论计算方法以及橡胶关节与连杆体的装配工艺等关键技术,经过整机静态与动态运转试验,该弹性连杆联轴器完全满足设计要求,实现了新的技术突破,标志着国产化替代的成功。

参考资料:实现国产化替代! 七〇三所"弹性连杆联轴器"研制取得新突破:https://www. thepaper. cn/newsDetail_forward_28408610。

思考:弹性连杆联轴器与其他类型联轴器的主要区别是什么? 其中的关键技术有哪些?

材料二　双向锁止离合器专利! 华粤传动如何为汽车行业带来革命?

在当今高速发展的汽车行业,技术革新已成为提升整车性能和市场竞争力的关键因素。珠海华粤传动科技有限公司取得了一项具有划时代意义的专利——可选双向锁止离合器。这一创新性的技术不仅能够提高整车的效率,还能显著增强车辆的稳定性,这无疑将对行业产生深远的影响。

华粤传动的这项专利涉及一种湿式离合器总成、执行器总成和锁止离合器总成的全新组合设计。这种设计使离合器能够在不同传动比之间选择性地接合或断开,从而使车辆在前进与倒退过程中实现更灵活的操控。显而易见,这项新技术有潜力改善传统汽车变速器的运作方式,进而提升车辆在各种驾驶条件下的综合性能。通过对车辆在不同工况下传动效率的分析,可预见该技术将提升车辆动力输出及行驶平稳性;对消费者而言,这意味着更舒适的驾驶体验与更低的故障率。对于整车制造商而言,采用这一技术不仅能够降低生产成本,还能增强整车的市场竞争力。尤其是在当前电动汽车和智能驾驶技术快速发展的背景下,这种双向锁止离合器的应用将更加重要。

参考资料:https://news.sohu.com/a/821851179_121798711。

思考:离合器在汽车运动过程中是如何发挥作用的?华粤传动研发的可选双向锁止离合器与其他类型离合器相比存在哪些突出优势?

讨 论

13-1 讨论联轴器的工作原理、基本类型及其在不同工程应用中的优缺点。

13-2 讨论离合器在汽车、工程机械等设备中的作用,以及摩擦式离合器、液压离合器等不同类型离合器的特点。

13-3 讨论联轴器和离合器领域的最新技术趋势,如电磁离合器、智能联轴器等。

习 题

13-1 联轴器、离合器在机械设备中的作用分别是什么?

13-2 联轴器和离合器的根本区别是什么?

13-3 刚性联轴器与弹性联轴器的区别在哪里?

13-4 为什么被连两轴会产生相对偏移?什么类型的联轴器可以补偿两轴的组合偏移?

13-5 带载启动的机器宜采用什么类型的联轴器?

13-6 牙嵌离合器与摩擦离合器各有何优缺点?分别应用于什么场合?

13-7 已知电动机功率 $P = 30$ kW,转速 $n = 1470$ r/min,用联轴器与离心泵相连,离心泵轴颈 $d = 38$ mm。试选择联轴器型号和尺寸。

13-8 要实现碎石机输入轴与齿轮减速器输出轴间的连接,试选择合适的联轴器型号及尺寸,并验算其强度。已知工作转矩 $T = 2$ kN・m,减速器输出轴端直径 $d_1 = 60$ mm,碎石机输入轴端直径 $d_2 = 55$ mm。

第14章 弹性元件

14.1 弹性元件的类型、功能及材料

材料在外力的作用下产生变形,外力去除后可恢复原状的性能称为弹性。利用材料的弹性性能和结构特点,能完成各种功能的零部件称为弹性元件。由于弹性元件结构简单、价格低廉、工作可靠,所以成为精密机械中应用比较广泛的零件之一。

14.1.1 弹性元件的类型和功用

在精密机械中,常见弹性元件有两大类型:

(1)弹簧,可分为螺旋弹簧、片弹簧、热敏双金属片簧。由于弹簧的长度远远大于断面直径或宽度,故其设计可按材料力学中的公式进行。

(2)压力弹性敏感元件,又可分为膜片、膜盒、波纹管、弹簧管。由于压力弹性敏感元件的工作直径远远大于其厚度,故其设计应按弹性力学理论进行。

弹性元件的主要功用有:①测力,如弹簧秤中的弹簧、测力矩扳手的弹簧等;②产生振动,如振动筛、振动传输机中的支承弹簧等;③存储能量,如钟表弹簧(发条)等;④缓冲和吸振,如车辆的减振弹簧和各种缓冲器中的弹簧;⑤控制机械运动,如内燃机气缸的阀门弹簧和离合器中的控制弹簧;⑥改变机械的自振频率,如用于电动机和压缩机的弹性支座;⑦消除空回和间隙,如各种微动装置中用以消除空回的压缩弹簧。

14.1.2 常用弹性元件材料

弹性元件材料应具有较高的弹性极限和疲劳极限,有足够的冲击韧度和塑性、良好的热处理性能。选择弹性元件材料时,应综合考虑其使用条件和工作条件,参照同类设备,进行类比分析。碳素弹簧钢丝的拉伸强度见图 14-1,常用弹性元件材料的性能见表 14-1。

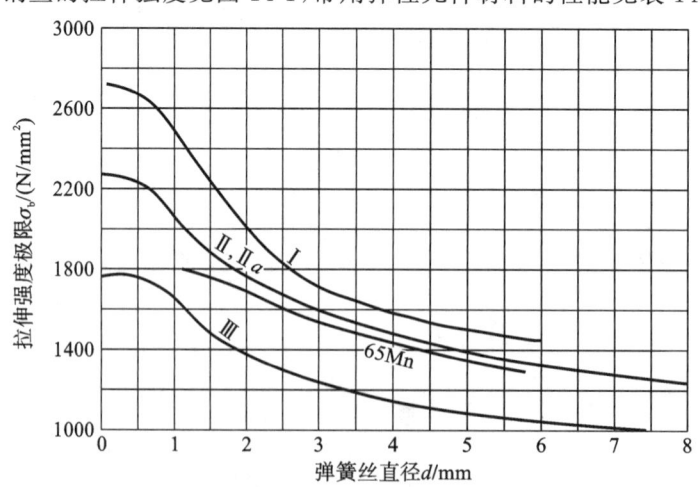

图 14-1 碳素弹簧钢丝(65 钢、70 钢)的抗拉强度

表 14-1 常用弹性元件材料的性能

类别	代 号	许用切应力$[\tau_r]/$(N/mm²)			许用弯曲应力$[\sigma_1]/$(N/mm²)		切变模量$G/$(N/mm²)	弹性模量$E/$(N/mm²)	推荐硬度范围(HRC)	推荐使用温度/℃	特性及用途
		Ⅰ类弹簧	Ⅱ类弹簧	Ⅲ类弹簧	Ⅱ类弹簧	Ⅲ类弹簧					
不锈钢丝	Ni42CrTi	420	560	700	700	880	67000	19000	—	−60～100	恒弹性,耐腐蚀,加工性能好,适用于灵敏弹性元件,如游丝
	Co40CrNiMo	500	667	843	834	1020	78000	20000	—	−40～400	耐腐蚀,高强度,无磁,低后效,高弹性
钢合金丝	QSi3-1	265	353	441	441	549	40200	93200	90～100 HBS	−40～120	耐腐蚀,防磁性好
	QSn4-3						39200				
	QSn6.5-0.1						39200				
	QBe2	353	441	549	549	735	42200	12950	37～40	—	耐腐蚀,防磁性、导电性及弹性好

注:①表中许用切应力为压缩弹簧的许用值,拉伸弹簧的许用应力为压缩弹簧的80%;
②碳素弹簧钢丝的拉伸强度σ_b见图 14-1;
③碳素弹簧钢按力学性能不同分为Ⅰ、Ⅱ、Ⅱa、Ⅲ四组;Ⅰ组强度最高,依次为Ⅱ、Ⅱa、Ⅲ组;
④弹簧的工作极限应力τ_{lim}:Ⅰ类≤1.67$[\tau]$,Ⅱ类≤1.25$[\tau]$,Ⅲ类≤1.12$[\tau]$;
⑤强压处理的弹簧,其许用应力可增大25%;喷丸处理的弹簧,其许用应力可增大20%。

14.2 螺旋弹簧

14.2.1 螺旋弹簧的功能和种类

螺旋弹簧是用金属线材绕制成空间螺旋线形状的弹性元件,用来将沿轴线方向的力或垂直于轴线平面内的力矩转换为弹簧两端的相对位移(沿轴线方向的轴向位移或垂直于轴线的平面上的角位移),或者将两端的相对位移转换为作用力或力矩。螺旋弹簧簧丝的截面通常是圆形或矩形,旋向多为右旋。在精密机械中应用最多的是圆柱螺旋弹簧。

圆柱螺旋弹簧按其受力方式,可分为 3 种:①拉伸圆柱螺旋弹簧(见图 14-2(a)),简称拉簧,承受沿轴向的拉力作用,产生拉伸变形;②压缩圆柱螺旋弹簧(见图 14-2(b)),简称压簧,承受沿轴向的压力作用,产生压缩变形;③扭转圆柱螺旋弹簧(见图 14-2(c)),简称扭簧,承受绕轴线的扭转力矩的作用,产生扭转变形。

由于螺旋弹簧制造简单、价格低廉、在机构中所占空间小、安装和固定简单、工作可靠,因

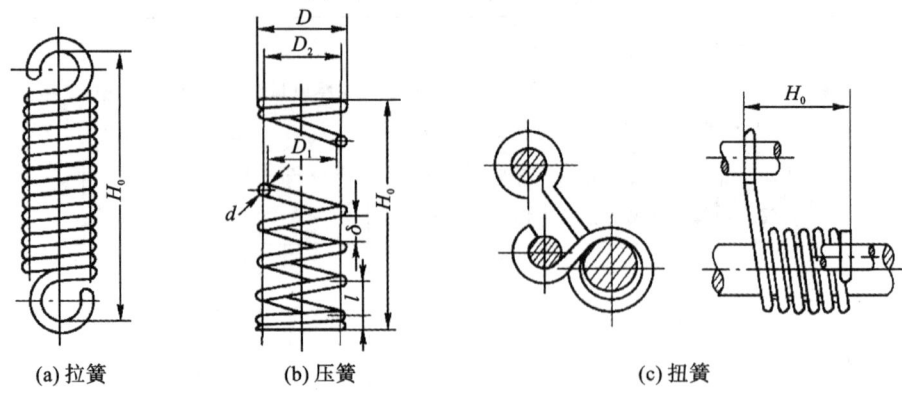

(a) 拉簧　　　　　　(b) 压簧　　　　　　　　　(c) 扭簧

图 14-2　圆柱螺旋弹簧的形式

而得到了广泛的应用。用高质量材料制成的螺旋弹簧,弹性滞后和后效很小,特性稳定,可以作为测量弹簧使用。螺旋弹簧也常用于完成结构的力封闭,使零件间保持一定的压紧力。在某些精密机械(如照相机的快门)中,螺旋弹簧用作机构的能源。

14.2.2　圆柱螺旋弹簧的特性

弹簧的设计任务是在已知弹簧的最大工作载荷、最大工作变形量、结构参数和工作条件下,确定弹簧的几何尺寸和结构参数。设计中既要保证有足够的强度,又要符合载荷变形特性曲线的要求,不失稳,工作可靠。为了清楚地表示弹簧在工作中其作用载荷与变形之间的关系,需要绘出弹簧的特性曲线,以此作为弹簧设计和生产过程中进行检验或试验时的依据。

1. 压簧

图 14-3 为压簧及其特性曲线。H_0 是弹簧不受外力时的自由长度,弹簧在工作前,通常预受一个最小载荷 F_1 作用,使其能够可靠地稳定在安装位置上,此时弹簧的压缩量为 λ_1,长度为 H_1。当弹簧受到最大工作载荷 F_{max} 作用时,其压缩量增至 λ_{max},长度降至 H_2,则弹簧的工作行程为 λ_h,$\lambda_h = \lambda_{max} - \lambda_1 = H_1 - H_2$。$F_j$ 为弹簧的极限载荷,在它的作用下,弹簧钢丝应力将达到材料的弹性极限。这时弹簧产生的变形量为 λ_3,长度被压缩到 H_3。

弹簧承受的最大载荷由机构的工作条件决定,而最小载荷通常取 $F_1 = (0.1 \sim 0.5) F_{max}$,实际应用中,一般不希望弹簧失去直线的特性关系,所以最大载荷小于极限载荷,通常满足 $F_{max} \leqslant 0.8 F_j$。

2. 拉簧

拉簧及其特性曲线如图 14-4 所示,图(b)是无初拉力时的特性曲线,与压簧的相似。图(c)是有初拉力时的特性曲线,即拉伸弹簧在自由状态下就受初拉力 F_0 的作用。其初拉力是卷制弹簧时各弹簧圈并紧和回弹而产生的。

拉簧的端部制有钩环,以便安装和加载,分为半圆钩环、圆钩环、可转钩环和可调钩环。

3. 扭簧

扭簧的特性曲线如图 14-5 所示,符号意义与压簧相同,只是扭簧所受外力为转矩 T,所产生的变形为扭转角 ϕ。最小转矩和最大转矩、最大转矩与极限转矩间的关系仍可参考压簧中所给的数值。

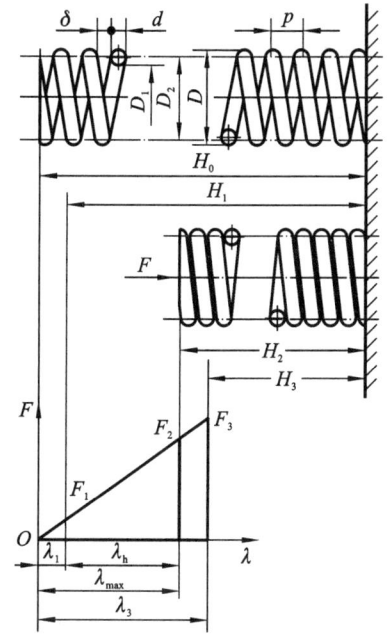

图 14-3 压簧及其特性曲线

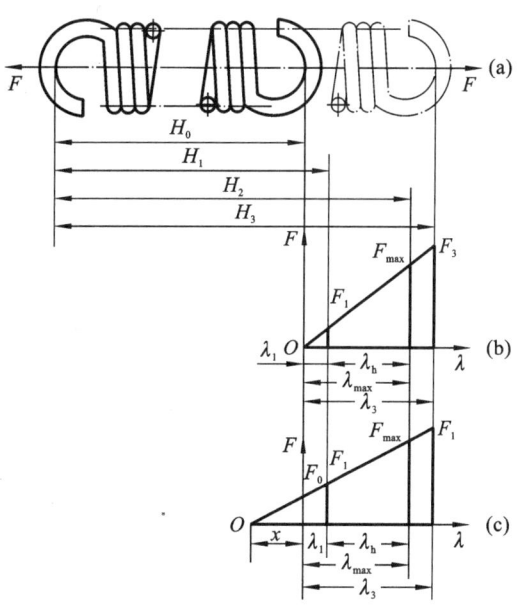

图 14-4 拉簧及其特性曲线

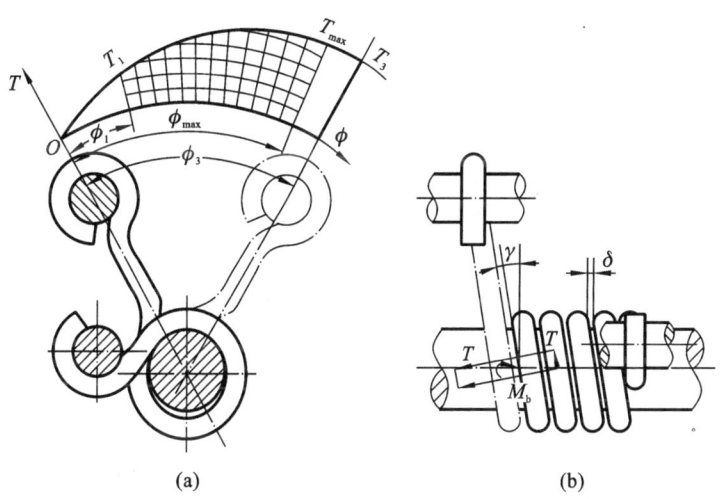

(a)   (b)

图 14-5 扭簧及其特性曲线

14.2.3 圆柱螺旋弹簧的强度计算

1. 压簧

压簧在轴向载荷 F 作用下,在簧丝任意截面上,将作用有转矩 T、弯矩 M_0、切向力 F_q 和法向力 F_n,如图 14-6(a)所示。

一般情况下,压簧的螺旋升角 γ 较小(5°～9°),计算时可以将弯矩 M_b 和法向力 F_n 忽略不计。在初步计算时,取 $\gamma=0°$,则簧丝的受力情况如同一个受扭矩 $T=FD/2$(D 为弹簧中径)和切向力 $F_q=F$ 作用的曲梁。当取出一段簧丝,在簧丝截面上相应产生扭转切应力和切应力,由于簧丝曲度的存在,这两种应力的合成呈非线性,并且簧丝内侧应力比外侧大,如图

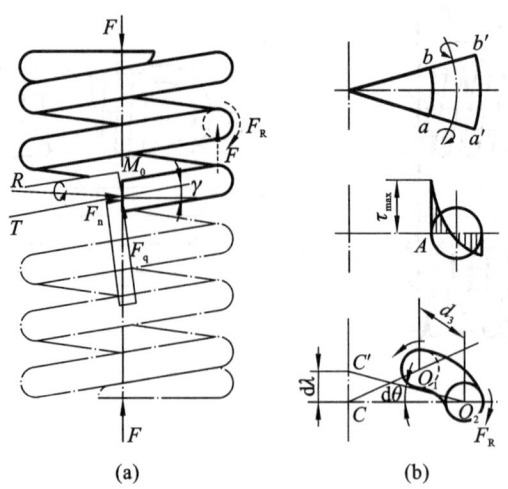

图 14-6　压簧受力分析和变形

14-6(b)所示,最大切应力发生在内侧 A 点,则

$$\tau_{\max} = K_1 \frac{8FD}{\pi d^3} \tag{14-1}$$

式中:K_1——曲度系数,用来修正弹簧丝曲率对切应力分布的影响。

对于圆截面弹簧丝,曲度系数为

$$K_1 = \frac{4C-1}{4C-4} + \frac{0.615}{C} \tag{14-2}$$

式中:C——弹簧的旋绕比,又称为弹簧指数,为弹簧中径 D 与簧丝直径 d 之比,即 $C = D/d$。

当其他条件相同时,C 值越小,弹簧丝内、外侧的应力差越悬殊,材料利用率越低;反之,C 值过大,应力过小,弹簧卷制后将有显著回弹,加工误差增大。因此,通常取 $C = 4 \sim 16$。不同簧丝直径旋绕比推荐参照表 14-2 选用。

表 14-2　旋绕比 C 的推荐用值

d/mm	$0.2 \sim 0.4$	$0.45 \sim 1$	$1.1 \sim 2.2$	$2.5 \sim 6$	$7 \sim 16$
$C = D/d$	$7 \sim 14$	$5 \sim 12$	$5 \sim 10$	$4 \sim 9$	$4 \sim 8$

弹簧在承受最大载荷 $F_{\max}$ 作用时所产生的最大切应力 $\tau_{\max}$,应满足强度条件,即

$$\tau_{\max} = K_1 \frac{8F_{\max}D}{\pi d^3} \leqslant [\tau] \tag{14-3}$$

以 $D = Cd$ 代入上式(14-3),可得圆弹簧丝直径为

$$d = 1.6 \sqrt{\frac{F_{\max}K_1 C}{[\tau]}} \tag{14-4}$$

式中:$[\tau]$——弹簧钢丝材料的许用切应力(N/mm^2),根据弹簧的材料和工作特点按表 14-1 规定选取。

由于旋绕比 C 和弹簧丝直径 d 有关,当选用碳素弹簧钢丝材料时,其许用切应力 $[\tau]$ 随弹簧丝直径 d 的不同而不同,故必须采用试算的方法,才能得出合适的弹簧丝直径 d。

压簧承受轴向载荷 F 时,在圆形簧丝截面上作用有转矩 T,从而产生扭转变形(见图 14-7(b))。弹簧变形量 λ 为

$$\lambda = \frac{8FD^3 n}{Gd^4} = \frac{8FC^3 n}{Gd} \qquad (14\text{-}5)$$

利用式(14-5),可以求出所需的弹簧有效工作圈数为

$$n = \frac{G\lambda d}{8FC^3} \qquad (14\text{-}6)$$

式中:D——弹簧中径(mm);

d——簧丝直径(mm);

G——弹簧材料的切变模量(N/mm)。

有效圈数计算后要进行数值整理。如果 $n < 15$,则取 n 为 0.5 的倍数;如果 $n > 15$,则取 n 为整圈数。弹簧的有效圈数最少为 2 圈。

由式(14-5)得,弹簧刚度为

$$F' = \frac{F}{\lambda} = \frac{Gd^4}{8D^3 n} = \frac{Gd}{8C^3 n} \qquad (14\text{-}7)$$

由式(14-7)可知,旋绕比 C 值的大小对弹簧刚度影响很大。当其他条件相同时,C 值越小的弹簧刚度越大,即弹簧越硬,反之则越软。

2. 拉簧

无初拉力的拉簧的特性曲线与压簧相似,计算方法也相同。有初拉力的弹簧在自由状态下就受初拉力的作用,所以与压簧有所不同。若在其特性曲线中增加段假想的变形量 x,则又与无初拉力的特性曲线完全相同。因此可以直接利用压簧的强度条件公式来计算拉簧的簧丝直径。

对初拉力 F_0 的估计,可取以下值:

当 $d \leqslant 5$ mm 时, $\qquad\qquad F_0 \approx F_j/3$

当 $d > 5$ mm 时, $\qquad\qquad F_0 \approx F_j/4$

也可利用下式计算:

$$F_0 = \frac{\pi d^3}{8D}\tau' \qquad (14\text{-}8)$$

式中:τ'——拉簧的初切应力(N/mm²),可由图 14-7 查得。

拉簧簧丝直径的计算公式与压簧相同。无初拉力($F_0 = 0$)时拉簧的弹簧圈数为

$$n = \frac{G\lambda d^4}{8(F - F_0)D^3} \qquad (14\text{-}9)$$

3. 扭簧

在垂直于弹簧轴线平面内受转矩 T 作用的扭簧,在其弹簧丝的任一截面上将作用弯矩 $M_b = T\cos\gamma$ 和转矩 $T' = T\sin\gamma$(见图 14-5),由于螺旋角 γ 很小,所以转矩 T' 可以忽略不计,并可认为 $M_b \approx T$。因此,扭簧的弹簧丝主要受弯矩 M_b 的作用。由此可知,扭簧应按受弯矩的曲梁来计算,在簧丝的任一截面上的应力分布情况与压簧完全相似,只是应力为弯曲应力。最大弯曲应力为

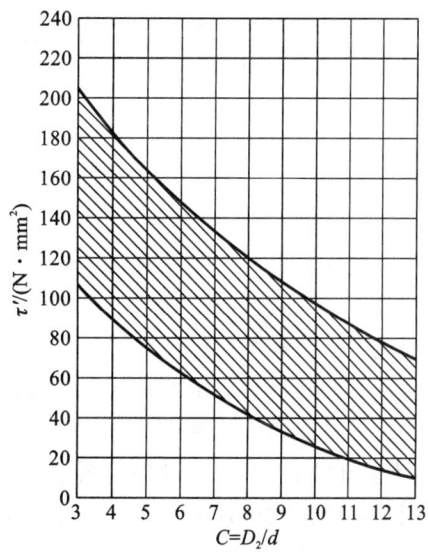

图 14-7 弹簧的初切应力 τ'

$$\tau_{b\max} = K_2 \frac{M_b}{W} \leqslant [\sigma_b] \tag{14-10}$$

式中：W——弯曲时的截面系数（mm^3），对于圆弹簧丝 $W = \pi d^3/32 \approx 0.1d^3$；

K_2——扭簧的曲度系数，对于圆弹簧丝，$K_2 = (4C-1)/(4C-4)$；

$[\sigma_b]$——许用弯曲应力（N/mm^2），取 $[\sigma_b] = 1.25[\tau]$。

扭转受转矩 T 作用后的扭转变形量为

$$\varphi = \frac{M_b l}{EI} = \frac{180 M_b Dn}{EI} \tag{14-11}$$

式中：φ——弹簧的扭转变形量（°）；

I——弹簧丝截面的极惯性矩（mm^4），对于圆弹簧丝 $I = \pi d^4/64$；

E——材料的弹性模量（N/mm^2）。

利用式（14-11）可求出所需的弹簧圈数为

$$n = \frac{EI\varphi}{180 M_b D} \tag{14-12}$$

14.3　片簧和热敏双金属片簧

14.3.1　片簧

片簧是用带材或板材制成的各种片状弹簧，主要用于弹簧工作行程和作用力均不大的情况，图 14-8(a) 是直片簧用于继电器中的电接触点，图 14-8(b) 是弯片簧用作棘轮、棘爪的防反转装置，图 14-8(c) 是用于转轴转动 90° 的定位器。

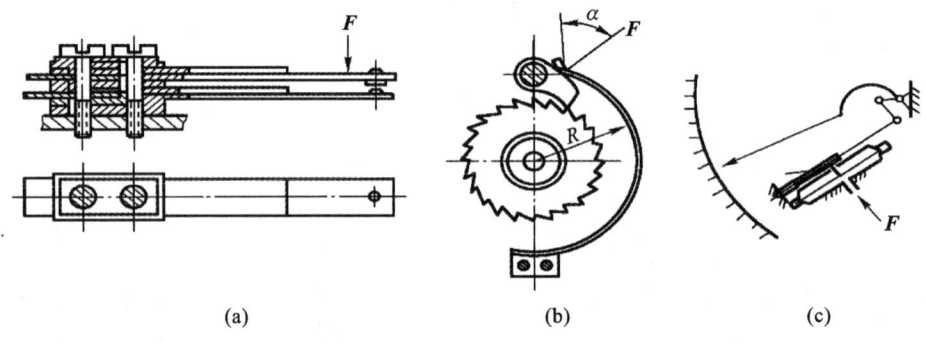

(a)　　　　　　　　　　(b)　　　　　　　　　　(c)

图 14-8　片簧的典型应用

片簧按外形可分为直片簧（见图 14-8(a)）和弯片簧（见图 14-8(b)、(c)），其中应用最多的是直片簧。直片簧按截面形状可分为等截面和变截面两种（见图 14-9），按其安装情况，又可分为有初应力片簧和无初应力片簧。

直片簧的外形和固定处结构如图 14-10 所示。图 14-10(a) 是最常用的螺钉固定的方法，采用两个螺钉以防止片簧转动，也可采用如图 14-10(b) 所示的结构。当只用一个螺钉固定片簧时，为防止片簧的转动，可采用图 14-10(c) 或 (d) 所示的结构。

固定片簧用的垫片的边缘均应做成圆角。当片簧的固定部分宽于工作部分时，两部分应采用圆角光滑衔接，以减小应力集中。当片簧用作电接触点弹簧时，应用绝缘材料使片簧与基座、螺钉绝缘（见图 14-8(a)）。

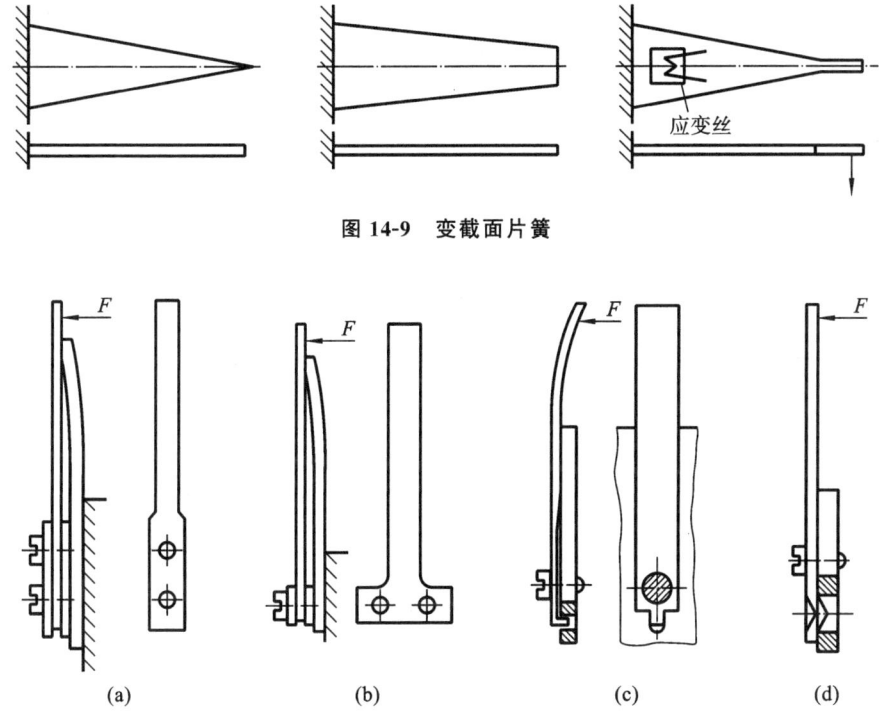

图 14-9 变截面片簧

(a)   (b)   (c)   (d)

图 14-10 直片簧的外形和固定处结构

受单向载荷作用的片簧,通常采用有初应力片簧。如图 14-11 所示,1 为有初应力片簧的自由状态,安装时,在刚性较大的支片 A 作用下,产生了初挠度而处于位置 2。当外力小于 F_1 时,片簧不再变形,只有当外力大于 F_1 时,片簧才与支片 A 分离而变形,所以有初应力片簧在振动条件下仍能可靠工作(当惯性力不大于 F 时)。此外,在同样工作要求下(即在载荷 F 作用下,两种片簧从安装位置产生相同的挠度 λ_2),有初应力片簧安装时已有初挠度 λ_1,所以在载荷 F_2 作用下,总挠度 $\lambda = \lambda_1 + \lambda_2$,因此片簧弹性特性具有较小的斜率。如因制造、装配而引起片簧位置的误差相同时(如等于 $\pm\Delta$),则有初应力片簧中所产生的力的变化,将比无初应力片簧(见图 14-12)要小些。

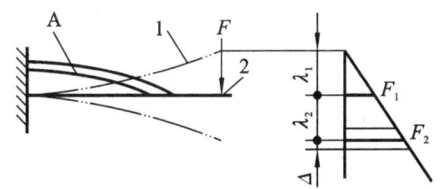

图 14-11 有初应力片簧的特性

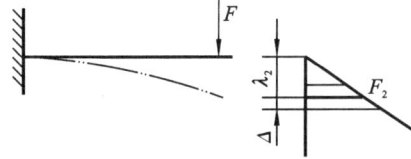

图 14-12 无初应力片簧的特性

14.3.2 热敏双金属片簧

热敏双金属片簧是用两个具有不同线膨胀系数的薄金属片钎焊或轧制而成的。其中,线膨胀系数高的一层称为主动层,低的一层称为从动层。受热时,两金属片因线膨胀系数不同而有不同数量的伸长。由于两片彼此焊在一起,所以使热敏双金属片簧产生弯曲变形。因此,利用热敏双金属制成的弹簧,可以把温度的变化转变为弹簧的变形;如果其位移受到限制,则可把温度的变化转变为力的变化。在精密机械中,热敏双金属片簧的应用很广,除用作温度测量元件外,还可用作温度控制元件和温度补偿元件。热敏双金属片簧可以做成各种形状。图 14-13 是常用的几种热敏双金属片簧。

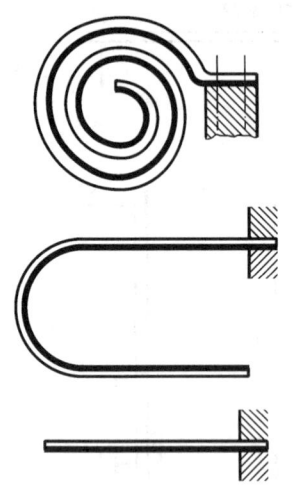

图 14-14 为长度等于 Δl 的一微小段热敏双金属片簧,当温度升高时,它变成了一段圆弧,此段圆弧对应的中心角为 $\Delta\varphi$,则

$$\Delta\varphi = \frac{6(\alpha_1 - \alpha_2)\Delta l(t_1 - t_0)}{\dfrac{(E_1 h_1^2 - E_2 h_2^2)^2}{E_1 E_2 h_1 h_2 (h_1 + h_2)} + 4(h_1 + h_2)} \qquad (14\text{-}13)$$

式中:h_1、h_2——主动层、从动层的厚度(mm);

α_1、α_2——主动层、从动层材料的线膨胀系数;

E_1、E_2——主动层、从动层材料的弹性模量(N/mm^2);

t_0、t_1——变形前、后的温度(℃)。

如果设计满足 $E_1 h_1^2 = E_2 h_2^2$,则热敏双金属片簧的灵敏度最高,其变形为

$$\Delta\varphi = \frac{3(\alpha_1 - \alpha_2)}{2(h_1 + h_2)}\Delta l(t_1 - t_0) \qquad (14\text{-}14)$$

图 14-13　热敏双金属片簧

式(14-13)、式(14-14)为微小段热敏双金属片簧在温度变化时的变形规律。由此,可求得任意形状的热敏双金属片簧在温度变化时的变形。

对于长度为 l 的直片式热敏双金属片簧(见图 14-15),温度变化时,其自由端的位移为

$$S = \int_0^1 \frac{3(\alpha_1 - \alpha_2)}{2(h_1 + h_2)}(t_1 - t_0)x\,\mathrm{d}x = \frac{3(\alpha_1 - \alpha_2)}{4(h_1 + h_2)}l^2(t_1 - t_0) \qquad (14\text{-}15)$$

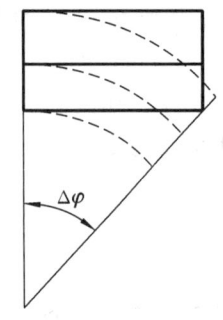

图 14-14　热敏双金属片簧变形

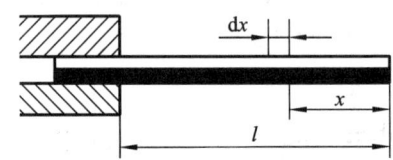

图 14-15　直片热敏双金属片簧变形图

热敏双金属片簧已经系列化,设计时应根据结构要求和灵敏度要求适当选择。

用于制造热敏双金属片簧的材料应满足下列要求:①主、从动层两种材料的线膨胀系数之差应尽可能大,以提高灵敏度;②两种材料的弹性模量应接近,以扩大其工作温度范围;③要有良好的力学性能,便于加工;④焊接容易。

常用的从动层材料采用铁镍合金。含镍 36% 的铁镍合金在室温范围内线膨胀系数几乎为 0,因此又称不变钢。工作温度超过 150 ℃时,不变钢线膨胀系数增加较快,因此采用含镍量为 40%～46% 的铁镍合金可以得到较小的线膨胀系数。常用的主动层材料有黄铜、锰镍铜合金、铁镍钼合金等。

14.4 其他类型的弹性元件简介

14.4.1 游丝

游丝是用金属带料绕制成平面螺线形状的弹性元件,是平面涡卷簧的一种,如图 14-16 所示。用于精密机械中的游丝分为测量游丝和接触游丝两种。例如,电工测量仪表中产生反作用力矩的游丝属于测量游丝,千分表中产生力矩,使传动机构中零件相互保持接触的游丝属于接触游丝。

图 14-16 游丝

游丝的材料要求具有良好的弹性和耐腐蚀等性能。制造游丝常用的材料有锡青铜、恒弹性合金、黄铜、不锈钢等。其中:锡青铜具有良好的弹性、工艺性和导电性;黄铜便宜,便于加工,但弹性性能较差;不锈钢用于制造耐腐蚀的游丝。

14.4.2 膜片、膜盒

膜片是一种周边固定的圆形弹性薄片。根据轴向截面形状的不同,膜片分为平膜片和波纹膜片(见图 14-17(a)、(b))。波纹膜片由于具有同心环状波纹,灵敏度较大,并可通过改变波纹形状尺寸调节膜片特性,所以其应用比平膜片广泛。为了便于膜片 1 与机构的其他零件连接,可以在膜片中心焊上硬心 2。两个膜片对焊起来组成膜盒,几个膜盒连起来构成膜盒组(见图 14-17(c))。膜盒和膜盒组可以提高膜片的灵敏度,增大变形位移量。

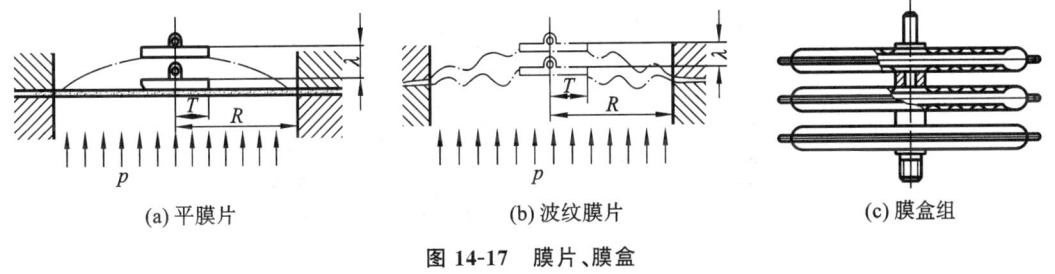

(a) 平膜片   (b) 波纹膜片   (c) 膜盒组

图 14-17 膜片、膜盒

膜片的材料分为金属和非金属两种。金属材料主要有黄铜、锡青铜、锌白铜、铍青铜和不锈钢等。非金属材料主要有橡胶、塑料和石英等。波纹膜片大多用金属材料制造。

14.4.3 弹簧管

弹簧管是一个弯成圆弧形的空心管(见图 14-18),它的截面形状通常为椭圆或扁圆形,也有 D 形、8 字形等其他非圆截面形状(见图 14-19)。管子截面的布置是使截面短轴位于管子的对称平面内。

制造弹簧管的主要材料有:测量的压力不大而对迟滞要求不高的,可采用黄铜、锡青铜;测量压力较高者采用合金弹簧钢;若要求强度高、迟滞小而特性稳定的,可用铍青铜和恒弹性合金;在高温和腐蚀性介质中工作的弹簧管,可用镍铬不锈钢制造。

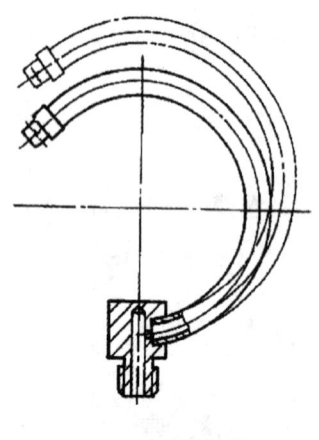

图 14-18   弹簧管

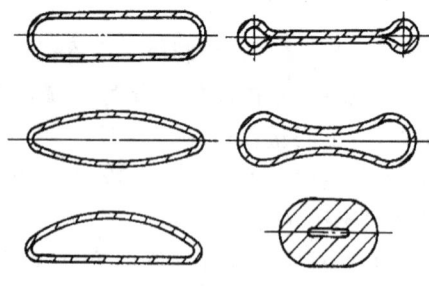

图 14-19   弹簧管截面形状

弹簧管常用作测量压力的灵敏元件,其测量压力范围较大,同时能给出较大位移量和压力。因此,弹簧管适用于机械放大式仪表,但是弹簧管容易受振动、冲击的影响。

14.4.4   波纹管

波纹管是一种具有环形波纹的圆柱薄壁管,一端开口、另一端封闭(见图 14-20(a)),或者两端开口(见图 14-20(a))。通常,波纹管是单层的,也有双层或多层的(见图 14-20(b))。在厚度和位移相同的条件下,多层波纹管的应力小、耐压高、耐久性高。如果内层为耐腐蚀材料,则具有良好的耐腐蚀性。由于各层间的摩擦,所以多层波纹管的滞后误差加大。

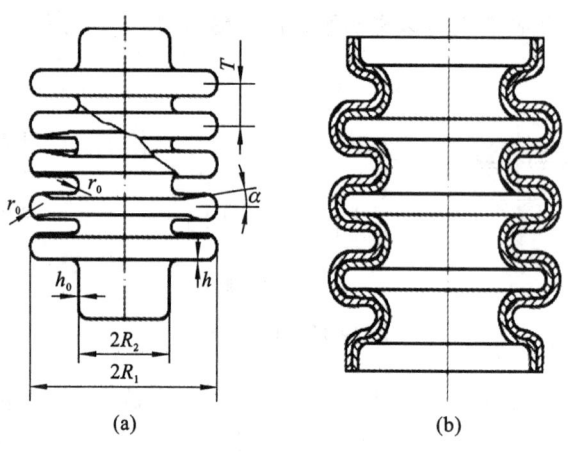

(a)   (b)

图 14-20   波纹管

波纹管被广泛用作测量或控制压力的敏感元件,常与螺旋弹簧组合使用。在仪器仪表和自动化装置中,波纹管应用很广。除主要用作测量和控制压力的弹性敏感元件外,波纹管也用作密封元件(见图 14-21(a))、介质分隔元件(见图 14-21(b))、导管挠性连接元件(见图 14-21(c))等。

制造波纹管的主要材料有黄铜、锡青铜、铍青铜、不锈钢等。黄铜的弹性较低,滞后和后效较大,因此主要用于不重要的波纹管。

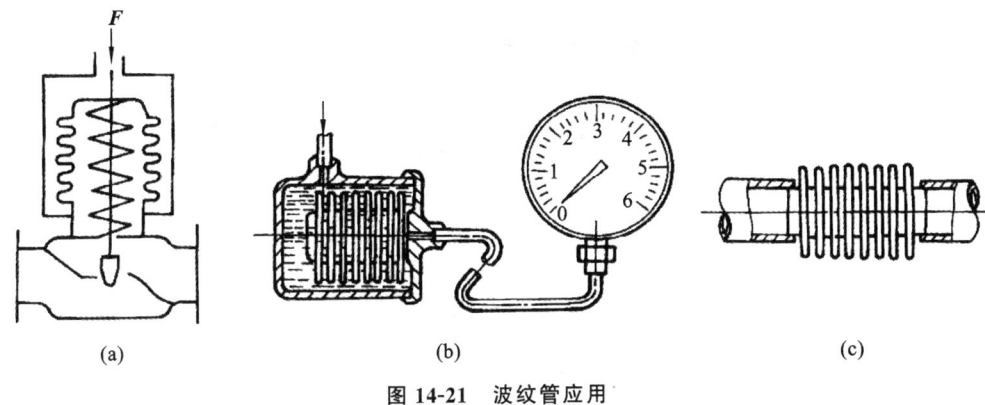

图 14-21 波纹管应用

14.4.5 各种异型弹性元件

1. 形状记忆合金弹性元件

形状记忆合金(如 Ti-Ni)的形状被改变后,一旦加热达到跃变温度,就可以恢复到原来的形状。形状记忆合金弹性元件受温度的作用可以伸缩,因此具有神奇的"记忆"功能,主要用于恒温、恒载荷、恒变形量的控制系统中,既是传感元件又是执行元件。主要依靠弹性元件的变形伸缩推动执行机构,所以弹性元件的工作应力变化较大。

形状记忆合金弹性元件可作为温度敏感元件应用于汽车的自动控制领域,实现温度自反馈控制、车门和发动机防盗装置等,以提高轿车乘坐的舒适性和安全性。

2. 波形弹簧

波形弹簧简称波簧,是一种金属薄圆环上有若干起伏峰谷的弹性元件,由薄钢板冲压形成。改变弹簧自由高度、厚度和波数能够改变其承载能力。其特点是很小的变形即能承受较大的载荷,通常应用在变形量和轴向空间要求都很小的场合。制作材料通常有 60Si2Mn、50CrV、Cr17Ni7Al 等。

有关片簧、热敏双金属片簧、游丝、膜片和膜盒、弹簧管、波纹管等详细的设计计算内容,可参阅相关文献资料。

课程思政拓展阅读材料

材料一 弹性车轮:减振降噪新突破

中车戚墅堰机车车辆工艺研究所股份有限公司(以下简称"中车戚墅堰所")研发的时速 80 km B 型地铁车辆用弹性车轮,于 2023 年 12 月通过装车运用考核及载客运营前评审,随后在无锡地铁正式投入载客运营。这是弹性车轮首次在我国地铁领域实现载客运营的案例。

该产品为首款采用自主正向设计的减振降噪地铁弹性车轮,针对我国地铁车辆载客量大、运行速度快、线路状况复杂等特点,对产品结构及性能进行了全新设计。产品采用国际领先的分块式压剪复合橡胶结构,通过对金属部件与橡胶结构的优化,实现了更高的承载能力。针对地铁踏面在制动时产生的高温环境,该产品采用特殊配方的耐高温橡胶材料,确保在极端高温条件下仍具良好承载性能与可靠性,并保障橡胶的长寿命;同时采用双重连接装配结构与安全冗余保护结构,进一步确保在极端状态下的安全性与可靠性。

弹性车轮

目前,通过线路运营测试,该产品减振降噪效果显著,能够降低地铁车辆噪声 10～15 dB、衰减车辆振动 50％～70％,且易耗件寿命可达 10 年以上,实现免维护使用。此外,产品具备低碳环保、技术先进、安全性高等优势。

参考资料:科技日报.国内首款"地铁弹性车轮"即将投用:http://finance. people. com. cn/n1/2023/1208/c1004－40134643. html。

思考 1:弹性车轮作为中车戚墅堰所在中国地铁领域首次实现载客运营的创新产品,其技术创新对提升地铁运营效率和乘客舒适度具有何种影响?探讨此类技术在其他交通工具上的潜在应用。

思考 2:文章提到该产品具备低碳环保的特点,请分析这种弹性车轮对城市交通可持续性发展的贡献,并讨论此技术如何促进城市交通环保与可持续性发展。

材料二　极具特性的新型多孔碳材料——"碳弹簧"

中国科学技术大学俞书宏院士团队一直致力于新型碳材料的研究。过去,多孔碳材料因其广泛应用而成为材料科学领域的研究热点,但其机械柔韧性——决定实际应用中结构稳定性与耐久性的关键因素——一直存在不足。经过数十年的努力,多孔碳材料在压缩脆性问题上已取得较大改善,但由于三维多孔碳网络间连接十分脆弱,如何研制出具备可逆拉伸性能的多孔碳材料仍是一大挑战。

为了解决这一难题,研究团队从人类"足弓"的宏观弹性拱形结构获得启发。人的脚是骨骼、肌腱、肌肉等组成的拱形结构,坚固、轻巧、弹性好,能承受压力、缓冲振动。基于此,团队借助发展的双向冰模板技术,成功构筑了由微拱结构单元有序堆叠构成的全碳多孔材料,实现了高度可压缩性和超弹性。后来,研究人员再次从"弓"的弹性变形机制获取灵感,对这种材料深入研究。最终,成功研制出一种名为"碳弹簧"的新型碳材料。

这种"碳弹簧"可以在－60％～80％的大应变范围内实现可逆的拉伸和压缩形变,并能完全回弹,类似于真正的金属弹簧,这种弹性特性使其与几乎所有先前报道的多孔碳材料区分开来。并且,通过原位扫描电镜观察和有限元模拟,研究人员证实了其弹性变形机制。

鉴于"碳弹簧"的独特变形机制和力学性能,以及良好的导电性,研究人员将其作为关键部件,成功研制了可检测微小振动的应变传感器件,其应变检测限至少为 ±0.5％,可检测的最高振动频率至少为 1000 Hz,并能对多种复杂的振动模式做出灵敏的响应,其中包括模拟的地震波震动。此外,研究人员通过预先将 Fe_3O_4 纳米粒子共组装到材料框架中,获得了可被磁场驱动的磁性碳弹簧,并将其制造成了一种新型的磁性传感器件,该磁性传感器可灵敏地探测到小至 0.4 mT 的微小磁场。这两种传感器件均可以在 $-100\sim350$ ℃ 的极端温度环境中稳定地发挥作用,这种独特优势使其应用到外太空探测任务中成为可能。

"碳弹簧"

参考资料:人民日报海外版. 中国科学家研制有望用于外太空探测的"碳弹簧". http://finance. people. com. cn/n1/2021/0916/c1004－32228381. html。

思考 1:作为制造智能磁性和振动传感器理想材料的新型碳材料"碳弹簧"具有哪些独特的物理性质?

思考 2:通过仿照人类"足弓"结构构建的多孔碳材料如何在极端温度条件下展现出卓越的柔韧性和耐受性?

讨　　论

14-1　弹性元件已在可穿戴设备、智能手机等领域得到广泛应用。请探讨其在现有应用中的关键作用及未来可能的创新方向,同时讨论如何改进性能和设计以推动技术革新。

14-2　随着电子设备废弃问题日益突出,弹性元件作为核心组件,对环境的影响尤为显著。请探讨如何实现弹性元件生产与处理过程的环保与可持续性,并讨论生产商、政府与消费者在此过程中的责任和合作。

14-3　弹性元件在医疗监测及可穿戴医疗设备中发挥着关键作用。请探讨其在医疗领域的潜在应用,以及如何提升医疗诊断、治疗与监测的效率。

习　　题

14-1　弹性元件的主要功用有哪些?

14-2　螺旋弹簧的旋绕比 C 的含义是什么? 其取值范围如何? 对弹簧有何影响?

14-3　有初拉力的拉簧适用于什么场合?

14-4　拉簧、压簧簧丝截面主要承受何种应力? 易损坏的危险点在何处?

14-5　设计压簧时是否允许工作载荷超过极限载荷? 如果超过了,应采取什么措施?

14-6　有两个尺寸完全相同的拉簧,一个没有初拉力,另一个有初拉力。两个弹簧的自由高度相同,均为 80 mm。现对有初拉力的拉簧进行实测,结果如下:$F_1 = 20$ N,$H_1 = 100$ mm,$F_2 = 30$ N,$H_2 = 120$ mm。试计算:(1)初拉力 F_0;(2)没有初拉力的弹簧,在 $F_2 = 30$ N 的拉力作用下,其高度 H_2。

14-7　热敏双金属片簧的结构有何特点? 对其制造材料有何要求?

参 考 文 献

［1］ 许贤泽,戴书华.精密机械设计基础［M］.北京:电子工业出版社,2012.

［2］ 廖汉元,孔建益.机械原理［M］.3 版.北京:机械工业出版社,2013.

［3］ 裘祖荣.精密机械设计基础［M］.2 版.北京:机械工业出版社,2017.

［4］ 杨可桢,程光蕴,李仲生,等.机械设计基础［M］.6 版.北京:高等教育出版社,2013.

［5］ 邓宗全,于红英,王知行.机械原理［M］.3 版.北京:高等教育出版社,2015.

［6］ 朱东华.机械设计基础［M］.3 版.北京:机械工业出版社,2017.

［7］ 唐增宝,常建娥.机械设计课程设计［M］.5 版.武汉:华中科技大学出版社,2019.

［8］ 陶平,侯宇,等.机械设计基础［M］.2 版.武汉:华中科技大学出版社,2021.

［9］ 陈立德,罗卫平.机械设计基础［M］.5 版.北京:高等教育出版社,2019.

［10］ 王继焕.机械设计基础［M］.2 版.武汉:华中科技大学出版社,2020.

［11］ 张策.机械原理与机械设计(上册)［M］.2 版.北京:机械工业出版社,2011.

［12］ 张策.机械原理与机械设计(下册)［M］.2 版.北京:机械工业出版社,2011.

［13］ 张春林,李志香,赵自强.机械创新设计［M］.3 版.北京:机械工业出版社,2016.

［14］ 申永胜.机械原理教程［M］.3 版.北京:清华大学出版社,2015.

［15］ 濮良贵,纪名刚.机械设计［M］.10 版.北京:高等教育出版社,2019.

［16］ 金清肃.机械设计基础［M］.武汉:华中科技大学出版社,2010.

［17］ 孙桓,陈作模,葛文杰.机械原理［M］.8 版.北京:高等教育出版社,2013.

［18］ 王宁侠,魏引焕.机械设计基础［M］.北京:机械工业出版社,2010.

［19］ 赵鑫.精密机械设计基础［M］.北京:化学工业出版社,2015.

［20］ 彭文生,李志明,黄华梁.机械设计［M］.2 版.北京:高等教育出版社,2010.

［21］ 张美麟.机械创新设计［M］.2 版.北京:化学工业出版社,2010.